U0287569

西南林业大学林学一级学科
西南地区生物多样性保育国家林业局重点实验室
云南省普通高等学校“十二五”规划教材

遥感与地理信息科学

张加龙　刘　畅　李素敏　洪　亮　陆　驰等　编著

科学出版社
北　京

内 容 简 介

本教材是作者在总结多年的教学与实践、国际合作与研究的基础上编写完成的，全书共分两部分，上篇包括地理信息科学的形成与发展、地理信息基础、空间数据结构和数据库、空间数据的采集和处理、地理信息数据的查询和分析、地理信息数据的可视化与制图、地理信息科学研究的热点技术与发展趋势；下篇包括遥感科学的现状与发展、遥感科学基础、遥感传感器与遥感平台、遥感数字图像处理、专题遥感、遥感科学研究热点。教材在归纳遥感与地理信息科学基本理论的基础上，收集和整理了前沿的科研文献案例及国土、林业、农业、海洋、交通、经济等领域的实践，尝试将地理信息科学和遥感科学两部分知识与素材有效地结合，从而提高阅读者的认知水平和学习兴趣。

本教材可供地理信息、遥感、地理学、测绘学、环境学、城市规划学、计算机科学、林学、农学等相关专业人员使用，也可为科学研究、工程设计与管理等部门的人员提供参考，同时启迪人们对地学科学的研究与实践。

审图号：GS京（2022）1409号

图书在版编目（CIP）数据

遥感与地理信息科学/张加龙等编著. —北京：科学出版社, 2016.6
ISBN 978-7-03-048310-2

Ⅰ.①遥… Ⅱ.①张… Ⅲ. ①遥感技术–高等学校–教材 ②地理信息系统–高等学校–教材 Ⅳ.①TP7 ②P208

中国版本图书馆 CIP 数据核字(2016)第 108712 号

责任编辑：苗李莉 朱海燕 / 责任校对：何艳萍
责任印制：吴兆东 / 封面设计：王 浩

科学出版社出版
北京东黄城根北街 16 号
邮政编码：100717
http://www.sciencep.com
北京建宏印刷有限公司印刷
科学出版社发行 各地新华书店经销
*
2016 年 6 月第 一 版 开本：787×1092 1/16
2024 年 7 月第九次印刷 印张：19 3/4 插页：2
字数：462 000
定价：79.00 元

作 者 名 单

主　编：张加龙

副主编：刘　畅　李素敏　洪　亮　陆　驰

编　委：曾丽波　张　悦　曹　影

前　言

遥感科学是人类通过不同的平台回望地球，从而获取所居住环境参数和信息的一门新兴学科；地理信息科学是面向地理空间数据处理的信息科学分支，是为地理信息的收集、加工、存储、传输和利用的科学。随着 3S（GIS、GPS、RS）技术的不断集成和广泛应用，遥感与地理信息系统两门技术或科学也逐渐融合，迫切需要相关专业人员不仅能进行遥感图像的认识、获取与利用，而且能对遥感作为一种信息源的空间数据进行采集、存储、管理、分析和应用，从而广泛地应用到国土、林业、农业、环境、交通、城市规划、海洋、国防、卫生、人口、金融等领域的调查、规划、监测、保护中，同时能够加强空间信息的分析、处理及科学探索与实践的能力。随着国内外遥感与地理信息技术与方法发展迅速，两者的结合及应用研究不断深入；我国“地理信息系统”本科专业已于 2013 年修改为“地理信息科学”，使得 RS 与 GIS 逐渐深入到科学研究领域。在多年的教学实践过程中，发现许多专业学生通过很长时间的学习才能掌握 GIS 及 RS，同时能综合应用两门科学技术仍然存在困难；非专业的学生对两门课程产生了极大的兴趣，且有着极大的理论与应用需求。

国内外大多数为单一的“地理信息系统”“遥感”方面的教材，近些年出现了如《地理信息科学导论》《地理信息科学基础理论》《现代遥感科学技术体系及其理论方法》*Geographic Information Systems and Science* 等和“科学”相关的少量教材，但基本和之前出版的教材变化不大，主要在少数章节加入了一些有关“遥感/地理信息”科学的解释，并没有很好地将这两方面的知识融合在一起，只是结合当今的发展趋势和要求，阐述其理论框架和科学实践。受“云南省普通高等学校‘十二五’规划教材”“西南地区生物多样性保育国家林业局重点实验室”及“西南林业大学云南省省级重点学科（林学）”资助，酝酿了几年之久的《遥感与地理信息科学》得以付梓。

本书将“地理信息科学”与“遥感科学”分为上篇、下篇，考虑到“地理信息科学”专业设置更为普遍，我们将“地理信息科学”作为上篇。上篇“地理信息科学”分为 7 个章节：第 1 章，地理信息科学绪论；第 2 章，地理信息基础；第 3 章，空间数据结构和数据库；第 4 章，空间数据的采集和处理；第 5 章，地理信息数据的查询和分析；第 6 章，地理信息数据的可视化与制图；第 7 章，地理信息科学研究的热点技术与发展趋势。下篇“遥感科学”共分为 5 个章节：第 1 章，遥感科学绪论；第 2 章，遥感科学基础；第 3 章，遥感传感器与遥感平台；第 4 章，遥感数字图像处理；第 5 章，专题遥感。

本教材具体编写分工如下：上篇第 1 章和下篇第 1、4 章由张加龙编写；上篇第 2、5 章由刘畅编写；上篇第 3 章由曾丽波编写；上篇第 4 章由张悦编写；上篇第 6 章由曾丽波、陆驰编写；上篇第 7 章、下篇第 5 章由陆驰编写；下篇第 2 章由洪亮编写；下篇第 3 章由李素敏编写；上篇第 3、4、6、7 章和下篇第 5 章由张加龙进行了修改完善。曹影提供了一定的资料素材，张加龙对全书进行了统稿及修订工作，刘畅对文字内容进行了校对。

由于作者水平有限，加之时间仓促，书中难免有不妥之处，敬请读者批评指正。

张加龙

2016年3月

E-mail: jialongzhang@swfu.edu.cn

目 录

下篇 遥感科学

上篇　地理信息科学

第1章　地理信息科学绪论

大约35000年前，克鲁马努人（Gro Magnon）在法国西南部多尔多涅地区的拉斯科洞窟中创造了大量旧石器时代的壁画，史称拉斯科洞窟壁画。这些精美的壁画记录了一些描述动物迁移路线和轨迹的线条和符号。这些古代早期记录符合地理信息系统（geographic information system，GIS）的二元结构：一个图形文件对应一个属性数据库，可以看作是GIS的萌芽。

18世纪以后，现代测绘技术和仪器制造技术有了长足的发展，促进了地图制图技术的发展。19世纪中叶，摄影技术发明以后，地图的复制和模拟生产发展迅速（张友静，2009）。20世纪60年代早期，计算机硬件的发展导致计算机制图技术的诞生，地理学在这个变革时期也发生着巨大的变化，用计算机来收集、存储和处理各种与空间地理分布有关的图形和属性数据，并希望通过计算机对数据的分析来直接为管理和决策服务（崔铁军，2012），地理信息系统、服务与科学的出现指日可待。

1.1　地理信息科学的形成与发展

1.1.1　第一个地理信息系统——CGIS

1963年，被称为GIS之父的Roger Tomlinson博士（图1.1）首先提出地理信息系统这一术语（胡鹏等，2002）。1966年，世界上第一个地理信息系统——加拿大地理信息系统（Canada geographic information system，CGIS）诞生，CGIS被加拿大土地调查部门用于土地利用调查制图。CGIS被用来存储、处理，以及分析加拿大土地利用数据，数据比例尺为1∶25万，数据内容包括土壤、农业、休闲、野生动物、水鸟、林业和土地利用等各种信息，用以确定加拿大农村最佳土地利用方式，系统还增设了土地分等定级功能。Roger Tomlinson在这之前就意识到对大片土地上的投资所做的手工地图分析将是非常昂贵的，认为应该将地图转化为数字形式的地图。但这样的系统直到1971年才投入运行，此后，该系统又改进可以存储10000幅数字地图（张友静，2009）。

1.1.2　早期的计算机辅助制图和GIS

1963年夏，McHarg在哈佛大学开设了一个生态规划课程，以美国东海岸的Acadia国家公园规划为例，展示了大量的分析和规划成果。这次成果虽然也暴露了其在方法论上的缺陷和对水平生态过程分析方面的不足，但显示了GIS的强大功能。

1965年，哈佛大学设计学院获得福特基金的赞助，与麻省理工学院联合成立计算机图形实验室，由Howard Fisher主持。实验室在很短的时间内研制出数字地图绘制方法和技术，主要是计算机图形的研究，尤其是在Fisher的SYMAP软件基础上进行计算机数字地图的研究，使其成为当时国际上广泛使用的软件。

图 1.1　Roger Tomlinson 博士

Roger Tomlinson（1933 年 11 月 17 日～2014 年 2 月 9 日）：出生于英国剑桥，1951～1952 年曾经在英国皇家空军任飞行员。退伍后他先后在英国 University of Nottingham 和加拿大 Acadia University 大学拿到了地理学和地质学两个学士学位，在 McGill University 地理系获得硕士学位，University College London 获得博士学位

1966 年，Steninitz 在哈佛大学设计学院开设了一门区域尺度的规划课程，并应用 SYMAP 在得拉维尔、马里兰和弗吉尼亚半岛开展景观规划研究。这被认为是大规模应用地理信息系统技术进行景观规划的一个实例。在这个 GIS 应用最早的尝试中，已经包含了许多复杂的分析工作，包括引力模型、地图叠加分析、加权评价，分析土地单元对植被或农业种植的适宜性等。1967 年，Steninitz 的研究组开展了一系列基于 GIS 的评价与规划工作，对 20 世纪 60 年代末和 70 年代初有关城市化进程的研究具有很大影响。从此期间直到 80 年代中期，实验室研究出了一系列的 GIS 和计算机图像处理软件，包括 SYMAP、CALFORM、SYMVU、POLYVRT、ODYSSEY、IMGRID、MacGIS 等。在研究和教学过程中培养了一批 GIS 的先驱和当代 GIS 及图像处理行业的重要人物。他们当中包括 Integraph 的 David Sinton，ESRI 和 ARC/INFO 的创办人 Jack Dangermond，ERDAS 的创办人 Lawrie Jordan 和 Broce Rado 等（张友静，2009）。

1970 年，美国人口统计局设计出具有拓扑编辑功能的双重独立地图编辑技术（DIME），奠定了机助制图数据结构的拓扑学基础；1972 年，中国科学院地理研究所开始研制制图自动化系统，实现了多种曲线光滑、绘制等值线图、统计图和趋势面分析等程序（刘岳和梁启章，1978）；1978 年，解放军测绘学院刘光远（1980）实现了“地形图图廓整饰自动化”等；从 1995 年开始，计算机制图逐渐走上实用化和规模化阶段，通过数字制图技术与桌面出版系统的结合，形成了桌面地图出版系统，通过激光照排系统把地图编绘的成果输出成高精度的分色胶片，直接制版印刷，从而使地图生产实现批量化阶段，走上了全数字化生产的发展道路（刘海砚和孙群，1998）。

1.1.3 地理信息系统全面应用

随着技术的进步与社会的需求，GIS 呈现“星火燎原”之势在全世界迅速发展起来。

20 世纪 90 年代以来，随着地理信息产业的建立和地球数字化产品的普及应用，发展进入用户时代。这期间，社会对 GIS 的认识普遍提高，需求大幅度增加，已成为许多国家机构（特别是政府决策部门）必备的工作系统。国家级乃至全球级的地理信息系统已成为公众关注的问题，地理信息系统已被列入用户年代。开发和研究主要集中在下列一些的效益评价：三维、四维；虚拟现实技术：空间信息分析的新模式和新方法；空间信息应用模型；空间数据结构和数据模型；人工智能和专家系统的引入；网络结合等。

随着地理信息系统的逐渐深入与应用发展，在积累了大量的数据并建立了相关的应用管理系统和数据应用模型后，人们开始思考如何有效利用数据，并且能对数据进行挖掘产生新的知识，并逐步过渡到科学研究的全球化阶段。

加拿大 Laval 大学（1986 年）和荷兰国际航空摄影与地学学院（ITC）（1989 年）相继成立以“地理信息科学”命名的系或专业（杨开忠和沈体雁，1999）。1992 年 Michael Frank Goodchild（图 1.2）提出了地理信息科学，他认为地理信息科学主要研究在应用计算机技术对信息进行处理、存储、提取，以及管理和分析过程中所提出的一系列基本理论问题和技术问题，如数据的获取和集成、分布式计算、地理信息的认知和表达、空间分析、地理信息基础设施建设、地理数据的不确定性及其对地理信息系统操作的影响、地理信息系统的社会实践等（Goodchild，1992；杨开忠和沈体雁，1999）。

图 1.2 Michael Frank Goodchild 教授

Michael Frank Goodchild 教授是美国科学院地理信息科学院士，现任加州大学圣巴巴拉分校地理系教授。1965 年获得剑桥大学（Cambridge University）物理学学士学位，1969 年获得麦克马斯特大学（McMaster University）地理学博士学位

我国武汉测绘科技大学在 1988 年创建了地理信息工程专业（杨开忠和沈体雁，1999），目前有超过 170 多所高校开设了 GIS 专业。2012 年，教育部高等学校地球科学教学指导委员会提出将“地理信息系统”专业更名为“地理信息科”（汤国安等，2013）。

1.2 地理信息系统与地理信息科学的基本概念

1.2.1 地理信息

1. 地理信息的概念

地理信息是地理数据所蕴含和表达的地理含义，是对有关地理环境中物质的数量、质量、分布特征、联系和规律等的数字、文字、图像和图形等的总称。随着现代科学技术的发展，特别是借助于近代数学、空间科学和计算机科学，人们已经有可能迅速地采集到地理环境中各种地理现象、地理过程的空间位置数据、特征属性数据和随时间变化的数据，并定期和实时地识别、转换、存储、分析、显示和应用这些数据中的信息，这也已经成为现代地理科学研究与应用的重要技术方法（黄杏元和马劲松，2008）。

2. 地理信息的特点

1）空间特征

地理信息是与确定的空间位置联系在一起的，这是地理信息区别于其他类型信息的一个最显著标志。地理信息的定位特征是按照经纬度或空间 X、Y 坐标来实现空间位置的，并可以按照指定的区域进行信息的合并或分割。

2）属性特征

属性即对空间定位数据的补充特性描述信息，如在中国行政区划位置图中，对每一个行政区增加“名称”“面积”等描述性的信息，即在二维空间的定位基础上，按专题来表达多层次的属性信息。

3）时序特征

地理信息具有时序特征，通常可以按照时间的尺度来区分地理信息，如短期的台风、森林火灾、江河洪水、作物长势等；中长期的土地利用、水土流失、城市扩张、地壳变形等。地理信息的这种动态变化的特征，要求在地理信息的应用中重视自然历史过程的动态变化，及时获取定期更新的地理数据，对过去进行正确的评估和科学的论证，对未来进行合理的预测和预报。

1.2.2 地理信息系统

1. 地理信息系统概念

地理信息系统，关于它确切的全称，多数人认为是 geographical information system，英国出版的季刊采用；也有人认为是 geo-information system，德国出版的季刊采用。

地理信息系统的概念从不同的人、不同的部门到不同的应用目的，对其认识也不尽相同。在此，推荐美国联邦数字地图协调委员会（Federal Interagency Coordinating Committee on Digital Cartography，FICCDC）给出的地理信息系统概念，该定义认为“GIS是由计算机硬件、软件和不同的方法组成的系统，该系统设计用来支持空间数据的采集、管理、处理、分析、建模和显示，以便解决复杂的规划和管理问题”。

2. 地理信系统构成

地理信息系统由硬件、软件、数据、人员和应用模型或方法组成。一个适用的地理信息系统，一般要支持空间数据的采集、管理、处理、分析、建模和显示等功能，是一个由多个部分组成的统一体，如图 1.3 所示。

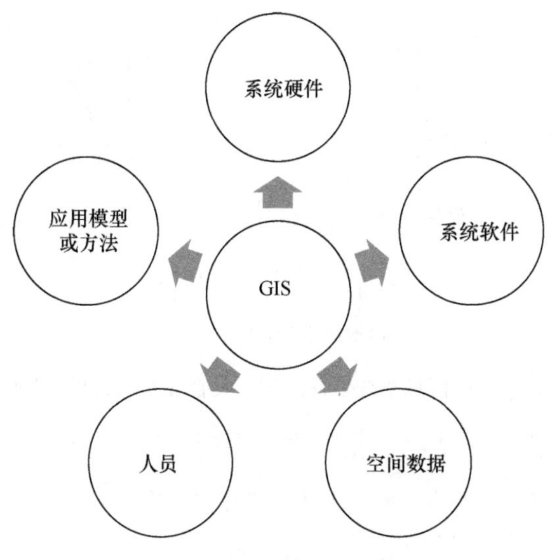

图 1.3　地理信息系统构成

1）系统硬件

系统硬件包括数据输入设备、数据处理设备和数据输出设备三个部分，如图 1.4 所示。数据输入设备即数字化仪、扫描仪和数字测量设备等。数据处理设备作为系统硬件的核心，它包括从服务器到图形工作站、微机等各种形式的计算机，可用作数据的处理、管理与计算。数据输出设备有绘图仪、打印机和高分辨率显示装置等。

2）系统软件

地理信息系统软件是整个系统的核心，用于执行地理信息功能的各种操作，包括数据输入、处理、数据库管理、空间分析和数据输出等。一个完整的地理信息系统软件按照功能可以分为地理信息系统功能软件、基础支撑软件和操作系统软件等。

GIS 功能软件常分为基础软件平台和 GIS 应用软件两大类。GIS 基础软件平台的代表性产品，国外的有 ESRI 公司的 ArcGIS（图 1.5），Integraph 公司的 GeoMedia，MapInfo 公司的 MapInfo，Clark Lab 的 IDRISI，开放源代码 GIS 软件 GRASS 等；国产 GIS 软件平台有超图公司的 SuperMap，中地公司的 MapGIS 和吉奥公司的 GeoStar 等。GIS 应用软件是利用 GIS 基础平台上提供的 GIS 数据处理与分析功能开发的，如土地信息管理系统、城市规划管理地理信息系统、交通地理信息系统等。

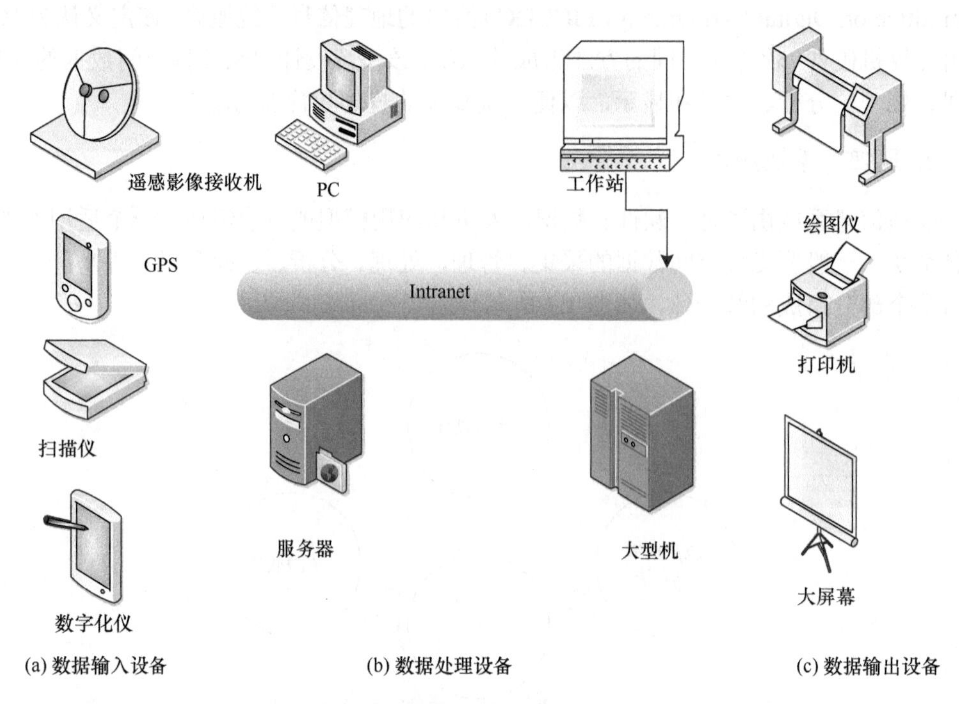

图 1.4 地理信息系统硬件配置（黄杏元和马劲松，2008）

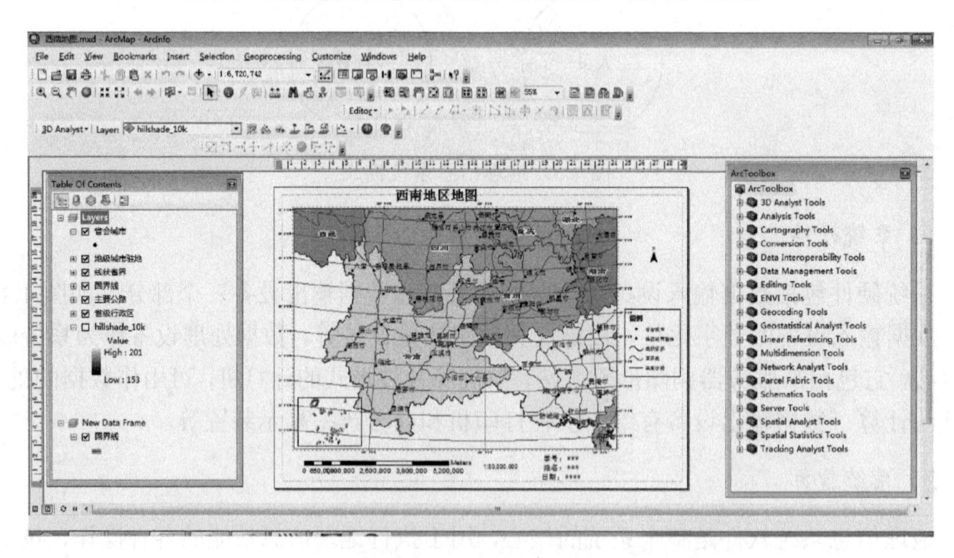

图 1.5 ArcGIS Desktop_ArcMap 用户界面

基础支撑软件包括系统库软件和数据库软件等。系统库软件提供基本的程序设计语言及数学函数库等用户可编程功能，如 C++运行库和编译系统等。数据库软件提供复杂空间数据的存储和管理功能，如 Oracle、Microsoft SQL Server、Sybase、MySQL、Microsoft Access、Informix 等。地理信息系统通常采用关系型数据系统中的存储空间数据，如 ESRI 公司的 SDE（spatial database engine）。常见的操作系统有 Microsoft Windows 系统、UNIX/Linux 系统和 Apple Mac OS 系统。

3）空间数据

空间数据是系统分析加工的对象，也是GIS的灵魂和生命。根据特征可以分为空间数据、属性数据和时态数据。空间数据包括矢量和栅格数据，矢量数据包括点状、线状和面状数据；栅格数据主要为扫描的图像、影像图等，用格网像元表示的数据类型。时态数据描述了对象变化的状态、特点和过程。

4）人员

地理信息系统人员包括系统开发人员和地理信息系统的最终用户，包括具有地理信息系统知识和专业知识的高级专业人才、具有计算机知识和专业知识的软件应用人才，以及具有较强实际操作能力的硬、软件维护人才（崔铁军，2012）。

系统开发过程中，系统开发人员必须根据地理信息系统工程建设的特点和要求，在深入研究的基础上，使确定的开发策略能适应地理信息系统用户的需求，使系统的软硬件投入能获得较高的效益回报，以及使建立的数据库能具有完善的质量保证。

应用人员不仅需要对地理信息系统技术和功能有足够的了解，而且需要具备有效、全面和可行的组织管理能力，包括：地理信息系统技术和管理人员的技术培训、硬件设备的维护和更新、软件功能的扩充和升级、操作系统升级、数据更新、文档管理、系统版本管理和数据共享等（黄杏元和马劲松，2008）。

5）应用模型或方法

地理信息系统应用模型或方法是为某一特定的实际工作而建立的运用地理信息系统的解决方案，如土地利用适宜性评价模型、选址模型、洪水预测模型、人口扩散模型、森林增长模型、水土流失模型、流行病分布与扩散模型等。图1.6为使用ArcGIS Model Builder 进行水文分析的应用模型。

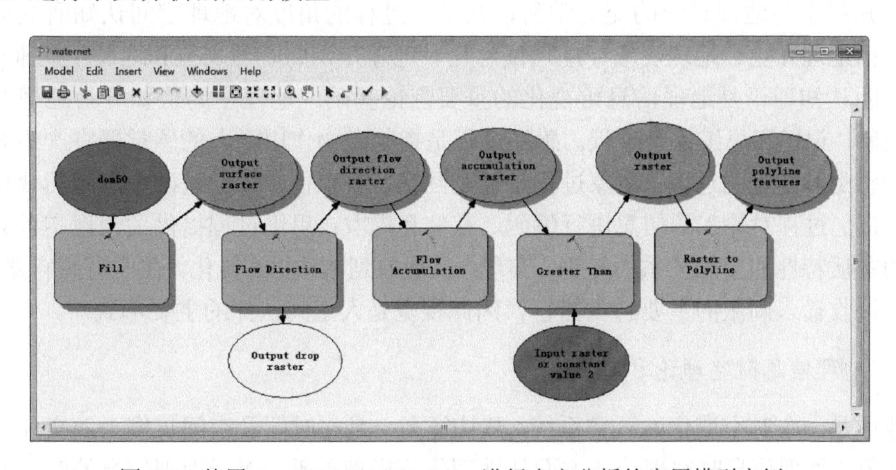

图1.6　使用ArcGIS Model Builder 进行水文分析的应用模型实例

1.2.3　地理信息科学

1. 地理信息科学概念

地理信息科学主要来源于三种主流观点（崔铁军等，2010）。第一种观点认为，地理信息科学是信息社会的地理学思想（杨开忠和沈体雁，1999），地理计算或地理信息处理强调使用计算机完成地理数值模拟和地学符号推理，辅助人类完成地理空间决策。地理科学是研究地理信息的出发点，也是地理信息研究的归宿。

第二种观点认为，地理信息科学是面向地理空间数据处理的信息科学分支，从信息科学概念出发，地理信息科学定义为地理信息的收集、加工、存储、传输和利用的科学。

第三种观点认为，地理信息是人类对地理空间的认知，地理信息科学是人们直接或间接地（借助计算机等）认识地理空间后形成的知识体系。在应用计算机技术对地理信息进行处理、存储、提取，以及管理和分析的过程中逐步完善形成了地理信息科学技术体系。

综上，地理信息科学是研究在应用计算机技术对地理空间信息进行收集、处理、存储、提取，以及管理和分析过程中提出的一系列基本问题，包括基础理论、技术和应用的完整体系。地理信息机理研究是地理信息科学的重要理论基础。正确认识地理信息科学的学科性质和地位，有利于从地理学学科建设和产、学、研互动的高度把握我国地理信息科学的发展。

2. 地理信息科学基本理论体系

地理信息科学大致包括六大理论问题（崔铁军等，2010；李德仁，2003）。

1）地理空间认知理论

空间认知是指人们对物理空间或心理空间三维物体的大小、形状、方位和距离的信息加工过程。它研究人们怎样认识自己赖以生存的环境，包括其中的诸事物、现象的相关位置、空间分布、依存关系，以及它们的变化和规律。简言之，空间认知就是研究空间信息的处理过程，它主要包括对地理实体及其空间关系的理解和表示。地理空间认知作为认知科学与地理科学的交叉学科，从认知过程的角度对地理空间认知研究进行综述，包括地理知觉、地理表象、地理概念化、地理知识的心理表征和地理空间推理。

空间认知理论是地理信息可视化的重要理论基础。地理空间认知分为地理空间感知、表象、记忆和思维 4 个过程。感知过程是指刺激物作用于人的感觉器官产生对地理空间的感觉和知觉的过程；表象过程是通过回忆、联想使在知觉基础上产生的映象再现出来；记忆过程对输入的信息进行编码、存储和提取；思维过程提供关于现实世界客观事物的本质特性和空间关系的知识，实现“从现象到本质”的转化。在所有感官器官中，眼睛是接收输入刺激的主要感觉器官，因此视觉是人空间认知的主要形式。

2）地理信息时空理论和基准

地球是一个时空变化的巨大系统，其特征之一是在时间及空间尺度上演变和变化的不同现象。地理信息时空理论一方面从地理信息机理入手，揭示地理信息的时空变化特征和规律，并加以形式化描述，形成规范化的理论基础。应用时空理论使地球传统的静态描述转化为对过程的多维动态描述和监测分析；通过不同时间尺度和空间尺度的组合，解决不同尺度下地理信息的衔接、共享、融合和变化检测等问题。

地理学是研究地球表层空间分布规律的科学。地理学的空间是一个定义在地球表层空间实体集上的关系总和。地球上空间实体之间有无数种关系，定义一种关系就自然定义了一种空间，几何关系是所有这些关系中的基础关系，物理距离是这些关系中的一种度量关系，空间位置、拓扑关系和几何关系联系在一起的，是地理信息中重要的空间关系。空间关系描述与推理是地理信息系统、语言学、认知科学和人工智能等学科的重要理论问题之一，在空间查询、空间分析、空间推理、空间数据理解、遥感影像解译、基于关系的匹配等过程中起着重要作用，也是智能化地理信息系统的理论基础。

3）地理信息表达与可视化理论

地理信息的表达方式包括语言、文字、地图和录像多媒体等多种形式。计算机技术的引入，更加丰富了地理信息的表达内容。在现有的地理认知和地理概念计算模型研究背景下，探讨多维、动态的空间数据表达模型，用非结构化表示点、线、面几何形状，用地理信息的属性表表示关系，还可以用时间描述自然现象和社会发展的时序变化。由于地理信息表达的抽样性、概括性和多态性等特征，同种信息采用不同的表达方式，虽然满足了不同应用的实际需要，但也给信息共享带来了极大困难。因此，近几年来科学工作者试图用本体论研究地理信息本原。通过对地理客观存在的概念和关系的描述，揭示基于自然语言的空间关系认知表达与形式化空间关系的映射机制。

地理信息可视化为人们提供一种空间认知的工具。地图是地理信息可视化的主要视觉样式。为了更好地揭示地理信息的本质和规律，便于人类认识并改造世界，需借助一些规则，直观、形象、系统的符号或视觉化形式来表达和传输地理信息。这些符号或形式不仅易于人类辨别、记忆、分析，并能被计算机所识别、存储、转换和输出。传统的表达方式有图形与图像类，如地形图、专题地图和遥感图等；文字数据类，如原始的测绘数据、文字报表等，为了满足可视化需求，设计和发展了相应的符号系统和运算规则。计算机技术出现后，地理空间数据可视化借助计算机图形学和图像处理等技术，用几何图形、色彩、纹理、透明度、对比度等技术手段，以图形图像信息的形式，直观、形象地表达出来，并进行交互处理。

4）空间尺度理论

地理信息可视化载体必须具有空间尺度。空间尺度理论是空间认知、地理信息表达和可视化理论的产物。人类信息获取实际上是以一种有序的方式对思维对象进行各种层次的抽象，以便使自己既看清细节，又不被枝节问题扰乱了主干。因为“超过一定的详细程度，一个人能看到的越多，他对所看到的东西能描述的就越少”。尺度影响着地理信息可视化的表达内容，分析结果并最终影响人类的认知。不同尺度的变化不仅表现为尺度的缩放，而且带来了空间结构的重新组合。随着比例尺变小，图形符号和图形间距离也成比例缩小，当比例尺缩小到一定程度后，屏幕图形将拥挤难辨。空间尺度理论对地理信息的获取、数据组织、表达和分析有着重要影响。

5）地理信息的传输与解译理论

地理信息存在于一定的物质、能量载体，并能从一个载体向另一个载体传递，形成所谓信息流。地理信息的传输涉及地理信息生产者的认知、表达、接收者的感受、解译等过程和方法的理论。接收者对地理信息的定性解译和定量反演，揭示和展现地球自然现象和社会先进状态和时空变化规律，从现象到本质，回答地球所面临的诸多重大科学问题，如资源、环境和灾害等，是地理信息科学的最终科学目标。

地理信息的解译是从地理信息载体（语言、文字、地图，地理空间数据）中提取可信的、有效的、有用的地理信息的理论、方法和技术。传统的解译主要是一种目视解译的过程，对地图信息的提取是由人的视觉系统将图形信息传送至大脑，由大脑再加上一些心理因素而做出判定。地图的视觉感受过程、理论变量、视觉感受效果，以及地图感受的生理与心理因素等研究形成了地图视觉感受理论。应用计算机对地理空间数据进行查询和空间分析可以派生出更多的信息，形成的地理空间数据挖掘和知识发现已成为地理信息科学研究的热点之一。

6）地理数据不确定性

空间数据不确定性（uncertainty）的实质主要指数据的误差。不确定性和误差常被任意选用，较多的还是使用误差这一简洁的概念。随着现代测量技术的迅速发展，以及地理空间数据信息来源的多源化，考虑误差的范围也从数字上扩大到概念上，虽然以数值误差为主，但也要顾及不能用数值来度量的误差。这样，传统的误差理论已远远不能满足需要，数据不确定性的研究逐渐得到重视。时至今日，人们趋向于认为，数据不确定性主要指数据“真实值”不能被肯定的程度。从这个意义看，数据不确定性可以看作是一种广义误差，但它比误差更具有包容性与抽象性，既包含随机误差，也包含系统误差；既包含可度量的误差，又包含不可度量的误差。因此，数据的随机性、模糊性、未确定性等均可视为不确定性的研究内容。

从研究的具体形式看，地理空间数据不确定性的研究又可细分为：位置不确定性、属性不确定性、时域不确定性、逻辑一致性、数据完整性、不确定性的传播、不确定性的可视化表示等。地理空间数据不确定性研究的核心，就是建立一套不确定性分析和处理的理论体系和方法体系。地理空间数据误差来源的复杂性及地理信息难以重复采样，使得地理空间数据不确定性既有空间位置的不确定性和空间属性数据的不确定性，还具有与其空间位置相关的结构性问题，同时尺度也是不确定性研究主要考虑的因素。不确定性问题是非线性复杂问题。因此，除了经典误差理论、概率论、数理统计仍是研究该问题的理论基础外，还需要寻找证据理论、模糊数学、空间统计学、熵理论、云理论、信息论、人工智能等非线性科学理论的支持，随机几何学、分形几何学、神经网络、遥感信息模型等基于边缘学科的不确定性分析处理方法也逐渐受到重视。

1.3 地理信息科学的发展趋势

1.3.1 地理信息科学发展趋势概述

地理信息科学主要研究技术科学的天-地信息一体化网络系统。众所周知，望远镜、显微镜等技术的发明推动天文学、地质学、生物学的发展，对改变人类的认识起了极大的作用。那么，当今的航天技术、计算机技术推动地理学的发展，将要比望远镜、显微镜的作用大得多。地理信息科学正是利用航天技术获得人地系统的海量信息，利用计算机技术处理人地系统的海量信息。地理信息科学中的一般地理复杂方程的建立，向理论地理科学提供了理论基础，向地理系统工程提供了应用的可能。地理信息科学自身将在新一代地理信息系统——地理信息网络系统的发展中迅速发展。当前在遥感影像系列成图、地理信息系统、数学模型与信息模型、地理现象复杂性等方面还有许多工作需要深入研究（马蔼乃等，2002）。

在未来的几十年内，地球信息科学将保持理论化、工程化和学科交叉领域泛化的发展特点；地球信息理论研究将呈现信息标准化和信息表达多维化的发展态势；地球信息技术的发展将具有集成化和智能化的特色；地球信息工程和应用将向平台网络化和应用社会化的方向发展（千怀遂等，2004）。

地理信息哲学中的前沿领域主要涉及数字化世界本体论问题、地理信息流和地理空间认知论问题，以及地理信息科学的方法论等问题。地理信息机理中的前沿问题主要有地理信息转变机理、地理空间认知、地理信息表达方法的拓展、地理信息的不确定性、地理空间关系、地理空间尺度，以及地理信息共享中的标准、规范和立法等（崔铁军，2012）。

1.3.2 地理信息科学的研究转型

由于中国环境变化问题的严重性、典型性和紧迫性，环境变化的科学问题和解决环境变化的重要性使地球表层系统研究被提到了“国际前沿”。陆大道认为实现地理科学在这些方面研究的转型主要体现在以下四个方面（陆大道，2014）。

1. *以人-地关系地域系统为核心进行综合研究*

地球表层系统急剧变化，集中体现在“人”和“地”的关系方面，或者说“环境”和“社会”的关系方面，全球范围内这种关系正在威胁到人类社会的可持续发展。在中国，问题更加严重。在诸多的研究地球表层系统的学科中，地理科学侧重从“人-地”相互作用角度研究“人-地”关系地域系统（即“人-地系统”）演变的规律和区域可持续发展的基础及支撑条件。这是地理科学理论发展和解决可持续发展重大实际问题的“前沿”。

研究“人-地系统”的目标是要求揭示区域可持续发展的机制和原理。在实践中，要求将资源、环境领域的研究延伸到可持续发展领域。多年来，资源、环境和生态领域的学科规划、发展战略，以及一系列的重大研究，包括学科、研究方向、重大课题的研究内容，只提“资源”“环境”（包括生态）部分而不提“可持续发展”领域（学科）。严守着自然科学的领地和“关口”，一小步也不跨出去。以至于这些研究和研究成果找不到“出口”，或者根本不去找“出口”，现在是改变这种状态的时候了。

可持续发展研究涉及传统地理学，以及自然资源、宏观生态系统、空间认知与空间分析、水科学、区域经济及系统科学等方面。其主要任务是通过对不同类型地区经济增长、城市化和生态与环境演变的系统分析和过程模拟，揭示长期经济增长（总量增长、结构转型、人均国民收入的提高及与此相关的资源消耗和占用的增加等）与生态和环境（资源量、水土及空气领域污染状态、景观特征、生物多样性等）要素之间的作用机理，以及态势之间的相互关系，提出对不同发展阶段、不同空间尺度区域的发展与生态和环境进行协调的途径和可供选择的模式。

如图 1.7 所示，研究者绘制了 2050 年的环境地带迁移地图。气候变化将会导致新物种的入侵，新栖息地的争夺，原来位于边缘区和高产农业区的种植业、畜牧业经济将有所调整，滨海旅游目的地（随着海面上升）也是如此。由于全球变暖，海平面将会上升，海岸线将被淹没，苔原会消失，北方针叶林也将缩减。

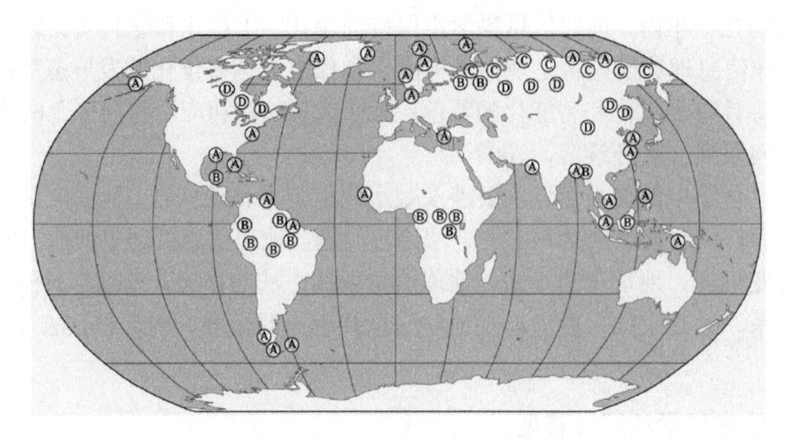

图 1.7　环境地带的迁移（布鲁恩·斯坦利和刘爱利，2013）

Ⓐ海平面上升导致海岸线淹没；Ⓑ森林退化；Ⓒ苔原缩减；Ⓓ北方针叶林枯死

2. “环境-社会动力学”是地球表层系统综合研究的基础理论

“人”“地”两组要素之间的关系，实际上就是社会和自然基础之间的关系。这种关系如何影响国家、区域的可持续发展？回答这个问题，需要研究环境与发展及其各要素之间相互作用的机制，即“环境-社会动力学”机制，也可以称之为“人-地关系动力学”。通过机制的分析，对研究区域不同发展阶段的环境状态和发展状态做出诊断和预警，揭示区域发展过程与发展格局之间的相互关系，建立可持续发展的理论体系。

“环境-社会动力学”所揭示的规律具有不同于纯自然学科的特点，在“环境-社会”系统范畴内，事物的发展不是受决定论支配的。这个系统中的相互作用和系统变化具有不确定性，这恰恰是社会经济可持续发展的基本特点之一。这一点不同于纯自然科学学科和地理科学内各自然要素之间关系所形成的科学系统，更不同于工程和技术系统。例如，在自然地理学范畴内，水面蒸发量（与水面温度和表面风速相关）的变化具有线性特征。与这种线性特征相类似的还如：宇宙飞船在太空的对接要求可以精确到百万分之一秒。一台机器，会严格地按照输入的一定参数去运转。在自然科学和社会经济科学相互交叉科学领域内，没有这种决定性的规律。但是，在这些领域中，因素和要素之间的作用具有方向、幅度、概率等规律。例如，人口预测，任何科学的公式和模型，都不可能精确到个位数去预测某一时间点某地区或城市的人口数，这是肯定的事实。尽管在这个时刻到来时，这个区域或城市一定会出现一个精确到个位数的人口数。但是，不能说这种预测没有科学性。人口预测肯定是属于科学研究的重要领域之一，具有自然科学和社会科学交叉的特性。“宋健-于景元”人口模型及其理论是重要的科学技术成果，也是理论方法成果。

在自然-社会交叉学科领域里，规律的表现形态不具有这样的确定性。但因素作用和对象发展的方向、变化幅度和变化的概率等是可以获取的。这些当然是规律的反映。也就是说，交叉性领域里事物发展当然有规律性，这个规律同样表现为不确定性。

影响乃至决定一个国家和区域的可持续发展（规模、结构、速度、竞争力、水平等），其因素大致包括：生态承载力和环境支撑力、资源供给、经济结构、交通设施和市场、资本投入、技术和管理等。而如何以这些要素来解释一个地区、一个城市的发展态势和发展的可持续性？重要的是要科学地进行因素之间相互作用分析。但是，这些因素的作用又不是决定论的。有关因素的相互作用共同决定了区域的发展速度、规模、结构特征和可持续性。这些因素发生变化，所形成的区域发展的规模、速度、结构也发生变化。

但这种变化并不能进行精确的“量”的测量。因为区域的发展是一个“人-地系统”。这个系统不是一个纯自然的系统。“人-地系统”的特征决定了这个系统不可能精确的测量。对于这样的系统也不可能按给出的精度进行调控。

我们在预测和在解析“社会-环境动力学”的时候，需要深入长期的理论研究，也要根据具体区域的情况和数据加以实证研究。区域系统发展的或然性特征带来两点值得人们十分注意：①对“人-地系统”的研究和调控，较技术系统（如一部机器）和工程系统等要复杂得多、困难得多，技术系统和工程系统虽然有的很复杂，但是有它高度确定性的一面；②仅仅甚至主要依靠数学和计算机是不能够解决问题的。

3. 切实做好综合集成研究

地理科学面对的“人-地关系”地域系统是一个非常复杂的系统，认识这个系统，必须发挥地理科学方法论的特长，同时要充分吸收系统科学、生态学、经济学等学科的方法。在这些学科方法的基础上发展综合集成研究。这里包括历史数据和资料的集成，要素及要素作用的集成，对系统中各种区域变化状态的相互关系的集成等。长期以来，我们也常说要进行综合集成研究，但在行动上却很不以为然。综合集成研究方法的运用，要求地理学家在传统方法基础上作出创新。

综合集成的主要目标主要是自然要素的地域分异和人文要素的地域分异的综合和耦合方法。只有通过这种综合和耦合，才可以认识地球表层的地域分异特征和社会经济发展的可持续性。在这个基础上作出综合（类型）区划，即自然-经济社会-生态区划，也有学者称之为生态-经济区划。这种区划的研究对于确定国家和区域未来发展的功能定位具有更重要的理论和实践意义。

4. 将各种类型区域性可持续发展战略研究和规划作为地理科学的重要任务

长期以来，在资源环境生态等领域的战略研究和发展规划被我们许多同仁看成根本就不是研究工作的一部分，他们不了解从事这类工作所需要的科学基础和知识结构。现在，《未来地球》的作者们倡导，学者们应该对地球上的环境变化和可持续发展的严峻态势进行检测、评估、预测，并制定实现可持续发展的战略和政策。

在中国，在各种战略研究和区域性规划领域，地理学者与中国各级政府部门已经开辟了良好的合作平台。钱学森在 20 世纪末就强调：“地理科学对于社会主义建设来说，是一门迫切需要的科学。社会主义建设过程提出的问题很多，像资源利用、国土整治、发展战略等都涉及地理科学。小平同志讲到“要进行中、长期规划，这应是地理科学所关心和要解决的问题，把地理科学的概念完善，使地理科学在国家中长期规划中起了作用，我们就算做了件大事”。黄秉维在为钱学森等所著《论地理科学》作序时开门见山：“10 年以来，钱学森教授坚持不渝地提倡建立地球表层学、地理科学，为祖国中长期建设规划服务。他号召有关科学工作者理直气壮地为此而努力经营，语重心长，期望殷切”，认为钱老的论述“言简意赅，却是很丰富的理论和实践的结晶”。

1.4 地理信息科学相关学科及期刊介绍

1.4.1 地理信息科学相关学科

地理信息科学是现代科学技术发展和社会需求的产物，为了解决影响人类生存与发展的人口、资源、环境、灾害等基本问题，需要自然科学、工程技术、社会科学等多学科、多手段联合攻关。许多不同的学科，包括地理学、测量学、地图制图学、摄影测量与遥感学、计算机科学、数学、统计学，以及一切与处理和分析空间数据有关的学科，参与寻找一种能采集、存储、检索、变换、处理和显示输出从自然界和人类社会获取的各种各样数据、信息的强有力工具，其归宿就是地理信息系统或科学。地理信息科学明显具有多学科交叉的特征。

（1）测绘学相关学科：测量学、遥感、制图学、摄影测量学、全球定位系统、可视化、符号学等。

（2）计算机相关学科：计算机图形学、数据库、模式识别、计算几何、人工智能、信息存储、网络学等。

（3）数学：几何学、图论、拓扑学、统计学、决策优化等。

（4）地理学：人文地理学、自然地理学等。

（5）社会科学：公共管理、公共信息查询等。

（6）流行病学：疫情分布、健康护理规划等。

（7）环境科学：生态学、水文学、气象学等。

（8）产业：森林、林业、农业、国土、交通、城市规划、畜牧、卫生等。

其他还有与地理信息相关的学科。

1.4.2 地理信息科学相关期刊

在经历了长时期的数据收集后，人们逐渐意识到需要从海量的空间信息里提取出有价值的规律，从而为人类更好的生存而服务。正如前面所述，地理信息科学的发展已渗透到各个领域，并将逐渐成为科学研究。为了捕捉更为全面的研究信息，有必要持续跟踪最新文献，从而获得最新的信息，在此我们整理了国内外主要期刊，以方便读者学习。

1. 主要地理类及相关中文核心期刊

表 1.1 列选了我国主办的 32 部主要地理类中文核心期刊的刊名、主办单位、出版周期、创刊时间、CNKI 提供的复合影响因子和综合影响因子（2015 年）。期刊刊名包括了地理、人口、资源与环境、遥感、测绘、气象、生态、城市规划、土地、地球科学等

关键字段，在32部中文核心期刊中，以“复合影响因子”进行排序。《地理学报》无论是复合影响因子还是综合影响因子都排名第一。

表 1.1　我国主办的主要地理类中文核心期刊

序号	刊名	主办单位	周期	创刊时间	CNKI 复合影响因子	CNKI 综合影响因子
1	地理学报	中国地理学会、中国科学院地理科学与资源研究所	月	1934 年	3.958	2.912
2	地理研究	中国科学院地理科学与资源所	月	1982 年	3.046	2.136
3	中国人口.资源与环境	中国可持续发展研究会等	月	1990 年	3.026	1.766
4	气象	国家气象中心	月	1972 年	2.723	1.972
5	经济地理	中国地理学会、湖南省经济地理研究所	月	1981 年	2.57	1.744
6	生态学报	中国生态学学会	半	1981 年	2.537	1.57
7	城市规划学刊	同济大学（建筑城规学院）	双月	1957 年	2.445	1.194
8	资源科学	中国科学院地理科学与资源研究所	月	1977 年	2.444	1.602
9	自然资源学报	中国自然资源学会	月	1986 年	2.429	1.58
10	地理科学	中国科学院东北地理与农业生态研究所	月	1981 年	2.408	1.935
11	地理科学进展	中国科学院地理科学与资源所	月	1982 年	2.246	1.5
12	城市规划	中国城市规划学会	月	1977 年	2.169	0.974
13	应用气象学报	中国气象科学研究院等	双月	1986 年	2.13	1.452
14	中国科学：地球科学	中国科学院、国家自然科学基金委员会	月	1996 年	2.061	1.473
15	干旱区地理	中国科学院新疆生态与地理研究所、新疆地理学会	双月	1978 年	1.781	1.427
16	测绘学报	中国测绘学会	月	1957 年	1.766	1.268
17	林业科学研究	中国林业科学研究院	双月	1988 年	1.696	1.059
18	林业科学	中国林学会	月	1955 年	1.621	0.966
19	地球信息科学学报	中国科学院地理科学与资源研究所	双月	1996 年	1.603	1.008
20	古地理学报	中国石油大学、中国矿物岩石地球化学学会	双月	1999 年	1.569	1.27
21	中国土地科学	中国土地学会、中国土地勘测规划院	月	1987 年	1.527	0.997
22	地域研究与开发	河南省科学院地理研究所	双月	1982 年	1.511	0.898
23	遥感学报	中国科学院遥感应用研究所、中国地理学会环境遥感分会	双月	1986 年	1.508	0.946
24	地理与地理信息科学	河北省科学院地理科学研究所	双月	1985 年	1.495	0.901
25	山地学报	中国地理学会、山地分会	双月	1983 年	1.191	0.844
26	武汉大学学报（信息科学版）	武汉大学	月刊	1957 年	1.118	0.774
27	自然灾害学报	中国灾害防御协会等	双月	1992 年	1.057	0.614
28	热带地理	广东省科学院广州地理研究所	双月	1980 年	1.043	0.631
29	测绘通报	测绘出版社	月	1955 年	0.852	0.626
30	海洋科学	中国科学院海洋研究所	月	1977 年	0.736	0.485
31	测绘科学	中国测绘科学研究院	月	1976 年	0.687	0.411
32	测绘科学技术学报	信息工程大学测绘学院	双月	1984 年	0.615	0.372

2. 主要地理类及相关国际期刊

2013 年 7～8 月，国内学者秦承志和陈旻（2014）开展了首次“中国地理信息科学（GISci）领域科研人员心目中的本领域国际学术期刊等级”问卷调查，对问卷进行分析后得出了中国（含港澳台地区）GISci 领域科研人员心目中的本领域 55 种国际学术期刊排名情况。比较了本次调查结果与国际上此前公布的唯一一次、但无中国学者参与的GISci 领域国际学术期刊等级问卷调查结果间的异同。本结果的公布能够促进 GISci 领域的中国青年科研人员及研究生对本领域学术期刊的了解，避免目前常常仅以影响因子来评价本领域国际学术期刊所产生的偏颇，统计结果如表 1.2 所示。

表 1.2　GISci 领域国际学术期刊等级的统计结果（按评级均值排序）

序号	期刊名称	本次调查结果			Caron 等（2008）	SCI/SSCI 信息			
		非“N”级评判数	评级均值	最终评级	问卷调查评级结果	是否 SCI/SSCI	IF （2011）*	IF（2012）**	5 年 IF（2012）**
1	*International Journal of Geographical Information Science*	36	1.11	1	1	Y	1.472	1.613	1.984
2	*Remote Sensing of Environment*	33	1.27	1	2	Y	4.574	5.103	6.144
3	*Annals of the Association of American Geographers*	29	1.31	1	2	Y	2.173	2.11	2.593
4	*ISPRS Journal of Photogrammetry and Remote Sensing*	34	1.38	1	—	Y	2.885	3.313	4.026
5	*IEEE Transactionson Geoscience and Remote Sensing*	34	1.47	1	2	Y	2.895	3.467	3.612
6	*PhotogrammetricEngineering& RemoteSensing*	32	1.69	1	1	Y	1.048	1.802	2.042
7	*LandscapeEcology*	19	1.89	1	2	Y	3.061	2.897	3.725
8	*Computers，Environments and Urban Systems*	29	1.9	1	2	Y	1.795	1.674	1.986
9	*International Journal of Remote Sensing*	35	1.91	2	1	Y	1.117	1.138	1.674
10	*Progress in Physical Geography*	18	1.94	2	—	Y	3.36	3.419	3.69
11	*Environment and Planning A*	21	1.95	2	2	Y	1.888	1.834	2.316
12	*Environment and Planning B*	22	1.95	2	2	Y	0.826	1.084	1.54
13	*Transactions in GIS*	27	1.96	2	1	Y	0.54	0.906	0.906
14	*Environmental Modelling& Software*	29	1.97	2	—	Y	3.114	3.476	3.608
15	*Computers&Geosciences*	36	1.97	2	1	Y	1.429	1.834	1.992
16	*Geoinformatica*	31	2	2	1	Y	1.143	1	1.218
17	*Ecological Modeling*	23	2.04	2	—	Y	2.326	2.069	2.399
18	*Applied Geography*	27	2.07	2	3	Y	3.082	2.779	3.15
19	*Geographical Analysis*	26	2.12	2	3	Y	1.054	1.5	1.814
20	*International Journal of Applied Earth Observation and Geoinformation*	33	2.15	2	—	Y	1.744	2.176	2.557
21	*Cartography and Geographic Information Science*	26	2.15	2	2	Y	0.83	0.611	—
22	*IEEE Computer Graphics and Applications*	24	2.21	2	—	Y	1.411	1.228	1.741
23	*Journal of Advances in Modeling EarthSystems*	17	2.24	2	—	Y	—	4.114	3.941
24	*Journal of Geophysical Research：EarthSurface*	17	2.29	2	—	Y	3.021	3.174	3.546
25	*Cartographica：TheInternational Journal for Geographic Information and Geovisualization*	19	2.32	2	2	N	—	—	—
26	*IEEE Geoscience and Remote Sensing Letters*	31	2.32	2	—	Y	1.56	1.823	1.981
27	*The Cartographic Journal*	23	2.35	2	3	Y	0.59	0.424	0.619

续表

序号	期刊名称	本次调查结果			Caron 等（2008）	SCI/SSCI 信息			
		非“N”级评判数	评级均值	最终评级	问卷调查评级结果	是否SCI/SSCI	IF （2011）*	IF（2012）**	5 年 IF（2012）**
28	*Photogrammetric Record*	20	2.35	2	—	Y	1.098	1.44	1.243
29	*Professional Geographer*	22	2.41	3	2	Y	1.206	1.266	2.288
30	*Natural Hazards and Earth System Sciences（&Discussions）*	15	2.47	3	—	Y	1.983	1.751	2.111
31	*Computational Geosciences*	22	2.5	3	—	Y	1.348	1.422	1.688
32	*Hydrology and Earth System Sciences（&Discussions）*	15	2.53	3	—	Y	3.14	3.587	3.984
33	*Annals of GIS*	31	2.55	3	—	N	—	—	—
34	***Science China Earth Sciences***	29	2.59	3	—	Y	0.699	1.255	1.282
35	***International Journal of Digital Earth***	31	2.61	3	—	Y	1.083	1.222	1.464
36	*Canadian Journal of Remote Sensing*	27	2.63	3	3	Y	0.56	0.986	1.274
37	*Geomatica*	19	2.63	3	1	N	—	—	—
38	*Cartographic Perspectives*	12	2.67	3	3	N	—	—	—
39	*Earth Science Informatics*	19	2.68	3	—	Y	0.6	0.404	0.573
40	*Geodesy and Cartography*	19	2.68	3	—	N	—	—	—
41	*Journal of Geographical Systems*	28	2.71	3	2	N	—	—	—
42	*GIS cience and Remote Sensing*	22	2.73	3	—	Y	0.642	1.433	1.405
43	*Swiss Journal of Geosciences*	12	2.75	3	—	Y	0.879	1.2	1.694
44	***Chinese Geographical Science***	31	2.77	3	—	Y	0.5	0.5	0.531
45	*Central European Journal of Geosciences*	14	2.79	3	—	Y	—	0.506	0.509
46	*Surveying and Land Information Science*	15	2.8	3	3	N	—	—	—
47	***Science China Information Sciences***	26	2.85	3	—	Y	0.388	0.706	0.706
48	***Science China Technological Sciences***	26	2.85	3	—	Y	0.747	1.187	1.195
49	***Journal of Geographical Sciences***	22	2.86	3	—	Y	0.832	0.907	1.01
50	*Geoscientific Model Development（&Discussions）*	12	2.92	3	—	Y	3.237	5.03	4.5
51	*Journal of Location Based Services*	16	2.94	3	—	N	—	—	—
52	*Geo-spatialInformationScience*	26	3.04	3	—	N	—	—	—
53	*Journal of Spatial Information Science*	14	3.07	3	—	N	—	—	—
54	*Journal of Maps*	17	3.18	3	—	Y	0.296	0.769	0.625
55	*ArabianJournalofGeosciences*	11	3.18	3	—	Y	1.141	0.74	0.741

*表示据 ISI 发布的 2012 年度 JCR；**表示据 ISI 发布的 2013 年度 JCR；粗体部分为中国主办期刊

资料来源：Caron et al.，2008.

参 考 题

1. 地理信息科学的形成。
2. 地理信息科学的概念。
3. 地理信息系统的组成及功能。
4. 地理信息系统与地理信息科学的区别。
5. 地理信息科学的发展趋势。
6. 地理信息科学相关学科。
7. 地理信息科学相关国内外期刊。

参 考 文 献

布鲁恩·斯坦利, 刘爱利. 2013. 地理学展望: 2050 年的地理学. 地理科学进展, 32(7): 995-1017.

崔铁军, 郭黎, 张斌. 2010. 地理信息科学基础理论的思考. 测绘科学技术学报, 27(6): 5-9.

崔铁军. 2012. 地理信息科学基础理论. 北京: 科学出版社: 414.

胡鹏, 黄杏元, 华一新. 2002. 地理信息系统教程. 武汉: 武汉大学出版社: 1.

黄杏元, 马劲松. 2008. 地理信息系统概论. 北京: 高等教育出版社: 0-1.

李德仁. 2003. 论 21 世纪遥感与 GIS 的发展. 武汉大学学报(信息科学版), 28(2): 3-7.

刘光远. 1980.地图点状符号自动绘制——间混线性信息块法. 测绘通报, (2): 35-40.

刘海砚, 孙群. 1998. 利用计算机制图技术进行地图的生产和制作. 第九届全国图像图形科技大会. 西安, 391-392.

刘岳, 梁启章. 1978. 制图自动化的程序设计. 测绘通报, (6): 30, 40-45.

陆大道. 2014. “未来地球”框架文件与中国地理科学的发展——从“未来地球”框架文件看黄秉维先生论断的前瞻性. 地理学报, 69(8): 5-13.

马蔼乃, 邬伦, 陈秀万, 等. 2002. 论地理信息科学的发展. 地理学与国土研究, 18(1): 1-5.

千怀遂, 孙九林, 钱乐祥. 2004. 地球信息科学的前沿与发展趋势. 地理与地理信息科学, 20(2): 4-10.

秦承志, 陈旻. 2014. 地理信息科学领域国际学术期刊等级的调查分析. 地理学报, 69(4): 136-142.

汤国安, 董有福, 唐婉容, 等. 2013. 我国 GIS 专业高等教育现状调查与分析. 中国大学教学, (6): 28-33.

杨开忠, 沈体雁. 1999. 试论地理信息科学. 地理研究, 18(3): 37-43.

张友静. 2009. 地理信息科学导论. 北京: 国防工业出版社: 181.

Caron C, Roche S, Goyer D, et al. 2008.GIScience journals ranking and evaluation: An international Delphi study. Transactions in GIS, 12(3): 293-321.

Goodchild M F. 1992. Geographical information science. International Journal of Geographical Information Science, 6(1): 31-45.

Wikipedia. Roger tomlinson. https://en.wikipedia.org/wiki/Roger_Tomlinson. 2015-1-20.

第2章　地理信息基础

客观的地理系统是一个复杂而巨大的系统，里面所包含的信息都与地理空间有关，具有空间特征、属性特征及时间特征，即称为地理信息。在地理信息系统里面表达地理信息，是建立在特定的条件和规则基础之上的，且有固定的分类与编码方法。本章的主要内容即为确定地理信息的概念及表达方式；介绍和比较不同的地理空间关系的建立方法；讲解空间实体的编码方式。

2.1　地 理 信 息

2.1.1　数据和信息

数据（data）是未经加工的原始资料，在任何科学研究中都起着无可代替的基础作用。数据是指通过定性和定量的描述各种事件、事物和现象而被记录下来的各种被鉴别的符号，不仅是以数字和文字的形式记录，也包括各种符号、语言、图像、图形，以及各种转换的形式。在地理信息系统中数据包括数据的收集、处理及数据的空间分析部分。数据的形式或格式与计算机系统有关，并且随着载荷它的介质形式改变而改变。数据本身并没有意义，只有在表达某种实体的时候，它才被赋予某些意义。而这时候，数据被表达为信息，即数据的内容就是信息。

信息（information）是以数据为载体来表达事件、事物、现象等的内容、数量或特征，进而用来描述现实世界，作为生产、建设、经营、管理、分析和决策的依据。信息是对数据的解释，同时也是数据的意义，它不随介质或载体的变化而发生变化。信息有如下四个方面的特点。

1）信息的客观性

任何信息都是与客观事实紧密相关的，它们能如实反映现实世界的真实性，这是信息的正确性和精度性的保证。

2）信息的实用性

信息是经过变换、处理和分析后对生产、经营和管理具有重要意义的有用信息，因而它是具有实用性的。

3）信息的传输性

信息应该可以在信息的发送者和信息的接受者之间传输，传输的形式和格式是多种多样的，尤其是互联网技术迅猛发展之后，信息的传输变得多样化且具有时效性。

4）信息的共享性

同一信息可以被传输给多个用户所使用，而本身并无任何损失，这与实物不同，即为信息的共享性。

信息的这些特点使得信息成为当前社会发展的一项重要资源，应用在各个学科。

2.1.2 地理信息

地理信息（geographic information）是指与空间地理分布有关的信息，它表示地表物体和环境固有的数据、质量、分布特征、联系和规律，它是对表达地理特征要素和地理现象之间关系的地理数据的解释。随着现代科学技术的发展，地理信息的采集变得更为容易，时间大大缩短，并能被识别、转换、存储、传输、显示和使用，成为数字化信息的主要部分。

地理信息不仅具有普通信息的一般特征（客观性、实用性、传输性和共享性），还具有其本身独特的特性。

1）空间分布性

地理信息属于空间信息，具有空间分布的特点，具有空间定位，且不可重叠性，其属性表现也是多层次的，这是地理信息区别于其他信息的一个主要特征。

2）多维结构

地理信息具有多维结构的特征，在二维空间的基础上，实现多维的结构表达，表现为在同一个空间位置上包含了多重属性，可以生成多种专题图，为科学的综合性研究提供了可能性。

3）时序特征

地理信息的时序特征表现为地理实体的动态性，即其随时间变化的序列特征，分为超短期（如森林火灾、气象灾难等）、短期（如农作物的长势等）、中期（如土地利用等）、长期（如水土流失等）和超长期（地壳运动和气象变化等）。地理信息的时序特征十分明显，对其研究要求信息获取及时、定期的更新，且对历史数据的长期积累，才可为科学预测提供决策。

4）数据量大

地理数据（geographic data）因为其空间特征、多维特征和时序性，因此包含了大量的数据。

地理数据即是各种描述地理特征和现象之间的关系的符号表达，同时具有地理信息的特征，并由固定的方式来表达，是地理空间分析的基础。随着科学技术的不断发展，地理数据的挖掘与共享技术也日趋成熟（Miller and Han，2001）。

2.2 地理实体表达与分类

2.2.1 地理实体及表达

自然地理环境是由自然环境和社会经济文化环境相互重叠、相互联系所构成的整体。其中所有的要素都与地理空间的位置有关系，均可以由地理实体来表达。

地理实体即为存在于地球表面具有一定地理位置和属性的物体，是一种在现实世界中不能再划分为同类现象的对象。地理实体在地理数据库中表现为地理目标，任何地理实体都具有空间特征、属性特征及时间特征。

地理实体的表达是基于地图的基础上的，在地图框架内，地理实体要素被表示为覆盖给定范围内的不同图层，每层图层中表达不同的地理实体要素或其集合，见图 2.1。所以地理实体的表达过程即为地图图层的生成过程，且在不同尺度下的抽象表达往往表现出不同的空间形态、结构和细节（王艳慧和孟浩，2006）。

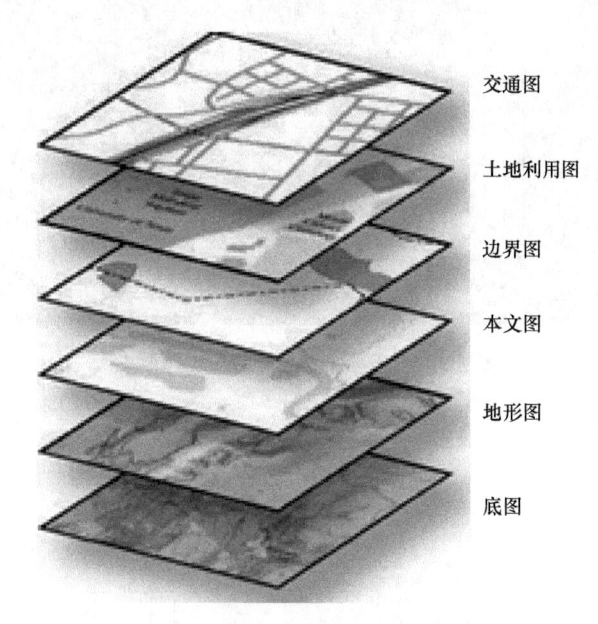

图 2.1　地理实体要素表达的图层结构

图层的表达方式分为两种，即栅格影像地图的表达和矢量地图的表达。

1）栅格影像地图

栅格影像地图即指真实地理实体要素的记录过程，可分为摄影成像、扫描成像及微波成像等不同的成像方法，图 2.2 即为用栅格影像表达的地理实体要素。栅格影像地图表达的地理实体的真实程度受到影像的比例尺、分辨率的影响。一般大比例尺或高分辨率的栅格影像表达的地理实体要素特征更为清晰详细，而小比例尺或低分辨率的栅格影像表达的地理实体要素特征范围更为广阔。用户可以根据不同的目的选择合适的栅格影像地图进而提取图上的地理实体要素信息，亦可利用多分辨率的栅格影像进行对比分析评价（Casa et al.，2013）。

2）矢量地图

矢量地图则是将真实的地理实体要素在地图上表达为抽象的符号。地图生成的过程要遵循某些原则，如投影原则，即真实的地理实体要素与地图上相应的表达符号之间成一个固定的函数关系，从而准确的表达地理实体要素在空间的位置及分布规律，反映它们之间的空间关系，如距离、方向、空间依赖性等。一般在地图学上，所有的地理实体要素都被抽象成点、线、面三种类型，分别用不同的点状符号、线状符号和面状符号来表达。且一切要素都附带各自的属性信息来表达其自身的属性特征。图 2.3 即为矢量地图表达的地理实体要素。

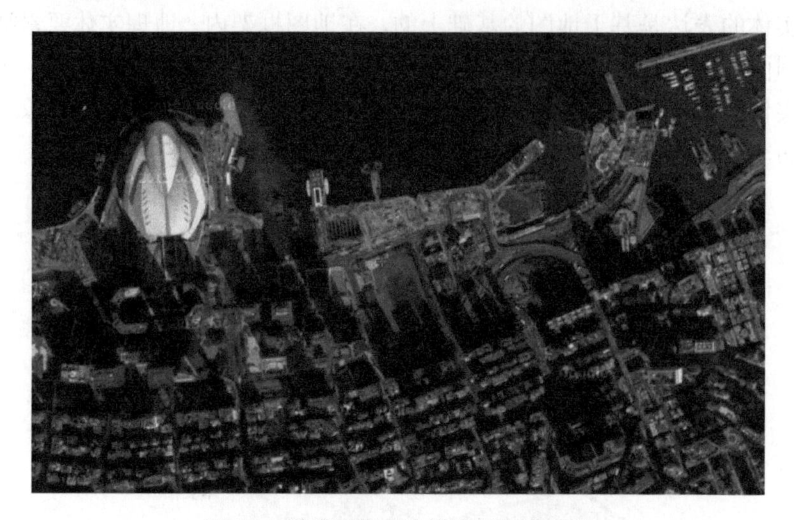

图 2.2　遥感影像表达的地理实体要素

图 2.3　矢量地图表达的地理实体要素

2.2.2　地理实体的分类

地理实体要素按其表达的方式不同可以分为以下两种类型，即矢量数据和栅格数据。

1. 矢量数据

矢量数据可以按照其属性不同进行分类，但是都可以归结为点、线、面三种类型。

点实体是指只有特定的位置，而没有长度及面积的实体，用来描述不能用线和面来表达的地理特征要素的离散位置，如道路的交叉点、气象站、发射塔等，也可以用来表示某些地址的空间位置，用 GPS 坐标来表达，也可以用来在地图上表示某些注记点，如图 2.4 所示。

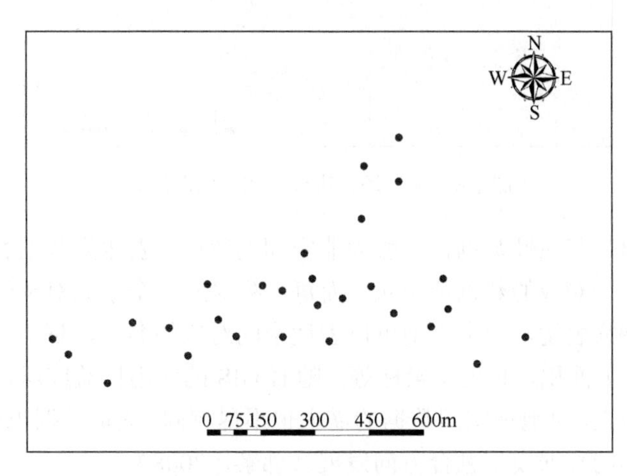

图 2.4　气象站点分布图（点图层）

线实体是指有长度、曲率及方向的实体，用来描述线状的地理要素，如公路、河流、网络等，也可以用来表示只有长度没有面积的地图要素，如等高线及行政边界等，如图 2.5 所示。

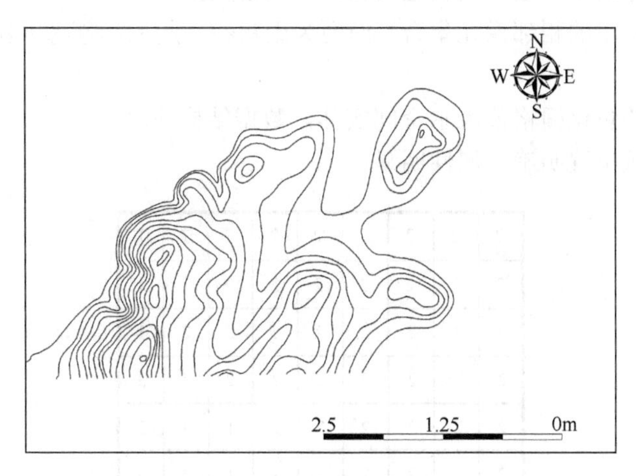

图 2.5　等高线图（线图层）

面实体是指具有面积、周长的地理实体，也称多边形、区域等，用来描述封闭的区域面的地理要素的位置和形状，如省、市、绿地等，也可以用来表示在地图中区划分区，如林班、小班、土地利用分区等，如图 2.6 所示。

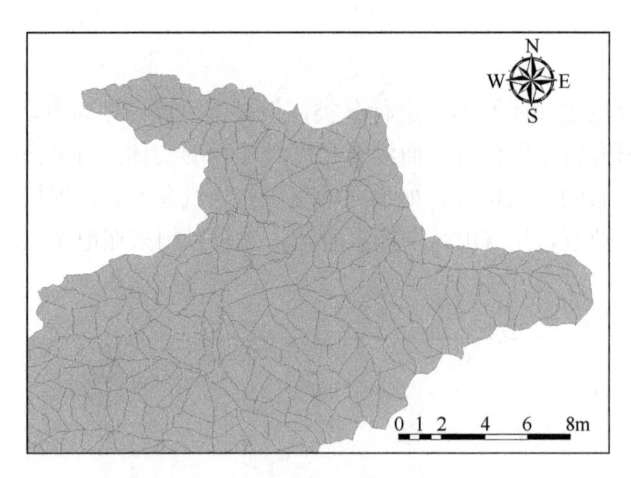

图 2.6　某林场林班分布图（面图层）

矢量数据都附带其属性数据，一般为非空间的数据，表达为数据表，表中包含若干行与其空间对象一一对应的数据或记录，而每一列对应一个空间对象的属性特征，且按照不同的数据类型来表达，如字符型可以表达空间对象的名字，整型、浮点型可以表达任何的数字特征，如面积、长度、坐标等。随着 GIS 的应用日益广泛，各行各业对空间数据的需求越来越大，对地理空间数据的需求也不尽相同，矢量数据也向着不同数据源、不同数据精度和不同数据模型融合方向发展（郭黎，2008）。

2. 栅格数据

栅格数据是指在空间单元内人为划定大小相等的正方形网格，有着统一的定位参照系。每个空间单元只记录其属性值，而不记录它的坐标值，如图 2.7 所示。栅格单元的大小代表空间的分辨率，也就是表达其精度。栅格数据中，点即为一个像元，线则是在一定方向上连接成串的相邻像元集合，而面为聚集在一起的相邻像元集合。栅格数据有以下四个特点。

（1）用离散的量化栅格值表示空间实体，数据结构简单；

（2）描述区域位置明确，属性明显；

2	2	2	2	2	2	2	2	1
2	2	2	2	2	2	2	2	1
2	2	2	2	2	2	2	2	1
2	2	2	2	2	2	2	1	3
2	2	2	2	2	2	1	1	3
2	2	2	2	2	1	1	3	3
2	2	2	2	1	4	4	1	3
1	1	1	1	4	4	4	4	1
4	4	4	4	4	4	4	4	4

图 2.7　栅格数据表达

（3）地物之间的拓扑关系难以建立；

（4）图形质量低，想要提高分辨率，则要加大像元数目，而同时数据量也会增大。

由于栅格数据并不是离散数据，且每个栅格单元只能取一个值，可是实际上一个栅格单元可能对应于地理实体要素中几种不同属性值，因此存在着栅格数据单元的取值问题，可按照以下四个办法确定。

（1）面积占优法：取栅格单元中占最大面积的属性值为它的属性；

（2）长度占优法：在网格中心画一横线，取横线所占最长部分属性值作为栅格属性；

（3）中心点法：取栅格中心点的值作为栅格元素值；

（4）重要性法：取某些主要属性，只要在栅格中出现就把该属性作为栅格属性。

栅格数据是GIS系统中的一种非常重要的数据结构，具有时空特征，且两者之间密不可分，其数据矩阵结构形式适合描述连续变化的自然现象，可应用在景观变化模拟、城市动态演化、火灾蔓延、土地荒漠化扩展等多个应用领域，并满足它们的实际需求（陈志泊，2005）。

2.3 空间坐标系统及投影

地理实体具有空间特征，为了表达和确立地理实体的空间位置、形状、大小、面积、长度等，并且表示地理实体在空间中的关系，需要建立空间坐标系统。对于相同位置的地理实体，由于其所在的空间坐标系统的不同，表达方式也不同。目前国际上，在地理信息系统中所使用的坐标系统可以分为地理坐标系统和投影坐标系统两大类。

2.3.1 椭球体和大地基准面

地理坐标系统（geographic coordinate system）是以经纬度为地图的存储单位，是球面坐标系统，即确定地理实体在地球表面上的位置和关系的空间坐标系统。为了实现这个目的，需要确定两种重要的组成因素，分别为椭球体及大地基准面。

地球的自然表面是一个凹凸不平的表面，最高点是位于中国与尼泊尔两国边界上的喜马拉雅山脉的主峰珠穆朗玛峰，高于海平面8844.43m，最低点位于太平洋中的马里亚纳海沟，深达11034m，两者之间的垂直距离达19978.43m，且地球表面是在不断地运动中，这种运动与地球本身的特性有关，也与地球表面的人类活动有关（Woodbridge et al., 2015）。我们无法用一个数学公式将地球表面标准地表达出来，也就无法为测量和制图提供基础，因此需要寻找一个可以用数学来表达的曲面代替地球表面。

由于地球表面海洋覆盖了大部分的面积，占了总体的71%，而陆地仅仅占了剩余的29%，因此我们可以假想地球表面是被海水所包围的球体，如图2.8所示。我们把静止的海平面称为水准面，水准面是受地球表面重力场影响而形成的，是一个处处与重力方向垂直的连续曲面，因此是一个重力场的等位面。当我们将水准面不断延伸进内陆就可以用来表示地球的表面，即为大地水准面。1872年，里斯丁（J.B.Listing）最先提出和使用这个术语，把大地水准面定义为地球重力场诸等位面中在平均意义上与开阔无扰动海水面相吻合的那个等位面，且大地水准面会随着地壳运动而发生改变（Bostrom, 1985）。水准面是由观测站测量而得，因此不同位置的观测站会测定出不同的水准面，大地水准面也就存在多个，如何确定大地水准面是国家基础测绘中的一个重要部分。它将几何大地测量与物理大地测量科学地结合起来，使人们在确定空间几何位置的同时，还能获得海拔和地球引力场关系等重要信息（李建成，2012）。大地水准面的形状反映了地球内部物质结构、密度和分布等信息，对海洋学、地震学、地球物理学、地质勘探、石油勘探等相关地球科学领域研究和应用具有重要作用（许曦，2012）。

图 2.8　地球表面

由于地球内部物质分布不均匀，因此大地水准面的几何性质和物理性质都是不规则的，它仍然不能用一个简单的数学公式来表达，我们将由大地水准面包围的整体称为大地体，由此作为参照，即可推出近似的椭球体来代替地球。这个椭球体是一个近似以地球的短半轴为轴的旋转椭球体，称为地球椭球。地球椭球是一个规则的数学曲面，可以通过椭球体的长半径 a 和扁率 e（或短半径 b）确定它的大小。一个国家或地区，为了处理自己的大地测量成果，首先需要在地面上适当的位置选择一点作为大地原点，用于推算地球椭球定位的结果，并作为观测元素推算和大地坐标计算的起算点。与地球大小和形状接近的并确定了和大地原点关系的地球椭球体，称为参考椭球体，其表面称为参考椭球面。参考椭球被定义为一个形状、大小、和定位、定向都已经确定的地球椭球。确定一个参考椭球需要一些参数，如长半轴（a）、短半轴（b）、扁率（$a=\dfrac{a-b}{a}$）、椭圆的第一偏心率（$e=\sqrt{\dfrac{a^2-b^2}{a^2}}$）、椭圆的第二偏心率（$e'=\sqrt{\dfrac{a^2-b^2}{a^2}}$）等（寸寿才，2014）。地球表面、大地水准面、静止海平面与椭球面的关系如图 2.9 所示。

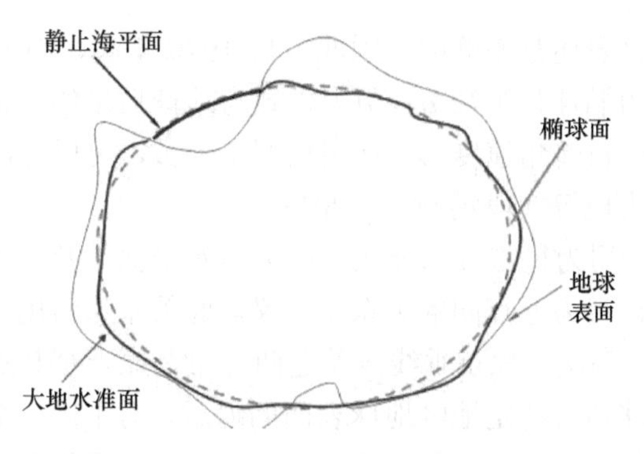

图 2.9　地球表面、大地水准面、静止海平面与椭球面的关系

推算椭球的参数，是由不同国家（地区）、不同年代的测量资料，按不同的处理方法得出的。在我国的历史上，曾经使用过多个不同的椭球体。

1）我国 1952 年以前采用海福特椭球（美国 1910）

其特点是采用了地壳均衡补偿理论，该椭球 1924 年被定为国际椭球，其参数为 a=6378388m，b=6356911.9461279m，α=0.33670033670。

2）克拉索夫斯基椭球（苏联 1940）

是克拉索夫斯基于 1940 年提出的地球椭球。该椭球在推算时除了使用了苏联 1936 年前完成的大量的弧度测量资料外，还利用了西欧、美国的资料，并广泛的使用了确定地球扁率的重力测量资料，同时还考虑了地球的三轴性，因此该椭球在同年代相对于其他椭球来说更为科学。我国 20 世纪 50 年代建立了 1954 年北京坐标系，使用的是这个椭球，但是由于该椭球在计算和定位的过程中，并没有采用中国的数据，因此该系统在中国范围内符合得不好，不能满足高精度定位，以及地球科学、空间科学和战略武器发展的需要。其参数为 a=6378245m，b=6356863.018773m，α=0.33523298692。

3）IAG-1975 椭球为国际椭球（1975）

是国际大地测量与地球物理联合会（IUGG）于 1975 年推荐的正常地球椭球。20 世纪 70 年代，中国大地测量工作者经过 20 多年的艰巨努力，终于完成了全国一、二天文大地网的布测。经过整体平差，我国建立了 1980 西安坐标系，采用的即为此椭球。1980 西安坐标系在中国经济建设、国防建设和科学研究中发挥了巨大作用。其参数为 a=6378140m，b=6356755.2881575m，α=0.0033528131778。

4）WGS-84 椭球（1984）

采用国际大地测量与地球物理联合会第 17 届大会测量常数推荐值，是 GPS 全球定位系统椭球。WGS-84 坐标系是建立在 WGS-84 椭球上的空间坐标系，是世界范围内建立的统一的坐标系。该椭球与整个大地体最为密合，椭球中心与地球质心重合，椭球短轴与地球的自转轴重合，起始大地子午面与起始天文子午面重合。其参数为 a=6378137m，b=6356752.3142451m，α=0.00335281006247。

一般情况下，椭球的形状和大小只能表达地球的几何特征，而对于地球的物理特性，仅靠长短半轴和扁率来表述是不够的，因此，自 1976 年起，国际上明确采用了 4 个参数来表达椭球，分别为椭球长半径 a、引力常数与地球质量的乘积 GM、地球重力场二阶带球谐系数 J_2、地球自转角速度 ω。利用这四个参数，可以导出一系列其他常数，如椭球扁率 α 和赤道重力值等（段鹏硕等，2013）。

大地基准面，设计用为最密合部分或全部大地水准面的数学模式。它由椭球体本身及椭球体和地表上一点视为原点间的关系来定义。此关系通常用 6 个量来定义，即大地纬度、大地经度、原点高度、原点垂线偏差之两分量及原点至某点的大地方位角。大地基准面是利用特定椭球体对特定地区地球表面的逼近，对于同一个椭球体来说，不同的地区由于人们所关心的位置不同，需要最大限度的贴合自己的那一部分，因而大地基准面就会不同。

2.3.2 地理坐标系统

1. 天文坐标系

天文坐标系以大地水准面为基准面，地面点沿铅垂线投影到该基准面的位置。设 O 为地球的质心，N 为地球的北极点，K 为大地水准面上任意一点，包含 K 点的铅垂线在内并与旋转轴 ON 组成的平面，称为 K 点的天文子午面，与大地水准面的交线称为天文子午线，也称为经线。设 G 点为英国格林尼治天文台，那么经过 G 点的天文子午面称为起始天文子午面。过地球的质心并与天文子午面正交的平面称为赤道面，赤道面与大地水准面的交线为赤道，也称为纬线，如图 2.10 所示。

K 点所在的天文子午面与起始子午面的夹角称为天文经度，起始子午面所在经度为 0°，向东为正，向西为负。过 K 点的铅垂线与赤道面的夹角称为天文纬度，赤道纬度为 0°，向北为正，向南为负。

天文坐标系是可以通过天文观测直接确定坐标的坐标系，天文坐标系不仅包含几何信息，也包含重力场信息，因此对于研究地球的物理特性有着重要的意义。

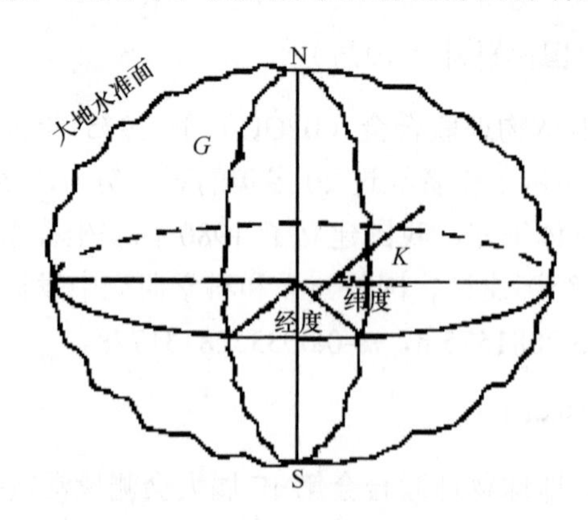

图 2.10 天文坐标系

2. 大地坐标系

大地坐标系分为参心大地坐标系和地心大地坐标系两种。

参心大地坐标系以参考椭球面为基准面，地面点沿着椭球的法线投影到该基准面的位置。设 O 为参考椭球的中心，ON 为椭球的旋转轴，K 为参考椭球面上任意一点，包含 K 点的法线在内并与旋转轴 ON 组成的平面，称为 K 点的大地子午面，与椭球面的交线称为大地子午线。设经过 G 点的大地子午面称为起始大地子午面。过参考椭球的中心并与大地子午面正交的平面称为赤道面，如图 2.11 所示。

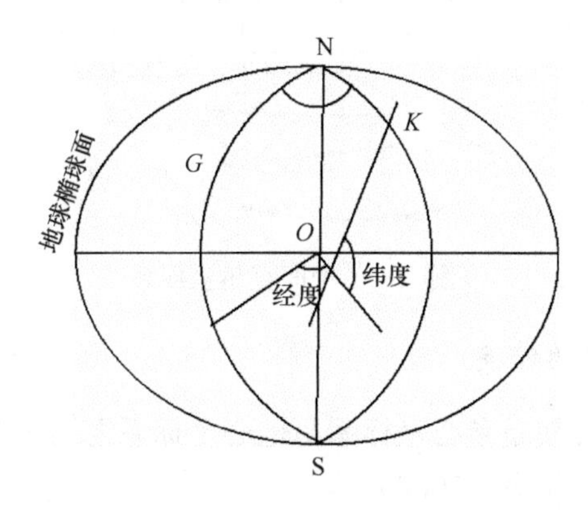

图 2.11　大地坐标系

K 点所在的大地子午面与起始子午面的夹角称为大地经度，起始子午面所在经度为 0°，向东为正，向西为负。过 K 点的法线与赤道面的夹角称为大地纬度，赤道纬度为 0°，向北为正，向南为负。K 点沿法线到椭球面的距离 h 称为大地高，从椭球面算起，向外为正，向内为负。K 点沿铅垂线到大地水准面的距离称为正高。

地心大地坐标系是以地球质心为原点建立的坐标系，或以球心与地球质心重合的地球椭球面为基准面所建立的大地坐标系。同样以经纬度和大地高为其坐标元素（张莉，1998）。

3. 空间直角坐标系

空间直角坐标系同样分为参心空间直角坐标系和地心空间直角坐标系两种。

参心空间直角坐标系是在参考椭球上建立的三维直角坐标系。其坐标元素如下：

原点：即为所选的参考椭球的中心；

Z 轴：与参考椭球的短轴重合；

X 轴：位于起始大地子午面与赤道面的交线上；

Y 轴：与 XZ 平面正交。

由此可知，参心空间直角坐标系与所选的参考椭球有关，参考椭球被确定后，上面即只有唯一的参心空间直角坐标系。当确定了参考椭球的形状和大小、参考椭球中心的位置（定位）、参考椭球中心为原点的空间直角坐标系坐标轴的方向（定向）及大地原点后，该坐标系就建立起来了。为了使该坐标系更容易建立，一般要求该坐标系的始子午面与天文起始子午面平行、Z 轴与地轴自转轴平行，同时所在的参考椭球面与大地水准面尽可能的接近，如图 2.12 所示。

地心空间直角坐标系是以地球质心为原点的空间直角坐标系，同样以相互垂直的 XYZ 三坐标轴来表示，其中 Z 轴与地球的自转轴重合，X 轴位于起始大地子午面与赤道面的交线上，Y 轴与 XZ 平面正交，构成右手坐标系。WGS-84 坐标系及 CGCS2000 坐标系都为地心空间直角坐标系。

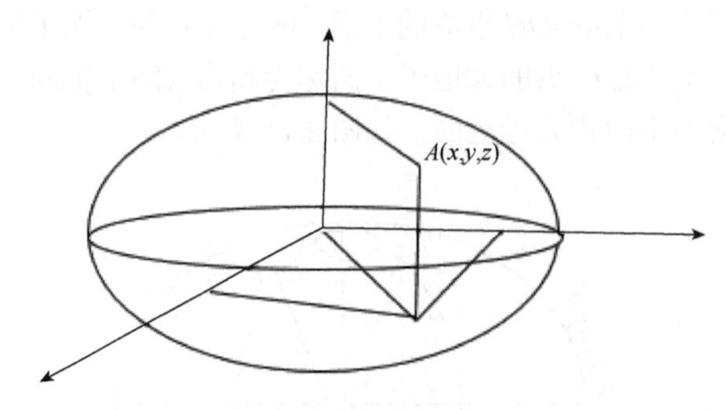

图 2.12　空间直角坐标系

4. 不同坐标系之间的转换

不同坐标系之间的转换是参心坐标系与地心坐标系之间的转换，不同参考椭球的参心坐标系之间的转换（魏子御，2008）。

当假设两个坐标系之间只有原点不重合的情况下，只需用三参数法即可完成转换，即平移需转换的坐标系的原点的 XYZ 坐标到另一坐标系原点位置，使其重合即可。转换公式如下：

$$\begin{bmatrix} X_1 \\ Y_1 \\ Z_1 \end{bmatrix} = \begin{bmatrix} dX \\ dY \\ dZ \end{bmatrix} + \begin{bmatrix} X_2 \\ Y_2 \\ Z_2 \end{bmatrix} \tag{2.1}$$

式中，$X_1Y_1Z_1$ 及 $X_2Y_2Z_2$ 分别为原点不重合的两坐标系的原点坐标。

当两个坐标系之间不仅原点不重合，且各坐标轴不平行、坐标系尺度不一致的情况下，需用七参数法进行转换。其具体步骤如下：

（1）平移需转换的坐标系的原点的 XYZ 坐标到另一坐标系原点位置，使其重合：

$$\begin{bmatrix} X_1 \\ Y_1 \\ Z_1 \end{bmatrix} = \begin{bmatrix} dX \\ dY \\ dZ \end{bmatrix} + \begin{bmatrix} X_2 \\ Y_2 \\ Z_2 \end{bmatrix} \tag{2.2}$$

式中，$X_1Y_1Z_1$ 及 $X_2Y_2Z_2$ 分别为平移前后的坐标系原点坐标。

（2）将需转换的坐标系绕 Z 轴旋转 ε_Z 角度：

$$\begin{aligned} \hat{X} &= \cos\varepsilon_Z \cdot X_2 + \sin\varepsilon_z Y_2 + 0 \cdot Z_2 \\ \hat{Y} &= -\sin\varepsilon_Z \cdot X_2 + \cos\varepsilon_z Y_2 + 0 \cdot Z_2 \\ Z_2 &= 0 \cdot X_2 + 0 \cdot Y_2 + 1 \cdot Z_2 \end{aligned} \tag{2.3}$$

$$T_Z = \begin{bmatrix} \cos\varepsilon_Z & \sin\varepsilon_Z & 0 \\ -\sin\varepsilon_Z & \cos\varepsilon_Z & 0 \\ 0 & 0 & 1 \end{bmatrix} \tag{2.4}$$

式中，$\hat{X}$ 和 $\hat{Y}$ 分别为旋转后的 X 轴与 Y 轴上的点的坐标；$X_2Y_2Z_2$ 为旋转前 X 轴、Y 轴与 Z 轴上的点的坐标；ε_Z 为绕 Z 轴旋转的角度；T_Z 即为旋转矩阵。

（3）将需转换的坐标系绕 X 轴旋转 ε_X 角度：

$$T_x = \begin{bmatrix} 1 & 0 & 0 \\ 0 & \cos\varepsilon_x & \sin\varepsilon_x \\ 0 & -\sin\varepsilon_x & \cos\varepsilon_x \end{bmatrix} \tag{2.5}$$

（4）将需转换的坐标系绕 Y 轴旋转 ε_Y 角度：

$$T_Y = \begin{bmatrix} \cos\varepsilon_y & 0 & -\sin\varepsilon_y \\ 0 & 1 & 0 \\ \sin\varepsilon_y & 0 & \cos\varepsilon_y \end{bmatrix} \tag{2.6}$$

（5）因为旋转矩阵都为正交矩阵，且旋转角度及其微小，所以有

$$\begin{gathered} \cos\varepsilon_x=\cos\varepsilon_y=\cos\varepsilon_z=1 \\ \sin\varepsilon_x=\varepsilon_x，\sin\varepsilon_y=\varepsilon_y，\sin\varepsilon_z=\varepsilon_z \\ \sin\varepsilon_x \sin\varepsilon_y= \sin\varepsilon_x \sin\varepsilon_z=\sin\varepsilon_y \sin\varepsilon_z=0 \end{gathered} \tag{2.7}$$

因此，总旋转矩阵为

$$T = T_x \cdot T_y \cdot T_z = \begin{bmatrix} 1 & \varepsilon_z & -\varepsilon_y \\ -\varepsilon_z & 1 & \varepsilon_x \\ \varepsilon_y & -\varepsilon_x & 1 \end{bmatrix} \tag{2.8}$$

（6）设缩放比例因子为 k，则七参数法最终公式为

$$\begin{bmatrix} X_1 \\ Y_1 \\ Z_1 \end{bmatrix} = \begin{bmatrix} dX \\ dY \\ dZ \end{bmatrix} + \begin{bmatrix} 1 & \varepsilon_z & -\varepsilon_y \\ -\varepsilon_z & 1 & \varepsilon_x \\ \varepsilon_y & -\varepsilon_x & 1 \end{bmatrix} \begin{bmatrix} X_2 \\ Y_2 \\ Z_2 \end{bmatrix} + k \begin{bmatrix} X_2 \\ Y_2 \\ Z_2 \end{bmatrix} \tag{2.9}$$

大地坐标系与空间直角坐标系的转换，其转换公式如下：

$$\begin{gathered} X=(N+h)\cos B\cos L \\ Y=(N+h)\cos B\sin L \\ Z=[N(1+e^2)+h]\sin B \end{gathered} \tag{2.10}$$

式中，XYZ 为空间直角坐标系上点的坐标；BL 为大地坐标系上点的坐标；h 为大地高；N 为卯酉圈曲率半径（卯酉圈为大地方位角为 90°的法截面）其计算公式为

$$N = \frac{a}{\sqrt{1-e^2\sin^2 B}} \tag{2.11}$$

2.3.3 投影坐标系

对于地理坐标系来说，不论哪一种都为球面坐标系，而对于常规测量来说，使用者更期望其为平面，这样更加符合视觉心理，同时方便进行距离、面积及方位等各种参数的量算，并且容易进行空间分析。因此需要将球面的地理坐标系转换为平面坐标系。由于地球椭球体为不可展曲面，无法直接将其转绘到平面上，如图 2.13 所示。为了解决这个问题，我们假想在地球的中心有某一光源，向四周散发光线，在地球外面放置一个足够大的平面，将地球上的经纬网投影到该平面上，这种方法称为投影。

地图投影就是指建立地球表面上的点与投影平面上的点一一相互对应的关系的数学函数，进而将球面坐标转换为平面坐标。这种方法即可保证空间信息在区域上的联系与完整。

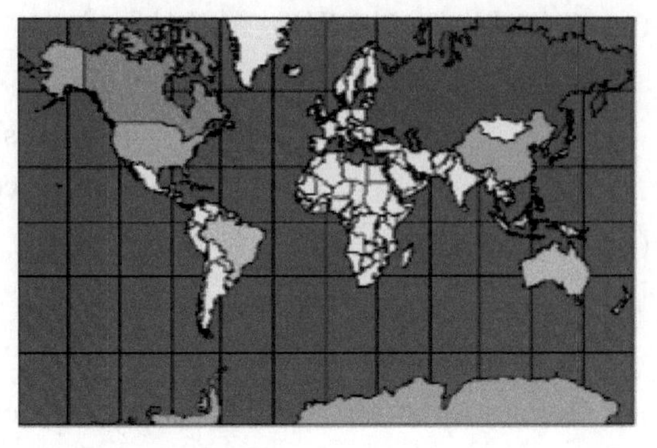

图 2.13　地图投影的基本设想

但是这种投影过程必然会使地物发生某种变形，这种变形称为投影变形，投影变形是球面坐标转换为平面坐标的必然结果，没有变形的投影是不存在的。

1. 地图投影变形性质的分类

1）角度变形

角度变形指平面上两条微分线段所夹的角，其角度并不等于地球表面相应的两条微分线段所夹的角度。例如，球面坐标系中经纬网格的交线处处都为直角，而在投影平面上，则不一定全部正交。在投影中，一定点上的角度变形的大小是用其变形的最大值来衡量，称为最大角度变形，通常用符号 ω 来表示。

2）面积变形

面积变形是指平面上任意多边形其面积并不等于地球表面相应的多边形的面积。面积变形在整幅地图上并不是按比例变化的，在同一幅地图上不同地区的面积变形是不一样的，且不同的投影其面积变形也是不同的。

3）长度变形

长度变形是指平面上某一线段的长度与球面上相应的线段的长度不同，长度变形在整幅地图上也不是按照比例变化的，在同一幅地图上不同地区的长度变形也是不一样的，并且随着方向的变化也会发生变化。不同投影的长度变形也是不同的。

2. 地图投影的分类

1）按照投影变形的性质分类

投影变形虽然不可避免，却可以在投影时加以控制，使某种变形为零。假设地球表面上有无穷小的圆，在投影过程中，这个圆会因为投影的关系而发生形状和大小的变形，而变成了不同形状或者大小的椭圆，我们称之为变形椭圆（张国坤，2004）。我们可以根据变形椭圆的变形情况来确定投影的不同类型，如图 2.14 所示。

（1）当投影后，变形椭圆的长短半轴相等的时候，即其变成圆的时候，这个时候我们认为该投影后，投影面上没有角度变形，这种投影称为等角投影，如图 2.15 所示。其意义为在任意点上由两个微分线段组成的角度投影前后保持一致，故也称为正形投影。在等角投影中，微分圆依然为微分圆，保持形状不变，但大小不同，即除了角度没有变化外，多边形的面积，线段的长度都会发生较大的变形。

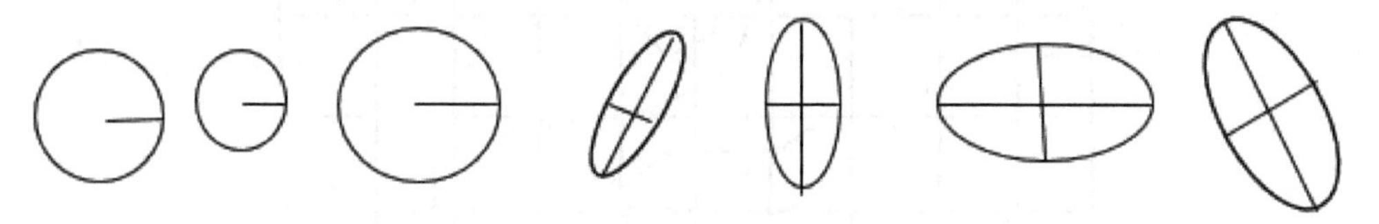

图 2.14　变形椭圆

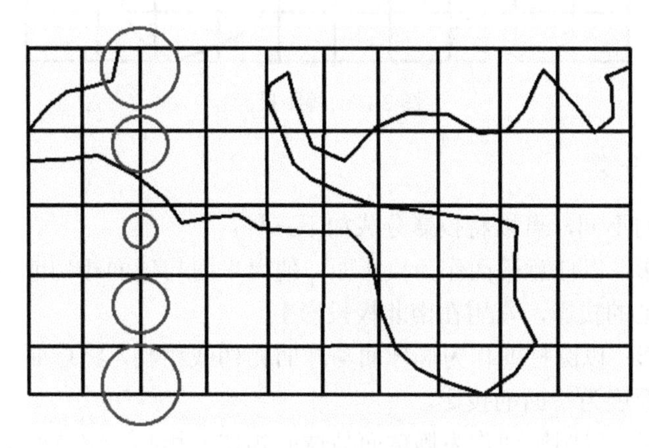

图 2.15　等角投影

（2）当投影后，变形椭圆的形状发生了变化，但是面积不变，此时我们认为该投影后，投影面上没有面积变形，这种投影称为等积投影，如图 2.16 所示。其意义为在任意地方，微分面积投影前后保持不变。在等积投影中，微分圆变成了不同形状的椭圆，且变形椭圆的面积保持相等，但是角度和长度会发生较大变化。

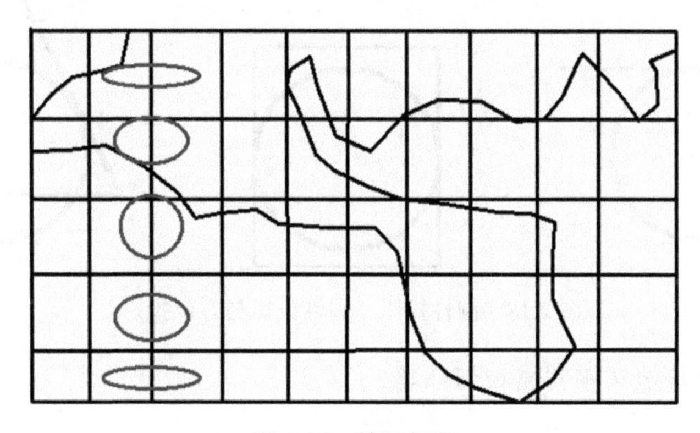

图 2.16　等积投影

（3）当投影后，变形椭圆的形状和面积都发生了变化，这种投影称为任意投影。如果变形椭圆的某一个半轴依然与原始的微分圆的半径相等，此时我们认为该投影后，投影面上没有长度变形，这种投影称为等距投影，如图 2.17 所示。其意义为在任意地方，微分线段的长度投影前后保持不变。在等任意投影中，微分圆变成了不同形状不同大小的椭圆，但是其面积变形小于等角投影，角度变形小于等积投影。

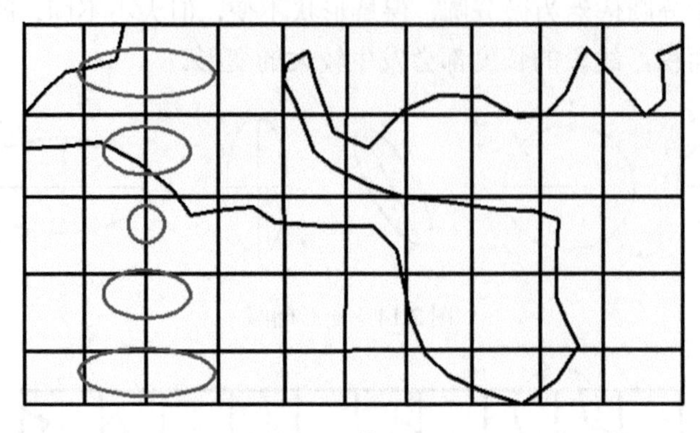

图 2.17　等距投影

2）按投影面分类

按照投影面的不同，可以将投影分成如下三种。

（1）方位投影：以任意平面作为投影面，使得平面与球面相切或相割，将球面上的坐标投影到平面上的投影，常用在南北极投影上。

（2）圆柱投影：以圆柱面作为椭球面与球面相切或相割，将球面上的坐标投影到平面上，再将椭球面展为平面的投影。

（3）圆锥投影：以圆锥面作为椭球面与球面相切或相割，将球面上的坐标投影到平面上，再将圆锥面展为平面的投影。方位投影和圆柱投影都可作为圆锥投影的特例，当圆锥角扩大到 180°的时候，即为方位投影，当圆锥角延伸到无穷远的时候，即为圆柱投影，如图 2.18 所示。

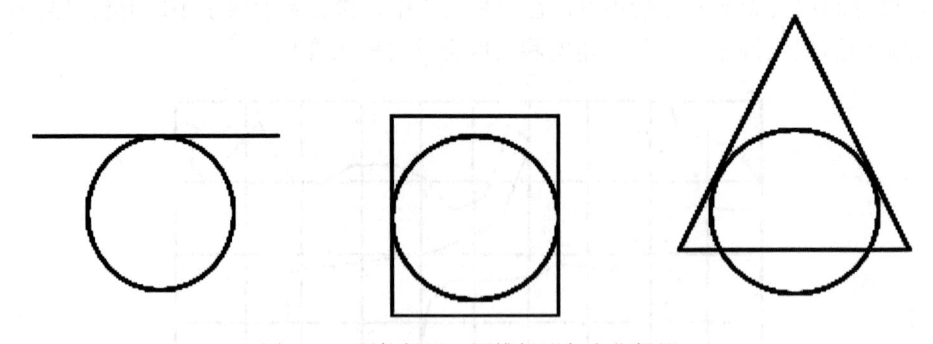

图 2.18　圆柱投影、圆锥投影与方位投影

3）按投影面与地球相割或相切分类

A. 切投影

以平面、圆柱面或圆锥面作为投影面，使投影面与球面相切，将球面坐标投影到平面上、圆柱面上或者圆锥面上，再将投影面展开成平面的投影。

B. 割投影

以平面、圆柱面或圆锥面作为投影面，使投影面与球面相割，将球面坐标投影到平面上、圆柱面上或者圆锥面上，再将投影面展开成平面的投影，如图 2.19 所示。

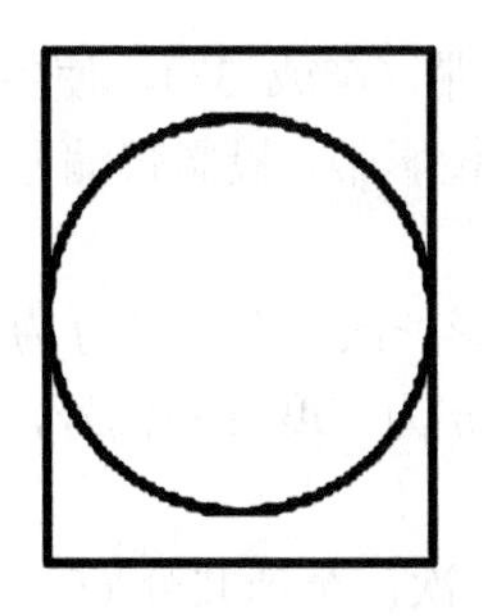
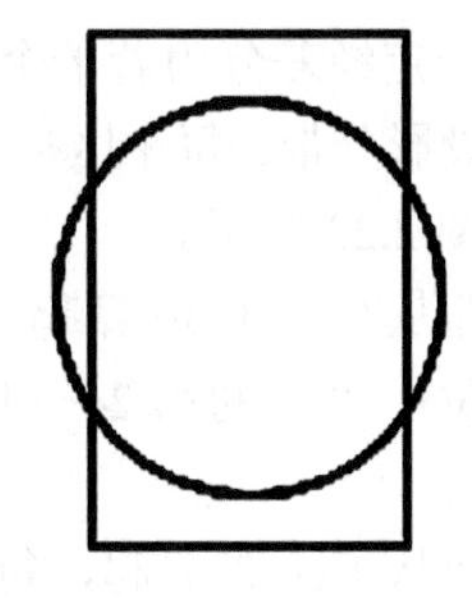

图 2.19　切投影与割投影

4）按投影面与球面位置关系的分类

按照投影面与球面的位置关系，可以将投影分成以下三种。

A. 正轴投影

正轴投影又称“极地投影”。投影面的轴与地球自转轴一致的一类投影。正轴方位投影指平面切于极点，又称“极地方位投影”；正轴圆柱投影指圆柱面与赤道相切；正轴圆锥投影指圆锥面与某一条纬线相切。当投影面与球面相割时，正轴方位投影割于一条纬线，正轴圆柱与圆锥投影则割于两条纬线。

B. 横轴投影

横轴投影又称“赤道投影”。投影面的轴与地球自转轴相垂直的一类投影。横轴方位投影是投影面与赤道一点相切；横轴圆柱投影是圆柱面与一条经线相切；横轴圆锥投影是圆锥面与某一小圆相切。横轴圆锥投影构成的经纬线网很复杂，很少用。

C. 斜轴投影

斜轴投影指投影时承影面的轴与地轴斜交的一类投影。投影面为平面时，该面的法线与地球的转轴斜交；投影面为圆柱或圆锥面时，其中心轴与地球自转轴斜交，如图 2.20 所示。

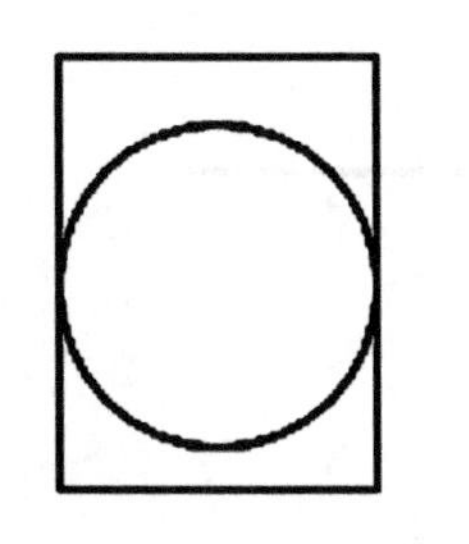
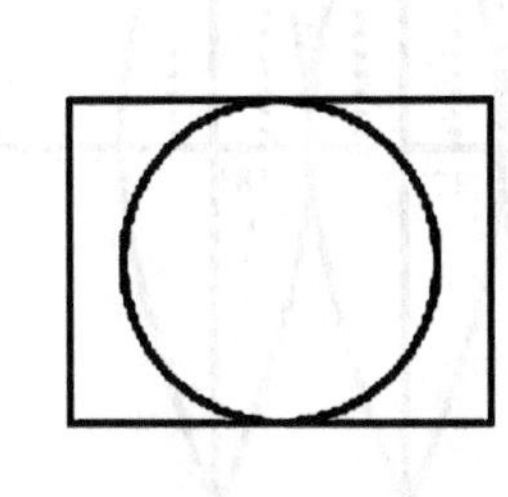
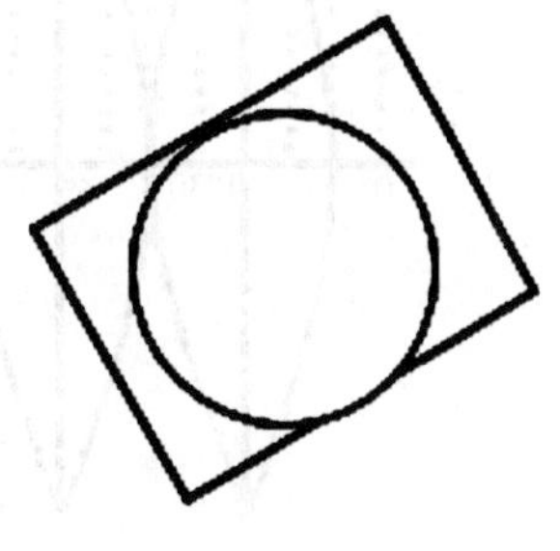

图 2.20　正轴投影、横轴投影与斜轴投影

3. 高斯-克吕格投影

高斯-克吕格投影是我国最常用的一种投影，它是等角横切椭圆柱投影。假定一个椭圆柱面横切在椭球的一条子午线（中央经线）上，椭圆柱的中心通过地球椭球的中心，然后按等角条件将中央经线两侧一定正负经差范围内的区域投影到椭圆柱面上，再将圆柱面展开，即为高斯-克吕格投影（Wang et al.，2008），如图 2.21 所示。

在高斯-克吕格投影中，除了中央经线上没有长度变形外均存在长度变形，且距离中央经线越远，长度变形越大。为了控制这种长度变形，使边缘变形不致过大，可以将地球椭球体表面按一定经差分为若干个狭窄区域带（6°或 3°），使各区域按高斯投影规律进行投影，称为投影分带。每个区域称为一个投影带，投影带编号从经度 0°开始自西向东开始编号，如图 2.22 所示。

（1）3°投影带即从东经 1°30′算起，每 3°投影一次，全球共分为 120 个投影带，向东依次编号。我国位于 3°带的第 24～45 带。设 n 为三度带的代号，则中央子午线的经度：$L=3n$。

（2）6°投影带即从东经 0°算起，每 6°投影一次，全球共分 60 个投影带，编号从 0 开始，自西向东从 1～60 带算，我国位于六°带的 13～23 带。6°带上，赤道长度变形不大于 0.14%，面积最大变形不大于 0.27%。其中央经线经度为：$L=6n-3$。

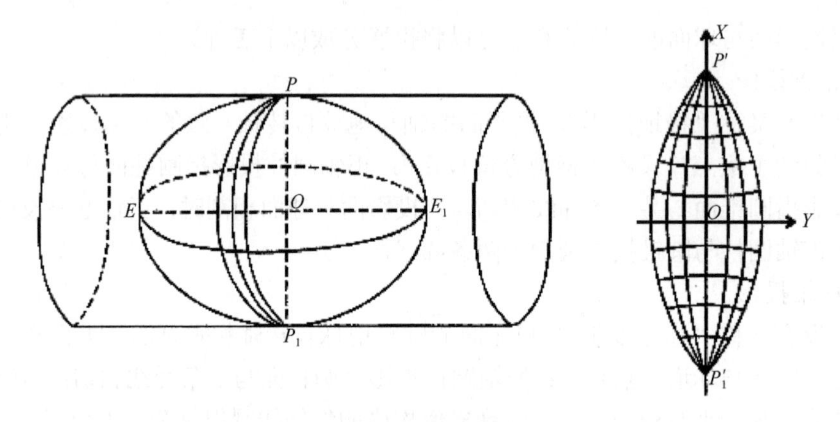

图 2.21　高斯-克吕格投影

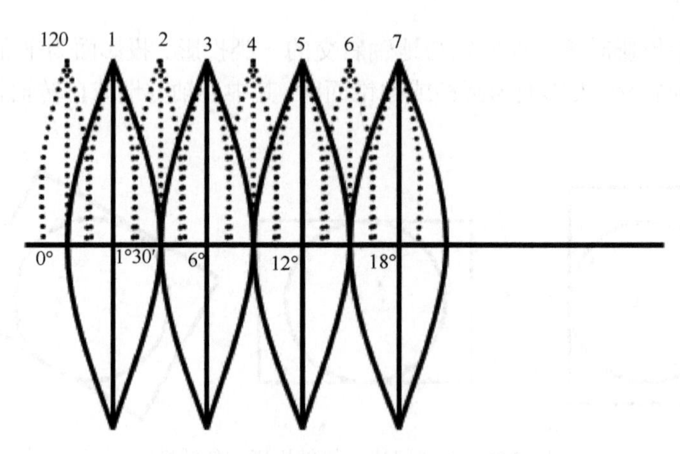

图 2.22　投影分带

在每个投影带内，为保证 y 坐标值为正，纵轴（x 轴）西移 500km。因为经度 10 对应的赤道弧长为 111km 左右，所以纵轴西移后 y 坐标永远为正值。另外，不同投影带的点可能具有相同的坐标，为了区分其所属投影带，在横坐标前加注带号，前两位是带号。

由于分带投影，会造成大区域的不连续的问题，为了解决此问题，在制作地形图时常在两个投影带之间设一个重叠区域，在两相邻投影带共边缘子午线附近有 37′30″宽的重叠部分。在该重叠范围内，同一大地点，要计算两组坐标，一组属于东投影带，另一组属于西投影带。在重叠范围的同一幅地形图中，也绘制两套坐标以供选择使用。

对于大区域的地区可能会涉及投影换带的问题，可以利用高斯投影公式进行换带计算，首先将需要换带区域的某点的平面坐标利用投影反算公式计算为大地坐标，再由大地坐标利用投影正算公式计算为另一带的平面坐标。

4. 方里网与经纬网

在每一个投影带内，引一系列平行于纵轴和横轴的直线而组成所谓直角坐标网格称为方里网。在地图上以图廓线的形式表现，在图角处标明经纬度的方式称为经纬网，如图 2.23 所示。

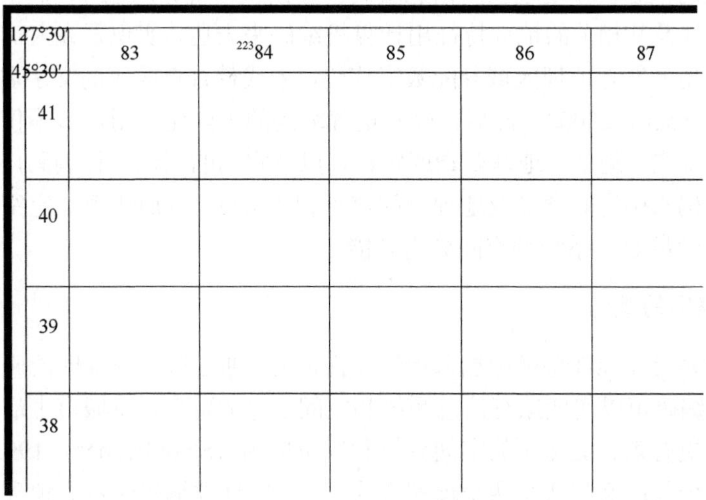

127°30′ 45°30′	83	84	85	86	87
41					
40					
39					
38					

图 2.23　方里网与经纬网

同时在地图上会标注出三个方向，即三北方向。如下所示：

（1）真北方向：通过地面上一点指向地球南北极的方向，与真子午线的方位角称为真方位角。

（2）磁北方向：磁针静止时所指的方向线称为磁被方向，与磁子午线的方位角称为磁方位角。

（3）坐标轴北方向：与中央子午线平行的纵线称为纵坐标轴，纵坐标轴所指北的方向，与纵坐标轴的方位角称为坐标方位角，如图 2.24 所示。

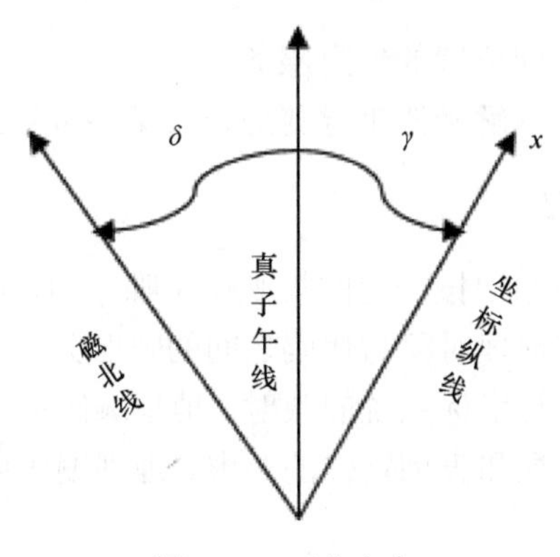

图 2.24　三北方向

2.4 地理实体的编码

2.4.1 地理编码的意义

在地理学和制图学的研究中需要对地理位置、地理要素、实体，以及它们的属性进行统计和分类，称之为代码表达，如按照邮政编码或电话号码分区等。1960 年后，计算机出现并且随之开始普及，急切需求将地理信息进行计算机化的表达，从而产生了与地理相关的编码的概念，即地理空间信息编码。美国人口统计局在 1970 年为解决人口普查问题，将地址及其相关的地理特征用计算机编码来表达，实现了在人口普查中使用地理编码给划分出的普查地理区域分配数字代码，来代替普查区域的文字名称，以方便计算机处理（Grayson，2000）。此后，随着地理编码的大众化使用，其不仅涵盖了对信息资源中包含的地名、地址、地理要素或实体，以及它们的属性进行编码，并且更重要的是依据这些编码来确定其含义及地理空间位置相互关联，进而实现一定空间范围内信息资源的整合，满足 GIS 系统的空间分析功能。

2.4.2 地理编码的概念

地理编码是指在地理特征中加入地址属性，从而通过输入地址即能确定一个空间位置。通过地理编码可以实现原有信息系统和空间信息的融合，将城市生活中的信息空间化，从而进行更有效、更深刻的空间分析和决策应用（Saundercock，1995）。

地理编码分为广义和狭义两个理解方式。广义的地理编码表示为地理对象空间位置标识、计算和处理的过程。而狭义的地理编码即为地址匹配，指建立地理位置坐标与给定地名地址一致性的过程，这里的地址已较为明确的指代为街道地址、行政区域等，其地理对象也明确为地理实体。他包含以下五个方面的内容。

（1）标识信息：如身份证、学生证、企业执照等，并且包含这些信息的更新、关联、共享、交换等。

（2）识别信息：定量信息可以被计算机直接识别，而定性信息则可通过一种编码方法输入计算机中。

（3）整合信息：在地址空间范围（即行政区、人口普查区、街道等）内进行信息的整合、统计和计算。

（4）定位信息：基于空间位置的信息服务。

（5）寻址：可以依据地址解析器来寻找地址或某些位置。

2.4.3 地理编码技术与方法

地理对象在确定的参考系中按一定的规则赋予唯一的、可识别的代码，唯一地确定地理对象的空间位置，建立地理对象与代码之间的映射关系，它可以是地理对象与地址的映射，也可以是地理对象与坐标系统的映射。地理编码的基本规则和编码方式要符合标准及规范，以满足地址匹配和查询定位的要求。地理编码可分为基于地理网格及地理实体两种编码方式。

（1）地理网格是建立在空间坐标系基础之上，任意地理实体在地理网格中都有固定的坐标及其位置，因而我们可以利用地理网格将地理对象与其地址联系起来，建立对象的地址属性。具体操作方法如下：①选取需要编码的地理区域的某一点作为坐标原点，以空间坐标系统为基础，按照一定的横纵坐标建立地理网格，覆盖整个地理区域；②按照建立的地理网格，确定行列号，划分等级；③根据地理对象的几何信息计算出该对象所在位置的坐标、长度、面积及方位信息，以此信息作为地理编码。

这种方法定位准确并且精度可以控制，但是难以建立地理对象之间的空间拓扑关系，需要建立一整套严密的从大地基准、参考椭球、投影方式、格网的规定、格网原点、格网划分规则、格网标识编码，以及格网精度等各个方面去描述的格网系统，需要考虑包括确定编码的最小地理对象或单元在内的多种因素。

（2）基于地理实体的地理编码方式则是将地理实体直接关联到地址之上，建立地理实体的地址属性，如将门牌号、建筑物地址、企业名称等空间位置转化为地址编码。具体操作方法如下：①描述地理实体的属性信息，位置信息，并划分层次，如图 2.25 所示；②按层次进行编码，如图 2.26 所示。

这种方法直观，易于分析查找，但是由于实体名称并不容易在规范性和可重复性的基础上进行编码，因此在技术上还存在一定的困难。

地理编码的具体步骤如下：

（1）确定需要地理编码的对象属性，对于不同的地理对象需要采用不同的编码方式。地理对象应该尽可能是一种，在对多种地理对象同时进行编码时，会造成许多问题，如由于地理对象之间在空间中的相关性而产生的编码混乱问题等，进而影响到整个地理编码的过程。

（2）确定编码方式，可以基于地理网格或者基于地理实体两种方式，需要建立不同的编码系统。

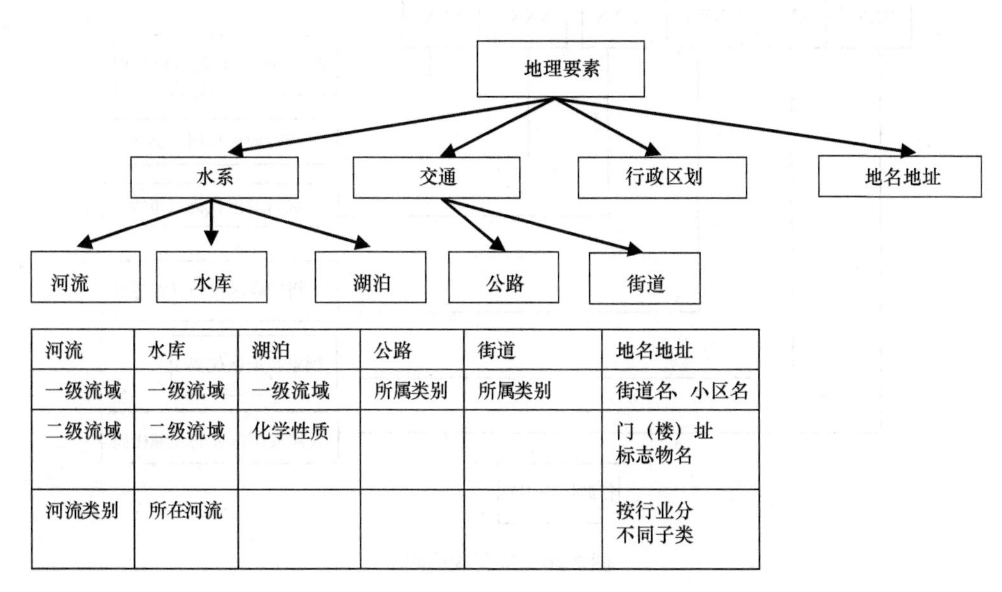

河流	水库	湖泊	公路	街道	地名地址
一级流域	一级流域	一级流域	所属类别	所属类别	街道名、小区名
二级流域	二级流域	化学性质			门（楼）址 标志物名
河流类别	所在河流				按行业分 不同子类

图 2.25　划分层次

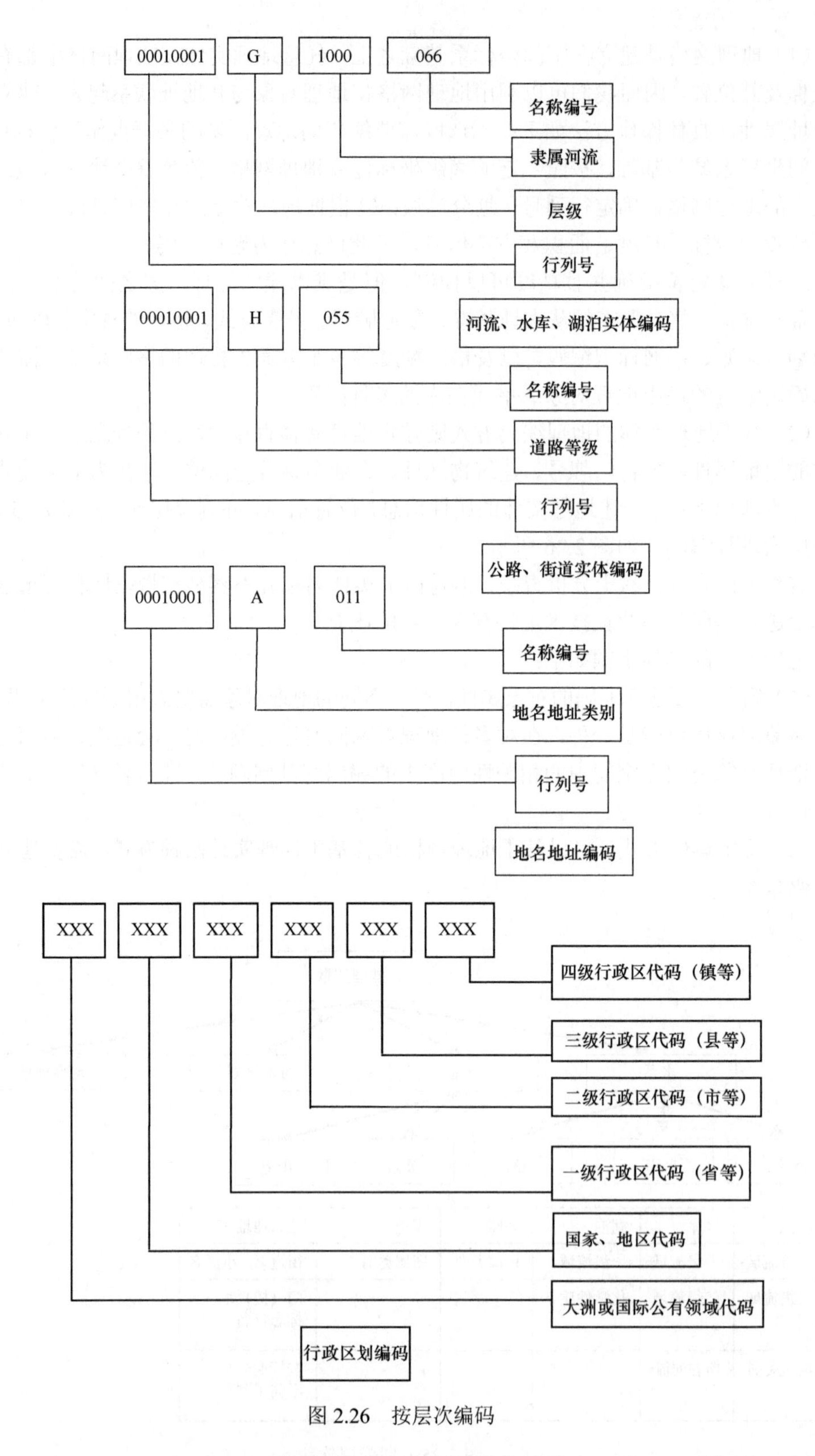

图 2.26　按层次编码

（3）确定唯一的编码规则，在确定了地理编码对象及编码方式后，需要确定组织数据及建立数据模型的过程，以及唯一的编码规则。该过程也是整合多源信息资源的一个重要的部分。

2.4.4 常用地理编码模型

DIME（dual independent map encoding）是 GIS 技术早期发展的产物，由美国人口普查局与 1970 年建立的一种用于地理编码的基础文件。包含了人口普查地区的编号、地理坐标、街道名称、邮政编码等信息。并且建立了合理的数据结构存储该数据，并实现输入地址字符串可迅速查询匹配相关记录的功能（Levine and Kim，1998）。

ESRI 模型，该模型是 ESRI 公司给予 ArcGIS 平台为加拿大卡尔加里市设计的地址数据模型，是建立在基于 DBMS（database management system）之上的一种数据结构，可以将空间对象与非空间的属性信息完全统一起来（Federal Geographic Data Committee，2003）。该模型由四个相互链接及关联的部分组成，分别为 Addresses（表示地址的实体及地址的派生实体包括地址范围）、Names（赋值给地址的名称及组成这些名称的最小元素）、Zones（各级行政区划及邮编区划单元，这些信息与地址相关联）和 Addressable Objects（包括所有拥有地址信息的实体）。

日本地理编码模型，采用 Trie 树与地址树模型，每个分支由输入的字符串构成，每个节点由输入字符串中的每个字构成，如“新宿大街”由四个字构成，则 Trie 树根据这四个字构成一个分支。从语言角度上来说，日本地址数据模型中的数据模型匹配算法对于我国的地理编码问题有很大的意义（谢小蕙，2006）。

中国方正地理编码，其地址要素组成结构包括通名和专名两个部分，如盘龙区（地址要素），通名为区，专名即为盘龙；西南林业大学（地址要素），通名为大学，专名为西南林业。地址要素的分类包括邮编、行政区划、道路、门牌、楼牌、地点名、住宅小区、突出建筑和单位共九类。

参 考 题

1. 结合实例说明地理信息的特点及与一般信息之间的差别。
2. 举例说明点、线、面能表达的地理实体。
3. 如何为栅格数据单元取值。
4. 确定一个参考椭球的具体步骤。
5. 地理坐标系与投影坐标系的主要区别。
6. 每种投影的性质，要满足的条件及原因。
7. 地图投影与其他学科的关系。
8. 高斯-克吕格投影的特点。
9. 方里网与经纬网的构建。
10. 试举例说明地理编码的原则。

参 考 文 献

陈志泊. 2005. GIS 中栅格数据时空数据模型及其应用的研究. 北京林业大学博士学位论文.

寸寿才. 2014. 已知地方坐标系参考椭球参数的求定及精度评定. 昆明理工大学硕士学位论文.
段鹏硕, 郝晓光, 刘根友, 张宇. 2013. 地球低阶重力场系数 J_2 异常变化与地震活动的关系研究. 地学前缘, 20(6): 54-66.
郭黎. 2008. 多源地理空间矢量数据融合理论与方法研究. 解放军信息工程大学博士学位论文.
李建成. 2012. 最新中国陆地数字高程基准模型: 重力似大地水准面 CNGG2011. 测绘学报, 41(5): 651-660.
王艳慧, 孟浩. 2006. GIS 中地理要素多尺度表达间层次连通性的研究. 湖南科技大学学报, 21(1): 59-63.
魏子卿. 2008. 2000 中国大地坐标系. 大地测量与地球动力学, 28(6): 1-5.
谢小蕙. 2006. 地理编码原理及方法研究. 中南大学硕士学位论文.
许曦. 2012. 区域大地水准面确定的观测数据影响分析. 中南大学博士学位论文.
张国坤. 2004. 关于微分圆投影变成变形椭圆的分析与研究. 测绘科学, 29(3): 14-15.
张莉. 1998. 我国天文大地网与 1980 年大地坐标系的建立及应用. 测绘工程, 1: 1-10.
Bostrom R C. 1985. Neotectonics of Africa and the Indian Ocean: Development of the geoidal low. Tectonophysics, 119(1-4): 245-264.
Casa R, Castaldi F, Pascucci S, Palombo A, Pignatti S. 2013. A comparison of sensor resolution and calibration strategies for soil texture estimation from hyperspectral remote sensing. Geoderma, 197-198(2): 17-26.
Federal Geographic Data Committee. 2003. Address Data Content Standard Public Review Draft. Subcomittee on cultural and demographic data.
Grayson H. 2000. Address matching and geocoding. Massachusetts Institute of Technology Department of Urban Studies and Planning.
Levine N, Kim K E. 1998. The location of motor vehicle crashes in Honolulu: A methodology for geocoding intersections. Comput, Environ and Urban Systems, 22(6): 557-576.
Miller H J, Han J W. 2001. Geographic data mining and know ledge discovery. Taylor Francis.
Saundercock G P. 1995. The geoeoding of synzhetic aperture radar imagery and an application to nautical charting. Photogrammetric Record, 85(15): 57-64.
Wang J, Shu P G, Zhou L. 2008. The application of gauss-kruger projection in air defense command and control system. Journal of Air Force Engineering University, 9(3): 24-27.
Woodbridge K P, Parsons D R, Vanessa M A, Heyvaert, Walstra J, Frostick L E. 2015. Characteristics of direct human impacts on the rivers Karun and Dez in lowland south-west Iran and their interactions with earth surface movements. Quaternary International, 392:315-334.

第 3 章　空间数据结构和数据库

3.1　空间数据结构

自然界中有许多地理实体，如河流、道路、房屋、灯塔等。那么在地理信息系统中是如何将这些自然界中的地理实体以可视化的方式呈现给人们呢？这就需要特定的方法去存储和表达这些地理要素，而这种将地理要素可视化表达的方法就称为空间数据结构。在地理信息系统中，存储和表达地理要素的数据结构主要有两种：矢量数据结构和栅格数据结构（段祥召，2014）。

3.1.1　矢量数据结构

矢量数据结构是地理信息系统中最为常用的一种数据结构，它的主要特点是以自然界中地理要素整体为对象（黄于鉴，2008），在不同的比例尺以及图形制图用途下将其抽象为点、线、面要素实体，同时在数据库中进行相应地理实体存储时，在表示该地理要素的点、线、面实体的属性表中记录其属性信息。图 3.1 表示了自然界中几种典型点、线、面实体所代表的地理要素。

(a) 道路　(b) 河流　(c) 房屋　(d) 标志性建筑

图 3.1　自然界中典型的地理实体

在用矢量结构进行数据存储和表示时，它可以允许最复杂的数据以最小的数据冗余进行存储，而且矢量数据结构在存储数据时，要求数据精度高，同时所占存储空间少，而且最后得到的图形效果也能更加形象的反映出实际的地物实体，对于地物实体的面积、长度等属性数据的量算也更为方便，同时有利于网络和检索分析。但由于其表示图形的精确性，也使得它在存储数据时，存在一些缺点：数据结构复杂，在进行数据的存储时，不仅要存储地理要素的位置数据，同时也要存储其相互间的拓扑关系；对于不同多边形相互间的叠加分析较难。一般矢量化数据结构，其精度主要受数字化设备的精度和数值记录字长的限制（郑玉婷，2008）。

3.1.2 矢量数据结构编码

1. 点实体

在地理信息系统中，因为地图比例尺或制图要求，需要将一些标志性建筑或典型地物代表在地图表示中抽象成一个点，也就是点实体。而点实体在表示地物时只有位置，没有长度或宽度属性，因此点实体又被称为零维实体。用点实体记录地理要素的方式比较简单，主要记录该地理要素的位置特征，并用一个坐标点对（x，y）进行表示，其中，x 表示点实体的横坐标，y 表示纵坐标。在现实生活中，如一条马路上的垃圾箱，或者地标建筑，在制图时都可以被抽象为一个点要素。如图 3.2 所示，该建筑为一标志性建筑，因制图需要被抽象为一个点要素，用一个坐标对表示。在现实世界中，真正的点实体是较少的，这里的点实体主要是指那些面积较小，在地图上不能依比例尺表示却又需要定位的地理要素，因此点要素又被称为不依比例尺要素。

图 3.2 点要素

2. 线实体

现实世界中的道路、河流在地理信息系统中进行可视化表达时，不仅要对其位置进行定位，更要对其长度属性进行量算，这类要素在地图制图中可以被抽象为线实体。线实体在表示地理要素时，可以计算地理要素的位置，更重要的是可以对要素的长度进行度量，但线实体所表示的地理要素是不能进行宽度量算的，因此线实体也被称为一维实体。线实体在表示地理要素时是通过一系列的坐标对来表示的，现实世界中的弧段、直线等在地理信息系统都可以看作是一系列小而短的直线段首尾连接组成。直线是由点构成，因此线实体也是由一系列坐标点对（x_1，y_1），（x_2，y_2），…，（x_n，y_n）组成。现实世界中，对于只需要记录其长度属性，而不需要记录宽度属性的地理要素均可以用线实体表示，如道路、河流等。如图 3.1 中的道路要素，在用矢量数据结构进行可视化表达时，可以被抽象的看作是由一系列坐标对组成。同时，线实体又可以被称作半依比例尺要素（薛辉等，2012）。

3. 面实体

在用面实体表示地理要素时，既可以表示要素的长度属性，又可以表示其宽度属性，同时也可以对其面积进行度量。面实体由一系列闭合的曲线组成，在用面实体表示地理要素时，除了记录该地理要素的地理坐标外，还需要记录该面实体的拓扑关系。在地理信息系统中，多边形实体的编码较为复杂。因为不仅要表示该地物的属性及位置信息，还要表示该实体的拓扑性质，即表示出不同多边形实体间的相邻、包含、邻接等关系，以及组成同一多边形的点、线间的拓扑关系。

多边形矢量数据结构编码除要存储效率的要求外，一般还要求所表示的各多边形是闭合的，可以方便地计算各自的周长、面积等几何指标；各多边形拓扑关系的记录方式要一致，以便进行空间分析；要明确表示区域的层次，如岛-湖-岛的关系等。主要的多边形编码方式主要有以下两种。

1）坐标序列法（Spaghetti 方式）

该方法是一种较为简单的多边形编码方式，用记录多边形边界点的坐标对（x，y）来表示每个多边形。例如，图 3.3 中，多边形 A，B，C，D 的记录方式：

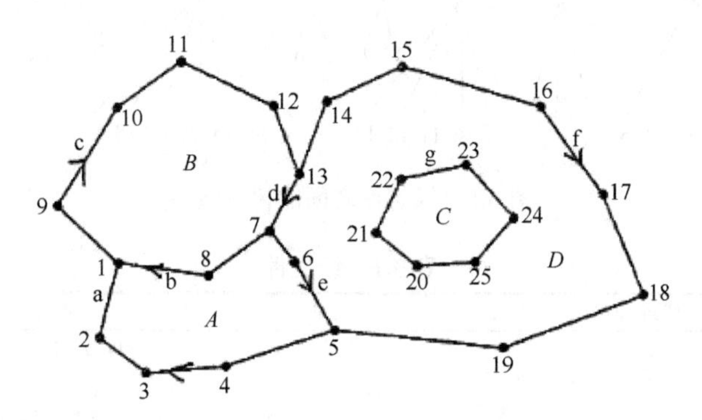

图 3.3　坐标序列法表示的多边形

A: (x_1, y_1), (x_2, y_2), (x_3, y_3), (x_4, y_4), (x_5, y_5), (x_6, y_6), (x_7, y_7), (x_8, y_8);

B: (x_1, y_1), (x_9, y_9), (x_{10}, y_{10}), (x_{11}, y_{11}), (x_{12}, y_{12}), (x_{13}, y_{13}), (x_7, y_7), (x_8, y_8);

C: (x_{20}, y_{20}), (x_{21}, y_{21}), (x_{22}, y_{22}), (x_{23}, y_{23}), (x_{24}, y_{24}), (x_{25}, y_{25});

D: (x_5, y_5), (x_6, y_6), (x_7, y_7), (x_{13}, y_{13}), (x_{14}, y_{14}), (x_{15}, y_{15}), (x_{16}, y_{16}), (x_{17}, y_{17}), (x_{18}, y_{18}), (x_{19}, y_{19});

坐标序列法的优点是文件结构简单，易于实现以多边形为单位的运算和显示，但它也存在着一些缺点：

（1）多边形之间的公共边界被数字化和存储两次，由此产生冗余和碎屑多边形。

（2）每个多边形自成体系而缺少领域信息，难以进行邻域处理，如消除某两个多边形之间的共同边界。

（3）岛只作为一个单个的图形建造，没有与外包多边形的联系。

（4）不易检查拓扑错误，这种方法可用于简单的低精度制图系统中（王建山，2003）。

2）树状索引编码法

该方法采用树状索引形式以减少数据冗余，同时增加领域信息。首先对多边形整个边界进行数字化，将边界以坐标对的形式进行存储。然后以每个边界点为索引，建立边界点与线的联系。再以线索引为基准，建立线与多边形的联系，最后形成树状索引结构。则图 3.3 记录为树状索引结构后，多边形与线之间的树状索引如图 3.4 所示，线与点之间的树状索引如图 3.5 所示，表 3.1 为线文件，表 3.2 为多边形文件。

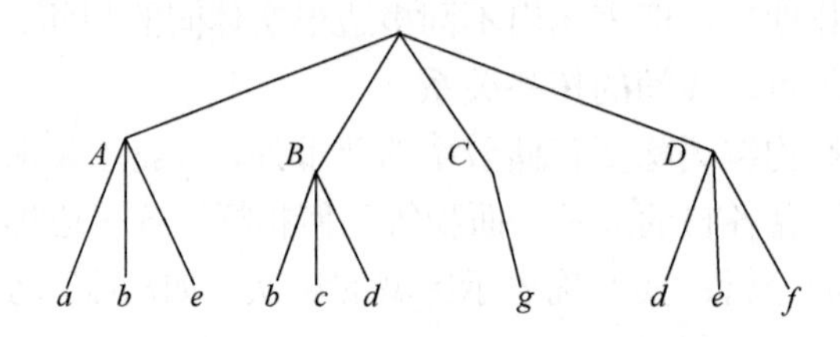

图 3.4　多边形与线之间的树状索引

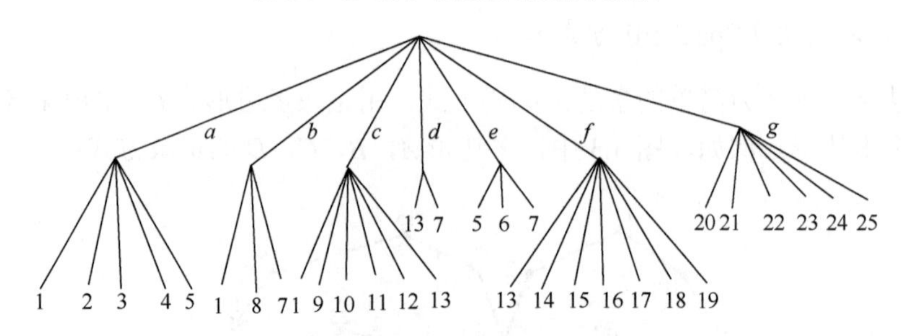

图 3.5　线与点之间的树状索引

表 3.1　线文件

线编号	点号
a	1，2，3，4，5
b	1，8，7
c	1，9，10，11，12，13
d	13，7
e	5，6，7
f	13，14，15，16，17，18，19
g	20，21，22，23，24，25

表 3.2　多边形文件

多边形	组边
A	*a*，*b*，*e*
B	*b*，*c*，*d*
C	*g*
D	*d*，*e*，*f*

树状索引编码消除了相邻多边形边界的数据冗余和不一致的问题，在简化过于复杂的边界线或合并相邻多边形时可不必改造索引表，邻域信息和岛状信息可以通过对多边形文件的线索引处理得到。但是，树状索引编码比较繁琐，因而给相邻函数运算、消除无用边、处理岛状信息，以及检查拓扑带来一定的困难，而且两个编码表都需要以人工方式建立，工作量大且容易出错。

3.1.3 栅格数据结构

较矢量数据结构，栅格数据结构则对于数据的存储和表达都较为简单。栅格数据结构是用一系列大小相等的规则格网单元来描述自然界中的地理实体。在用栅格数据表示地理实体时，单个的格网单元确定该地理要素的位置，且每个格网单元都包含一个属性值，用以表示该地理要素的类型等，相同属性值的栅格单元或按已有规定赋值的栅格单元可以被认为是同一类地理要素。在栅格数据结构中，点实体是用一个单个的栅格单元表示，其栅格单元的横纵坐标值可以表示该实体的地理位置；线实体用一系列相互邻接的栅格单元表示，其中，每个栅格单元的属性值是相同的；面实体则根据地理实体的大小和范围，相似的用栅格阵列来表示，栅格阵列中的每个栅格单元被赋予了相同的属性值。其中，遥感影像数据是典型的栅格数据结构表示和存储的数据，每个像元内的数值表示了该影像的灰度等级。图 3.6 为用栅格阵列表示的地理实体。

(a) 点实体	(b) 线实体	(c) 面实体
00000000000	00000001000	00001111100
00000000000	00000010000	00001111100
00001000000	00000100000	00001111100
00000000000	00001000000	22222000000
00000000000	00010000000	22222000000
00000000000	00100000000	22222000000

图 3.6　栅格数据结构中点、线、面的表示

在用栅格数据结构表示和存储空间地理实体时，既具有优势，同时又存在一定缺陷。优点是：属性明显，定位隐含，即数据直接记录属性的指针或属性本身，而所在位置则根据行列号转换为相应的坐标，也就是说定位是根据数据在数据集中的位置得到的。同时，这种存储结构也具有易实现，算法简单，易于扩充、修改，并易于与其他遥感影像相结合处理的特点，给地理空间数据处理带来了极大的便利性（王莉莉，2007）。它的缺点是：用栅格结构表示地理实体时，不是连续的，而是量化和近似离散的数据，由于它是用栅格格网单元来表示地理实体，使得存储时，数据量大且难以建立数据间的拓扑关系（邬伦等，2009）。

3.1.4 栅格单元代码的决定方式

栅格数据通常是用不同的栅格单元属性值来表示不同的地物类型。栅格数据在表示同一个地理实体时，地理实体内部的栅格单元都被赋予相同的属性值，但对于地理实体的边界，往往会存在着与其地理实体的边界共用一个栅格单元的情况，这时，就需要

对这种出现混合边界的情况进行处理的特点，通常有以下四种处理方法。

1. 中心点法

用位于栅格格网中心点处的地物类型或现象来表示该栅格单元所代表的地物类型，该方法常用于具有连续分布特性的地理要素，如降水量分布、人口密度图等（吴剑，2006）。

2. 面积占优法

以占该栅格单元面积最多的地物类型或现象来决定该栅格单元的代码值，该方法常用于分类较细、地物类别斑块较小的情况。

3. 重要性法

根据栅格单元内不同地物类型的重要性，选择最为重要的地物类型作为该栅格单元的代码值，该方法常用于具有特殊意义且面积较小的地理实体，特别是点、线状地理实体，如城镇、交通枢纽、交通线、河流水系等。

4. 百分比法

根据该栅格单元内各地理实体所占的面积百分比来决定该栅格单元的代码，如可记面积最大的两类 *BA*，也可以根据 *B* 类和 *A* 类所占面积百分比数在代码中加入数字。

3.1.5 栅格数据编码方式

1. 直接栅格编码

直接栅格编码是一种较为简单直接的编码方式，它是将栅格数据看成一个格网阵列，逐行或者逐列进行逐个代码记录，这种逐行或者逐列记录可以是从左到右、从右到左，从上到下或者从下到上，也可是对角线或者从内到外的螺旋形。

2. 压缩编码方法

1）链码

链码又称为弗里曼编码，它是对栅格数据中的线或多边形边界进行编码，然后组织为链码结构的文件。链状编码将多边形或线实体的边界表示为：由某一起始点和在某些基本方向上的单位矢量链组成，一般一个单位矢量链的基本长度是一个栅格单元。基本方向分为 8 个：东、东南、南、西南、西、西北、北、东北，其分别表示为数字：0，1，2，3，4，5，6，7。链码的具体编码过程为：首先按照从上到下、从左到右的原则搜寻多边形或线边界的起始点，其中数据未被记录且不为零的数值就为起始点，同时记录该起始点行列号，然后按顺时针方向搜寻下一个后继点，并依次记录后继点的基本方向。如遇到不能闭合的线段，结束后可以返回到起始点再开始寻找下一个线段。已经记录过的，则可将属性代码设置为零，以免重复。

链码可以有效地压缩栅格数据，特别是对计算面积、长度、转折方向和凹凸度等运算十分方便。缺点是对边界做合并和插入等修改时，编辑比较困难（彭太乐，2007）。

2）游程长度编码

游程长度编码是一种重要的栅格压缩编码方式，由于栅格数据会经常存在行或列上的属性代码重复的情况，这不仅使得数据的存储量较大，而且也存在内容重复记录的现象。因此，游程长度编码恰好解决了这一问题。

游程长度编码方法提供了两种解决方案：一种方案是只在行或列上，属性代码发生变化的地方，记录变化的属性代码及该代码重复个数，从而实现数据压缩，图3.6（c）可记为：（0，4），（1，5），（0，2）；（0，4），（1，5），（0，2）；（0，4），（1，5），（0，2）；（2，5），（0，6）；（2，5）；（0，6），（2，5），（0，6）。

另一种方案就是逐行或逐列记录代码发生变化的位置和相应代码。图3.6（c）也可记为：（1，0），（5，1），（10，0）；（1，0），（5，1），（10，0）；（1，0），（5，1），（10，0）；（1，2）；（6，0）；（1，2）；（6，0）；（1，2）；（6，0）。

游程长度编码在栅格压缩时，数据量没有明显增加，压缩效率较高，且易于检索、叠加合并等操作，运算简单，适用于机器存储容量小，数据需大量压缩，而又要避免复杂的编码解码运算增加处理和操作时间的情况。

3）块码

块码是游程长度编码扩展到二维的情况，它是采用方形区域作为记录单元，数据结构由初始位置（行号、列号）、半径及其代码值组成。例如，图3.6（c）可记录（1，1，3，0），（1，4，1，0），（1，5，3，1），（1，8，2，1），（1，10，2，0），（2，4，1，0），（3，4，1，0），（3，8，1，1），（3，9，1，1），（3，10，2，0），（4，1，3，2），（4，4，2，2），（4，6，3，0），（4，7，1，0），（5，8，1，0），（6，4，1，2），（6，5，1，2），（6，9，1，0），（6，10，1，0），（6，11，1，0）。块码在合并、插入、检查延伸性、计算面积等操作时有明显的优越性。

4）四叉树

四叉树又称为四元树或四分树，也是一种栅格数据压缩编码方式，其基本思想是（李所，2007）：将一副栅格数据分为大小相等的四个象限，并逐个检查这四个象限是否具有相同的属性值或者要求的几个少数类，如果满足要求，则不再细分；否则，需要对该象限继续划分为次一级的四个大小相等的象限，再对细分后的每个象限进行判别，直到划分到单个栅格单元或该栅格单元仅代表一类地物或少数限定地类为止。

采用四叉树编码时，为了保证四叉树分解能不断进行下去，要求图像必须为：2^n*2^n的栅格阵列，n为极限分割数，n+1为四叉树的最大高度或最大层数。而对于非标准尺寸的图像需首先通过增加背景的方法将栅格数据扩充为2^n*2^n个栅格单元，对不足的部分以0补足（在建树时，对于补足部分生成的叶节点不存储，这样存储量并不会增加）。

四叉树编码具有可变的分辨率，并且有区域性质，压缩数据灵活，许多运算可以在编码数据上直接实现，极大地提高了运算效率，是优秀的栅格压缩编码之一。

3.1.6 三维数据结构

随着GIS技术的不断发展与深化，人们由原来的用GIS的二维数据模型来拟合现实地理实体逐渐转变为研究如何用 GIS 三维模型来表示这些实体。因为二维模型在处理数据时，是将现实世界中的地理实体投影到平面上进行处理的，而在投影过程中，由于人为或其他一些因素，会造成原始数据的损失，这样为我们的进一步研究带来不便。因此，三维数据的研究便应运而生。但是，它在数据采集、系统维护和界面设计等方面比二维模型要复杂得多。

三维数据结构表示有多种方法，但被人们所常用的主要有两种方法：具有拓扑关系的三维边界表示法和八叉树表示法。

1. 八叉树数据结构

八叉树数据结构可以看做是栅格结构编码中四叉树编码在三维空间的扩展。八叉树数据结构的基本思想是：将所要表示的三维地理实体按 x，y，z 三个方向从中间进行分割。把这个地理实体分为八个大小相等的子立方体。然后依据每个子立方体中所含的目标判断是否对该子立方体再进行细分，直到目标充满该立方体，或者立方体里再没有目标，或者大小已成为预先定义的不可再细分的体元素为止。

由于八叉树的结构与四叉树的结构非常相似，所以八叉树的存储结构方式也可以沿用四叉树的存储方式。根据八叉树存储结构的不同，可以将八叉树分为：规则八叉树、线性八叉树和一对八式的八叉树。

2. 三维边界表示法

三维边界法是指通过指定地理实体的顶点位置、构成地理实体的边的顶点，以及构成地理实体的面的边来表示该三维地理实体的方法。比较常用的三维边界表示法是采用三张表来提供点、边、面的信息。这三张表就是：①顶点表，用来表示多面体各顶点的坐标；②边表，指出构成多面体某边的两个顶点；③面表，给出围成多面体某个面的各条边。对于后两个表，一般使用指针的方法来指出有关的边、点存放位置（汤国安等，2011）。

3.2 地理信息的数据模型

人们生活的现实世界是由众多的地理实体组成，如道路、房屋、河流等。而这些地理实体间又存在着错综复杂的关系。如何将这些复杂的地理实体及其相互间的关系在地理信息系统中可视化的表达出来，并被计算机存储从而用于进一步分析的数据呢？这就是地理信息系统的空间数据模型所要解决的问题。空间数据模型是将实际中复杂的地理实体及其间关系，通过抽象和描述，转化为人们易于理解，并可以被计算机接受、处理的形式。具体来说，可以将这一过程分为三个层次，如图 3.7 所示。

人们首先根据自己的需要对现实世界中的地理实体进行选择，并将所选择的地理实体进行综合、抽象，表达为人们共同所认知或熟悉的地理模型，由此形成了概念数据模型。然后再通过逻辑数据模型对数据进行组织。最后通过物理数据模型，将数据存储在计算机内。

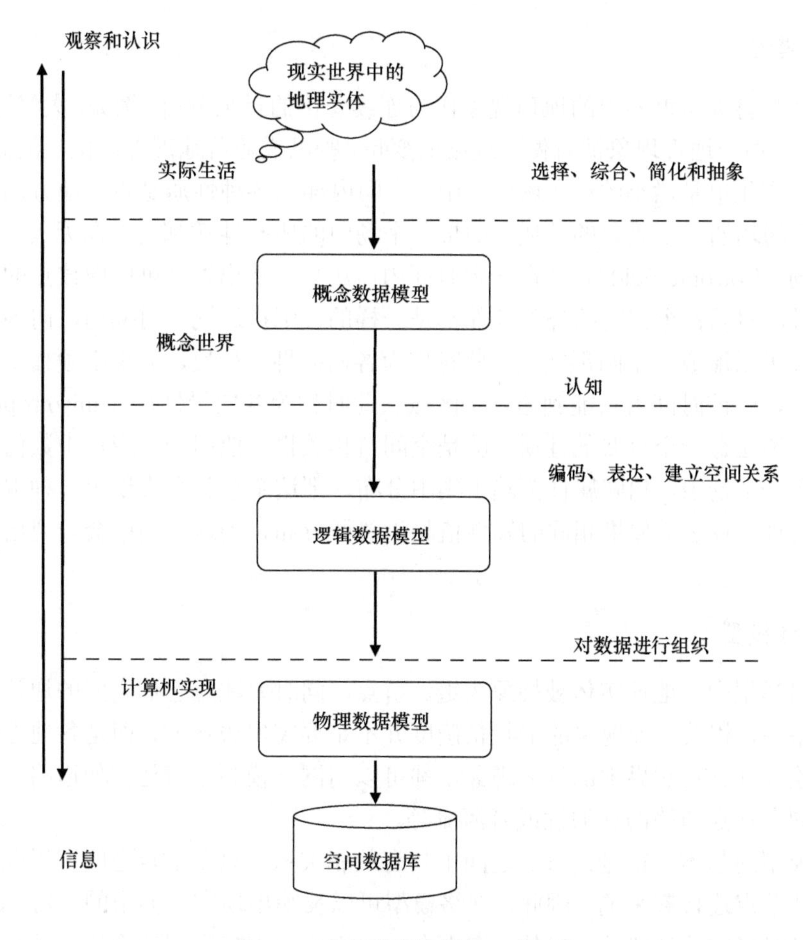

图 3.7　空间数据模型的三个层次

3.2.1　概念数据模型

现实世界中的地理实体种类多而杂，而其间的相互关系也各不一样，因此，不同的抽象和表达方式所表示出来的概念模型也是不一样的。目前，GIS 的概念模型主要有三种：对象模型、场模型、网络模型。

1. 对象模型

基于对象的数据模型，是指将现实世界看做一个地理空间，该空间内的地理实体或现象可以被抽象的认知为单个独立的对象并分布于该空间内。按照地理要素的特征，地理实体可以被表示为点、线、面、体四个基本对象，对象也可能与其他对象构成复杂对象，并且与其他分离的对象保持特定的关系，如点、线、面之间的拓扑关系。每个对象对应着一组相关的属性以区分各个不同的对象。

在对象模型描述地理实体时，不论任何现象或地理实体大小，都可以被确定为一个对象（object），是与其他对象独立分开来的。但是被作为独立对象的地理实体，必须满足三个条件：①可被识别的，即地理要素要具有明显的地理特征，如道路、河流等；②地理要素的重要性程度，这个一般与要表达的问题有关；③可以被描述的。

2. 场模型

场模型是将现实世界中的地理现象作为连续变化的量来分析。例如，大气污染程度、地表湿度等。由于地理现象被看做了连续的变量，所以说随着地理现象位置的微小变化，其属性值的变化也是微小的。在场模型中，空间内部的各种性质是否会随方向的变化而变化，是空间场的一个重要的性质。如果一个场中的所有性质都与方向无关，则称之为各向同性场（isotropic field），如在一定时间内，从某一点出发，可以向该点的各个方向前进，同时，假设各个方向的外部条件都是一样的，则在这同一时间内，向各个方向所到达的距离可以形成一个圆形区域，此时称为各向同性。相反，如果必须指定只能沿某一方向行走，则该时间内只能到达一个区域，此时称为各向异性场（anisotropic field）。

另外，场还有一个重要的性质，就是空间自相关性。他用于反应场中数值的聚集程度。如果在一个场中，相同属性值趋于集中分布，则这个场就会表现出一种很强的正的空间自相关性；反之，如果相同的属性值趋于离散分布，则这个场就会表现出负的空间自相关性。

3. 网络模型

在网络模型中，地理实体被抽象为链。节点，同时要注意它们之间的通达性。因此在网络模型中，相关地理现象的形状精确度并不是要突出表达的，而是各地理现象之间的距离及连通性。自然界中的许多现象，都可以用网络模型来表达，如道路，在一个区域内，不同车站点道路的连通性或者河流等。

网络模型的基本特征是：节点之间不具有从属关系，只要节点之间可以联通，都是可以将这些节点连接起来的。因此，网络模型可以反映出现实世界中的一对一或者一对多，以及多对多的地理现象。另外，它也在一定程度上支持数据的重构，具有一定的数据独立性和共享性，并且运行效率高。

3.2.2 逻辑数据模型

逻辑数据模型作为概念数据模型和逻辑数据模型的纽带，它主要是将抽象表达的地理世界转换为计算机可以识别的内容并被计算机处理和存储。逻辑模型不仅需要描述地理世界，同时还需要将地理实体间的空间关系表达出来，因此，逻辑数据模型可以分为：矢量数据模型、栅格数据模型。

1. 矢量数据模型

矢量模型强调了现实世界的离散型，通常将地理实体用点、线、面进行表示，因此可以看成是基于要素的。

在矢量模型中，任何一个地理实体，在二维空间中，可以用点、线、面来表示其原型，而如果在三维中，也可以用体来表示。同时，随着观察尺度的不同，地理实体的表达手段也是不一样的。例如，一个城镇，在比例尺较小的时候，通常可以看成几个点（组成城镇的乡村）以及连接各点的道路组成，但是在较大比例尺的图上，这个城镇又可以被表示为面，因为城镇中的房屋、道路都可以被清晰的表达出来。在二维平面上，地理实体中的点实体被表示为一个坐标对；而线实体，则被看做是一系列坐标对的集合；面实体，认为是由不同线实体组成的集合。

同时，在矢量数据模型中，地理实体间的拓扑关系也可以采用属性表表达出来。由于矢量数据模型中，有不同的编码方式，因此在表达单个地理实体以及多个混合地理实体的时候，它们之间的拓扑关系则可以被很容易的表达出来。

2. 栅格数据模型

基于栅格的数据模型是将空间区域划分为大小相等的格网，用二维覆盖整个连续空间或划分覆盖整个连续空间，即将连续空间离散化。在栅格数据模型中，每个栅格单元代表一个像元值，栅格单元的大小代表了该像元的分辨率。点实体是有一个栅格单元组成；线实体是由一系列相邻的栅格单元按照线实体的形状规则排列；而面实体则是由近似于面状区域大小的一系列栅格排列组合而成。

由于栅格单元的大小关系着所表达的地理实体的分别辨，而且一个单一的栅格单元往往只代表一种地物，因此这也使得栅格数据模型在表达地物时存在粗糙和误差的情况。比如对于一个面积为 100km^2 的区域，以 10m 的分辨率来表示则需要有 10000×10 000 个栅格，即 1 亿个栅格像元，如果每个像元在计算机存储中占一个字节，则这幅图像会占到 100 多兆，那么这个存储量将是很大的。所以对于栅格数据来说，如果要表达高分辨率的图像时，则意味着数据的存储量也是很大的。因此，栅格数据的存储都需要经过压缩，以节约数据的存储空间。

在 GIS 数据处理中，栅格模型最重要的一个特征是便于不同图层的叠加运算操作。由于图层上每个像元的位置是固定的且不同图层的同一个像元位置都是相同的，所以在进行不同图层相互间的运算时，可以对每个像元的属性进行逻辑运算或与其他图层上同一像元值进行运算。

3.3 空间数据库

地理信息系统是一个复杂的自然和社会的综合体，它几乎涵盖了人们生活的方方面面，由此也使得地理信息系统的数据库（简称空间数据库或者地理数据库）与一般数据库不一样，它不仅包括了地理要素的属性特征，还包括了地理要素的空间特征。地理信息系统的数据库是某一区域内关于一定地理要素特征的数据集合，是地理信息系统在计算机物理存储介质存储的与应用相关的地理空间数据的总和，一般是以一系列特定形式的文件构成（汤国安等，2011）。换言之，也就是空间数据库是以文件的形式对空间数据进行组织、管理和存储的。但同时，它又使得应用程序与所访问的数据文件相互独立，即应用程序访问数据文件时，不必知道数据文件的物理存储结构。当数据文件发生改变时，应用程序不必改变。

空间数据库具有以下五个特点（牛新征等，2014）。

1）数据量庞大

地理数据库中所存储的数据包罗万象，不仅有地理制图和数据分析所需的各种地理要素，更重要的还有地理要素的空间数据和属性数据，因此，数据库中的数据量是庞大的。

2）具有可高的访问性

面对数据库中海量的数据时，如果用户想要高效、准确的访问到所需要的数据，就要求数据库管理系统有强大的信息检索功能和数据分析能力，这些都是建立在数据库管理系统基础上的。

3）空间数据模型的复杂性

由于在空间数据库中，存储的数据类型比较复杂，既有地理数据，又有属性数据，还有存储了表示空间数据拓扑关系的数据，这就要求系统应用于组织这些数据的数据模型也是不同类型的。其中，既有图形、图片等数据，也有文本等类型的数据。

4）属性数据和空间数据的关联

地理要素既包括属性数据，又包括空间数据，如何将地理要素的两种数据统一起来，是地理数据库所要解决的重要问题。因此，空间数据中不仅需要存储这些数据，更要在数据中将两者有机地结合起来。

5）应用范围广泛

目前，空间数据库已应用于我们工作和学习中的很多领域，如地理研究、环境保护、土地利用与规划、化学、生物等方面。

3.3.1 传统数据模型

在空间数据库中，地理实体的存储和表达都是通过空间数据模型来实现的。空间数据模型主要包括两方面的内容：①空间实体；②地理实体间的相互关系。因此，空间数据模型又可以被定义为用空间关系将空间实体连接起来的数据集。传统的数据模型主要有三种：层次模型、网状模型和关系模型。

1. 层次数据模型

层次数据模型是数据中应用最早的数据模型，也是最为成熟的数据模型。层次模型是将数据按树状结构组织起来，每个节点表示一个记录，而链接节点与节点之间的线段表示相邻节点间的从属关系。在层次数据模型中，只有一个根节点，除了根节点以外，其余节点都有一个上层节点，但有若干个下层节点。所以，层次结构可以很好地将各个数据间的连接关系及从属关系很清晰的表示出来，但由于它的存储方式简单，也使得这一模型在应用中，存在一些问题：

（1）层次结构明显，当任意一个节点时，都需要从根节点开始查询，这就使得数据处理效率较低，同时，上一层节点删除，也就使得该节点所连接的下一层节点全部被删除，这样，就不便于数据的管理。

（2）数据间的联系较强，独立性差。

2. 网状数据模型

网络数据模型是一种较为复杂的数据模型，它在表示自然世界中的地理要素时，不仅表示一对多的关系，还表示多对多的关系，而且相互连接的两个节点间没有从属关系。

网络模型用连接指令或者指针来确定数据间的相互关系，结构中的点代表数据记录，连接的线代表相邻两节点间的关系。网状模型在表示数据存储时，较之于层次数据模型，是存在一定的优点的，它所表示的记录间的关系更为复杂，不仅表示一对多的相互关系，而且还表示多对多的相互关系。数据间的相互关系不仅仅是从属关系，还可以是相互邻接等关系，数据的处理效率更高。但同时，网络数据模型也存在一定的缺陷：

（1）网络结构复杂，增加了用户查询和定位地理要素的难度；

（2）数据存储量大，而且数据的存储修改不方便。

3. 关系数据模型

在层次模型和网状数据模型中，数据间的关系主要靠指针来实现，通过指针连接有相互关系的地理实体，但关系数据模型则完全不一样，

关系数据模型是通过二维表来表示数据间的逻辑关系，数据间的相互关系是由数据本身产生的，然后用关系代数和关系运算来操纵数据，这就是关系模型的实质。在二维表中，每一行表示不同的地理实体，称为一个元组；表中的每一列表示相同的属性，称为域。

关系模型是应用最为广泛的一种数据模型，它有几个典型的特点：

（1）可以灵活、简单的处理世界上相互关系较为复杂的多种地理实体，数据的管理及维护较为方便。

（2）关系数据模型以严格的数学操作为基础，可以较为灵活的处理数据间的合并、删除等操作，使得数据的空间分析比较容易实现。

（3）在关系数据模型中，数据间的相互查询不存在正反关系，可以说，两者可以相互查询，这就比层次数据模型中只能单向的查询更为灵活，而且数据的处理较为简单。

但是，在关系数据模型的应用中，也存在了一些问题：

（1）概念模式和存储模式的独立性，使得关系数据模型在实现时，效率较低。

（2）不直接支持层次数据结构。

（3）模拟和操纵复杂对象的功能较弱（黄孝斌，2008）。关系数据模型在表示具有递归或从属关系的数据模型时，由于关系模型是基于数学规范操作实现的，而对于复杂的数据结构，这种规范的自然分解会使得数据的语义及数据间的关系出现歧义。

3.3.2 面向对象数据模型

为了有效地描述复杂的事物或现象，需要在更高层次上综合利用和管理多种数据结构和数据模型，并用面向对象的方法进行统一的抽象。这就是面向对象数据模型的含义，其具体实现就是面向对象的数据结构。

面向对象模型最适合于空间数据的表达和管理，它不仅支持变长记录，且支持对象的嵌套，信息的继承和聚集。允许用户定义对象和对象的数据结构及它的操作。可以将空间对象根据 GIS 需要，定义合适的数据结构和一组操作。这种空间数据结构可以带和不带拓扑，当带拓扑时，涉及对象的嵌套、对象的连接和对象与信息聚集。面向对象的地理数据模型的核心是对复杂对象的模拟和操纵。

从几何方面划分，GIS 的各种地物对象为点、线、面状地物，以及由它们混合组成

的复杂地物。每一种几何地物又可能由一些更简单的几何图形元素构成。一个面状地物是由边界弧段和中间面域组成，弧段又涉及节点和中间点坐标。或者说，节点的坐标传播给弧段，弧段聚集成线状地物或面状地物，简单地物聚集或联合组成复杂地物。

将每条弧段的两个端点（通过它们与另外的弧段公用）抽象出来，建立单独的节点对象类型，而在弧段的数据文件中，设立两个节点子对象标识号，即用“传播”的工具提取节点文件的信息。这一模型既解决了数据共享问题，又建立了弧段与节点的拓扑关系。同样，面状地物对弧段的聚集方式与数据共享和几何拓扑关系的建立也达到一致。

面向对象数据模型是在包含RDBMS的功能基础上，增加面向对象数据模型的封装、继承和信息传播等功能。

如图 3.8 所示，在面向对象的土地分类中，GIS 数据一般包括耕地、园地、林地、牧草地等，居民地进一步可划分为城镇、农村居民点、工矿，城镇用地中包括了公园、街道、建筑物等用地，“建筑物”对象继承了“城镇”的操作功能和标识码属性，也可能传播了权利人、权属等属性；“学校”中包含的职工库和学生库产生了新的属性，也继承了“建筑物”的相关操作和属性。

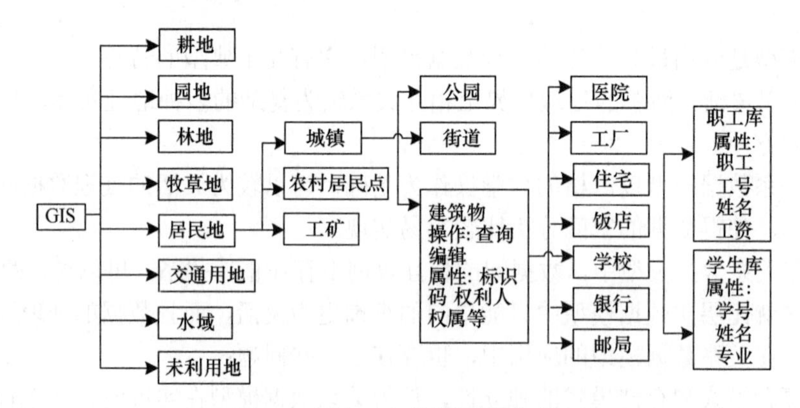

图 3.8 面向对象的数据模型示例

参 考 题

1. 矢量数据结构的特点？
2. 栅格数据结构的特点？
3. 矢量数据结构和栅格数据结构的区别？
4. 栅格单元代码的决定方式？
5. 根据实际情况，考虑使用其他的方法来确定栅格单元值的方法。
6. 栅格数据编码方式？
7. 三维数据结构的特征。
8. 面向对象数据模型的特征。
9. 空间数据库的特点有哪些？
10. 空间数据库的建立流程有哪些？

参 考 文 献

陈述彭, 鲁学军, 周成虎. 2003. 地理信息系统导论. 北京: 科学出版社.
段祥召. 2014. 大数据在测绘地理信息方面的应用. 城市建筑, (23): 359-359.
黄孝斌. 2008. 基于 ArcSDE 和 Oracle9i 的城市规划 GIS 数据库研究与实现. 江西理工大学硕士学位论文.
黄于鉴. 2008. 数字地球平台空间数据服务的研究与应用. 成都理工大学硕士学位论文.
李建松. 2012. 地理信息系统原理. 湖北: 武汉大学出版社.
李所. 2007. ECT 正问题有限元剖分方法的研究及应用. 东北大学硕士学位论文.
牛新征, 张凤荔, 文军. 2014. 空间信息数据库.北京: 人民邮电出版社.
彭太乐. 2007. 基于内容的图像检索中若干问题的研究. 合肥工业大学硕士学位论文.
汤国安, 刘学军, 闾国年, 盛业华, 王春, 张婷. 2011. 地理信息系统教程. 北京: 高等教育出版社.
王建山. 2003. GIS 系统在土木工程中的应用研究. 中国科学技术大学硕士学位论文.
王莉莉. 2007. 基于遥感影像与矢量图的土地利用图斑变化检测方法研究. 长安大学硕士学位论文.
邬伦, 刘瑜, 张晶, 马修军, 韦中亚, 田原. 2009. 地理信息系统——原理、方法和应用.北京: 科学出版社.
吴剑. 2006. GIS 空间数据查询技术研究及应用. 南京航空航天大学硕士学位论文.
薛辉, 吴跟阳, 赵利飞, 等. 2012. 基于大比例尺地形图的抗震规划工作底图缩编研究. 防灾科技学院学报, 14(1): 48-52.
郑春燕, 丘国锋, 张正栋, 胡华科. 2011. 地理信息系统原理、应用与工程. 湖北: 武汉大学出版社.
郑玉婷. 2008. 基于视觉特征的数字矢量图形水印算法研究. 华中科技大学硕士学位论文.
周成虎, 裴韬. 2011. 地理信息系统空间分析原理.北京: 科学出版社.

第4章　空间数据的采集和处理

4.1　概　　述

4.1.1　地理信息的数据源

GIS的数据源，是指建立的地理数据库所需的各种数据的来源，主要包括地图数据、遥感图像、文本资料、统计资料、实测数据、多媒体数据、已有系统的数据等。

1. 地图数据

地图是GIS的主要数据源，因为地图包含着丰富的内容，不仅含有实体的类别和属性，而且含有实体间的空间关系。地图数据主要通过对地图的跟踪数字化和扫描数字化获取。地图数据不仅可以用作宏观的分析（用小比例尺地图数据），而且可以用作微观的分析（用大比例尺地图数据）。在使用地图数据时，应考虑到地图投影所引起的变形，必要时要进行投影变换或地理坐标转换。

地图数据通常用点、线、面及注记来表示地理实体及实体间的关系，如：

（1）点——居民点、采样点、高程点、控制点等。

（2）线——河流、道路、构造线等。

（3）面——湖泊、海洋、植被等。

（4）注记——地名注记、高程注记等。

2. 遥感数据

遥感数据是GIS重要的数据源（图4.1、图4.2）。遥感数据含有丰富的资源与环境信息，在GIS支持下，可以与地质、地球物理、地球化学、地球生物、军事应用等方面的信息进行信息复合和综合分析。遥感数据是一种大面积的、动态的、近实时的数据源，遥感技术是GIS数据更新的重要手段。

3. 文本资料

文本资料是指各行业、各部门的有关法律文档、行业规范、技术标准、条文条例等，如边界条约等。这些也属于GIS的数据。

4. 统计资料

许多部门和机构都拥有不同领域如人口、自然资源等方面的大量统计资料及国民经济的各种统计数据，这些常常也是GIS的数据源，尤其是属性数据的重要来源。统计数据一般都是和一定范围内的统计单元或观测点联系在一起，因此采集这些数据时，要注意包括研究对象的特征值、观测点的几何数据和统计资料的基本统计单元。当前，在很多部门和行业内，统计工作已经在很大程度上实现了信息化，除以传统的表格方式提供使用外，已建立起各种规模的数据库，数据的建立、传送、汇总已普遍使用计算机。各类统计数据可存储在属性数据库中与其他形式的数据一起参与分析。表 4.1 为一统计图表，记录全国 2012～2008 年果园面积。

图 4.1　卫星影像局部（彩图附后）
GeoEye-1 卫星于 2012 年 5 月 25 日收集 0.5m 高分辨率伦敦奥运会部分场地卫星遥感影像

图 4.2　航空影像局部（彩图附后）
遥感飞机 2013 年 4 月 20 日收集的 0.4m 高分辨率芦山县航空遥感影像

表 4.1　全国 2012～2008 年果园面积　　（单位：千公顷）

项目	2012 年	2011 年	2010 年	2009 年	2008 年
果园面积	12139. 93	11830.85	11543.85	11139.51	10734.26
香蕉园面积	394.70	386.04	357.33	338.76	317.82
苹果园面积	2231.35	2177.32	2139.94	2049.11	1992.26
柑橘园面积	2306.26	2288.30	2210.99	2160.26	2030.82
梨园面积	1088.57	1085.54	1063.14	1074.31	1074.47
匍园面积	665.60	596.93	551.99	493.43	451.22

据国家统计局官网。

5. 实测数据

野外试验、实地测量等获取的数据可以通过转换直接进入 GIS 的地理数据库，以便于进行实时的分析和进一步的应用。全球定位系统（GPS）所获取的数据也是 GIS 的重要数据源。

6. 多媒体数据

多媒体数据（包括声音、录像等）通常可通过通信口传入 GIS 的地理数据库中，目前其主要功能是辅助 GIS 的分析和查询。

7. 已有系统的数据

GIS 还可以从其他已建成的信息系统和数据库中获取相应的数据。由于规范化、标准化的推广，不同系统间的数据共享和可交换性越来越强。这样就拓展了数据的可用性，增加了数据的潜在价值。

按照数据的储存形式，可将数据源分为图形、图表与数字化形式。图形、图表数据包括现有的地图、照片、记录及各类文件。而计算机的磁盘、磁带等是以数字化的形式来保存数据的。目前许多空间数据，以及人口统计、地形等数据均是以数字化形式向用户提供，数字化形式的数据可以方便地输入地理信息系统内，便于用户使用。

4.1.2 空间数据采集的任务

空间数据采集的任务是将现有的地图、外业观测成果、航空像片、遥感图像、文本资料等转换成 GIS 可以处理与接收的数字形式，通常要经过验证、修改、编辑等处理。

不同数据输入需要用到不同的设备。例如，对于文本数据通常用交互的方式通过键盘录入，也可用扫描仪扫描后用字符识别软件自动录入；对于矢量数据，可用平板数字化仪，采用手扶跟踪的方法输入，也可用扫描仪扫描成图像后，用栅格数据矢量化的方法自动追踪输入。

GIS 软件的这一部分还应具有数据转换装载的功能，即能把其他 GIS 或专题数据库中的数据通过转换装载到当前的 GIS 系统中。

这一部分 GIS 软件的数据处理工作主要是几何纠正、图形和文本数据的编辑、图幅的拼接、拓扑关系的生成等，即完成 GIS 的空间数据在装入 GIS 的地理数据库前的各种工作（胡鹏等，2002）。

4.2 空间数据的采集

GIS 的核心是地理数据库。所以，建立 GIS 的第一步就是将空间实体的几何数据和属性数据输入到地理数据库中，这就是 GIS 的数据采集。GIS 需要输入两方面的数据，即几何数据与属性数据。至于拓扑数据，一般在已有的几何数据基础上，可按需要“挖掘”而成。为此需进行三方面的工作，即几何数据的采集、属性数据的采集和几何数据与属性数据的连接。

4.2.1 几何数据的采集

在 GIS 的几何数据采集中，如果几何数据已经存在于其他的 GIS 或专题数据库中，那么只要经过转换装载即可；对于由测量仪器获取的几何数据，只要把测量仪器的数据传输进入数据库即可，测量仪器如何获取数据的方法和过程通常是与 GIS 无关的。

对于栅格数据的采集，主要涉及使用扫描仪等设备对图件的扫描数字化，这部分的功能也较简单。因为通过扫描获取的数据是标准格式的图像文件，大多可直接进入 GIS 的地理数据库。

对于矢量数据的采集，主要包括地图跟踪数字化与地图扫描数字化。具体如下：

1. 地图跟踪数字化

跟踪数字化是目前应用最广泛的一种地图数字化方式，是通过记录数字化板上点的平面坐标来获取矢量数据的。数字化仪由电磁感应板、游标和相应的电子电路组成，如图 4.3 所示。

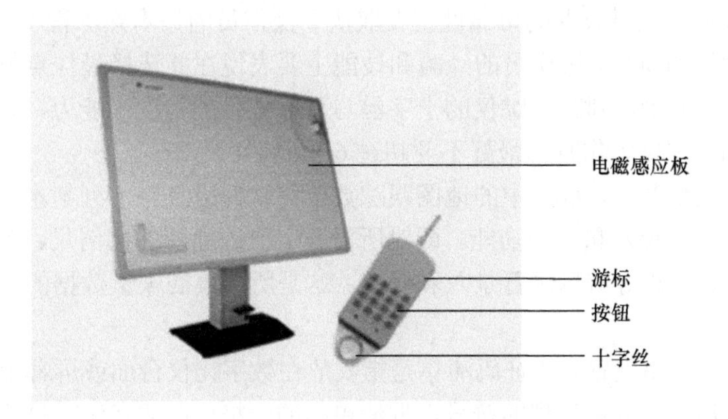

图 4.3　手扶跟踪数字化仪

数字化仪工作原理是，利用电磁感应原理，在电磁感应板的 x，y 方向上有许多平行的印刷线，每隔 200μm 一条。游标中装有一个线圈。当使用者在电磁感应板上移动游标到图件的指定位置，并将十字叉丝的交点对准数字化的点位，按动相应的按钮时，线圈中就会产生交流信号，十字叉丝的中心也便产生了一个电磁场，当游标在电磁感应板上运动时，板下的印制线上就会产生感应电流。印制板周围的多路开关等线路可以检测出最大信号的位置，即十字叉线中心所在的位置，从而得到该点的坐标值。

通常，数字化仪采用两种数字化方式，即点方式（point mode）和流方式（stream mode），点方式是当录入人员按下游标（puck）的按键时，向计算机发送一个点的坐标。流方式录入能够加快线或多边形地物的录入速度，在录入过程中，当录入人员沿着曲线移动游标时，能够自动记录经过点的坐标。目前大多数系统采取两种采样原则，即距离流方式（distance stream）和时间流方式（time stream）（图 4.4）。

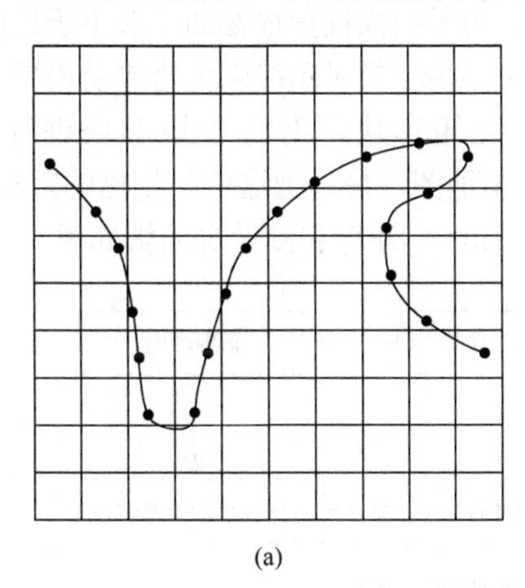

(a)

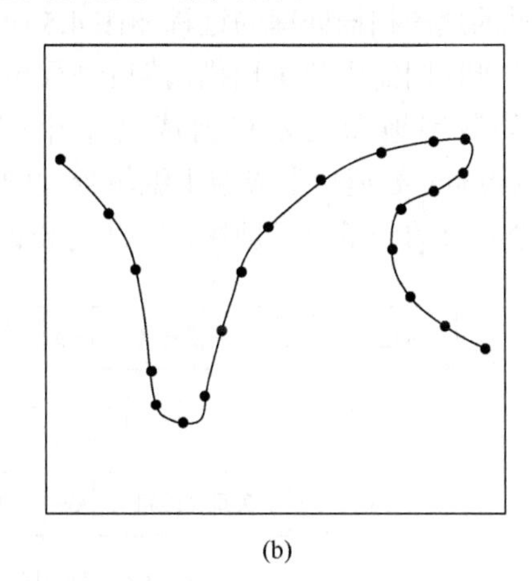

(b)

图 4.4　距离流方式和时间流方式

(a) 距离流方式是当前接收的点与上一点距离超过一定阈值，才记该点；(b) 采用时间流方式时，按照一定时间间隔对接收的点进行采样

跟踪数字化基本操作过程是：将需数字化的图件（地图、航片等）固定在数字化板

上，然后设定数字化范围，输入有关参数，设置特征码清单，选择数字化方式（点方式和流方式等），就可以按地图要素的类别分别实施图形数字化了。

地图跟踪数字化时数据的可靠性主要取决于操作员的技术熟练程度，操作员的情绪会严重影响数据的质量。操作员的经验和技能主要表现在能选择最佳点位来数字化地图上的点、线、面要素，判断跟踪仪的十字丝与目标重合的程度等能力。为了保持一致的精度，每天的数字化工作时间最好不要超过 6 小时。

为了获取矢量数据，GIS 中的地图跟踪数字化软件应具有下列基本功能：

（1）图幅信息录入和管理功能。即对所需数字化的地图的比例尺、图幅号、成图时间、坐标系统、投影等信息进行录入和管理。这是所采集的矢量数据的数据质量的基本依据。

（2）特征码清单设置。特征码清单是指安放在数字化仪台面或屏幕上的由图例符号构成的格网状清单，每种类型的符号占据清单中的一格。在数字化时只要点中特征码清单区的符号所在的网格，就可知道所数字化要素的编码，以方便属性码的输入。地图跟踪数字化软件应能使用户方便地按自己的意愿设置和定义特征码清单。

（3）数字化键值设置。即设置数字化标识器上各按键的功能，以符合用户的习惯。

（4）数字化参数定义。主要是指系统应能选定不同类型的数字化仪，并确定数字化仪与主机的通信接口。

（5）数字化方式的选择。主要是指选择点方式还是流方式等进行数字化。

（6）控制点输入功能。应能提示用户输入控制点坐标，以便于进行随后的几何纠正。

2. 地图扫描数字化

扫描数字化是目前较为普遍的地图数字化方式，但要实现完全自动化还要做大量艰苦的努力，目前所能提供的扫描数字化软件是半自动化的，还需做相当一部分的人机交互工作。

常见的地图扫描处理的过程如图 4.5 所示。由于扫描仪扫描幅面一般小于地图幅面，因此大的纸地图需先分块扫描，然后进行相邻图对接；当显示终端分辨率及内单有限时，拼接后的数字地图还要裁剪成若干个归一化矩形块，对每个矩形块进行矢量化（vectorization）处理后生成便于编辑处理的矢量地图，最后把这些矢量化的矩形图块合成为一个完整的矢量电子地图，并进行修改、标注、计算和漫游等编辑处理。

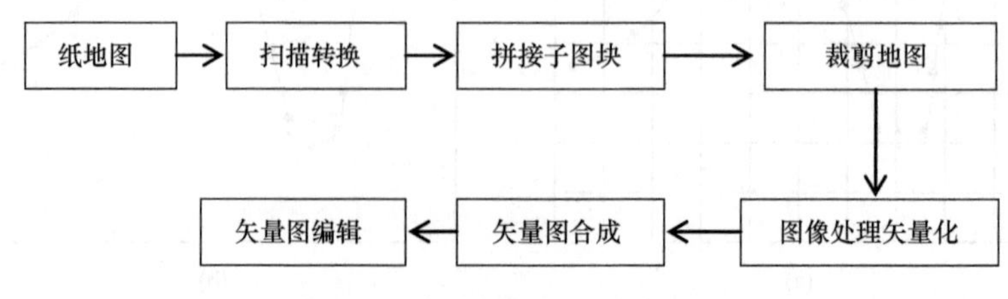

图 4.5　地图矢量化处理流程图

根据目前的技术水平，首先要对所扫描的彩色地图进行分版处理，通常分为黑版要素、水系版要素、植被要素和地貌要素，也可以直接对分版图进行扫描，然后由软件进行二值化、去噪等处理，经常需要进行一些编辑，以保证自动跟踪和识别的进行。在软件自动进行跟踪和识别时，仍必须进行部分的人机交互，如处理断线、确定属性值等，有时甚至要人工在屏幕上进行数字化。

与地图跟踪数字化相比，地图扫描数字化具有速度快、精度高、自动化程度高等优点，正在成为 GIS 中最主要的地图数字化方式。

地图扫描数字化的自动化程度高，但必须具备一些对扫描后的地图数据预处理的能力，同时，由于其最后结果同地图跟踪数字化的结果是相同的，因而还必须具有地图跟踪数字化所具有的一些功能。因此，其基本功能可描述为：

（1）地图扫描输入功能。即能使用各种扫描仪把地图扫描数字化为栅格数据。

（2）图像格式转换和图像编辑功能。能接受不同格式的栅格数据，并具有基本的图像编辑功能。

（3）彩色地图图像数据的分版功能。能够将所扫描的彩色地图图像分成不同要素版的图像数据，以便于跟踪和识别。

（4）线状要素的矢量化功能。能够对线状要素进行细化、断线修复、跟踪，也即具有自动提取线状要素中心线的功能。由于目前的自动化程度还不够高，经常需要进行人机交互，诸如在多条线的交叉点、线划粘连及断开处、原实体连续但图形中断处（桥下河、桥中路……）等，需人机交互指明继续追踪的方向。

（5）点状符号和注记的自动识别功能。应该能对点状符号和注记字进行自动识别，但完全自动化目前仍有困难，因此，有时需要人工在屏幕上进行数字化。

（6）属性编码的自动赋值。应能对已数字化的要素自动根据其符号特征赋以相应的编码（包括等高线的高程）。这方面目前还需要较多的人机交互。

（7）图幅信息录入与管理功能。同地图跟踪数字化一样，地图扫描数字化也需要录入图幅信息，以便于管理和质量控制。

（8）要素编码设置功能。为了能进行属性编码的自动赋值及人机交互地进行属性编码赋值，都必须针对不同的要求进行地图要素的编码设置。

（9）控制点输入功能。为了进行数字化后的数据纠正，必须具有控制点输入功能。

4.2.2 属性数据的采集

属性数据在 GIS 中是空间数据的组成部分。例如，道路可以数字化为一组连续的像素或矢量表示的线实体，并可用一定的颜色、符号把 GIS 的空间数据表示出来，这样，道路的类型就可用相应的符号来表示。而道路的属性数据则是指用户还希望知道的道路宽度、表面类型、建筑方法、建筑日期、人口覆盖、水管、电线、特殊交通规则、每小时的车流量等。这些数据都与道路这一空间实体相关。这些属性数据可以通过给予一个公共标识符与空间实体联系起来。

属性数据的采集主要采用键盘输入的方法，有时也可以辅助于字符识别软件。

当属性数据的数据量较小时，可以在输入几何数据的同时，用键盘输入；当数据量较大时，一般与几何数据分别输入，并检查无误后转入到数据库中。

4.2.3 几何数据与属性数据的连接

为了把空间实体的几何数据与属性数据联系起来，必须在几何数据与属性数据之间有一个公共标识符。标识符可以在输入几何数据或属性数据时手工输入，也可以由系统自动生成（如用顺序号代表标识符）。只有当几何数据与属性数据有一共同的数据项时，才能将几何数据与属性数据自动地连接起来；当几何数据或属性数据没有公共标识码时，只有通过人机交互的方法，如选取一个空间实体，再指定其对应的属性数据表来确定两者之间的关系，同时自动生成公共标识码。

当空间实体的几何数据与属性数据连接起来之后，就可进行各种 GIS 的操作与运算了。当然，不论是在几何数据与属性数据连接之前或之后，GIS 都应提供灵活而方便的手段以对属性数据进行增加、删除、修改等操作。

4.2.4 空间数据的检核

1. 空间数据输入的误差

在几何数据和属性数据的采集及几何数据与属性数据的连接这一系列过程中，所获取的数据可能产生各种误差，这些误差通常可归结为以下六类。

（1）几何数据的不完整或重复，如几何数据被漏输或重复输入多次。

（2）几何数据的位置不正确，如在数字化过程中，由于游标的十字丝与图件上的几何数据没对准而造成几何数据的位置有偏差。

（3）比例尺不正确，如在数字化过程中，地图的比例尺参数设置错误。

（4）变形。

（5）属性数据错误，如键盘输入错误，漏输数据或属性错误分类、编码等。

（6）几何数据与属性数据的连接有误。

2. 空间数据的检查

无论是地图跟踪数字化还是地图扫描数字化，都不可能完全正确。因此，必须进行空间数据的检查。常用的空间数据检查方法有如下八种。

（1）通过图形实体与其属性的联合显示，发现数字化中的遗漏、重复、不匹配等错误。

（2）在屏幕上用地图要素对应的符号显示数字化的结果，对照原图检查错误。

（3）把数字化的结果绘图输出在透明材料上，然后与原图叠加以便发现错漏。

（4）对等高线，通过确定最低和最高等高线的高程及等高距，编制软件来检查高程的赋值是否正确。

（5）对于面状要素，可在建立拓扑关系时，根据多边形是否闭合来检查，或根据多边形与多边形内点的匹配来检查等。

（6）对于属性数据，通常是在屏幕上逐表、逐行检查，也可打印出来检查。

（7）对于属性数据还可编写检核程序，如有无字符代替了数字，数字是否超出了范围等等。

（8）对于图纸变形引起的误差，应使用几何纠正进行处理。

3. 图形显示和数据处理

为了对 GIS 所输入的数据进行显示和检查，GIS 应提供下列功能：

（1）符号设计与符号库建立功能，为了能以不同符号表示不同类型的矢量数据，必须具有符号设计与符号库建立功能，如新符号的创建、旧符号的修改等。

（2）符号设置功能，即为每一类空间数据指定选用的符号，包括符号的形状、色彩、尺寸、图案等，如图 4.6 所示。

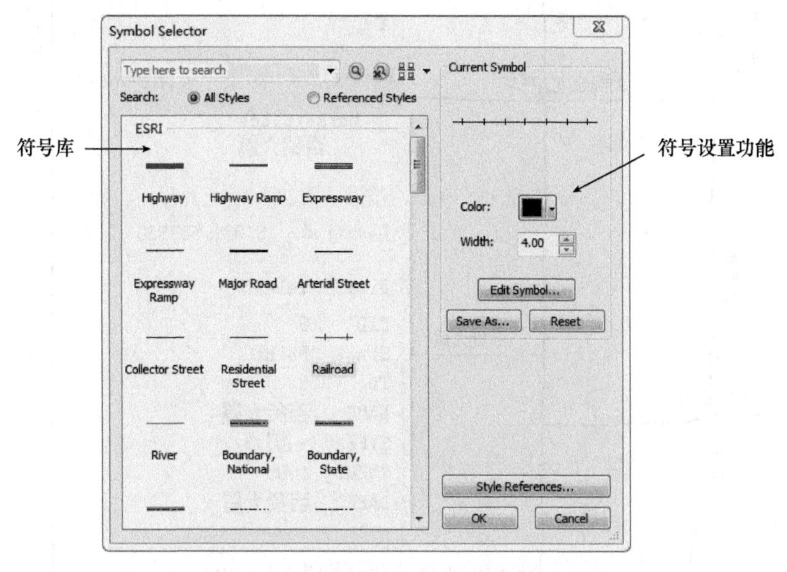

图 4.6　ArcGIS 软件中的符号库及符号设置功能

（3）注记配置功能，注记是地图上不可缺少的重要信息，也是数据检查的重要内容和参照信息，如图 4.7 所示。注记应确定其字体、大小、间隔、色彩、排列、旋转等，最重要的是确定其定位点。

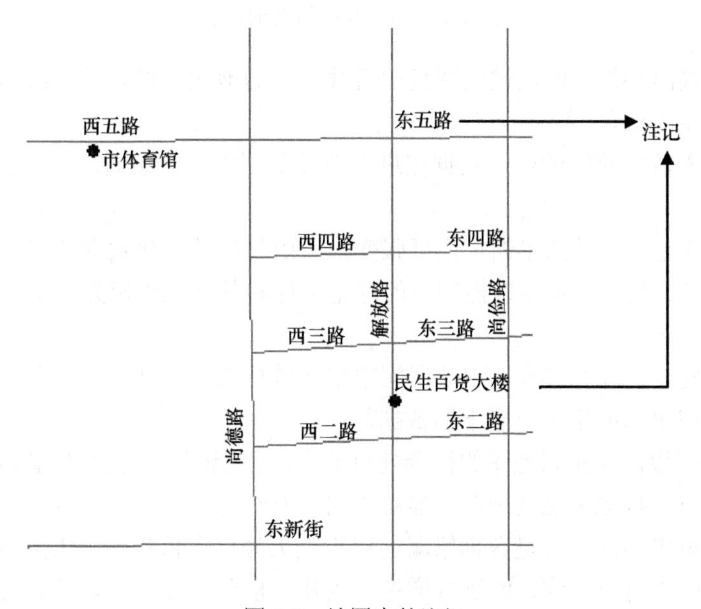

图 4.7　地图中的注记

（4）图形显示功能，应能将所采集的矢量数据以符号化的方式显示在屏幕上，并能进行放大、缩小、漫游、分层显示等操作。

（5）查询功能，通过查询来发现问题，可以由几何数据查询其属性信息，也可由属性信息查询其空间数据，如图 4.8 所示。

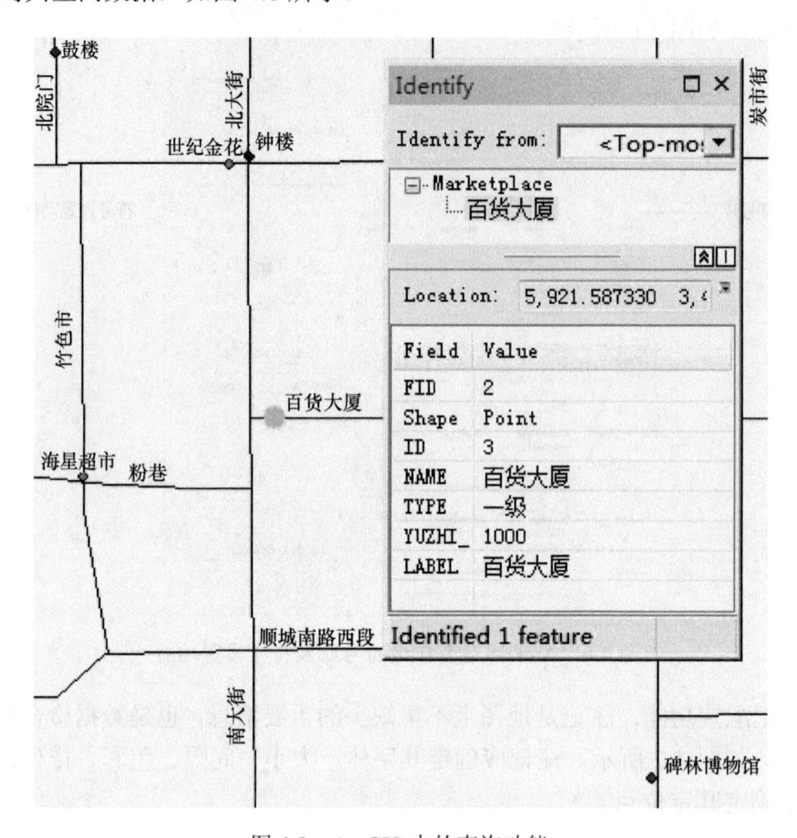

图 4.8　ArcGIS 中的查询功能

（6）绘图输出功能，即通过绘图机把所数字化的地图再以符号化的形式输出，这是数据检查的基本方法。

由数据输入软件获取的图形数据在进入地理数据库之前还需进行一些图形处理，主要包括：

（1）几何纠正，这是为了纠正由纸张变形所引起的数字化数据的误差，直接关系到 GIS 数据的质量。几何纠正要以控制点的理论坐标和数字化坐标为依据来进行，最后应显示平差结果。

（2）投影变换，为了 GIS 地理数据库中空间数据的一致性，须将原图投影下的矢量数据转换为地理坐标或指定投影下的数据。

（3）图形接边，在相邻地图的接合处可能会产生裂隙，包括几何裂隙（图 4.9）和属性裂隙。在自动接边无法处理时，需要人机交互进行。

（4）图形编辑功能，矢量数据错漏的纠正很大程度上依赖于强大的图形编辑功能。图形编辑功能应能对点、线、面进行增加、删除、移动、修改（如线的连接、截断、属性编码的修改）等，并应具有良好的人机界面和较快的响应速度。

（5）自动拓扑功能，拓扑关系是强大的查询与分析功能的基础。自动拓扑是在已矢量化的数据的基础上，自动建立起点、线、面的拓扑关系（李建松，2006）。

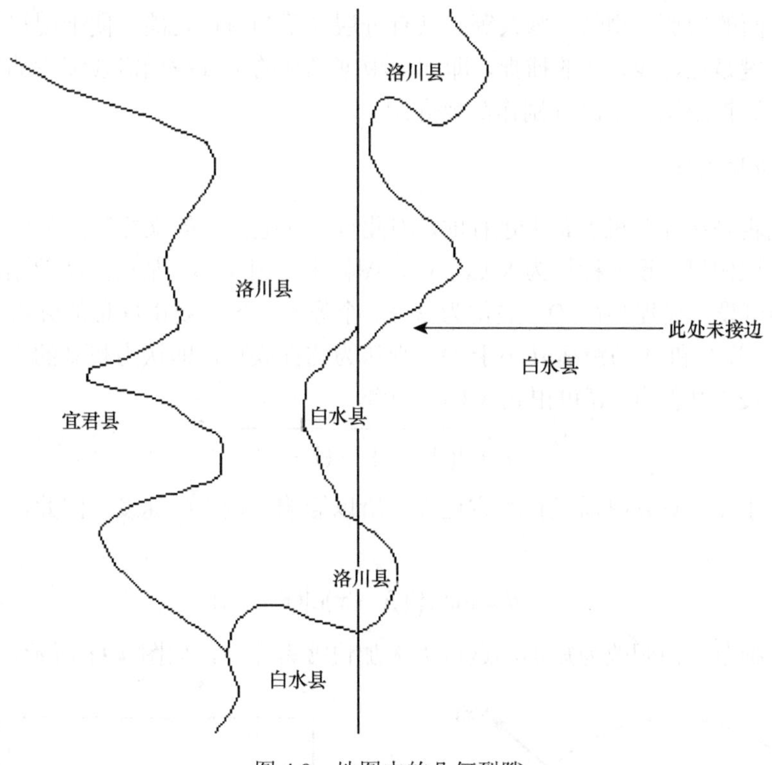

图 4.9　地图中的几何裂隙

4.3　空间数据的处理

地理信息系统是采集、管理、处理、分析、建模和显示地理空间数据的数字系统，因此空间数据的处理是地理信息系统的重要功能之一。数据处理涉及的内容很广泛，主要取决于原始数据的特点和用户的具体需求，一般包括图形编辑、自动拓扑、数据变换、数据重构、数据提取等内容。数据变换指数据从一种数学状态到另一种数学状态的变换，包括几何纠正、投影转换和辐射纠正等，以解决空间数据的几何配准。数据重构指数据从一种格式到另一种格式的转换，包括结构转换、格式变换、类型替换等，以解决空间数据在结构、格式和类型上的统一，实现多源和异构数据的联接与融合。数据提取指对数据进行某种有条件的提取，包括类型提取、窗口提取、空间内插等，以解决不同用户对数据的特定需求（黄杏元等，2008）。

数据处理是针对数据本身完成的操作，不涉及内容的分析。因此，空间数据的处理又称为数据形式的操作。

4.3.1　矢量数据的图形编辑

图形编辑又叫数据编辑、数字化编辑，是指对地图资料数字化后的数据进行编辑加工，其主要的目的是在改正数据差错的同时，相应地改正数字化资料的图形。

图形编辑是纠正数据采集错误的重要手段，其基本的功能要求是：具有友好的人机界面，即操作灵活、易于理解、响应迅速等；具有对几何数据和属性编码的修改功能，如点、线、面的增加、删除、修改等；具有分层显示和窗口功能，便于用户的使用。图形编辑的关键是点、线、面的捕捉，即如何根据光标的位置找到需要编辑的要素，以及图形编辑的数据组织。下面分别作简要介绍。

1. 点的捕捉算法

图形编辑是在计算机屏幕上进行的，因此首先应把图幅的坐标转换为当前屏幕状态的坐标系和比例尺。设光标点为 S（x，y），图幅上（图 4.10）某一点状要素的坐标为 A（x，y），则可设一捕捉半径 D（通常为 3～5 个像素，这主要由屏幕的分辨率和屏幕的尺寸决定）。若 S 和 A 的距离 d 小于 D，则认为捕捉成功，即认为找到的点是 A；否则失败，继续搜索其他点。d 可由式（4.1）计算：

$$d=\sqrt{\left(X-x\right)^2+\left(Y-y\right)^2} \tag{4.1}$$

但是由于在计算 d 时需进行乘方运算，所以影响了搜索的速度，因此，把距离 d 的计算改为式（4.2）：

$$d=\max\left(\left|\left(X-x\right)\right|,\left|\left(Y-y\right)\right|\right) \tag{4.2}$$

即把捕捉范围由圆改为矩形，这可大大加快搜索速度，如图 4.11 所示。

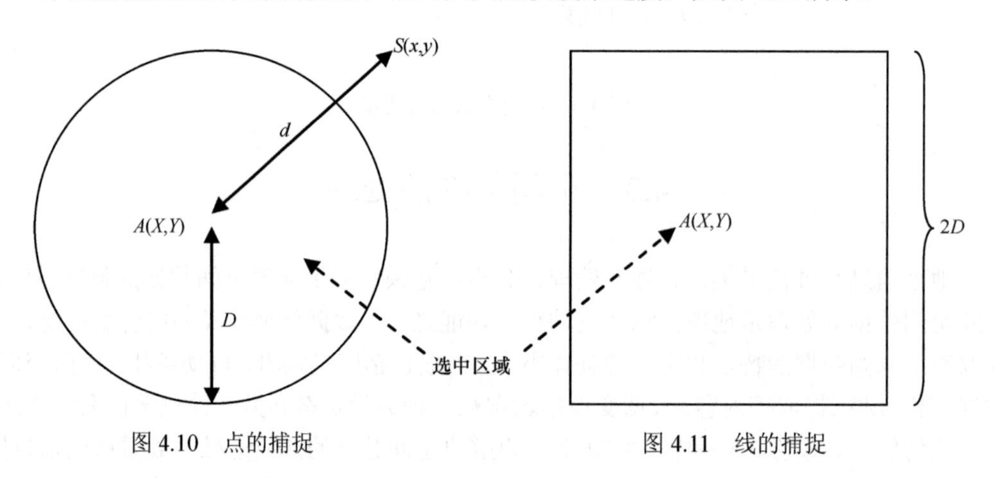

图 4.10　点的捕捉　　　　图 4.11　线的捕捉

2. 线的捕捉算法

设光标点坐标为 S（x，y），D 为捕捉半径，线的坐标为（x_1，y_1），（x_2，y_2），…，（x_n，y_n）。并计算 S 到该线的每个直线段的距离 d_i，如图 4.12 所示，若 min（d_1，d_2，…，d_{n-1}）$<D$，则认为光标 S 捕捉到了该条线，否则为未捕捉到。在实际的捕捉中，可每计算一个距离 d_i 就进行一次比较，若 $d_i<D$，则捕捉成功，不需再进行下面直线段到点 S 的距离计算了。

为了加快线捕捉的速度，可以把不可能被光标捕捉到的线以简单算法去除。如图 4.13 所示，对一条线可求出其最大、最小坐标值（$X_{\min}$，$Y_{\min}$），（$X_{\max}$，$Y_{\max}$），对由此构成的矩形再向外扩 D 的距离，若光标点 S 落在该矩形内，才可能捕捉到该条线，因而通过简单的比较运算就可去除大量的不可能捕捉到的情况。

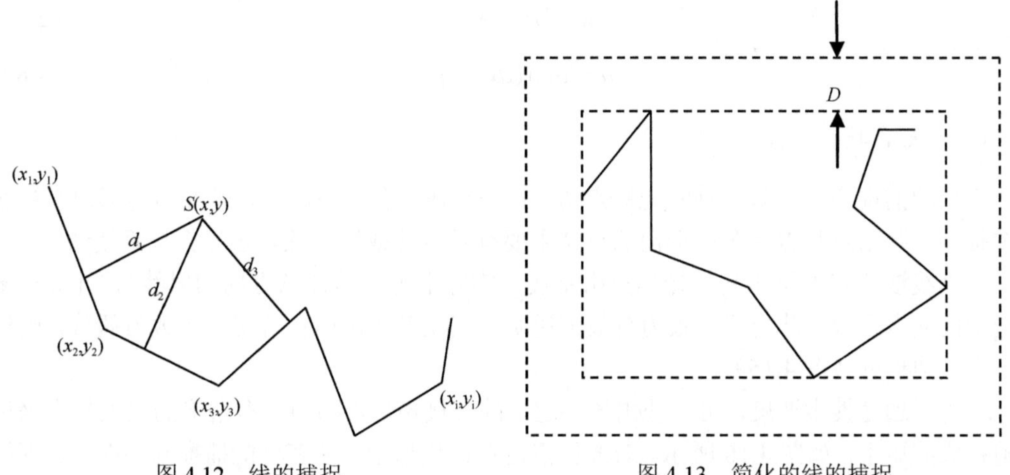

图 4.12　线的捕捉　　　　图 4.13　简化的线的捕捉

对于线段与光标点也应该采用类似的方法处理。即在对一个线段进行捕捉时，应先检查光标点是否可能捕捉到该线段。即对由线段两端点组成的矩形再往外扩 D 的距离，构成新的矩形，若 S 落在该矩形内，才计算点到该直线段的距离，否则应放弃该直线段，而取下一直线段继续搜索。

如图 4.14 所示，点 S（x，y）到直线段（x_1，y_1），（x_2，y_2）的距离 d 的计算公式为

$$d=\frac{|(x-x_1)(y_2-y_1)-(y-y_1)(x_2-x_1)|}{\sqrt{(x_2-x_1)^2-(y_2-y_1)^2}} \tag{4.3}$$

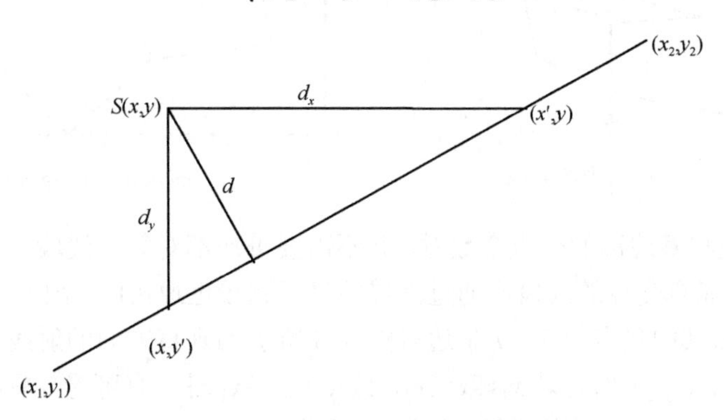

图 4.14　对于直线段的捕捉

上式计算量较大，速度较慢，因此可按如下方法计算。

从 S（x，y）向线段（x_1，y_1）（x_2，y_2）作水平和垂直方向的射线，取 d_x，d_y 的最小值作为 S 点到该线段的近似距离。由此可大大减小运算量，提高搜索速度。计算方法为式（4.4）～式（4.8）：

$$x'=\frac{(x_2-x_1)(y-y_1)}{y_2-y_1}+x_1 \tag{4.4}$$

$$y'=\frac{(y_2-y_1)(x-x_1)}{x_2-x_1}+y_1 \tag{4.5}$$

$$dy=|y'-y| \tag{4.6}$$

$$dy = |y' - y| \tag{4.7}$$

$$d = \min(dx, dy) \tag{4.8}$$

3. 面的捕捉算法

面的捕捉实际上就是判断光标点 S（x，y）是否在多边形内，若在多边形内则说明捕捉到。判断点是否在多边形内的算法主要有垂线法或转角法，这里介绍垂线法。

垂线法的基本思想是从光标点引垂线（实际上可以是任意方向的射线），计算与多边形的交点个数。若交点个数为奇数则说明该点在多边形内；若交点个数为偶数，则该点在多边形外（图 4.15）。

为了加速搜索速度，可先找出该多边形的外接矩形，即由该多边形的最大最小坐标值构成的矩形，如图 4.16 所示。若光标点落在该矩形中，才有可能捕捉到该面，否则放弃对该多边形的进一步计算和判断，即不需进行作垂线并求交点个数的复杂运算。通过这一步骤，可去除大量不可能捕捉的情况，大大减少了运算量，提高了系统的响应速度。

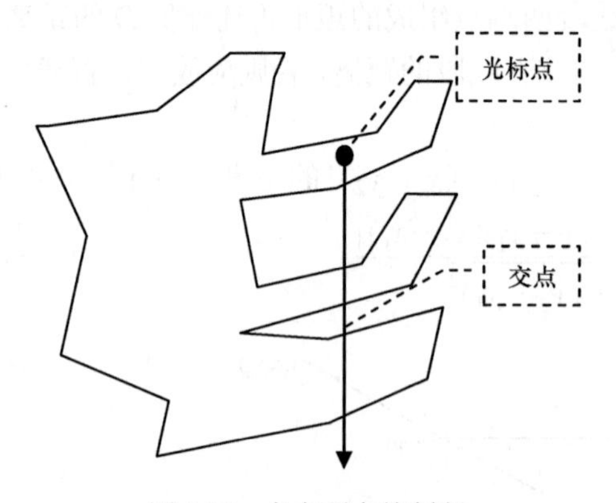

图 4.15　点在面内的判断

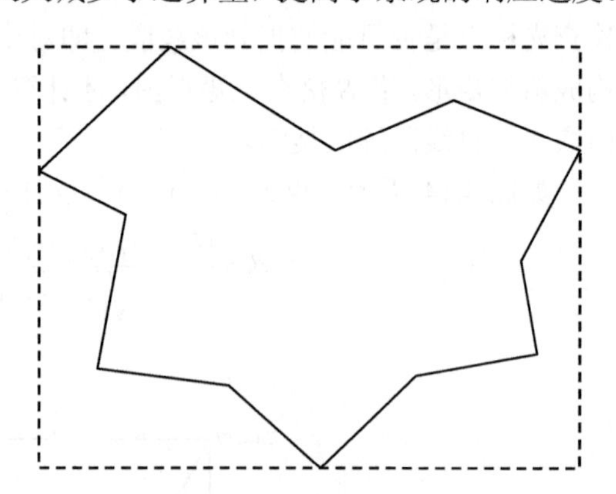

图 4.16　面外接矩形

在计算垂线与多边形的交点个数时，并不需要每次都对每一线段进行交点坐标的具体计算。对不可能有交点的线段应通过简单的坐标比较迅速去除。图 4.17 中多边形的边分别为 1～8，而其中只有第 3、7 条边可能与 S 所引的垂直方向的射线相交。即若直线段为（x_1，y_1）（x_2，y_2）时，若 $x_1 \leqslant x \leqslant x_2$，或 $x_2 \leqslant x \leqslant x_1$ 时才有可能与垂线相交，这样就可不对 1，2，4，5，6，8 边进行继续的交点判断了。

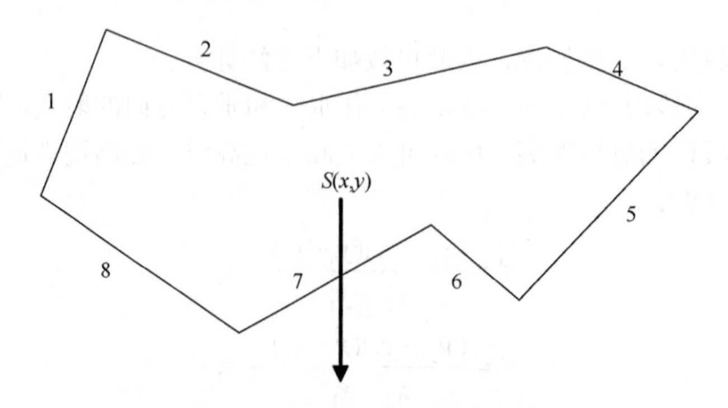

图 4.17　判断可能与垂线的线段

对于3、7边的情况，若$y>y_1$且$y>y_2$时，必然与S点所作的垂线相交（如边7）；若$y<y_1$且$y<y_2$时，必然不与S点所作的垂线相交。这样就可不必进行交点坐标的计算就能判断出是否有交点了。

对于$y_1 \leqslant y \leqslant y_2$或$y_2 \leqslant y \leqslant y_1$，且$x_1 \leqslant x \leqslant x_2$或$x_2 \leqslant x \leqslant x_1$时，如图4.18所示。这时可求出铅垂线与直线段的交点（x，y'），若$y'<y$，则是交点；若$y'>y$，则不是交点；若$y'=y$，则交点在线上，即光标在多边形的边上。

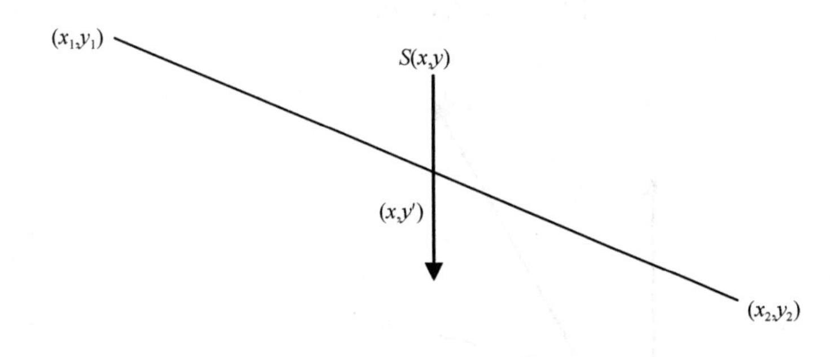

图4.18　垂线与线段相交

以上都是一些提高面捕捉算法的常用技术。

在对建立了拓扑关系的矢量数据进行图形编辑时，往往会破坏原有的拓扑关系，这时需要拓扑重构。也可以先对图形编辑所涉及的局部区域进行拓扑重构，然后与原区域进行相关处理，以获取全图的拓扑关系数据。

4.3.2　空间数据的坐标变换

1. 几何纠正

几何纠正是为了实现对数字化数据的坐标系转换和图纸变形误差的改正。在图形编辑中，只能消除数字化产生的明显误差，而图纸变形以及其他原因产生的误差难以改正，因此要进行几何纠正。几何纠正常用的有高次变换、二次变换和仿射变换等几种算法。

1）高次变换

高次变换在卫星图像校正过程中应用较多。在应用此模型时，需要确定多项式的次方数，通常选择2次或3次。选择的次方数与所需要的最少控制点是相关的，最少控制点计算公式为（n+1）*（n+2）/2，其中n为次方数，即选择多少次多项式n就是多少，而所需要的最少控制点数目即为（n+1）*（n+2）/2，高次变换公式为

$$\begin{cases} x' = a_0 + a_1 x + a_2 y + a_{11} x^2 + a_{12} xy + A \\ y' = b_0 + b_1 x + b_2 y + b_{11} x^2 + b_{12} xy + B \end{cases} \tag{4.9}$$

式中，A、B为二次以上高次项之和。上式是高次变换方程，符合上式的变换称为高次变换。

2）二次变换

当不考虑高次变换方程中的A和B时，则变成二次方程，称为二次变换。二次变换

适用于原图有非线性变形的情况，至少需要5对控制点的坐标及其理论值才能求出待定系数。

3）仿射变换

仿射变换（图4.19）的公式为

$$\begin{cases} x' = a_0 + a_1 x + a_2 y + a_3 \\ y' = b_0 + b_1 x + b_2 y + b_3 \end{cases} \tag{4.10}$$

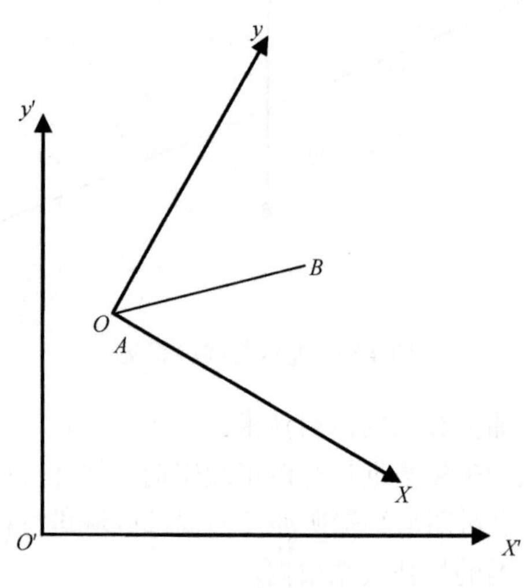

图4.19　仿射变换

仿射变换是GIS数据处理中使用最多的一种几何纠正方式，只考虑到x和y方向上的变形，其特性是：

（1）直线变换后仍为直线；

（2）平行线变换后仍为平行线；

（3）不同方向上的长度比发生变化。

对于仿射变换，只需知道不在同一直线上的3对控制点的坐标及其理论值，就可求得待定系数。但在实际使用时，往往利用4个以上的点进行纠正，利用最小二乘法处理，以提高变换的精度。

误差方程为

$$\begin{cases} Q_x = X - (a_1 x + a_2 y + a_3) \\ Q_y = Y - (b_1 x + b_2 y + b_3) \end{cases} \tag{4.11}$$

式中，X，Y为已知的理论坐标。

由Q_{x_2}最小和Q_{y_2}最小的条件可得到两组法方程式

$$\begin{cases} a_1 \sum x + a_2 \sum y + a_3 n = X \\ a_1 \sum x^2 + a_2 \sum xy + a_3 \sum x = xX \\ a_1 \sum xy + a_2 \sum y^2 + a_3 \sum y = yX \end{cases} \tag{4.12}$$

$$\begin{cases} b_1\sum x + b_2\sum y + b_3 n = Y \\ b_1\sum x^2 + b_2\sum xy + b_3\sum x = xY \\ b_1\sum xy + b_2\sum y^2 + b_3\sum y = yY \end{cases} \tag{4.13}$$

式中，n 为控制点个数；x，y 为控制点坐标；X，Y 为控制点的理论值；a_1，a_2，a_3，b_1，b_2，b_3 为待定系数。

通过上述法方程就可求得仿射变换的待定系数。

2. 投影变换

当系统所使用的数据是来自不同地图投影的图幅时，需要将一种投影的几何数据转换成所需投影的几何数据，这就需要进行地图投影变换。

地图投影变换的实质是建立两平面场之间点的一一对应关系。假定原图点的坐标为（x，y）（称为旧坐标），新图点的坐标为（X，Y）（称为新坐标），如图 4.20 所示，则由旧坐标变换为新坐标的基本方程式为

$$\begin{cases} X = f_1(x,y) \\ Y = f_2(x,y) \end{cases} \tag{4.14}$$

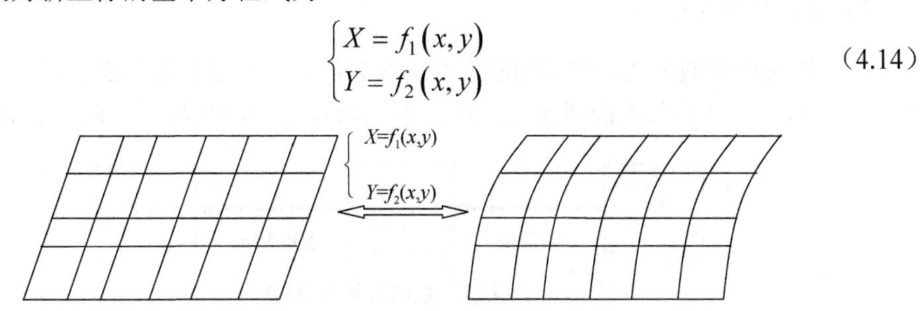

图 4.20 投影变换

实现由一种地图投影点的坐标变换为另一种地图投影点的坐标就是要找出上述关系式，其方法通常分为三类：解析变换法、数值变换法、数值解析变换法。

1）解析变换法

这类方法是找出两投影间坐标变换的解析计算公式。由于所采用的计算方法不同又可分为反解变换法和正解变换法。

反解变换法（又称间接变换法）：这是一种中间过渡的方法，即先解出原地图投影点的地理坐标（φ，λ）对于（x，y）的解析关系式，然后将其代入新图的投影公式中求得其坐标，如图 4.21 所示。

正解变换法（又称直接变换法）：这种方法不需要反解出原地图投影点的地理坐标，而是直接求出两种投影点的直角坐标关系式，如图 4.22 所示。

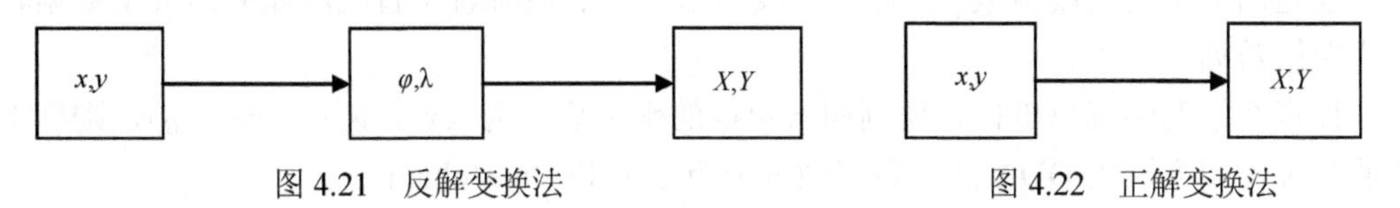

图 4.21 反解变换法

图 4.22 正解变换法

2）数值变换法

如果原投影点的坐标解析式不知道，或不易求出两投影之间坐标的直接关系，可以

采用多项式逼近的方法，即用数值变换法来建立两投影间的变换关系式。例如，可采用二元三次多项式进行变换。二元三次多项式为

$$\begin{cases} X = a_{00} + a_{10}x + a_{01}y + a_{20}x^2 + a_{11}xy + a_{02}y^2 + a_{30}x^3 + a_{21}x^2y + a_{12}xy^2 + a_{03}y^3 \\ Y = b_{00} + b_{10}x + b_{01}y + b_{20}x^2 + b_{11}xy + b_{02}y^2 + b_{30}x^3 + b_{21}x^2y + b_{12}xy^2 + b_{03}y^3 \end{cases} \tag{4.15}$$

通过选择 10 个以上的两种投影之间的共同点，并组成最小二乘法的条件式（4.16）：

$$\begin{cases} \sum_{i=1}^{n}(X_i - X_i')^2 = \min \\ \sum_{i=1}^{n}(Y_i - Y_i')^2 = \min \end{cases} \tag{4.16}$$

式中，n 为点数；X_i，Y_i 为新投影的实际变换值；X_i'，Y_i' 为新投影的理论值。根据求极值原理，可得到两组线性方程，即可求得各系数的值。

必须明确，实际中所碰到的变换，决定于区域大小、已知点密度、数据精度、所需变换精度及投影间的差异大小，理论和实践上不是二元三次多项式所能概括的。

3）数值解析变换法

当已知新投影的公式，但不知原投影的公式时，可先通过数值变换求出原投影点的地理坐标 φ，λ，然后代入新投影公式中，求出新投影点的坐标，如图 4.23 所示。

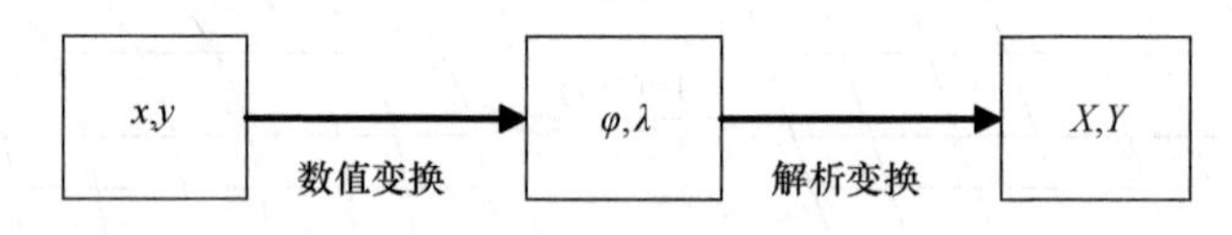

图 4.23　数值解析变换法

4.3.3　空间数据的结构转换

由于矢量数据结构和栅格数据结构各具有不同的优缺点，如数据采集采用矢量数据结构，有利于保证空间实体的几何精度和拓扑特性的描述；而空间分析则主要采用栅格数据结构，有利于加快系统数据的运行速度和分析应用的进程。因此，在数据处理阶段，经常要进行矢量到栅格、栅格到矢量的转换。

1. 矢量-栅格转换

由于矢量数据的点到栅格数据的点只是简单的坐标变换，所以，这里主要介绍线和面（多边形）的矢量数据向栅格数据的转换。

1）线的栅格化方法

线是由多个直线段组成的，因此，线的栅格化的核心就是直线段如何由矢量数据转换为栅格数据。

设直线段的两端点坐标转换到栅格数据的坐标系后为（x_A，y_A），（x_B，y_B），则栅格化的两种常用方法为 DDA 法（数字微分分析法）和 Bresenham 法。

A. DDA 法（数字微分分析法）

如图 4.24 所示，设（x_A，y_A），（x_B，y_B）与栅格网的交点为（x_i，y_i），则：

$$\begin{cases} x_{i+1} = x_i + \dfrac{x_B - x_A}{n} = x_i + \Delta x \\ y_{i+1} = y_i + \dfrac{y_B - y_A}{n} = y_i + \Delta y \end{cases}$$

其中：

$$n = \max\left(|x_B - x_A|, |y_B - y_A|\right)$$

$$\Delta x = \frac{x_B - x_A}{n}; \Delta y = \frac{y_B - y_A}{n}$$

$$x_0 = x_A; y_0 = y_A; x_n = x_B; y_n = y_B$$

这样从 $i=0$ 计算到 $i=n-1$，即可得直线与格网的 n 个交点坐标，对其取整就是该点的栅格数据了。

该方法的基本依据是直线的微分方程，即 $dy/dx=$常数。其本质是用数值方法解微分方程，通过同时对 x 和 y 各增加一个小增量来计算下一步的 x，y 值，即这是一种增量算法。

在该算法中，必须以浮点数表示坐标，且每次都要舍入取整，因此，尽管算法正确，但速度不够快。

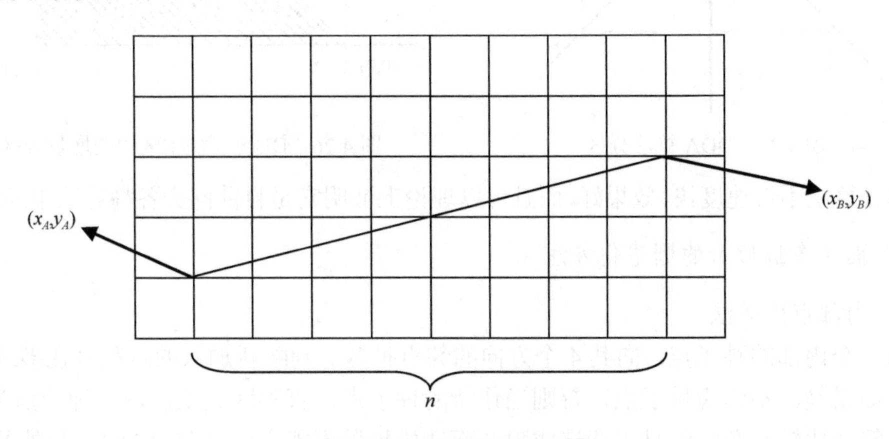

图 4.24　线段变栅格示意

B. Bresenham 算法

该算法原来是为绘图机设计的，但同样适合于栅格化。该算法构思巧妙，只需根据由直线斜率构成的误差项的符号，就可确定下一列坐标的递增值。

根据直线的斜率，把直线分为 8 个卦限（图 4.25）。下面举斜率在第一卦限的情况为例，其余卦限的情况类似。

该算法的基本思路可描述为：图 4.26 中，若直线的斜率为 $1/2 \leqslant \Delta y/\Delta x \leqslant 1$，则下一点取（1，1）点，若 $0 \leqslant \Delta y/\Delta x < 1/2$，则下一点取（1，0）点。

在算法实现时，令起始的误差项为 $e=-1/2$，然后在推断出下一点后，令 $e=e+\Delta y/\Delta x$，若 $e \geqslant 0$ 时，$e=e-1$。这样只要根据 e 的符号就可确定下一点的增量，即

若 $e \geqslant 0$，取（1，1）点；若 $e<0$，取（1，0）点。

为避免浮点运算，可令初值 $e'=e\times 2\times \Delta x=2\times \Delta y-\Delta x$（当 $\Delta x \geqslant 0$ 时，与 e 同号）。

当 $e'>0$ 时，y 方向获增量 1，即令 $e'=e'-2\times\Delta x$；一般情况下 $e'=e'+2\Delta y$

例如，一直线的斜率为 1/3（图 4.27）。

起始点：$e=-1/2$，即 $e'=-3$，取点①；

第 2 点：$e=-1/2+1/3=-1/6$，$e'=-3+2\Delta y=-1$，取点②；

第 3 点：$e=-1/6+1/3=1/6$，即 $e'=-1+2=1$，取点③，且 $e=-5/6$，$e'=-5$；

第 4 点：$e=1/6+1/3=1/2>0$，即 $e'=-5+2=-3$，取点④；

因 $e\geqslant 1/2$，所以，$e=1/2-1=-1/2$。

依次进行，直到到达直线的另一端点。

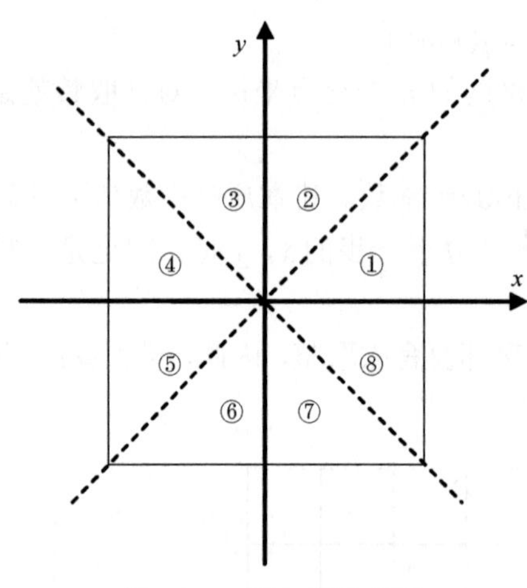

图 4.25　DDA 算法分区

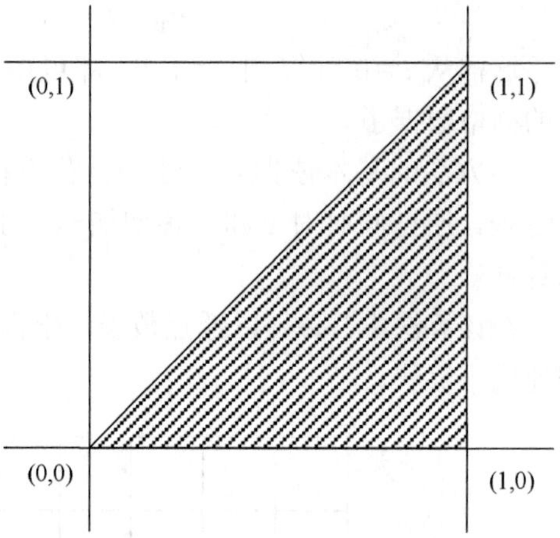

(0,1)
(1,1)
(0,0)
(1,0)

图 4.26　DDA 算法①区中的增量分区

这种算法不仅速度快、效果好，而且可以理论上证明它是目前同类各种算法中最优的。

2）面（多边形）的栅格化方法

A. 内部点扩散法

由一个内部的种子点，向其 4 个方向的邻点扩散。判断新加入的点是否在多边形边界上，如果是，不作为种子点，否则当作新的种子点，直到区域填满，无种子点为止。

该算法比较复杂，而且可能造成阻塞而造成扩散不能完成（图 4.28），此外若多边形不完全闭合时，会扩散出去。

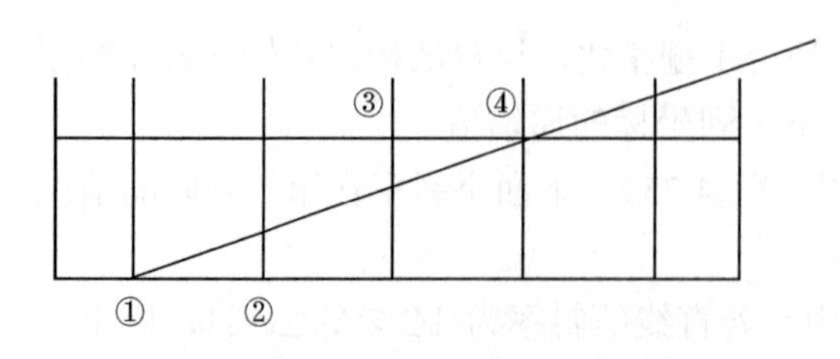

图 4.27　Bresenham 算法中增量示意

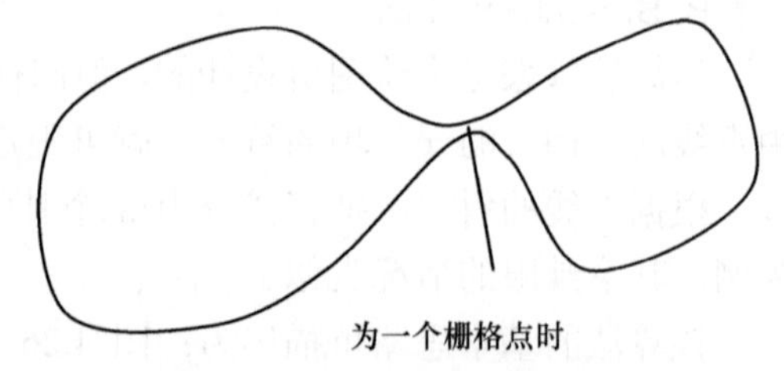

图 4.28　种子点法扩散的瓶颈

B. 复数积分算法

对全部栅格阵列逐个栅格单元判断栅格归属的多边形编码，判别方法是由待判点对每个多边形的封闭边界计算复数积分，对某个多边形，如果积分值为 $2\pi r$，则该待判点属于此多边形，赋予多边形编号，否则在此多边形外部，不属于该多边形（邬伦和刘瑜，2001）。

复数积分算法涉及许多乘除运算，尽管可靠性好，设计也并不复杂，但运算时间很长，难以在比较低档次的计算机上采用。采用一些优化方法，如根据多边形边界坐标的最大最小值范围组成的矩形来判断是否需要做复数积分运算可以部分地改善运算时间长的困难。

C. 射线算法

射线算法可逐点判别数据栅格点在某多边形之外或在多边形内，由待判点向图外某点引射线，判断该射线与某多边形所有边界相交的总次数，如相交偶数次，则待判点在该多边形的外部，如为奇数次，则待判点在该多边形内部。

射线算法要计算与多边形交点，因此运算量大。另一个比较麻烦的问题是射线与多边形相交时有些特殊情况如相切、重合等，会影响交点的个数，必须予以排除，由此造成算法的不完善，并增加了编程的复杂性。

D. 扫描法

扫描算法是射线算法的改进，在通常情况下，沿栅格阵列方向扫描，在每两次遇到多边形边界点的两个位置之间的栅格，属于该多边形。也就是说按扫描线的顺序，计算多边形与扫描线的相交区间，再用相应的属性值填充这些区间，即完成了多边形的栅格化，如图 4.29 所示。

扫描算法省去了计算射线与多边形交点的大量运算，大大提高了效率，但一般需要预留一个较大的数组以存放边界点，而且扫描线与多边形边界相交的几种特殊情况仍然存在，需要加以判别。

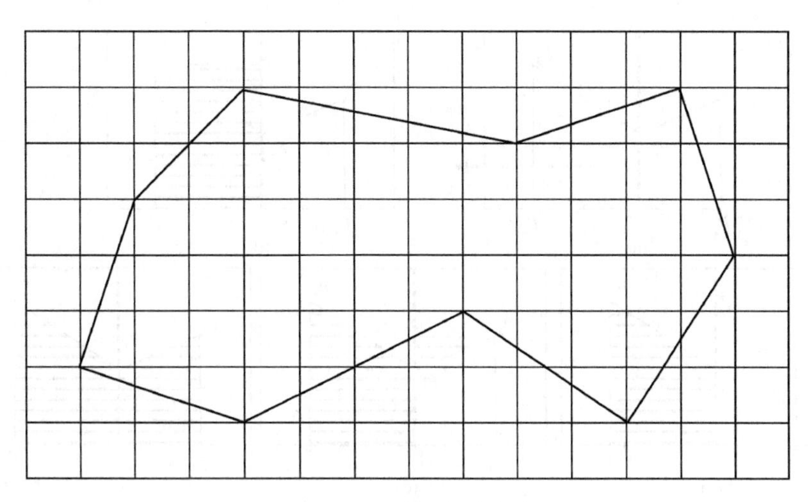

图 4.29 扫描法填充示意

E. 边填充算法

其基本思想是：对于每一条扫描线和每条多边形边上的交点，将该扫描线上交点右方的所有像素取原属性值之补。对多边形的每条边作此处理，多边形的方向任意。图 4.30 是一个简单的例子。

本算法的优点是算法简单，缺点是对于复杂图形，每一像素可能被访问多次，增加了运算量。为了减少边填充算法访问像素的次数，可引入栅栏。

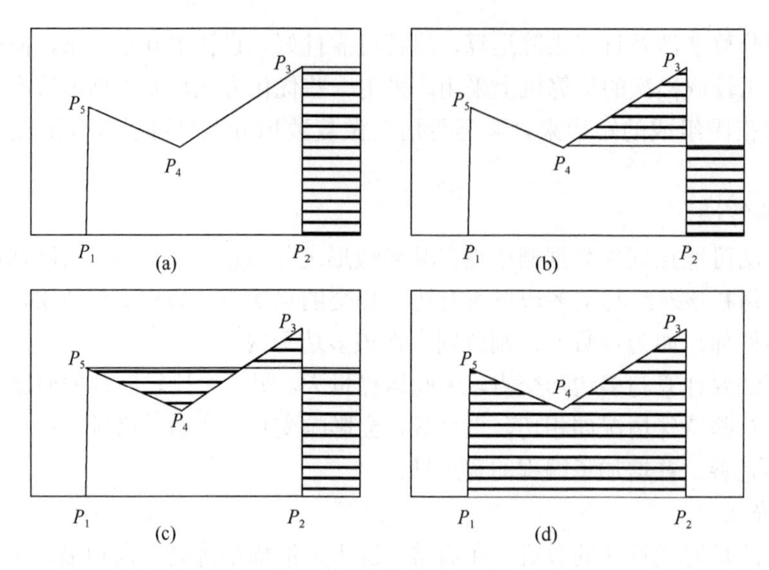

图 4.30　边填充法示意

所谓栅栏指的是一条与扫描线垂直的直线，栅栏位置通常取多边形的顶点，且把多边形分为左右两半。栅栏填充算法的基本思路是：对于每个扫描线与多边形的交点，将交点与栅栏之间的像素用多边形的属性值取补。若交点位于栅栏左边，则将交点右边，栅栏左边的所有像素取补；若交点位于栅栏的右边，则将栅栏右边，交点左边的像素取补。图 4.31 是该算法的示意图。

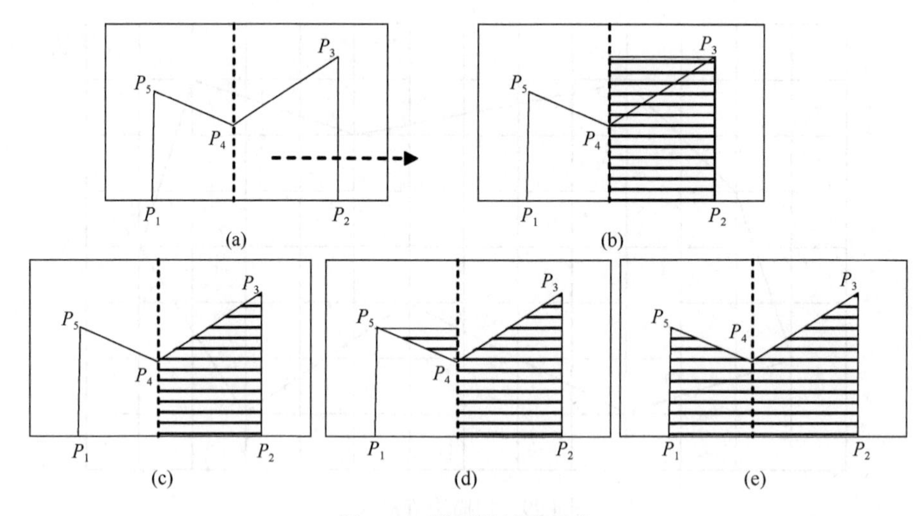

图 4.31　栅栏法填充示意

2. 栅格-矢量转换

栅格数据到矢量数据转换的一般过程可描述为以下五部分。

1）二值化

由于扫描后的图像是以不同灰度级存储的，为了进行栅格数据矢量化的转换，需压缩为两级（0 和 1），这就称为二值化。

二值化的关键是在灰度级的最大值和最小值之间选取一个阈值，当灰度级小于阈值时，取值为 0，当灰度级大于阈值时，取值为 1。阈值可根据经验进行人工设定，虽然人工设定的值往往不是最佳阈值，但在扫描图比较清晰时，是行之有效的。当扫描图不清晰时，需由灰度级直方图来确定阈值，其方法为：

设 M 为灰度级数，P_k 为第 k 级的灰度的概率，n_k 为某一灰度级的出现次数，n 为像元总数，则有式（4.17）：

$$P_k = n_k / n \qquad k=1,\ 2,\ 3,\ \cdots,\ M \tag{4.17}$$

对于地图，通常在灰度级直方图上出现两个峰值，如图 4.32 所示，这时，取波谷处的灰度级为阈值，二值化的效果较好。

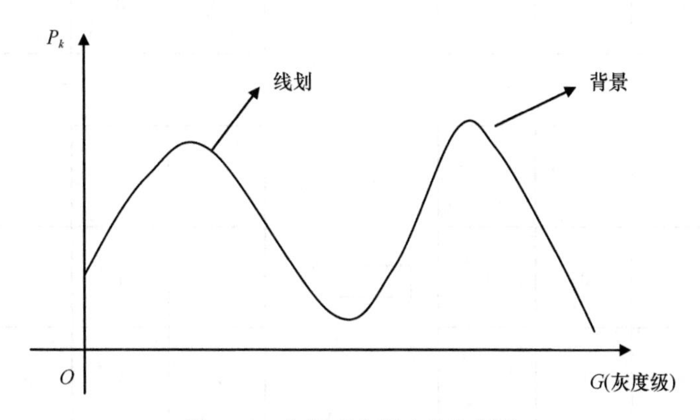

图 4.32　灰度直方图上选取阈值

2）二值图像的预处理

对于扫描输入的图幅，由于原稿不干净等原因，总是会出现一些飞白、污点、线划边缘凹凸不平等。除了依靠图像编辑功能进行人机交互处理外，还可以通过一些算法来进行处理。

例如，用 3×3 的像素矩阵，规定各种情况的处理原则，图 4.33 是两个简单的例子。

除了上述方法外，还可用其他许多方法。例如，对于飞白和污点，给定其最小尺寸，不足的消除；对于断线，采取先加粗后减细的方法进行断线相连；用低通型滤波进行破碎地物的合并，用高通滤波提取区域范围等。

3）细化

所谓细化就是将二值图像像元阵列逐步剥除轮廓边缘的点，使之成为线划宽度只有一个像元的骨架图形。细化后的图形骨架既保留了原图形的绝大部分特征，又便于下一步的跟踪处理。

细化的基本过程是：①确定需细化的像元集合；②移去不是骨架的像元；③重复，直到仅剩骨架像元。

细化的算法很多，各有优缺点。经典的细化算法是通过 3×3 的像元组来确定如何细化的。其基本原理是，在 3×3 的像元组中，凡是去掉后不会影响原栅格影像拓扑连通性的像元都应该去掉，反之，则应保留。3×3 的像元共有 28 即 256 种情况，但经过旋转，去除相同情况，共有 51 种情况，其中只有一部分是可以将中心点剥去的，如图 4.34（a）、（b）是可剥去的，而（c）、（d）的中心点是不可剥去的。通过对每个像元点经过如此反复处理，最后可得到应保留的骨架像元。

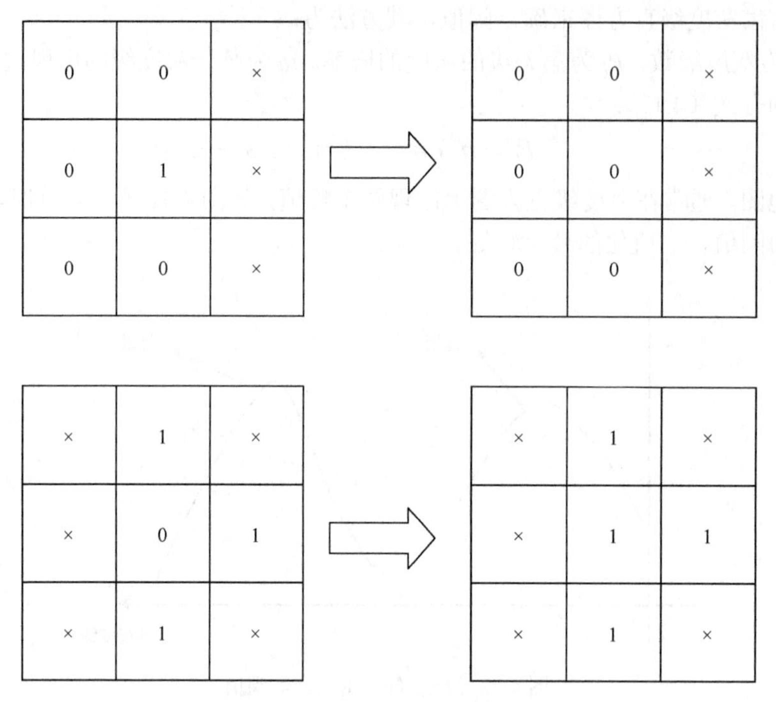

图 4.33　去污及填齐模板示意

其中“×”表示任何像素值

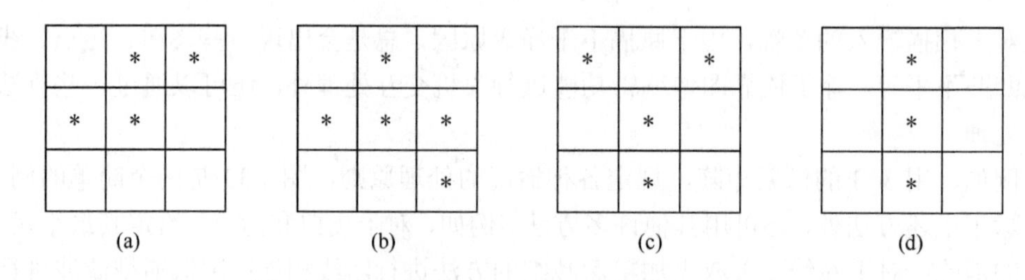

图 4.34　中心可删（a）、（b），不可删（c）、（d）

如果是对扫描后的地图图像进行细化处理，应符合下列基本要求：

（1）保持原线划的连续性；

（2）线宽只为一个像元；

（3）细划后的骨架应是原线划的中心线；

（4）保持图形的原有特征。

4）追踪

细化后的二值图像形成了骨架图，追踪就是把骨架转换为矢量图形的坐标序列。其基本步骤为：

（1）从左向右、从上向下搜索线划起始点，并记下坐标。

（2）朝该点的 8 个方向追踪点，若没有，则本条线的追踪结束，转 1）进行下条线的追踪；否则记下坐标。

（3）把搜索点移到新取的点上，转 2）。

注意的是，已追踪点应作标记，防止重复追踪。

5）拓扑化

为了进行拓扑化，需找出线的端点和结点及孤立点。

（1）孤立点：8 邻城中没有为 1 的像元，如图 4.35（a）所示。

（2）端点：8 邻城中只有一个为 1 的像元，如图 4.35（b）所示。

（3）结点：8 邻城中有三个或三个以上为 1 的像元，如图 4.35（c）所示。

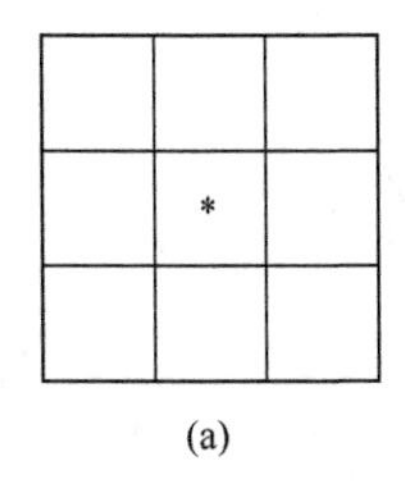

(a)

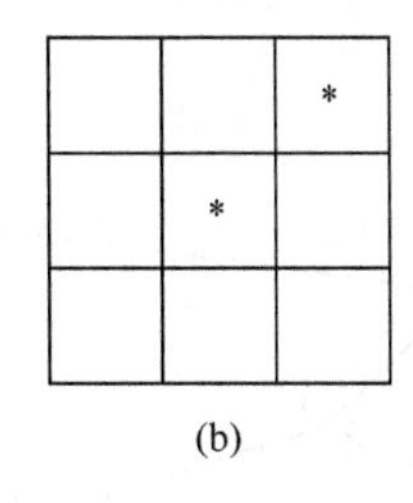

(b)

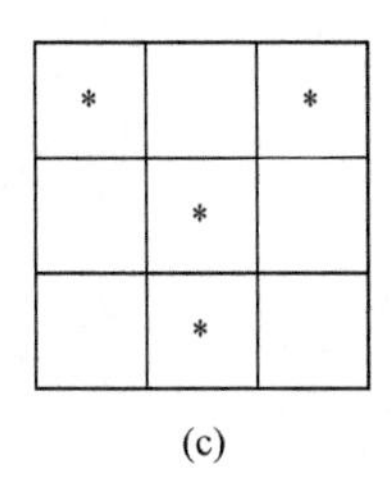

(c)

图 4.35 点的拓扑判断

在追踪时加上这些信息后，就可形成结点和孤段，就可用矢量数据的自动拓扑方法进行拓扑化了。

4.3.4 空间数据的插值方法

用各种方法采集的空间数据往往是按用户自己的要求获取采样观测值，亦即数据集合是由感兴趣的区域内的随机点或规则网点上的观测值组成的。但有时用户却需要获取未观测点上的数据，而已观测点上的数据的空间分布使我们有可能从已知点的数据推算出未知点的数据值。

在已观测点的区域内估算未观测点的数据的过程称为内插；在已观测点的区域外估算未观测点的数据的过程称为外推。

空间数据的内插和外推在 GIS 中使用十分普遍。一般情况下，空间位置越靠近的点越有可能获得与实际值相似的数据，而空间位置越远的点则获得与实际值相似的数据的可能性越小。

插值方法有多种，有的插值方法适用于不连续渐变的特征，如边界内插方法；有的插值方法适用于连续而渐变的特征。适用于连续而渐变的特征的内插方法可以分为整体插值和局部插值方法两类。整体插值方法用研究区所有采样点的数据进行全区特征拟合；局部插值方法是仅仅用邻近的数据点来估计未知点的值。整体插值方法通常不直接用于空间插值，而是用来检测不同于总趋势的最大偏离部分，在去除了宏观地物特征后，可用剩余残差来进行局部插值。由于整体插值方法将短尺度的、局部的变化看作随机的和非结构的噪声，从而丢失了这一部分信息。局部插值方法恰好能弥补整体插值方法的缺陷，可用于局部异常值，而且不受插值表面上其他点的内插值影响。

1. 边界内插

使用边界内插法时，首先要假定任何重要的变化都发生在区域的边界上，边界内的变化则是均匀的、同质的。这种方法主要用于土壤、地质、植被、土地利用等等值区域地图和专题地图的处理。但这种方法不一定适用于连续而渐变的特征。

边界内插的方法之一是泰森多边形法。泰森多边形法内插的基本原理，是由加权产生未知点的最佳值，即由邻近的各泰森多边形属性值与它们对应未知点泰森多边形的权值（如面积百分比）的加权平均得到。如图 4.36 所示，设各邻近泰森多边形的属性值表为 A_{P_i}，占未知点泰森多边形的面积百分比为 S_{P_i}，则内插值 A 可根据式（4.18）计算：

$$A_Q = \sum_{i=1}^{5} S_{P_i} \cdot A_{P_i} \tag{4.18}$$

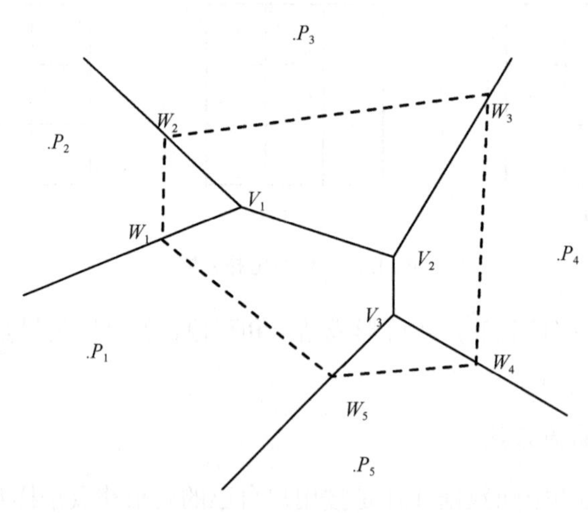

图 4.36　泰森多边形

2. 整体插值方法

1）趋势面分析

趋势面分析是一种多项式回归分析技术。多项式回归的基本思想是用多项式表示线或面，按最小二乘法原理对数据点进行拟合，拟合时假定数据点的空间坐标 X，Y 为独立变量，而表示特征值的坐标 Z 为因变量。

当数据为一维时，可用回归线近似表示为

$$Z = a_0 + a_1 X \tag{4.19}$$

式中，a_0，a_1 为多项式的系数。当 n 个采样点方差和为最小时［式（4.20）］，则认为线性回归方程与被拟合曲线达到了最佳配准，如图 4.37 所示。有

$$\sum_{i=1}^{n} \left(\widetilde{Z}_i - Z_i\right)^2 = \min \tag{4.20}$$

当数据以更为复杂的方式变化时，如图 4.38 所示。在这种情况下，需要用到二次或高次多项式：

$$Z = a_0 + a_1 X + a_2 X^2 \text{（二次曲线）} \tag{4.21}$$

在 GIS 中，数据往往是二维的，在这种情况下，需要用到二元二次或高次多项式：

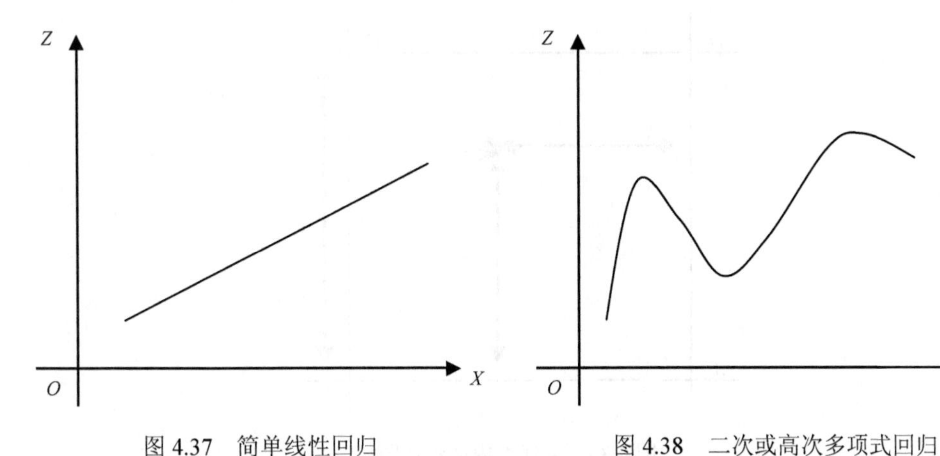

图 4.37　简单线性回归　　　　图 4.38　二次或高次多项式回归

$$Z = a_0 + a_1X + a_2Y + a_3X^2 + a_4XY + a_5Y^2 \text{（二次曲面）} \tag{4.22}$$

多项式的次数并非越高越好，超过 3 次的多元多项式往往会导致奇异解，因此，通常使用二次多项式。

趋势面是一种平滑函数，难以正好通过原始数据点，除非数据点数和多项式的系数的个数正好相同。这就是说，多重回归中的残差属正常分布的独立误差，而且趋势面拟合产生的偏差几乎都具有一定程度的空间非相关性。

2）傅里叶级数

傅里叶级数用正弦和余弦的线性组合来模拟观测值的变化，亦即描述一维或二维变化情况。一维傅里叶级数已广泛用于时间级数分析和气象变化的应用研究中。二维傅里叶级数在研究沉积岩的地质构造中用得较多。实际上，傅里叶级数在结构分析中的应用比制图应用多。在一般情况下，除溪流、沙丘等明显的周期性特征外，地球表面的其他特征都很复杂，且难以用周期函数来严格地表示它们的变化（邓书斌，2014）。

3. 局部插值法

1）局部函数法

常用的局部函数法有线性内插、双线性多项式内插、双三次多项式（样条函数）内插。

A. 线性内插

线性内插的多项式函数为

$$Z = a_0 + a_1X + a_2Y \tag{4.23}$$

只要将内插点周围的 3 个数据点的数据值代入多项式，即可解算出系数 a_0，a_1，a_2。

B. 双线性多项式内插

双线性多项式内插的多项式函数为

$$Z = a_0 + a_1X + a_2Y + a_3XY \tag{4.24}$$

只要将内插点周围的 4 个数据点的数据值代入多项式，即可解算出系数 a_0，a_1，a_2，a_3。

如果数据是按正方形格网点布置的，如图 4.39 所示，则可用简单的公式计算出内插点的数据值。

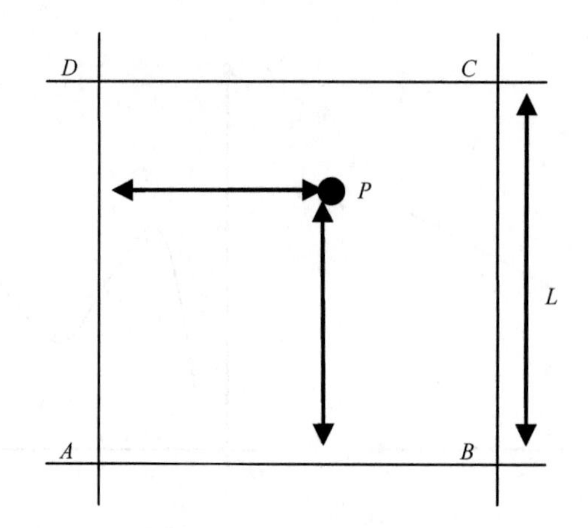

图 4.39 双线性内插示意图

设正方形的四个角点为 A、B、C、D，其相应的特征值为 Z_A、Z_B、Z_C、Z_D，P 点相对于 A 点的坐标为 dX、dY，则插值点的特征值 Z 根据式（4.25）计算：

$$Z=(1-\frac{dX}{L})\cdot(1-\frac{dY}{L})\cdot Z_A+(1-\frac{dY}{L})\cdot\frac{dX}{L}\cdot Z_B+\frac{dX}{L}\cdot\frac{dY}{L}\cdot Z_C+(1-\frac{dX}{L})\cdot\frac{dY}{L}\cdot Z_D \quad (4.25)$$

C. 双三次多项式（样条函数）内插

双三次多项式是一种样条函数。样条函数是一种分段函数，对于 n 次多项式，在边界处其 n–1 阶导数连续。因此，样条函数每次只用少量的数据点，故内插速度很快；样条函数通过所有的数据点，故可用于精确的内插，可以保留微地貌特征；样条函数的 n–1 阶导数连续，故可用于平滑处理。

双三次多项式内插的多项式函数为

$$\begin{aligned}Z=&a_0+a_1X+a_2Y+a_3X^2+a_4XY+a_5Y^2+a_6X^3+a_7XY^2+a_9X^2Y\\&+a_{10}Y^3+a_8X^2Y^2+a_{11}XY^3+a_{12}X^3Y+a_{13}X^2Y^3+a_{14}X^3Y^2+a_{15}X^3Y^3\end{aligned} \quad (4.26)$$

将内插点周围的 16 个点的数据代入多项式，可计算出所有的系数。

2）移动平均法

在未知点 X 处内插变量 Z 的值时，最常用的方法之一是在局部范围（或称窗口）内计算个数据点的平均值：

$$\widetilde{Z}(X)=\frac{1}{n}\sum_1^n Z(X_i) \quad (4.27)$$

对于二维平面的移动平均法也可用相同的公式，但位置 X_i 应被坐标矢量 X_i 代替。

窗口的大小对内插的结果有决定性的影响。小窗口将增强近距离数据的影响；大窗口将增强远距离数据的影响，减小近距离数据的影响（张超和陈丙咸，1995）。

观测点的相互位置越近，其数据的相似性越强；观测点的相互位置越远，其数据的相似性越低。因此，在应用移动平均法时，根据采样点到内插点的距离加权计算是很自然的。这就是加权移动平均法：

$$\widetilde{Z}(X)=\frac{1}{n}\sum_1^n \lambda_i Z(X_i) \quad (4.28)$$

式中，λ_i 为采样点 i 对应的权值，常取的形式有式（4.29）～式（4. 31）：

$$\lambda_i = \frac{1}{d_i^2} \tag{4.29}$$

$$\lambda_i = \frac{R - d^2}{d_i} \tag{4.30}$$

$$\lambda_i = \mathrm{e}^{-d_i^2 / R^2} \tag{4.31}$$

加权平均内插的结果随使用的函数及其参数、采样点的分布、窗口的大小等的不同而变化。通常使用的采样点数为 6～8 点。对于不规则分布的采样点需要不断地改变窗口的大小、形状和方向，以获取一定数量的采样点。

3）克里金插值

克里金插值时一种基于统计学的插值方法。克里金插值是基于这样的一个假设，即被插值的某要素可以被当做一个区域化的变量。区域化的变量就是介于完全随机的变量和完全确定的变量之间的一种变量，它随所在的区域位置的改变而连续改变，因此彼此距离近的点之间有某种程度上的空间相关性，而相隔比较远的点之间在统计上看是相互独立无关的。克里金插值就是建立在一个预先定义的协方差模型的基础上通过线性回归方法把估计值的方差最小化的一种差值方法。

克里金差值又分为普通克里金法和泛克里金法。普通克里金法是最普通和应用最广泛的克里金插值方法，它假设采样点的数值不存在潜在的全局趋势，只用局部的因素就可以很好地推算未知值。泛克里金法假设这种潜在的趋势是存在的，且可以用一个确定性的函数或者多项式来模拟。泛克里金法仅用于趋势已知并且能够合理而科学地描述的数据的数据插值。

克里金法的基本原理是根据相邻变量的值，利用变异函数揭示的区域化变量的内在联系来推算空间变量数值。它分为两步：第一步是对采样点进行结构分析，也就是在充分了解采样点性质的前提下，提出变异函数模型；第二步是在该模型的基础上进行克里金插值计算（汤国安和杨昕，2012）。

4.4 空间数据的质量检核

4.4.1 空间数据质量的内容和类型

1. 空间数据质量的内容

空间数据质量采用质量元素进行描述。质量元素是指产品满足用户要求和使用目的的基本特性。

一级质量元素有数学精度、属性精度、逻辑一致性、完整性与正确性、图形质量、附件质量。其中，数学精度的二级质量元素分数学基础精度、平面位置精度、高程精度，如表 4.2 所示。

表 4.2 空间数据质量元素与权重表

一级质量元素	权重	二级质量元素	权重
数学精度	0.3	数学基础精度	0.10
		平面位置精度	0.45
		高程精度	0.45
属性精度	0.25		
逻辑一致性	0.15		
完整性与正确性	0.15		
图形质量	0.10		
附件质量	0.05		

空间数据质量各个质量元素对综合评价结果的贡献大小采用权重系数表示，权重系数的大小反映了在综合评价中各参评质量元素的相对重要程度。

2. 空间数据的误差类型

GIS 空间数据的误差可分为源误差和处理误差。

1）源误差

源误差是指数据采集和录入中产生的误差，包括以下六方面。

（1）遥感数据：摄影平台、传感器的结构及稳定性、分辨率等。

（2）测量数据：人差（对中误差、读数误差等）、仪差（仪器不完善、缺乏校验、未作改正等）、环境（气候、信号干扰等）。

（3）属性数据：数据的录入、数据库的操作等。

（4）GPS 数据：信号的精度、接收机精度、定位方法、处理算法等。

（5）地图：控制点精度，编绘、清绘、制图综合等的精度。

（6）地图数字化精度：纸张变形、数字化仪精度、操作员的技能等。

2）处理误差

处理误差是指 GIS 对空间数据进行处理时产生的误差。例如，在下列处理中产生的误差就是处理误差。

（1）几何纠正；

（2）坐标变换；

（3）几何数据的编辑；

（4）属性数据的编辑；

（5）空间分析（如多边形叠置等）；

（6）图形化简（如数据压缩）；

（7）数据格式转换；

（8）计算机截断误差；

（9）空间内插；

（10）矢量、栅格数据的相互转换。

4.4.2 空间数据质量检验方法

本小节以数字线划图 DLG 为例。

1. 粗差检测

图形数据是 DLG 的一类重要数据，粗差检测主要是对图形对象的几何信息进行检查，主要包括如下五方面内容。

1）线段自相交

线段自相交是指同一条折线或曲线自身存在一个或多个交点。检查方法为：读入一条线段；从起点开始，求得相邻两点（即直线段）的最大最小坐标，作为其坐标范围；将坐标范围进行两两比较，判断是否重叠；计算范围重叠的两条直线段的交点坐标；判断交点是否在两条直线段的起止点之间；返回继续。

2）两线相交

两线相交是指不应该相交的两条线存在交点，如两条等高线相交。检查方法为：依次读入每条线段，并计算其范围（外接矩形）；将线段的范围进行两两比较；对范围有重叠的两条线段，计算两条线段上相邻两点组成的各个直线段的范围，将直线段的范围进行两两比较；计算范围有重叠的两条直线段的交点坐标；如果交点位于两条直线段端点之间，则存在两线相交错误；返回继续。

3）线段打折

打折即一条线本该沿原数字化方向继续，但由于数字化员手的抖动或其他原因，使线的方向产生了一定的角度。检查方法为：读入一条线段；依次利用 3 个相邻节点的坐标计算夹角；如果角度值为锐角，则可能存在打折错误；返回继续。

4）公共边重复

公共边重复指同一层内同类地物的边界被重复输入两次或多次。检查方法为：按属性代码依次读入每条线段；将线段的范围进行两两比较；对范围有重叠的两条线段分别计算相邻两点组成的各个直线段的范围，将直线段的范围进行两两比较；对范围有重叠的两条直线段，通过比较端点坐标在容差范围内是否相同判断是否重合；返回继续。

5）同一层及不同层公共边不重合

公共边不重合是指同层或不同层的某两个或多个地物的边界本该重合，但由于数字化精度问题而不完全重合的错误。采用叠加显示、屏幕漫游方法或回放检查图进行检查。

2. 数学基础精度

检查内容及实现方法如下：

（1）坐标带号。采用程序比较已知坐标带号与从数据中读出的坐标带号，实现自动检查。

（2）图廓点坐标。按标准分幅和编号的 DLG 通过图号计算出图廓点的坐标，或从已知的图廓点坐标文件中读取相应图幅的图廓点坐标，与从被检数据读出的图廓点坐标比较，实现自动检查。

（3）坐标系统。通过检查图廓点坐标的正确性，实现坐标系统正确性的检查。

（4）通过图号计算出图廓点坐标，生成理论公里格网与数字栅格图 DRG 套合，检查纠正精度。

3. 位置精度

位置精度包括平面位置精度和高程精度。其检测方法有三种。

1）实测检验

选择一定数量的明显特征点，通过测量法获取检测点坐标，或从已有数据中读取检测点坐标；将检测点映射到 DLG 上，采集同名点平面坐标，由等高线内插同名点高程，读取同名高程注记点高程；通过同名点坐标差计算点位误差、高程误差，统计平面位置中误差、高程中误差。

2）利用 DRG 检验

实现方法为：采用手工输入 DRG 扫描分辨率、比例尺、图内一个点的坐标，或 DRG 地面扫描分辨率、图内一个点的坐标，恢复 DRG 的坐标信息；将 DLG 叠加于 DRG 上；采集 DRG 与 DLG 上同名特征点的三维坐标，利用坐标差计算平面位置中误差、高程中误差。

3）误差分布检验

对误差进行正态分布、检测点位移方向等检验，判断数据是否存在系统误差。

4. 属性检查

属性数据类型多，质量控制难度大，以下内容可采用程序进行检查。

1）属性项

属性项检查主要是检查属性结构的定义是否与标准定义一致。检查的内容包括字段数、字段定义；字段定义又分字段命名、字段代码、字段类型、字段长度、小数点位数。

2）属性值

通过属性值的特性检查属性值的正确性，主要内容包括非法字符检查、非空性检查、频度检查、固定长度检查、属性值范围检查。

5. 图幅接边

图幅接边是指相邻图幅中对同一地物在接边线处的表示完全一致，包括位置接边与属性接边。

1）位置接边

检查同层内跨图幅的地物在接边线处是否连续，并根据接边地物的坐标差计算位置接边精度。

2）属性接边

主要检查在接边线处连续地物的属性是否一致。实现方法：以接边主图幅为基准，沿接边线搜索相邻图幅是否有相应要素，比较属性代码是否一致，位置偏差是否符合要求。

6. 逻辑一致性

逻辑一致性检验主要是指拓扑一致性检验，包括悬挂点、多边形未封闭、多边形标识点错误等。构建拓扑关系后，通过判断各线段的端点在设定的容差范围内是否有相同坐标的点进行悬挂点检查，以及检查多边形标识点数量是否正确。

欧拉公式在拓扑检验中具有重要作用。对于多边形地图，结点数 n、弧段数 a 和多边形数 b 满足欧拉公式，即

$$a+c=n+b \tag{4.32}$$

式中，c 为常数，若 b 包含边界里面和外面的多边形，则 c=2；若 b 仅包含边界里面的多边形，则 c=1。运用该公式进行拓扑检验，可发现结点、线、面不匹配及多余和遗漏图形元素等错误。

空间要素之间并非完全连通，因此必须修改欧拉公式为

$$n+b=a+k+1 \tag{4.33}$$

式中，n 为结点总数；b 为多边形总数；k 为不相连的图形元素总数；a 为弧段总数。修改后的欧拉公式适用于任何一个平面图形结点数、链数、多边形数之间一致性的检验。

此外，还可采用每个多边形都针对所有的边界线（弧段）进行拓扑检验，或借助搜索所有结点进行拓扑检验，检查弧段遗漏、多边形不闭合等错误。

以上方法均从纯几何图形角度考虑同一层内要素之间的拓扑关系检验。由于空间数据分层存储，要素均有语义（即属性），因此，必须对不同层内、不同要素组合进行拓扑关系检验，以保持数据的拓扑语义一致性。检查实现方法如下。

（1）通过分析、总结现实世界中各种地物之间存在的逻辑关系，列举破坏这种逻辑关系的种种情况，如公路与面状水系相交而没有桥梁即为逻辑错误等，如图 4.40 所示。

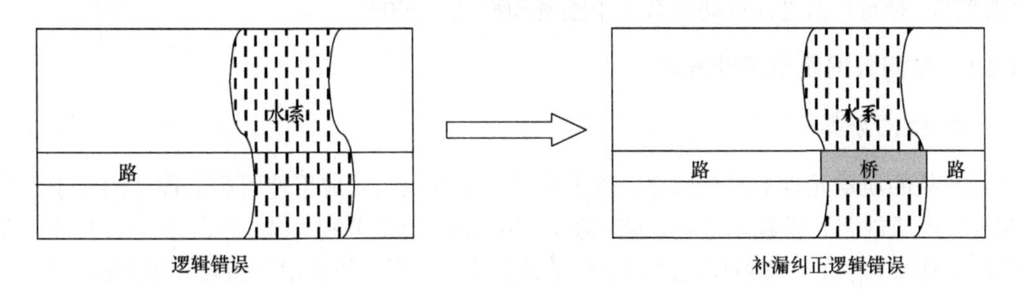

图 4.40　逻辑错误

（2）软件具备按不同层、不同要素组合的不空间关系进行查询的功能，可以任意构建如下查询条件：（层 A，地物要素 1；层 B，地物要素 2，空间关系），空间关系包括重合、相交、部分或全部包含。

（3）在制定检验方案时，采用人机交互方式将不允许出现的逻辑错误定义为查询条件。

（4）逻辑一致性检查时，按查询条件通过检索方法探测数据集中可能的拓扑语义不一致的错误。

7. 完整性与正确性

检查内容包括文件命名、数据文件、数据分层、要素表达、数据格式、数据组织、数据存储介质、原始数据等的完整性与正确性。以下内容可采用程序检查。

1）文件命名

对于按国家标准地形图分幅和编号的 DLG 数据，数据文件名具有如下规则：首位为字符，中国为 A-N，对于一批被检查数据可确定首位字符的取值；第 2、3 位为分区号，中国为 43～53，根据被检数据范围确定其取值；第 4 位为字符，与比例尺对应，对于一批被检 DLG，其值为固定值；第 5～10 位分别为图幅所在的行号、列号，取值范围与比例尺有关，对于一批被检 DLG，行列号取值范围为固定值；最后 3 位为产品标识，为固定值 DLG。根据以上规则采用程序进行检查。

2）数据格式

通过能否打开数据文件进行检查。

3）数据组织形式

DLG 数据文件通常以树形目录存储管理，如主目录为“测区名称”，子目录为“百万分区号”，其下建立“图号”子目录，“图号”目录下存放相应的层文件、元数据文件。根据上述数据组织形式，可以实现数据组织形式的正确性、数据文件的完整性等的自动检查。

8. 附件质量

文档资料采用手工方法检查并录入检查结果，元数据通过以下方法实现自动检查：建立“元数据项标准名称模板”与“元数据用户定义模板”，将“元数据项标准名称”与“被检元数据项名称”关联起来；通过“元数据用户定义模板”中的“取值说明”及“取值”，对元数据进行自动检查（宋刚贤和程飞，2009）。

4.4.3 空间数据质量评价方法

1. 缺陷分类表

产品的质量元素不符合规定，称为缺陷。根据缺陷对成果使用影响程度的大小，将其分为严重缺陷、重缺陷、轻缺陷三类，相应的扣分值分别为 42 分、12 分、1 分。在实际工作中，存在重缺陷与轻缺陷扣分值跳跃太大、不方便使用等问题。现增加一类“次重缺陷”，相应的扣分值为 4 分。列举产品所有可能出现的缺陷，制定出空间数据产品缺陷分类表。

2. 单因素质量评价

空间数据每一个质量元素预置 100 分，根据检验结果采用不同的方法进行评价。

1）定量指标评价

将检验值与标准值比较，当检验值未超过标准值时，采用线性内插法计算得分，公式为

$$s = 60 + \left[\left(M_0 - M \right) / M_0 \right] \times 40 \tag{4.34}$$

式中，M_0为标准值；M为检验值。

2）定性指标评价

将检验结果与标准缺陷表对照，确定缺陷类型，统计各类缺陷总数，采用缺陷扣分法进行评价：

$$s = 100 - \left(N_A \times 42 + N_B \times 12 + N_C \times 4 + N_D \times 1 \right) \tag{4.35}$$

式中，N_A、N_B、N_C、N_D分别为严重缺陷、重缺陷、次重缺陷、轻缺陷的数量。

3. 多因素质量综合评价

多因素质量综合评价包括一级质量元素数学精度综合评价与图幅质量综合评价，评价公式为

$$s = \sum_{i=1}^{n} E_i \times P_i \tag{4.36}$$

式中，S为综合评价得分；E_i为第i个参评质量元素得分；P_i为第i个参评质量元素权值。

4. 质量等级评定

根据图幅得分，按规定的分值区间自动判定图幅数据质量的等级：90～100分为优，75～90分为良，60～75分为合格，60分以下为不合格（曾衍伟和龚健雅，2004）。

参 考 题

1. GIS的数据源有哪些？
2. 在地理信息系统中有哪些主要的数据输入方法？
3. 纸张上的地图如何进入计算机系统？
4. 从地图上能得到GIS需要的所有数据吗？请举例说明。
5. 数据处理在地理信息系统中的作用及数据处理的主要内容？
6. 有一幅地形图，数字化后发生了仿射变形，应如何处理？写出处理过程。
7. 矢量数据结构与栅格数据结构的转换算法分别有哪些？
8. 空间数据的插值算法有什么用途？请举例说明。有几种方法？
9. 空间数据质量的内容包含哪些？
10. GIS数据的主要误差来源？

参 考 文 献

邓书斌. 2014. ENVI遥感图像处理方法. 北京: 高等教育出版社.
胡鹏, 黄杏元, 华一新. 2002. 地理信息系统教程.武汉: 武汉大学出版社.
黄杏元, 马劲松, 汤勤. 2008. 地理信息概论. 北京: 高等教育出版社.
李建松. 2006. 地理信息系统原理. 武汉: 武汉大学出版社.
宋刚贤, 程飞. 2009. 浅淡地理空间数据的质量控制. 浙江川土资源, (10): 47-49.
汤国安, 杨昕. 2012. ArcGIS 地理信息系统空间分析实验教程. 北京: 科学出版社出版.
邬伦, 刘瑜. 2001. 地理信息系统——原理、方法和应用. 北京: 科学出版社.
曾衍伟, 龚健雅. 2004. 空间数据质量控制与评价方法及实现技术. 武汉大学学报(信息科学版), 29(8): 686-690.
张超, 陈丙咸. 1995. 地理信息系统. 北京: 高等教育出版社.

第 5 章　地理信息数据的查询和分析

最早的在地图上量测地理要素之间的距离、面积，并进行某些决策分析等工作即为原始的地理信息数据的查询和分析。当计算机技术引入了地图学及地理学，并且地理信息系统开始孕育和发展之后，即可利用计算机进行地理信息数据的查询和分析，也成为地理信息系统中最重要的一个部分，称为空间分析。

空间分析是基于地理对象的位置和形态的空间数据的分析技术，其目的在于提取和传输空间信息。其本质是探测地理信息数据中的潜在含义，并建立相关的空间数据模型，进而预测和控制地理事件的发展。

5.1　地理信息数据的查询

当地理信息系统中的空间数据库建立起来后，首要面临的问题即为空间数据的查询。所谓的空间数据的查询就是用户依据某些查询条件查询空间数据库中所存储的空间信息与属性信息的过程。

空间数据的查询过程可分为几种不同的形式，当空间数据库中所存储的空间数据及属性可以直接满足用户的查询的时候，即可将查询结果直接反馈；当用户查询的结果在某一个固定范围内的时候，可以根据一些逻辑运算完成限定约束条件下的查询；同时空间查询还可以完成一些更为复杂的查询条件，如建立空间模型预测某些事物的发生和发展，如图 5.1 所示。

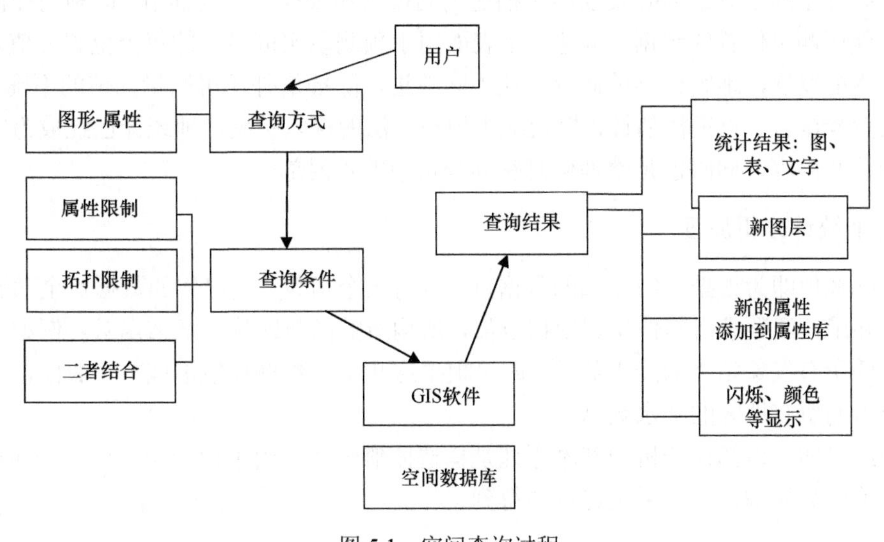

图 5.1　空间查询过程

空间数据的查询内容大致可以分为如下四类。

（1）简单查询：是空间数据查询中最基本的查询功能，即可以直接查询空间数据，包括单图层查询和分层图层的查询，如通过坐标数据查询该坐标点所在的位置。

（2）区域查询：查询某个或某些固定区域内的空间数据，如在某个省内查询所有的市。

（3）条件查询：依据某个或某些条件查询空间数据，如需要查询一家新建的银行的最佳位置，则可根据条件如要在人口密集、交通方便且远离其他银行的位置进行查询。

（4）空间关系查询：即为查询空间数据之间的相互关系，如矢量数据拓扑关系查询、面与面、线与线、点与点、点与线、点与面、线与面等。

空间数据的查询功能的实现是需要固定的软硬件来实现的，硬件即为计算机，软件分为两种，一种为具有空间查询功能的地理信息系统软件，如 ArcGIS，可以实现多种空间数据的查询功能；另一种即为利用专业的计算机语言构造空间数据查询功能的软件，如 C、C++、C#、Java 等，或在专业的地理信息系统软件中进行二次开发，构造查询模型。

5.2 地统计分析

地统计（geostatistics）是统计的一类，又称为地质统计，是法国著名的统计学家 G.Matheron 在大量的理论研究的基础上，在统计中引入坐标数据，而形成的一门新的统计学的分支。它以区域化变量为基础，借助变异函数，研究具有随机性又具有结构性，或空间相关性和依赖性的自然现象的一门科学（Burrough，2001）。地统计学与传统的统计学的共同之处在于它们都是在大量样本采集的基础上，通过对样本均值、方差及其他相应的统计量的分析，确定其分布格局与相关关系。区别则在于，地统计学既考虑到样本值的大小，又重视样本空间位置及样本间的空间关系，弥补了传统统计学中缺少空间位置的缺陷。

地统计学的工具最初开发仅用于描述空间模式和采样位置的插值，即利用插值的方法分析使用测量位置的数据，构建一个表面用于预测现实世界中的每个位置的值。随着科学技术的发展，地统计学的研究方法不断改进，除插值外还可衡量插值的不确定性。通过对变异函数、克里格估计，以及随机模拟方法的深入扩展，地统计已经成为空间统计学的核心内容，同时也是地理信息空间分析中的重要部分。

5.2.1 地统计分析原理

空间插值即为根据一组已知的数据点，构造一个函数，使已知的数据点全部通过该函数，并用该函数求出其他位置数据点值，所构造的函数即称为插值函数。例如，已知某个省的所有气象站点的降水数据，即可根据这几个点数据插值形成一个表面，进而预测整个省的所有地区的降水数据。

由此可知，地统计分析的基本原理是构造插值函数。由于地理空间变量的随机性，因此插值函数的构造一般采用逼近法得到。

5.2.2 地统计分析过程

一般情况下，地统计分析分为三步完成。

1. 数据分析

使用统计图表、图形和统计概括的方法对数据进行检验，如数据是否符合正态假设，数据稳定性及是否存在异常值等问题。在 ArcGIS 软件的地统计学模块中提供如下几种方法进行数据分析。

1）直方图（histogram）

直方图可以用于观察数据集的总体分布并用于汇总相关的统计数据，如最大最小值、平均值、标准差、中位数等，并可以直观地检验数据分布的形状是否符合正态分布。同时方便直观的筛选出数据集中的异常值，通过探索性分析工具得到数据集的直方图之后，选择直方图尾部的样本点，这些样本点往往会呈现异常高值或低值，但是，通过这样选取的异常点十分不精确，需要进一步的分析验证，才能决定是数据异常还是单纯的数据错误。

2）Voronoi 地图

Voronoi 地图可以根据数据生成不同大小的多边形，每个点对应的 Voronoi 多边形的面积的倒数可以作为一个评价点局部密度的指标，还可以帮助我们判断点集的分布属于哪一种形式（随机分布、集聚分布或规则分布），进而观测数据集的空间可变性和稳定性。同时根据其中一个多边形与相邻多边形的差异情况可以识别研究对象中的异常值。

3）正态 QQPlot 分布图

正态 QQPlot 分布图用于评估所研究的数据集是否表现为正态分布，即使用研究的对象数据集与正态分布的标准数据集对比得出差异，用于观测数据集的相关特征。

4）趋势分析（trend analysis）

用于查看和检查数据集中的空间趋势，趋势分析图中底面一根垂直的黑色竖线代表一个样点，蓝色和绿色分别代表两条趋势线。如果经过投影点的趋势线是平的，那么说明不存在趋势。

5）半变异/协方差函数云

利用半变异/协方差函数云可以计算数据集中的空间依赖性，并查找异常值，数据集中异常高值在半变异云中也将具有高值，可以结合半变异函数云图与直方图，筛选出数据集中比较突出的异常值，在进行检验之后可以进行错误值的校正或直接剔除。

6）普通 QQPlot 分布图

该分布图用于双数据的情况下，评估两个数据集之间分布的相似程度，如果两个数据集具有相同的分布，那么分布曲线将与 45°对角线重合。

2. 空间插值

首先要根据数据来确定插值方法，地统计插值方法中最为典型与常用的就是克里格插值法。因此以此为例，介绍空间插值的步骤。

克里格插值是以空间自相关性为基础，利用原始数据和半方差函数的结构性，对区域化变量的未知采样点进行无偏估值的插值方法。并分为普通克里格法，简单克里格法、泛克里格法、协同克里格法、对数正态克里格法、指示克里格法、概率克里格法、析取克里格法等不同类型。

在插值之前，进行数据分析，检验其是否符合正态分布，如果不符合，需要进行数据变换，已达到或者接近正态分布。之后便可根据数据的自身特性选择合适的克里格插值类型，计算样点间的距离矩阵及属性方差，并按照距离分组。在每组内统计平均距离以及相应的平均方差，获得方差变异图以及经验半变异函数图，拟合克里格系数并进行预测，得到最终的预测图。

3. 检查模型输出

检查最后的模型输出，确保内插值和相关的不确定性的度量值是合理的。

5.3 叠置分析

空间叠置分析（spatial overlay analysis）是指在统一空间参照系统条件下，将同一地区两个地理对象的图层进行叠置，以产生空间区域的多重属性特征，或建立地理对象之间的空间对应关系。目的是寻找和确定同时具有几种地理属性的地理要素的分布，或是按照确定的地理指标，对叠加后产生的具有不同属性级的多边形进行分类或分级，叠置分析可以应用在多种研究中，如某地区由于径流原因产生污染，则可利用叠置分析确定不同类型的土地用地所受到的污染程度（Kim et al.，2014）。叠置分析分为三类，分别为视觉叠置、矢量叠置和栅格叠置。

5.3.1 视觉叠置

视觉叠置是指将不同含义的图层经空间配准后叠加显示在屏幕或图件上，研究者通过目视获取更多的空间信息，而不产生新的图层，如图 5.2 所示。如在计算机发展之前，

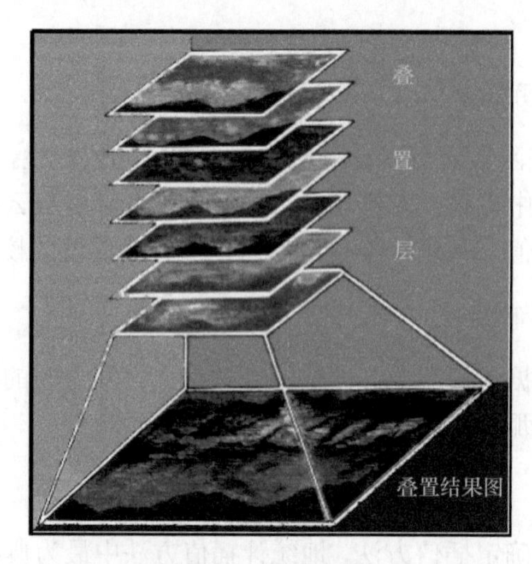

图 5.2 视觉叠置

地理研究者会将地图绘制在透明的玻璃纸上，并将相同区域的不同类别的地图按照不同的顺序叠置在透光的桌面上，以使不同地图上的数据相互叠置，产生叠置的区域。GIS出现了之后，则可在GIS中叠加不同的电子地图，但是这种叠置只是单纯地将地图叠加，而不会生成一副新的地图，因此成为视觉叠置，目的仅在于给用户一个视觉的决策支持。

5.3.2 矢量叠置

将同一地区，同一比例尺的两组或更多的矢量图层数据层进行叠置，得到一张新的叠置图，产生了新的要素，每个要素内都具有两种以上的属性，通过区域多重属性的模拟，寻找和确定同时具有几种地理属性的分布区域。点、线、面两两叠置，可以分为6种不同的类型，下面介绍常见的3种类型。

1. 点与多边形的叠加（point-in-polygon overlay）

通过坐标计算点层中的矢量点与面层中的多边形的包含关系，确定每个多边形内有多少个点，同时将多边形的属性连接到点上。例如，一个省界政区图（多边形）和一个全国邮局点分布图（点），二者经叠加分析后，并且将政区图多边形有关的属性信息加到邮局点的属性数据表中，然后通过属性查询，可以查询指定省有多少个邮局点，而且可以查询这些邮局点的位置分布，如图5.3所示。

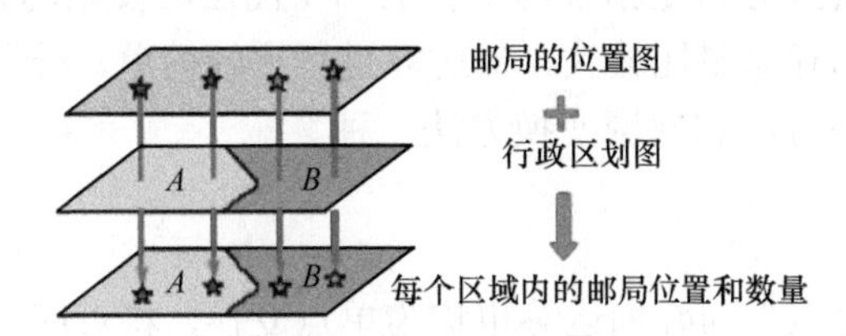

图5.3 点与多边形的叠置分析

2. 线与多边形的叠加（line-in-polygon overlay）

通过计算比较线上坐标与多边形弧段坐标的关系，判断线是否落在多边形内。通常是计算线与多边形的交点，只要相交则产生一个结点，将原线分成一条条弧段；并将原线和多边形的属性信息一起赋给新弧段。同时产生一个新图层即每条线被它穿过的多边形分成新弧段的图层。与前面不同的是，往往一个线要素跨越多个多边形，这时需要先进行线与多边形的求交，并将线要素进行切割，形成一个新的空间要素（新的线要素）的结果集。例如，一个省界政区图（多边形）和一个河流分布图（线），叠加的结果是省界政区将穿过它的所有河流打断成弧段，可以查询省界内任意一个地区的河流长度，进而计算它的河流密度等，如图5.4所示。

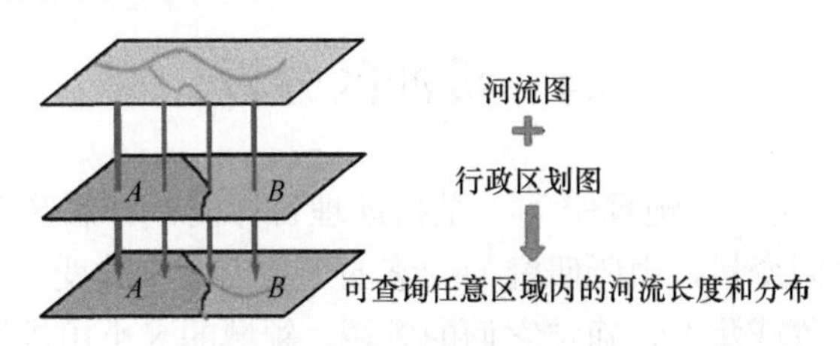

图5.4 线与多边形的叠置分析

3. 多边形的叠加（polygon-on-polygon overlay）

两个或多个面状图层进行叠加产生一个新多边形图层的操作。先对两个或多个不同图层多边形的弧段求交，然后拓扑生成新的多边形图层，新图层综合了原来两层或多层的属性。例如，一个土地利用分布图（多边形）和一个地质稳定结构图（多边形），叠加后的新多边形合并了两个数据层的属性信息，可以确定不同的土地利用地区是否在地址结构稳定的区域，如图 5.5 所示。

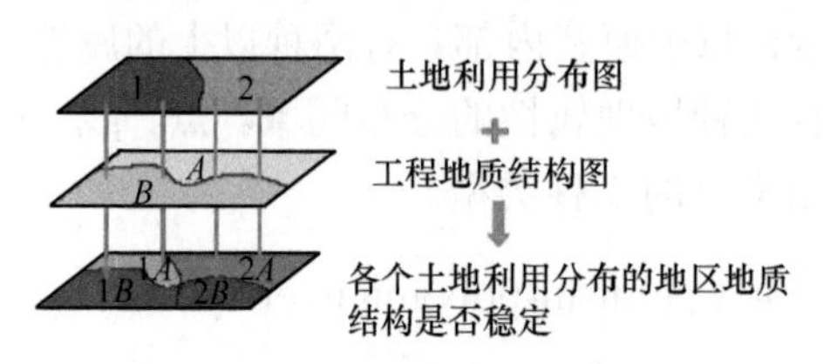

图 5.5 多边形与多边形的叠置分析

另外，还有点与点的叠加，点与线的叠加，线与线的叠加。

5.3.3 栅格叠置

基于栅格数据的叠置分析是指参与分析的两个图层的要素均为栅格数据。栅格数据的叠置算法，虽然数据存储量比较大，但运算过程比较简单。叠置基于不同的变换方法包括点变换、区域变换方法和邻域变换方法三种。

1. 点变换

点变换是指“点对点”的叠加运算也称为单点变换，将对应栅格单元的属性作某种运算得到新图层属性，而不受其邻近点的属性值的影响，包括算数运算、布尔运算、统计运算等。并且参与叠加的各图层必须是存在数学意义时才能进行数学运算，且运算后得到的新属性值可能与原图层的属性意义完全不同。

2. 区域变换方法

区域变换方法指在计算新图层相应的属性值时，不仅与原图层对应的栅格的属性值有关，而且要顾及原图层所在区域的集合特征（区域长度、面积、周长等）。

3. 邻域变换方法

指在计算新图层相应的属性值时，不仅考虑原图层对应的栅格及其属性，而且还应顾及与该栅格相关联的邻域或者影响半径内的栅格属性值的影响。

5.4 缓冲区分析

缓冲区（buffer）是一个地理空间，是指地理目标的一种影响范围或服务范围在尺度上的表现。是一种因变量，由所研究的要素的形态而发生改变。从数学角度看，缓冲区是给定一个空间对象或集合，确定它们的领域，领域的大小由领域半径 R 决定。即对象 A 的一个半径为 R 的缓冲区为距 A 的距离 d 小于 R 的全部点的集合。

5.4.1 矢量数据缓冲区分析

矢量数据的缓冲区实质上是一个图斑类型的拓扑数据，是由离开某一地理目标一定距离而形成的由多边形构成的面对象。这个地理目标可以是点、线或面不同的类型，而缓冲的距离是指形成缓冲区的宽度或半径，可以设定为某个固定距离或一句某个固定的属性确定的不同范围。一般情况下，以点状地理目标存在的地理空间形成的缓冲区是一个圆，以线状地理目标存在的地理空间形成的缓冲区是呈条带状的面，而以面状地理目标存在的地理空间形成的缓冲区是一个与该面相似的一个更大的或者更小的面，向外缓冲则形成一个较大的面，向内缓冲则形成一个较小的面，如图 5.6 所示。

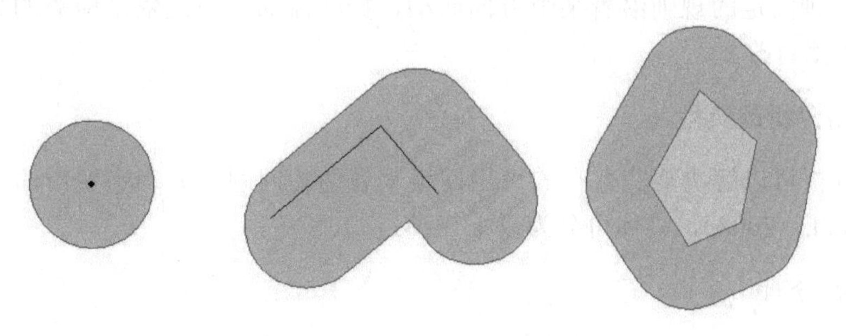

图 5.6 点、线与面的缓冲区分析

5.4.2 栅格数据缓冲区分析

栅格数据的缓冲区分析的基本思想就是将矢量数据中的点、线和面进行栅格化，同时向周围扩张，然后进行边界提取。因此，栅格数据的缓冲区分析是基于数学形态学的扩张算子的方法。一般情况下，点目标的栅格数据缓冲区是将以点目标为中心的像元借助缓冲距离进行像元加粗，线目标的栅格数据缓冲区是以线目标为中心的像元借助缓冲距离进行像元加粗，而面目标的栅格数据缓冲区是以面目标的边界线像元为边界借助缓冲距离进行边界像元向外加粗。

栅格数据的缓冲区分析在原理上比较简单，容易实现，但是精度有所限制，且占用内存较大，因此处理的数据量大小与硬件有关。

缓冲区分析可作为许多环境评价的主要手段（Chakraborty and Armstrong，2013），并且可以与叠置分析共同使用，以解决某个问题。例如，确定某个商业区的位置，要求距离消防站 500 m 范围内，距离医院 500 m 范围内，则可以 500 m 建立消防站和医院的缓冲区，并将两个缓冲区进行叠置，其交集即为可以建立商业区的位置。

5.5 网 络 分 析

网络是用于实现资源运输和信息交流的一系列相互联接的线性特征组合。在地理信息系统中，网络分析（network analysis）是指依据网络拓扑关系（结点与弧段拓扑、弧段的连通性），通过考察网络元素的空间及属性数据，以数学理论模型为基础，对网络的性能特征进行多方面研究的一种分析计算，如交通道路网、河流网、电网等。

5.5.1 构成网络的基本要素

只有互相连接才能构成网络，因此网络的基本构成元素是结点和链。结点是指网络中任意两条线段的交点，而链只是连接的通路，指连接两个结点的线段。而其他要素则为辅助要素，如障碍点和停靠点，障碍点指的是资源不能通过的点，而停靠点指的是网络中资源的上、下的结点。

网络类型分为两种：无向网络和有向网络。无向网络指的是传输网络，没有固定方向，用户可以根据需要自动的选择传输方向。例如，自驾旅行的人，可以随时变更路线，并随时停车，但是会受到某些约束的影响，如交通状况等。有向网络指的是效用网络，它是依据某种固定的规则沿着某个方向而动，如河流的走向是依据地势的高低而决定的，不可以擅自改变。

5.5.2 网络分析的类型

网络分析可以解决某些存在的可用网络来表达的问题，如确定城市的可访问性等（Comber et al.，2008），具体可分为以下三种。

1. 路径分析

路径分析指的是确定最佳的路径，如图 5.7 所示。首先要确定一个概念即距离，距离分为两种，一种为绝对距离，即欧式距离，指在某个坐标系下两点之间线段的距离。这种距离在实际当中常常无法解决问题。第二种为成本距离，指从一点到另一点之间最短时间距离或最短的花费距离，表示经过这个空间时花费的能量。例如，从家到超市要找一条最快到达的路线，则要考虑交通状况，选择一条不拥堵且红绿灯较少的路线，可能绝对距离并不是最短的，但是所花费的时间确是最少的。这种距离常常会受到阻碍的影响，分为绝对阻尼和相对阻尼两种，绝对阻尼物是指在一定条件下完全限制运动的物

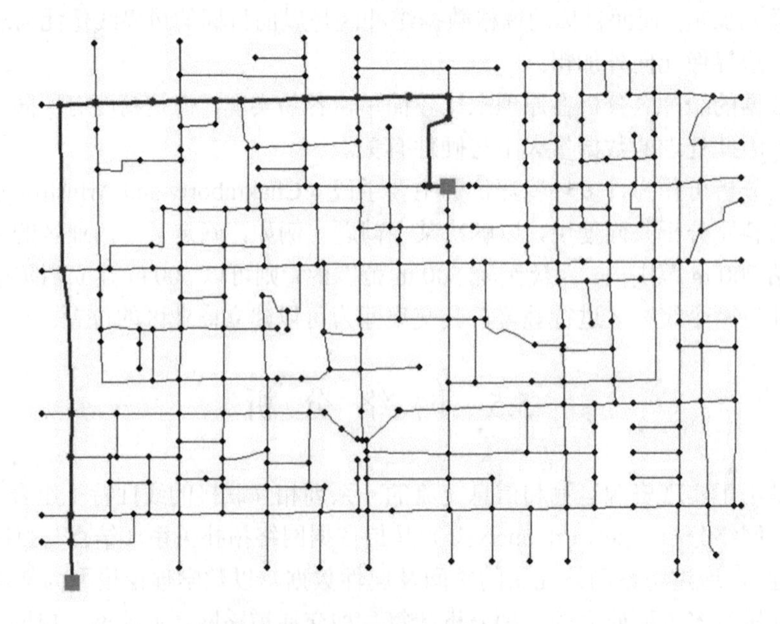

图 5.7 寻找最佳路径

体，意味着两点之间无限远，如两座山之间的悬崖，如果没有缆车和大桥，那即是绝对阻尼，如果存在一条路可以绕过这个悬崖，这种即为相对阻尼。

所以寻找最佳路径即指寻找两点之间的最佳距离，这个距离根据情况不同，可以是最短的、最快的或者花费最少的等不同的情况。并且可以动态的寻找最佳路径，即随着网络的变化，临时出现障碍点时，需要随时变换最佳路径。

寻求最佳路径的两个经典例子为：中国邮递员问题——弧段最佳游历方案求解（Eiselt and Laporte，1995），即给定一个边的集合和一个结点，使之由指定结点出发至少经过每条边一次而回到起始结点）和旅行推销员问题——结点最佳游历方案求解（Laporte，1997），即给定一个起始结点、一个终止结点和若干中间结点，求解最佳路径，使之由起点出发遍历（不重复）全部中间结点而到达终点。

2. 位置分析

确定一定数量的供给点的位置以满足一定数量需求点的需求分配，完成某项规划任务。例如，通过网络分析，确定一些公共设施的位置，如医院、消防站、警局等，并确定其能够服务的范围。

3. 分配分析

寻找网络上最佳位置的某一个服务区，如一个地点发生火灾，则要分配最近的消防局前去。

5.6 DEM 分 析

DEM（digital elevation model）是数字高程模型，是国家基础空间数据的重要组成部分，它表示地表区域上地形的三维向量的有限序列，假定把一个有规则的格点网铺放在地面上，除了记录平面位置外，还记录高程数据。由此可产生一高程矩阵来描述地形变化。矩阵元素反映出各抽样点的高程，而平面位置暗含于各元素的位置中。在计算机实现中是一个二维数组。

DEM 可以以多种形式显示地形信息。地形数据经过计算机软件处理过后，产生多种比例尺的地形图、纵横断面图和立体图。而常规地形图一经制作完成后，比例尺不容易改变或需要人工处理。并且 DEM 采用数字媒介，因而能保持精度不变。且容易实现自动化、实时化。

DEM 是国家地理信息的基础，提取地形数据，为水文分析、土木工程、景观建筑与军事等提供支持（Zhang and Montgomery，1994），如图 5.8 所示。

5.6.1 坡度、坡向与地表粗糙度的计算

1. 坡度（slope）

坡度为地表单元的法线方向与 Z 轴的夹角，即切平面与水平面的夹角，如图 5.9 所示。

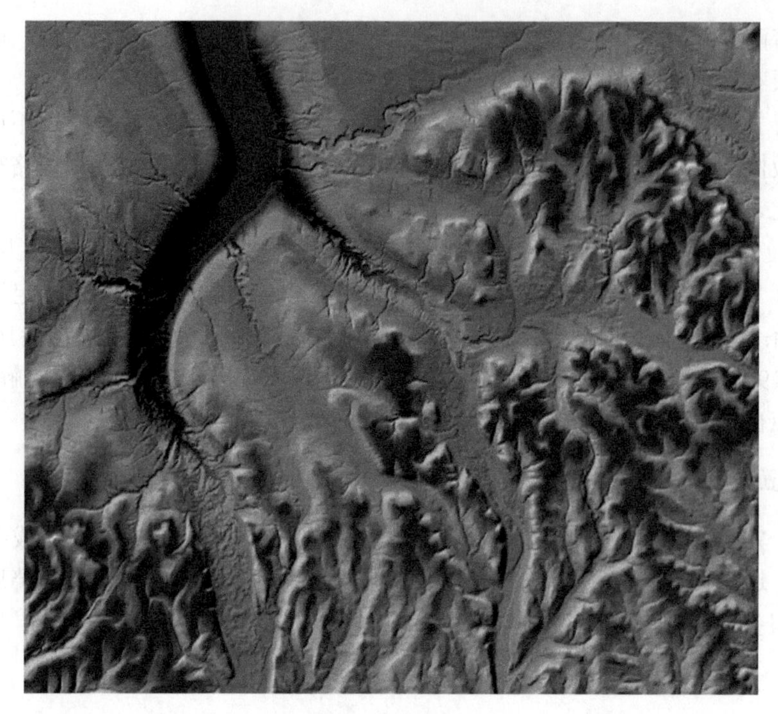

图 5.8　DEM 数据

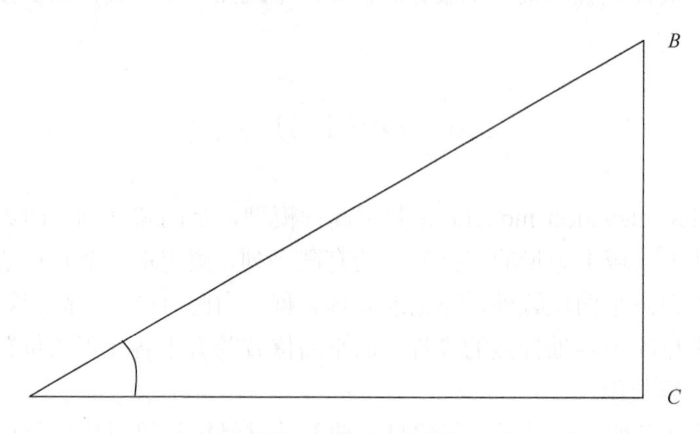

图 5.9　坡度剖面图

假设某地的拟合面方程为

$$Z_i=ax_i+by_i+c \tag{5.1}$$

式中，x_i，y_i 为某点的坐标；Z_i 为该点的高程。

则坡度为

$$\partial = \operatorname{arcsec}(\sqrt{a^2+b^2+1}) \tag{5.2}$$

则在 DEM 中采用 8 邻近法计算坡度，设 3×3 窗口，中心点（i，j）的 8 邻域高程分别为 h、m（m=1，2，…，8），则每个邻域方向上的坡度角为

$$\alpha_{i,j}^{m} = \arctan\frac{\left|h(i,j)-hm\right|}{Lm} \qquad m=1,2,\cdots,8 \tag{5.3}$$

最大坡度为

$$\alpha_{i,j}^{\max} = \max_m(\alpha_{i,j}^m) \tag{5.4}$$

平均坡度为

$$\alpha_{i,j}^{\text{avc}} = \frac{1}{8}\sum_{m=1}^{8}\alpha_{i,j}^m \tag{5.5}$$

在计算出各地表单元的坡度后，可对不同的坡度设定不同的灰度级，即能得到坡度图。

2. 坡向（aspect）

坡向是地表单元的法向量在水平面上的投影与 X 轴之间的夹角。从拟合平面的法线在水平面上的投影方位角确定，然后将方向角进行分级，分成 8 个区域，合并成阳坡、阴坡、半阳、半阴四个区域，如图 5.10 所示。

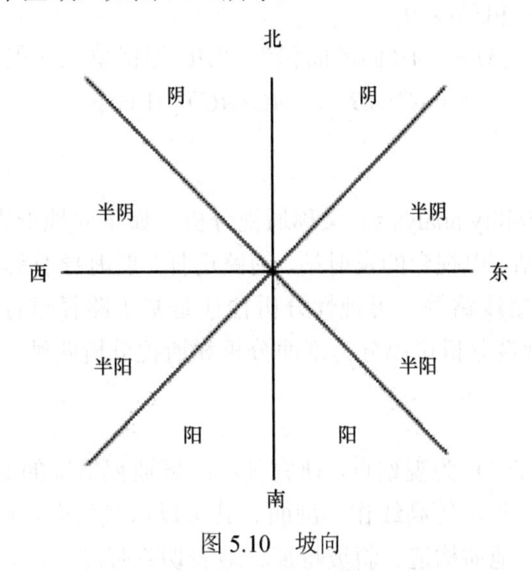

图 5.10　坡向

坡向也可从拟合平面 $z=ax+by+c$ 上确定，即法线在水平面上的投影方位角，如图 5.11 所示。

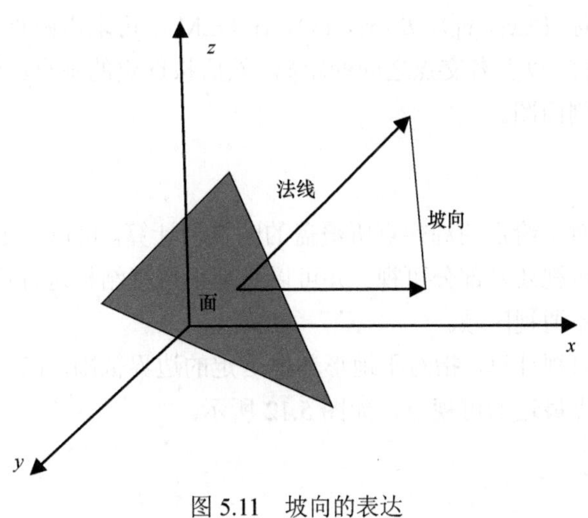

图 5.11　坡向的表达

$$\beta = \arctan(b / a) \tag{5.6}$$

在计算出每个地表单元的坡向后，可制作坡向图，通常把坡向分为东、南、西、北、东北、西北、东南、西南 8 类，再加上平地，共 9 类，用不同的色彩显示，即可得到坡向图。

3. 地表粗糙度

地表粗糙度是反映地表的起伏变化和侵蚀程度的指标，一般定义为地表单元的曲面面积与其水平面上的投影面积之比，它是反映地表形态的一个宏观指标。

地表粗糙度即求每个栅格单元的表面积与其投影面积之比，假如三角形 ABC 是一个栅格单元的纵剖面图，α 为此栅格单元的坡度，则 AB 面的面积为此栅格的表面积，AC 面为此栅格的投影面积，那么：$\cos\alpha=AC/AB$。

此栅格单元的地面粗糙度为

$$\begin{aligned} M &= \text{“}AB\text{面的面积”} / \text{“}AC\text{栅格单元面积”} \\ &= (AC \times AB) / (AC \times AC) = 1/\cos\alpha \end{aligned} \tag{5.7}$$

5.6.2 可视性分析

可视性分析（visibility analysis）又称通视分析，属于对地形进行最优化处理范畴。主要应用如设置雷达站、电视台的发射站、道路选择、航海导航等，军事上如布设阵地、设置观察哨、铺架通信线路等，可视性分析往往是基于路径进行的（Chamberlain and Meitner，2013）。可视性分析可以分为剖面分析和通视分析两种。

1. 剖面分析

剖面分析是指以某一点为观察点，研究某一区域通视情况的地形分析，建立空间位置之间相互可见性的过程，等高线作一剖面。其可以以线代面，研究区域的地貌形态、轮廓形状、地势变化、地质构造、斜坡特征、地表切割强度等。如果在地形剖面上叠加其他地理变量，如坡度、土壤、植被、土地利用现状等，可以提供土地利用规划、工程选线和选址等的决策依据。

已知两点的坐标 $A(x_1, y_1)$，$B(x_2, y_2)$，在 DEM 上可求出两点连线与格网的交点，并内插交点上的高程，以及各交点之间的距离。然后按选定的垂直比例尺和水平比例尺，按距离和高程绘出剖面图。

2. 通视分析

通视分析是指对于给定的观察点所覆盖的区域的计算。可以确定从某个观察点向四周观察是整体区域可视还是部分可视。并可以对地形可视结构进行计算，即计算对于给定点的通视区域及不通视区域。

同时进行水平可视计算，指对于地形环境给定的边界范围，确定围绕观察点所有射线方向上距离观察点最远的可视点，如图 5.12 所示。

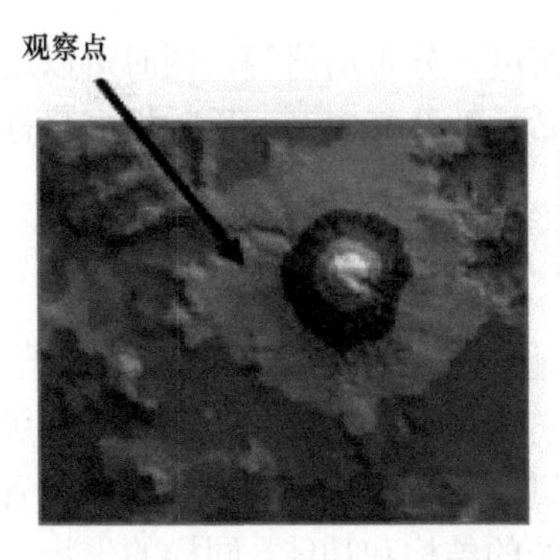

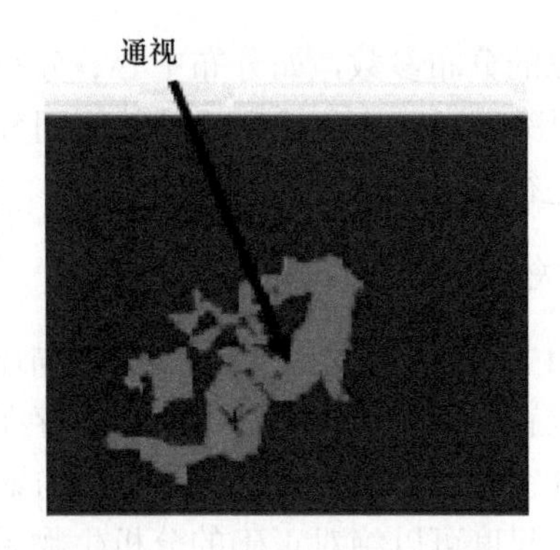

图 5.12　通视分析

5.7　空间分析模型

客观世界是极其复杂的，而模型是表达这个客观世界不同属性的最有利、最方便并且最有效的方法。地理信息系统中的空间分析模型是指在空间数据的基础上建立起来的应用于 GIS 空间分析的数学模型。主要的过程即为通过一个空间分析的操作命令对某个空间决策过程进行模拟。

空间分析模型与一般的数学模型相比，具有如下特点。

1）复杂性

空间分析模型的基础数据是空间数据，是包括了多种地物、网络及不同区域的空间目标的集合，因此建立空间分析模型是具有复杂性的。

2）特殊性

空间数据之间具有不同的空间关系，如相邻关系、层次关系、包含关系或拓扑关系，因此建立空间分析模型是具有特殊性的。

3）可视化

由空间数据建立的空间分析模型同样具有可视化的特征。

4）准确性

GIS 要求所建立的空间分析模型能够完全精确的表达地理空间数据间复杂的空间关系，因此空间分析模型要具有准确性。

空间分析模型的构建过程主要有三种形式，分别为松散耦合式即外部空间模型法、嵌入式即内部空间模型法和混合式即前两种方法的结合，混合式是目前最常用的建模方法，这种方法可以尽可能地使用 GIS 内部提供的功能，又可增加灵活性，减少用户自主开发的难度和工作量。

空间分析模型可以按照功能不同，分为以下几种类型。

1）分布模型

空间分布分析模型主要用于构建研究地理目标分布特征的模型。利用该模型可以描述地理对象的分布参数，如分布中心、分布密度、分布均值等，同时可以进行聚类分析与趋势分析等，用以确定地理目标的空间分布特征及其中心，反映地理目标的空间分布趋势，并进行空间对比等。

2）相关性模型

空间相关性分析模型主要用于构建描述地理目标的空间相关性的模型。地理目标在空间上的位置与其周边的其他目标之间存在着密切的关系，称之为空间相关性。空间相关性是研究空间问题的热点，通常物种的聚集由其他相邻物种的数量及位置决定。但是并没有一个尺度可以绝对正确的分析生物系统的结构和功能，同样的生物学问题在不同尺度的研究可能会得到不同的结果，而在不同的空间尺度下，空间相关性往往也存在着巨大的差异，因此构建空间相关性分析模型是有重要意义的（刘畅等，2014）。

3）关系模型

空间关系分析模型的构建主要用以描述不同位置或者不同属性特征的地理目标之间的关系，如距离关系、方位关系或拓扑关系等。其中距离模型可用于研究多种地理目标之间的距离关系，进而进行其他的分析如聚类分析等，方位模型用以研究物体的方向，拓扑模型则用来研究地理目标之间的拓扑关系。

4）预测与决策评价模型

空间预测分析模型用于研究地理目标的动态发展变化，根据过去和现在来预测未来的发展趋势；空间决策评价分析模型则可以根据数据做出判断，提出决策方案，作为用户的辅助指导。

空间分析模型是用来解决专门问题的方法，是将 GIS 系统应用在专业领域中的一种表现，它以海量的空间数据为基础，结合专业研究，用以解决某些专业问题和辅助决策。如要研究某林场的生物量分布特征，则可以建立空间分布分析模型，取环境因子数据用以描述在不的环境下树木的生物量分布特征（Liu et al.，2014）。

参 考 题

1. 举例说明空间分析在 GIS 中的地位和作用。
2. 常用的栅格数据空间分析方法有哪些，分别加以简单介绍。
3. 需要对气象数据进行插值，最好选用哪种插值方法，简述过程。
4. 叠置分析的三种类型分别是什么，可应用在什么地方。
5. 缓冲区建立步骤及应用。
6. 购房者想要找到环境好、购物方便、小孩上学方便的居住区段，需要用到何种分析，写出建立的具体步骤。
7. 需要确定一条最佳路径需要使用什么分析，具体过程如何。
8. 如何生成坡度、坡向数据，需要使用何种数据。
9. 想要建一些瞭望站，需要使用哪种数据进行何种分析，分析的具体过程如何。
10. 举例说明空间模型的构建方法及在实际中的应用。

参 考 文 献

刘畅, 李凤日, 贾炜玮, 甄贞. 2014. 基于局域统计量的森林碳储量空间分布变化的多尺度研究. 应用生态学报, 25(9): 2493-2500.

Burrough P A. 2001. GIS and geostatistics: Essential partners for spatial analysis. Environmental & Ecological Statistics, 8(4): 361-377.

Chakraborty J, Armstrong M P. 2013. exploring the use of buffer analysis for the identification of impacted areas in environmental equity assessment. Cartography & Geographic Information Systems, 24(3): 145-157.

Chamberlain B C, Meitner M J. 2013. A route-based visibility analysis for landscape management. Landscape & Urban Planning, 111(1): 13-24.

Comber A, Brunsdon C, Green E. 2008. Using a GIS-based network analysis to determine urban greenspace accessibility for different ethnic and religious groups. Landscape & Urban Planning, 86(1): 103-114.

Eiselt H A, Laporte G. 1995. Arc routing problems, Part I: The Chinese postman problem. Operations Research, 43(2): 231-242.

Kim S W, Park J S, Kim D, Oh J M. 2014. Runoff characteristics of non-point pollutants caused by different land uses and a spatial overlay analysis with spatial distribution of industrial cluster: A case study of the Lake Sihwa watershed. Environmental Earth Sciences, 71(1): 483-496.

Laporte G. 1997. Modeling and solving several classes of arc routing problems as traveling salesman problems. Computers & Operations Research, 24(11): 1057-1061.

Liu C, Zhang L J, Li F R, Jin X J. 2014. Spatial modeling of the carbon stock of forest trees in Heilongjiang Province, China. Journal of Forestry Research, 25(2): 269-280.

Zhang W, Montgomery D R. 1994. Digital elevation model grid size, landscape representation, and hydrologic simulations. Water Resources Research, 30(4): 1019-1028.

第 6 章　地理信息数据的可视化与制图

6.1　地理信息的可视化

6.1.1　地理信息可视化概述

1. 基本概念

可视化（visualization）是指在人脑中形成对某物（某人）的图像，是一个心理处理过程，促使对事物建立概念等。科学计算可视化是通过研制计算机工具、技术和系统，把实验或数值计算获得的大量抽象数据转化为人的视觉可以直接感受的计算机图形图像，从而可以进行数据探索和分析（邬伦等，2009）。

而地理信息可视化是运用图形学、计算机图形学和图像处理技术，将地学信息输入、处理、查询、分析，以及预测的结果和数据以图形符号、图标、文字、表格、视频等可视化形式显示并进行交互的理论、方法和技术（肖昕，2005）。可以说，地理信息可视化是科学计算可视化在地学领域的特定发展。

2. 地理信息数据可视化的作用

1）可以用来表示隐含的空间信息

通过采集、计算或普查等方式得到的数据，都只是一大堆的数值，如果只是单一的看这些数值，只能看出数量多少的变化，但是无法发掘出数据内部所隐含的信息以及数据间的关联，而通过将这些数据可视化表达并结合其他可视化形式的数据，则有助于发现更多数据中隐含的信息，使已有的数据发挥最大的作用。

2）可视化的数据可用于空间分析

由于自然地理现象的纷繁复杂，使得我们在做地理信息分析时，所拥有的数据往往是多种类型的，如道路数据、耕地数据、人口数据等形式的数据，如何将这些不同类型的数据结合到一起，并找出这些数据间的相互关联，是地学分析一个最大的问题。因此，通过将已有数据可视化，并通过地学软件进行叠加、合并等空间分析，我们就可以一目了然地发现这些数据之间的关系。

3）可视化可用于数据的仿真模拟

数据的可视化可用于 2.5 维、三维和四维等地图表现形式来反映地理客体的多维特征。例如，表示矿床的面层，可用显示为同分异状的等值线或不规则三角网中的小块平面来表示。

3. 地理信息数据可视化的主要形式

1）数字地图

数字地图主要有以下三个类型。

（1）虚拟地图：在计算机屏幕上产生的地图。

（2）动态地图：由于地学数据存储于计算机内，可以从不同角度或不同时间点动态地显示地学数据。

（3）交互交融地图：是指人可以和地图进行相互作用和交流。

2）多媒体地图

多媒体地图是综合、形象地表现空间信息，应用图形、文字、声音、动画等功能全面的、多角度的呈现出整个空间的完整形式。

3）三维仿真地图

三维仿真地图是基于三维仿真和计算机三维真实图形技术而产生的三维地图，具有仿真的形状、光照、纹理等特性，也可以进行各种三维的量测和分析（林国银，2005）。

4）虚拟现实

虚拟现实是空间可视化进一步的发展，它是应用计算机模拟产生一个虚拟的三维世界，提供使用者关于视觉、听觉、触觉等感官的模拟，使人们如同进入真实的地理环境一样，并可以和周围环境进行交互作用。

6.1.2 地理信息可视化的技术方法

近几年计算机图形学的发展使得可视化技术得以形成，可视化技术使人能够在三维图形世界中直接对具有形体的信息进行操作并能和计算机直接交流。可视化技术正赋予人们一种仿真的、三维的并且具有实时交互的能力，这样人们可以在三维图形世界中用以前不可想象的手段来获取信息或发挥自己创造性的思维（于志奇和孔令德，2008）。目前，虚拟现实技术的发展，使得可视化技术进入了更高的一个层次。

在可视化技术的发展中，多媒体技术和虚拟现实技术是实现地图可视化的主要方法。

多媒体技术是利用计算机对文本、图形、图像、声音、动画、视频等多种信息综合处理，建立逻辑关系和人机交互作用的技术。它极大地改变了人们获取信息的方式，用计算机将原来纸质或者静态的数据处理成不仅是人们可以看到，更可以听到或者感受到的一种图形形式，将原来静止的事物变成动态的事物。多媒体技术的发展改变了计算机的使用领域。使计算机由办公室、实验室的专用品变成了人们生活中普遍的、不可或缺的工具。

虚拟现实技术将一种复杂和抽象的数据以非量化的、直观的形式呈现给用户，使用户以最自然的方式实现与计算机的交互技术。虚拟技术能使人们进入一个三维的、多媒体的虚拟世界，人们可以从感官上感受到不同时代、不同环境下的生活。

6.2 地理语言与符号库

6.2.1 地理语言

现实世界中地理要素的位置、形状以及距离等都是以地图的形式呈现在我们面前。地图是记录地理信息的一种图形语言形式。回顾地理信息系统的发展史，其脱胎于地图学，但随着人们对地理信息系统的逐渐深究，使其逐渐的演变成了一种新的地图显示方式，而且其功能除了数据分析、地图显示以及符号化等，还更加注重信息分析，从表面数据挖掘出隐含的信息。

在地理信息系统中，表达地图内容最基本的手段就是地图符号，它由形状不同、大小不一、色彩有别的图形和文字组成。它不仅能表示事物的空间位置、大小形状，以及数量、质量等特征，而且还可以表示事物之间的相互关系及整个区域的总体特征。就单个符号而言，它可以表示出事物的大小、形状、地理位置等；就同类符号而言，它可以反映出某一类事物的分布状态；而不同类符号的总和，则可以反映出这一区域内各种地理要素其间的相关关系。地图符号的形成过程，可以说是约定俗成。首先被人们应用于实践，然后经过长期的检验，最后为大家所公认并被保留下来。

6.2.2 地图符号

地图符号是表达地图内容的基本手段，它是由大小不同、色彩有别、形状不一的图形和文字组成，其中，注记也是地图的一个重要组成部分，也具有色彩、大小、形状的区别。地图的符号可以表示很多地理现象，如目标类的（道路、房屋等）；数量类的（道路的不同宽度、长度等）；

根据符号的几何分类，可以将地图符号分为：点状符号、线状符号、面状符号。

1. 点状符号

点状符号一般表示在地理空间上某一小面积或可以用点状符号来表示的地理要素，如控制点、道路两旁的加油站等。点状符号的形状和颜色表示事物的性质，而大小通常会反映事物的数量特征，但是它的大小与比例尺无关，具有定为特征，通常称为不依比例尺符号，图 6.1 为点状符号。

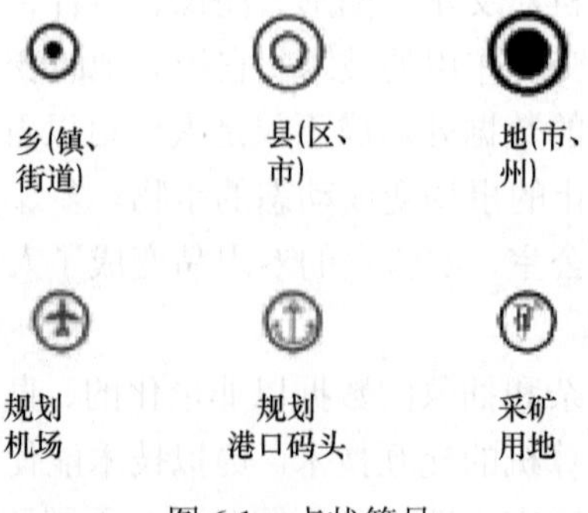

图 6.1 点状符号

2. 线状符号

线状符号一般用来表示呈直线形或者带状分布的地理要素，如道路、河流等。其长度可以依据比例尺进行设定，但其宽度一般不按比例尺表示，而是根据实际情况进行设定。因此，线状符号的形状或颜色表示地理要素的性质。因为这类符号能表示事物的分布位置、长度，但不能表示其宽度，所以一般又称为半依比例符号（范建福，2005），图 6.2 为线状符号。

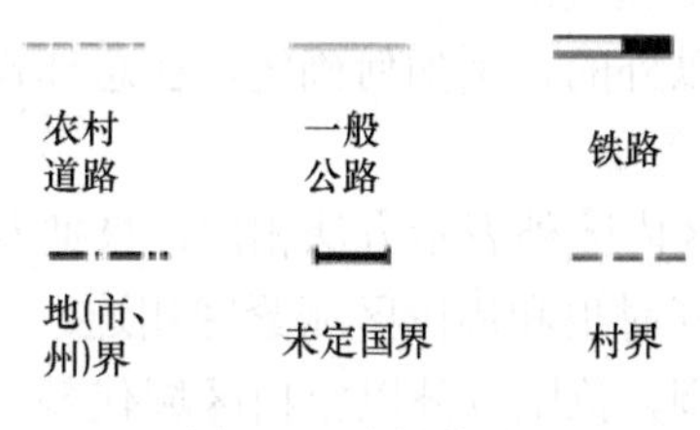

图 6.2　线状符号

3. 面状符号

面状符号一般用来表示具有一定面积、大小和形状的事物，其面积可以依据比例尺进行设定，其中，面状符号周围的轮廓线表示地理事物的分布范围，而其内部填充的图形则表示该事物的性质和数量，同时，面状符号也可以进行周长、面积等的量算，因此，面状符号也称为依比例尺符号。

地图上还有另外一个重要的部分——注记，地图上的文字和数字都可以称为注记。它不是自然界存在的某种现象或要素的表示，而是用来表示地图总体的名称、属性等概念的。可以说没有注记的地图只能表示事物的空间特性，而不能表达事物的属性特征。地图上的注记可以分为名称注记、说明注记和数字注记。

6.3　地理数据的版面设计与制图

6.3.1　地理数据的版面设计

纷繁复杂的地理数据最终是以地图的形式呈现给用户，侧重内容的不同以及比例尺的不同，都使得地图所表现出来的地理数据不一样。根据地图所表达内容的特征，我们将地图分为普通地图和专题地图。普通地图是表示地球表面的水系、地势、土质、植被、居民点、交通网、境界线等自然地理要素和社会人文要素一般特征的地图。它涵盖了自然界中所有的地理要素的一般特征。而专题地图是突出地表示一种或几种自然现象和社会经济现象的地图。它侧重于突出某一地理现象或社会人文现象的特征。按照专题地图的内容分类，可分为自然地图、社会经济地图、环境地图及其他专题地图。下面，就以专题地图为例，来介绍地理数据的版面设计（邬伦等，2009）。

6.3.2　制图区域范围的确定

专题地图图幅范围的确定应当根据其要表达的专题内容及地理区域来确定。一般，专题地图的图幅范围可分为三种：单幅、单幅图的“内分幅”、分幅。

（1）单幅是指一幅专题图的范围已经可以完整地包含所要表达的区域及特征，通常叫截副。专题区域放置在地图框的正中央，并添加与专题地图相关联的注记，如图名、图例等。

（2）单幅图的“内分幅”，这是指超过一张全开纸尺寸而分为若干印张而言。“内分幅”应按纸张规格，一般分幅不宜过于零碎，分幅面积大体相同。

（3）分幅，一般不受地图比例尺的限制，分幅线是根据区域大小采用矩形分幅和经纬线分幅的，分幅原则上是不重叠的。

此外，图廓内专题区域以外的范围如何确定，在总体设计时，也应该明确下来。方法有：

（1）突出专题区域线，区内区外表示方法相同，只把专题区域界线加粗或加彩色晕边，以突出显示专题区域，同时也和周围区域紧密相连。

（2）只表示专题区域范围，范围以外以空白区域代替，突出专题区域，区内要素与区外没什么联系。

（3）内外有别，即专题区域内用彩色，区外用单色，且内容从简。这是专题地图普遍采用的方法。

6.3.3 图面设计

1. 主图

主题是专题地图图幅的主体部分，应当注意主图的位置，一般使主图居于中间，同时注意图面上其他内容的配置。需注意：

（1）在图幅中，要注意主图与背景区域的区别，在制图时，对于主图和背景区域要使人一目了然。

（2）主图的定向一般应按惯例定为上北下南。如果没有经纬网格表示，左右图廓线代表南北方向。但在一些特殊情况下，需要调整南北方向线的，必须配以明确的指向标志。

（3）制图区域的形状、地图比例尺与制图区域大小难以协调时，可将主图的一部分移至图廓内较为适宜的地方。因此，移图也是主图的一部分。通常移图的比例尺可以和主图的一致，也可以不一致，但当移图的比例尺和主图不一致的时候，需要在移图上注明移图的比例尺。

（4）对于图幅中重要区域进行放大显示。由于有时因为地图中所要表达的内容过多，因此地图的比例尺会相对较小，这样，使得一些局部较小区域很难清晰的在地图中表示出来，因此，为了制图需要或者个人需要，可以将那些较小区域在图廓的适宜位置放大显示。

2. 副图

副图是为了补充说明主图，有时，我们会将某一省份或某一区域内的地理要素显示在专题图上，同时为了显示该地理要素在该区域或该省份的地理位置，通常会在图廓内添加该区域或省份的地图，这个图就称为副图，并在副图中标注该地理要素，但副图不需要标注比例尺。如图 6.3 所示，该图为云南省少数民族人口重心在 1990 年，2000 年以及 2010 年分布图。我们可以从主图中看出在 2010 年、2000 年、1990 年三个时间点上云南省少数民族人口重心、总人口重心及云南省几何重心的分布位置，但我们无法具体判断各重心在不同时期的轨迹偏移方向及距离，而副图部分，则清晰的表示出在三个不同的时间点上少数民族人口重心及总人口重心的偏移轨迹。由此可以看出，在制图过程中，对于局部细节不能清晰地显示在主图中的部分，我们可以用副图进行可视化表达。

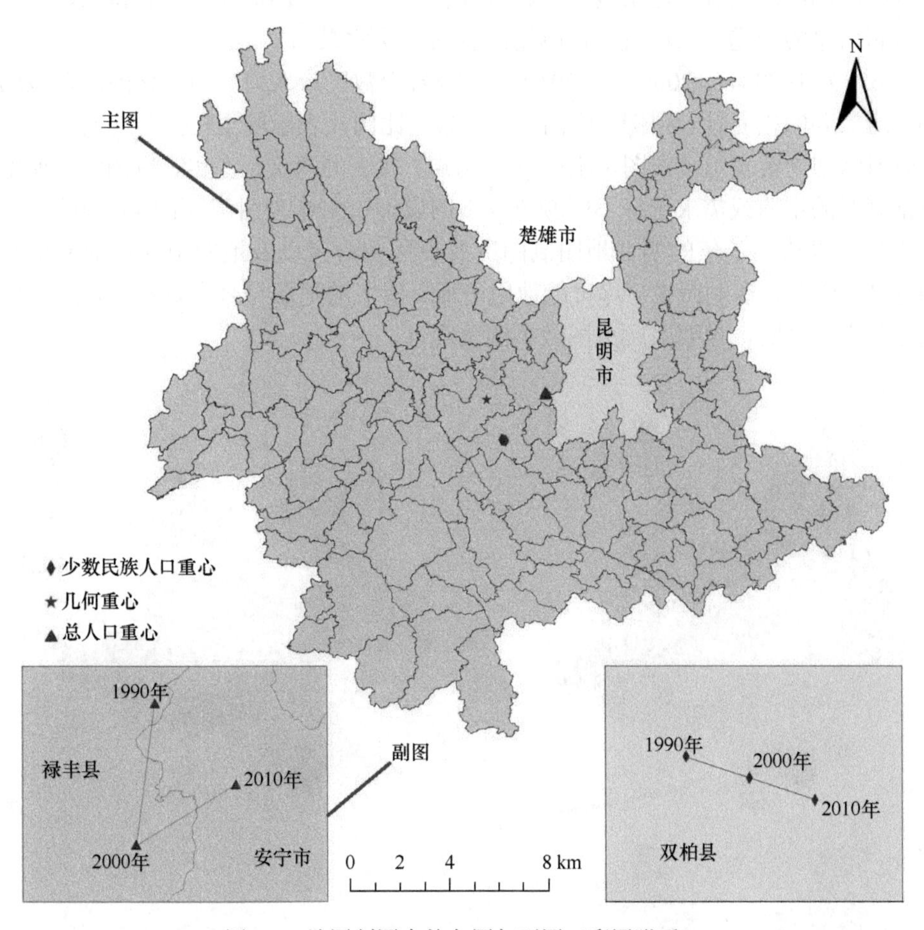

图 6.3 地图制图中的主图与副图（彩图附后）

3. 图名

图名的功能主要是让使用者可以一目了然的知道整幅图所表达的核心内容，是地图制图所必不可少的元素。图名在选择的过程中，应简练并恰好可以表达出图幅的含义。

4. 图例

图例也是制图的重要元素，图例可以对图幅区域内所表示的不同地理要素进行解释说明，以便帮助用户更好的理解地图内不同符号所代表的地理要素。有时，如果图例的内容很多时，可以根据整个图幅内容，适当调整图例的排放位置以及大小。

5. 比例尺

比例尺是地图中一个很重要的数学法则，它代表地图上的距离与地面实际距离的比例关系。比例尺一般被放置在图名或图例的下方。

6. 其他注记说明

一般，根据专题图幅的需要，还会添加一些统计图表、文字或其他图片等用以辅助说明专题图的内容。

专题图的图面配置，是由编图作者自行设计。因此，图面配置是否得当，将会明显影响专题信息的传递，从而直接影响用图者的感受效果。

图 6.4 为 1990 年、2000 年、2010 年云南省少数民族人口分布变化图。在该图包含了制图所需要的指北针、图例、比例尺三要素。比例尺表示图上距离与地面实际距离之比；而图例则主要表示了在图中不同颜色区域所代表的意义，在实际制图中，使用者可以根据制图的用途或需求选择不同颜色或不同属性值来作为图例；地图制图的主要目的是使用户可以清晰了然的明白地图制图所要表达的含义以及地图中的各地理要素所表示的意义。因此，在制图中，尽可能地用清晰、明了的地图符号来表示实际地理环境中的地理要素，同时，也要兼顾成图效果的美观性。

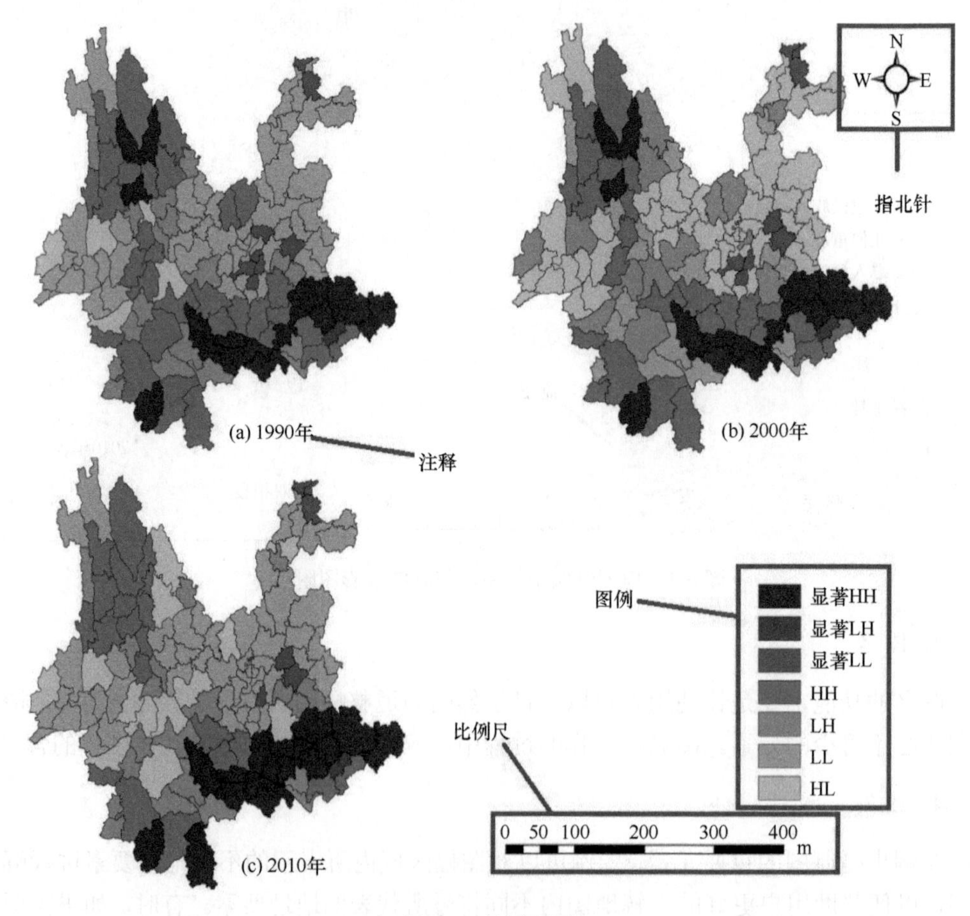

图 6.4 地图制图

6.3.4 制图综合

由于地图是以缩小的形式表达地理要素，当地图所表达的地理要素过于繁多且地图的比例尺较小时，会使得一些相对较小的地理要素无法在地图上显示或者显示较模糊，因此，为了有效地利用地图，同时又能满足用户的需求，制图者在制图时，往往需要制图综合。

制图综合就是在地图编制的过程中，依据地图的使用目的对客观区域内的地理实体进行取舍和简化。使经过综合后的地图可以清晰的显示出主要的事物和本质的特征。

6.3.5 影响制图综合的基本因素

制图综合会受到诸多因素影响，但其基本因素主要有：地图比例尺、地图的主题和用途、制图区域的地理特征及符号的图形尺寸。

1. 地图比例尺

比例尺对制图综合的影响是很明显的，因为不同比例尺下，所表达内容的详细程度是不一样的，较大比例尺中，所表达的区域面积较小，相对于小比例尺地图来说，其所表达的地理要素也相对较少，但其表达内容的精细程度较高。而小比例尺地图，其所表达的地理区域面积较大，同时，地理要素较多，这也就会使得一些细节区域无法显示。

2. 地图的主题和用途

地图的主题会清晰、明确地告诉使用者该地图的内容及其所表达的区域、要素等信息。不同的地图主题，所表达的地理现象的侧重点是不同的，如比例尺相同的两幅图，一幅是土地利用分布图，另一幅是居民点分布图，两者所表达的主题不一样，当地图的主题不一样时，概括的内容及程度也不一样。

通常，一幅图的主题就决定了这幅图的用途。例如，行政边界图，所表达的内容就是一个区域的行政边界，而土地利用变化图，则主要表达了该地区不同的土地类型，如耕地、林地等，用图者根据自己的使用目的，来对地图进行取舍，如只想在土地利用变化图上表达耕地部分的面积，则可对其他类型的土地做较大概括。

3. 制图区域的地理特征

区域的地理特征就是指该区域的地理环境和经济特征等，如对于一个区域，如果要详细表达该地区的地形特征，则对该地区内能反映地形特征的部分（山脉、河流、道路等）予以突出表示，而对于其他特征，如人口等其他特征要素可以概括或者忽略表示。

4. 符号的图形尺寸

地理要素在地图上是以各种不同的符号展现的，符号的大小尺寸会影响到地图内容的概括程度，以及地理要素的详细程度。当地图符号的尺寸小些，所选取的地理要素就多点，地图内容的概括程度较小，地图也相对较详细。而如果符号尺寸较大的话，地图的概括程度会大，而地图上所表达的内容就会很粗略。

6.3.6 制图综合的基本方法

制图综合是对地图进行高度综合的一个过程，其中包括很多环节，对图形的化简，极大地考验了制图者的综合能力，不仅是对制图理论的理解程度，更重要的是对制图区域的熟悉程度。制图综合的方法主要有以下四个。

1. 内容的取舍

内容的取舍是指选取地图上较大的、主要的地理要素，而舍弃较小的或次要的地理要素，突出地图的主题和目的。选取主要表现在：选取主要的类别，选取主要类别中的主要事物；而舍弃则表现为：舍去次要的类别，舍去已选取类别中的次要事物。在选取和舍弃中，主要类别或次要类别并没有严格的划分界限，而是依据制图者的用途目的以及自己需要来进行选取。一般地图内容的选取，主要依据以下几个原则：

（1）整体到局部；

（2）从主要到次要；

（3）从高级到低级；

（4）从大到小。

2. 质量特征的化简

地理要素间的区别是以质来体现的，表现在地图上，则是以不同的符号来代表不同的类型，因此在质量化简时，可以将本质较为相近的事物归为一类，如针叶林、阔叶林可以归并入森林，以达到地图概括的目的。

3. 数量特征的化简

地图上用数量特征来表示地理要素的多少。因此在进行数量特征的化简时，可以考虑用等值线或者等间距，对属于某一区域内数量的要素进行概括，而对于低于规定等级数量的要素可以舍弃。但需要注意的是：在舍弃数量相对较少的地理要素时，一定要注意要与地图的主题或者地图所要表达的内容相适应，不能只是一味的按照规定舍弃，但却忽略了地图本来的特征。

4. 形状化简

形状的化简，适用于线状或面状表达的事物。形状化简的目的是通过化简，保留原来可以反映要素特征的部分，而舍弃局部碎小的区域。主要有：删除、夸大、合并。当地图比例尺缩小时，有些细节区域会无法显示，但其又不影响整体特征的表达，则考虑可以将这部分区域省略。而一些细小区域因为地图比例尺的缩小，无法显示，但对整体特征而言却很重要的部分，则考虑应当适当的夸大，以使这些区域在地图上清晰地显示出来。合并就是将要素间邻近的、较小的同类事物合并成一个事物。

6.4 动态地图与虚拟现实

6.4.1 动态地图

动态地图是反映自然和人文现象变迁和运动的地图，它是用现代计算机技术、可视化技术等手段为用户呈现出不同区域、不同时间段的客观事物形态。例如，历史上某一时期的行政区划或者房屋的位置，虽然它可以动态的反映地理现象，但实际中，它是一个静止的画面，用户需要通过不同时间段的“联想”，使它得以动态的呈现。现在也有通过动画的方式使其在电脑屏幕上动态的展示自然现象。其中百度地图、Google 地图等都是动态地图的一种形式，图 6.5 为昆明市百度地图，图 6.6 为 Google 地图。

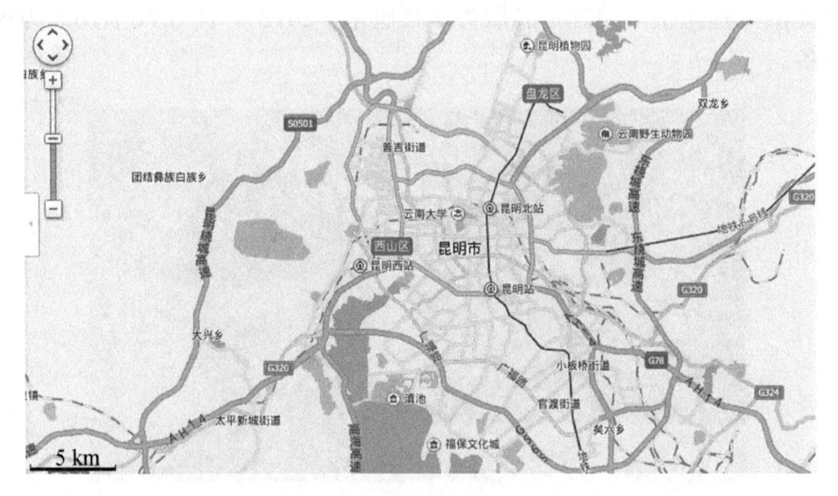

图 6.5 昆明市百度地图

图 6.6 Google 地图

6.4.2 虚拟现实

虚拟现实（virtual reality，VR），是利用电脑模拟产生一个三维空间的虚拟世界，提供使用者关于视觉、听觉、触觉等感官的模拟，让使用者如同身临其境一般，可以及时、没有限制的观察三维空间内的事物（王世运等，2011）。VR 是多种技术的综合，包括实时三维计算机图形技术，广角立体显示技术，对观察者头、眼和手的跟踪技术，以及触觉、力觉反馈、立体声、网络传输、语音输入输出等技术（张永军，2010）。

应用虚拟现实技术，将三维地面模型技术、正射影像和城市街道、建筑物及市政设施的三维立体模型融合在一起，再现城市建筑及街区景观，用户在显示屏上可以很直观地看到生动逼真的城市街道景观，可以进行诸如查询、测量等一系列操作，满足数字城市技术由二维 GIS 向三维虚拟现实的可视化发展需要，为城市规划、社区服务等提供可视化空间地理信息服务（张旭东，2012）。图 6.7、图 6.8 为虚拟现实的数字设备。

图 6.7　数字头盔

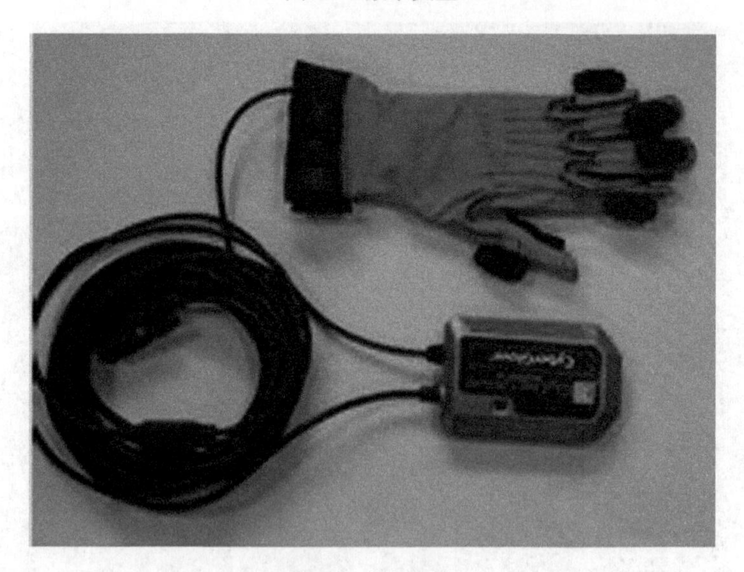

图 6.8　数据手套

目前，我国国内市场占有率最高的一款虚拟现实软件是：虚拟现实平台（VRP），是一款由中视典数字科技有限公司独立研发的。另外，VRP-Builder、VRP-SDK、VRP-IE 等一系列应用型软件已被广泛应用于教育业、工业仿真、军事仿真等众多领域。

6.5　AcGIS 高级制图

6.5.1　ArcGIS 高级制图的理解

随着 GIS 在各行各业的深入应用，各信息化部门和生产单位都逐渐建立起自己的 GIS 的应用，同时积累了大量的地理数据。随着应用深度和广度的推进，针对数据建立专题应用越来越迫切，对行业专题制图的需求也进一步扩大。因此，如何围绕数据制作精美的地图以符合应用需求将是一个重要的课题。高级只是一个相对的说法，高级的内涵在不断变化。追求高级，只是做更多的探索，发挥无限的想象力深入挖掘 ArcGIS 功能和工具的最大价值，并运用于 GIS 制图的各个环节。

6.5.2 ArGIS 高级制图方法

1. 制图的五个主要设计原则

制图员在编制地图和构建页面布局时，会应用到许多设计原则。其中，有五个主要的设计原则：易读性、视觉对比、图形背景组织、层次组织和平衡（马静丽，2012）。综合这些原则形成一个系统，有助于观看和理解地图页面中相对重要的内容。没有这些，基于地图的交流就会失败。视觉对比和易读性，是阅读地图上的内容的基础。图形背景组织、层次组织和平衡，引导读者通过内容判断事物的重要性，并最终找到事物的模式（图 6.9）。

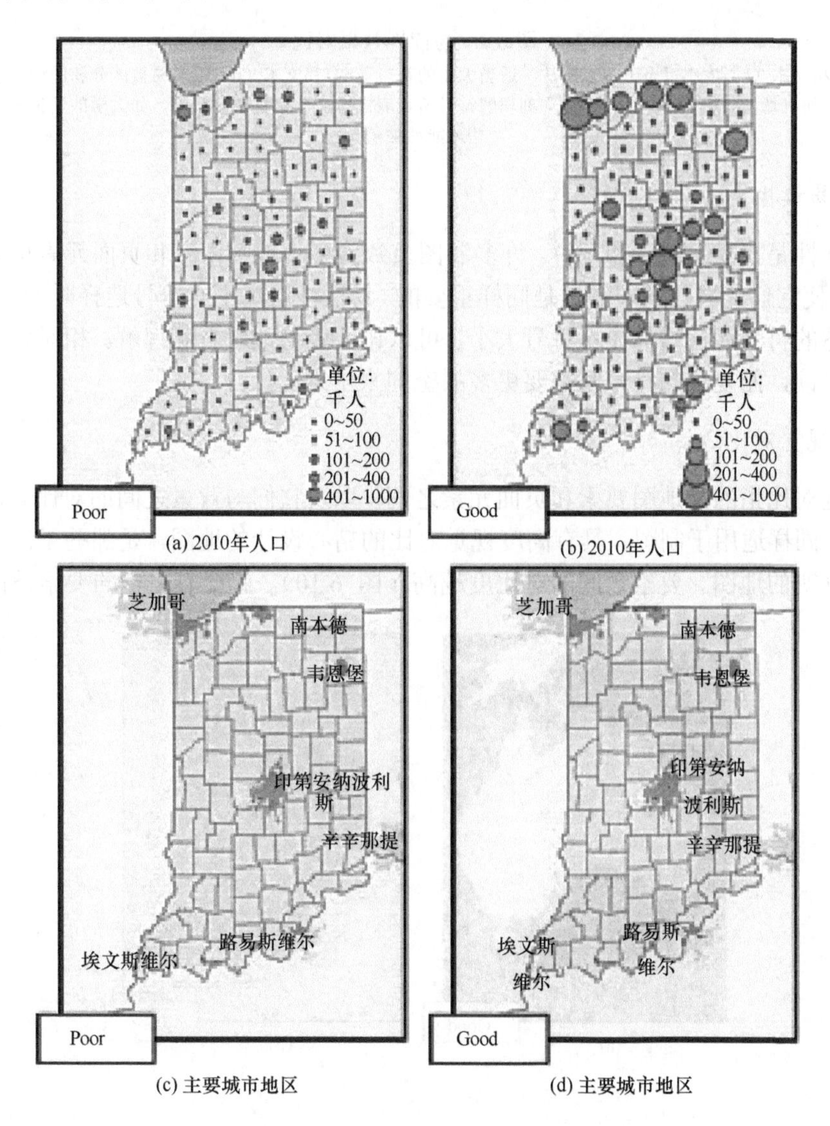

(a) 2010年人口　(b) 2010年人口

(c) 主要城市地区　(d) 主要城市地区

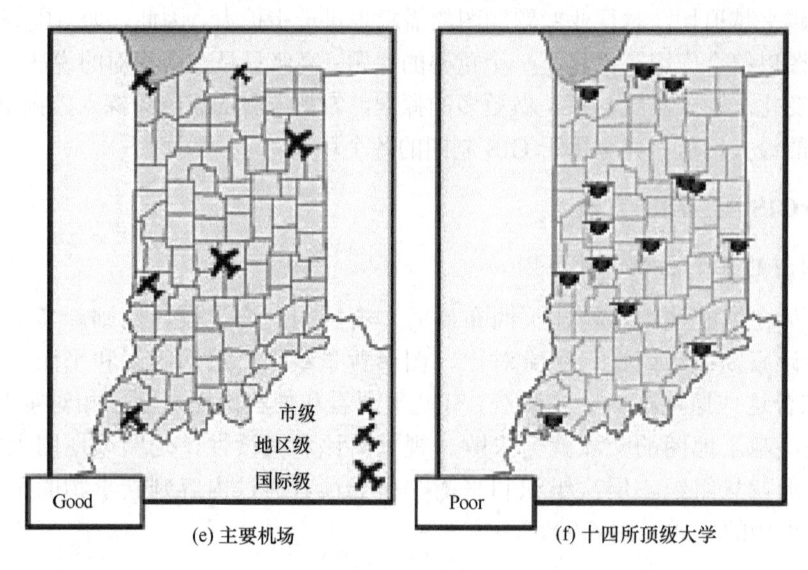

(e) 主要机场　(f) 十四所顶级大学

图 6.9　易读性效果对比

符号（a）和文本（c）太小以至于难以辨认，适当大小的符号（b）和文本（d）很容易被区分和阅读。使用熟悉的几何图标，如机场的飞机（e），使读者能立刻理解符号所代表的意义。更复杂的符号，如大学的学位帽，需要大一些才能够被辨认

1）易读性

易读性是指易于观看和理解。许多制图员致力于使地图内容和页面元素更容易被观察到，但使它们能够让人理解也是同样重要的。易读性取决于对符号选择时的最佳决定。选择熟悉的符号和适当的显示符号大小，可以让人轻松地观看和理解。相对较小的几何符号更易读，而复杂的符号则需要更多的空间来辨别。

2）视觉对比

视觉对比指的是地图要素和页面元素之间，以及它们与背景之间的对比。视觉对比的概念，同样适用于制图。具有高度视觉对比的精心设计的地图，是那些干净的、看起来清晰分明的地图。要素之间的对比度越高（图 6.10），就会有更多的要素被凸显出来

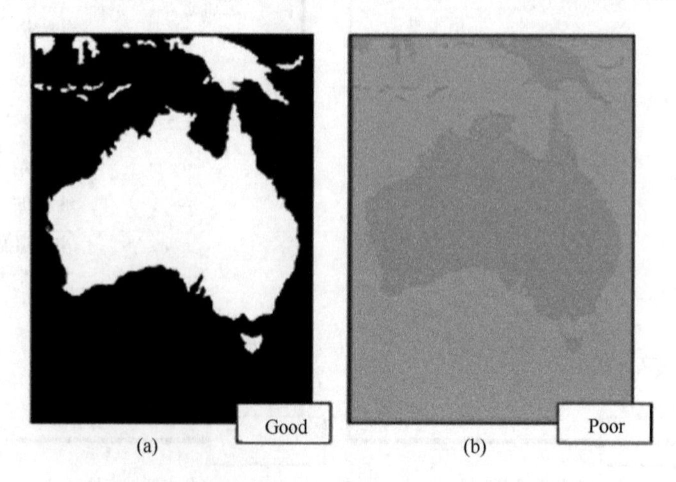

(a)　(b)

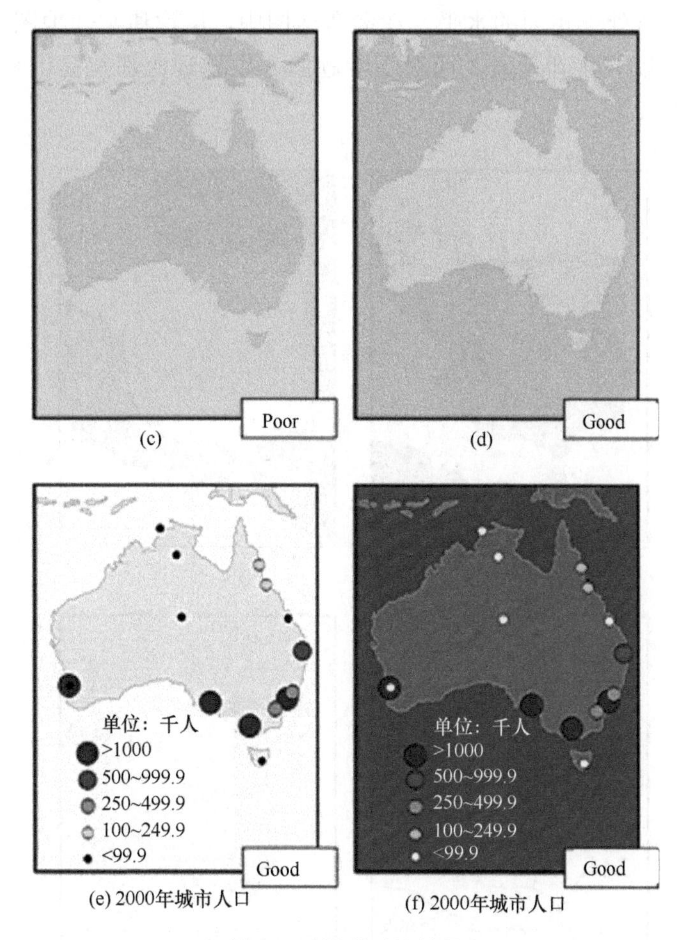

图 6.10　视觉对比效果

对于地图来说，虽然黑色和白色（a）提供最佳的视觉对比，但并不总是最佳的色彩组合。当使用高（b）或低（c）饱和度（亮度）的近似颜色时，色调（如蓝和绿）必须是可以区分的。如果不是，就要改变饱和度或颜色（亮或暗）（d）中的水）值，才能够形成对比度。做叠加时，要与底图形成对比（e）、（f）

（通常要素会更暗或更亮）。相反地，视觉对比低的地图可以用来达到某种细微的效果，如对比度小的要素显现为连在一起的效果。

3）图形背景组织

图形背景组织是从无定形的背景中自然分离前景中的图形。制图者使用这个设计原则，有助于地图读者专注于地图中的特定区域。提升图形背景组织的方法有很多，如为地图添加细节或使用晕渲、阴影或羽化（图 6.11）。

4）层次组织

地图页面上信息的视觉层次感，有助于读者关注重要的内容，并且让他们识别是哪种模式。具有层次组织的参考地图（显示各种物理和文化要素位置的地图，如地形、道路、边界，居民地）不同于专题图（把众多属性中某一个四处分布的属性或关系集中在一起的地图）。对于参考地图来说，许多要素不比其他另外的重要，所以视觉上它们应该处于相同的水平。在参考地图中，层次通常使地图显得更加精细，读者通过它们可以关注到元素。而对于专题图，主题远比那些提供基础地理的内容更加重要（图 6.12）。

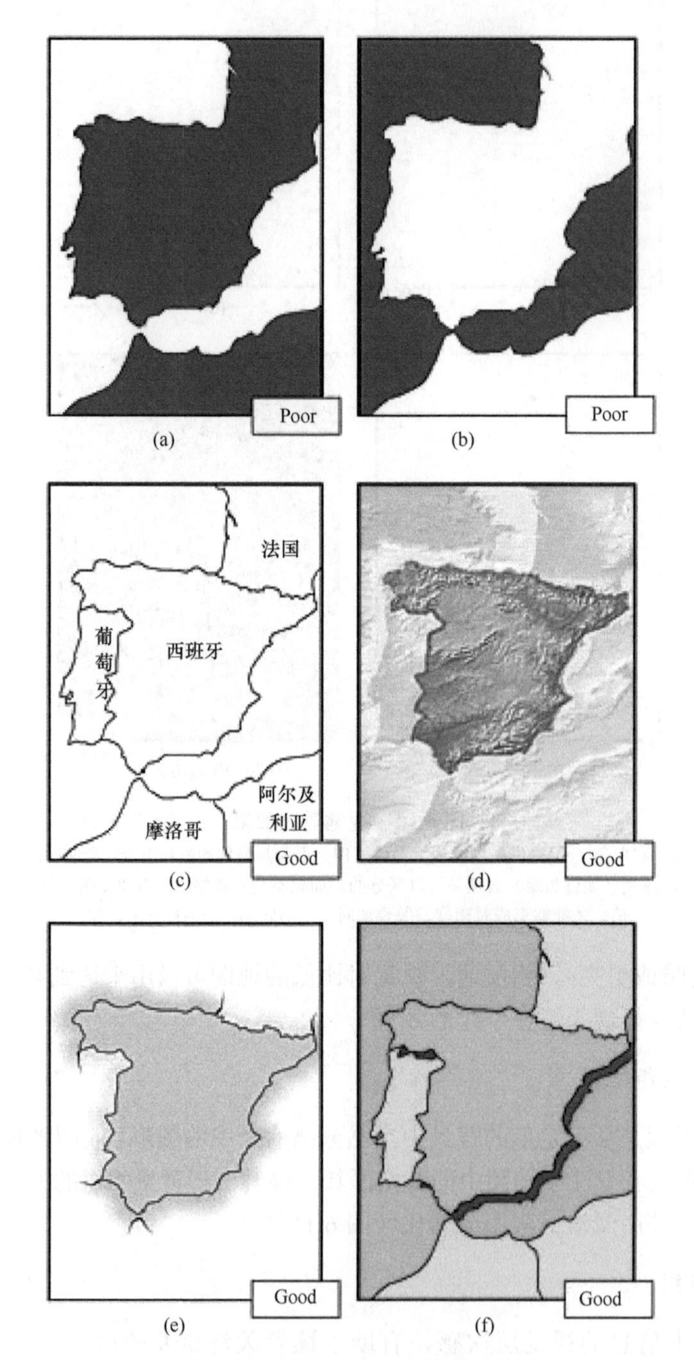

图 6.11　图形背景组织效果对比

有时很难说什么是图形、什么是背景（a）和（b）。简单的添加细节到地图上（c），可使读者从背景中区分出图形。使用晕渲（d）、羽化（e）、或阴影（f）同样有助于辨读

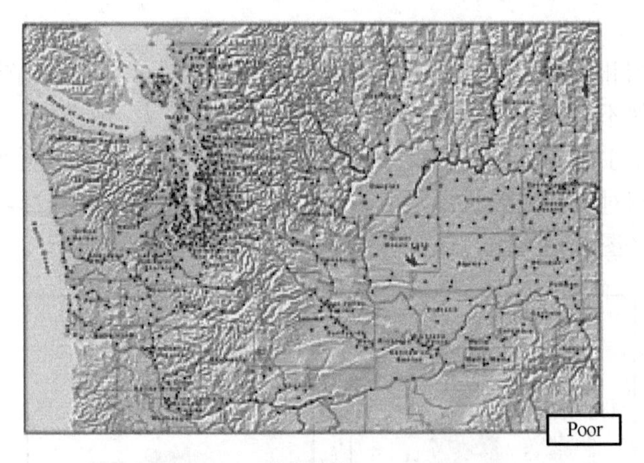

(a) 华盛顿州

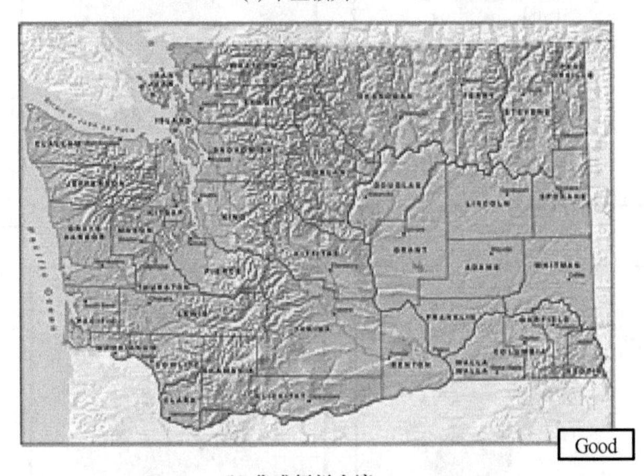

(b) 华盛顿州土壤

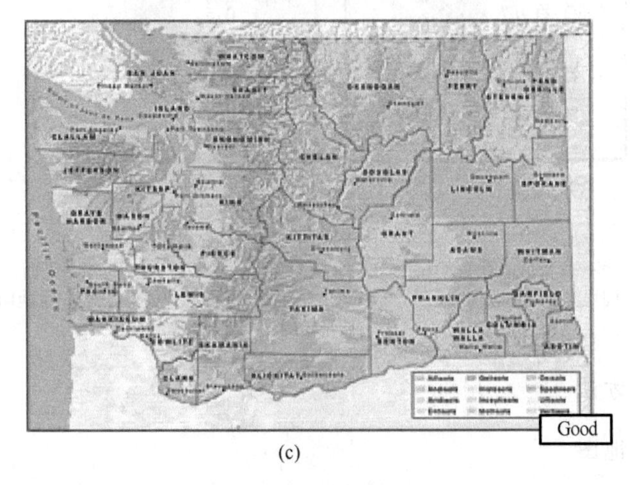

(c)

图 6.12　层次组织效果对比

当符号和标注在同一视觉平面上时（a），对于地图读者来说，很难区分它们及辨别哪些更重要。对于一般的参考地图（b），使用不同大小的文字和符号（如城市点和标注）、不同的线条样式（如行政区划边界），以及不同的线宽（如河流），是一些能够增加地图层次的方法。对于专题图数据（c）而言，基本信息（如县界和县区划）应该保持最低显示，以便主题（如土壤）能够在最高层次的视觉水平上

5）平衡

平衡是指地图和页面上其他元素的组织。均匀的页面布局，使地图效果均衡、和谐。你也可以使用其他不同的平衡方式，如提升画面锐度或张力，或营造一种更有机的感觉。平衡感来自于两个主要因素：视觉重量和视觉方向。如果你想地图页面的中心在某个支点上平衡，那么相对位置、形状、大小、页面上元素的主题，就是影响地图的视觉倾向特定方向的因素（图 6.13）。

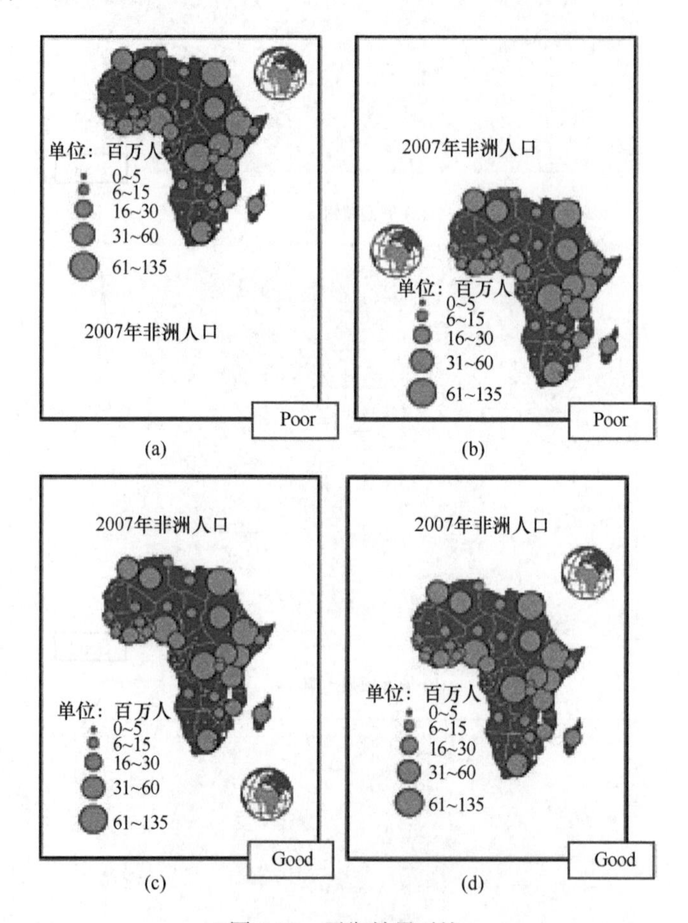

图 6.13　平衡效果对比

把视觉重的元素放置在一起，会使页面看起来头重脚轻（a）或底部过重（b）。页面上最显著的位置是地图略高于页面中心（c），当有需要时眼睛同样也会注意去阅读元素。（d）图中，首先是阅读标题，其实是定位地图，然后是非洲地图，最后是图例

2. 各种渲染方法

1）渲染流向地图

流向地图表示的运动现象，通常表现为从一个地方到另一个地方。线是用来象征流，通常用不同宽度来表示流的数量差异。从广义上讲有三个主要类型的流向地图：放射型、网络型和分配型。放射型流向地图有一个重要的特点，其节点表示的要素和地点通常映射到一个来源或目的地。网络型流向地图是用来显示之间的互联互通的地方，通常是用于运输或通信联系。分配型流向地图主要用来表示商品的分布或其他流的扩散，从起源

到多个目的地的过程（Akella，2011）。图 6.14 是一幅放射型流向图。

图 6.14 放射性流向图（彩图附后）
2011 年 ESRI 用户大会的参会者来源

2）渲染变形地图

为了要强烈表达地图中某种属性信息，而将图形进行一些扭曲，而扭曲的重要原则就是不改变原图形的拓扑关系。

Cartogram，意为用某种属性值将对象形状进行夸大或缩小的一种地图，这是一种基于属性进行夸张变形的渲染效果，能够直观地传达某种特定信息（张玥和钱新林，2014）。主流的 Cartogram 可以分为连续和非连续两类，连续的变形地图是指要素仍然维持原有邻接的拓扑关系，ArcGIS 可以支持这种变形的算法；非连续的变形地图指要素之间不再具有相邻接的关系。

地图作为真实世界的抽象，是“用图说话”最可靠的工具，但是有的时候地图也会撒一些小小的谎言，其中最著名的例子当属美国总统大选。图 6.15 是 2012 年美国总统大选后网上给出的一个结果图，红色代表共和党罗姆尼获胜的州，蓝色代表民主党奥巴马获胜的州，从地图上来看罗姆尼占有很大的优势，而事实却是奥巴马赢得了大选的胜利。因为在这幅地图中，用颜色来对州来进行定性渲染时，却无意中忽略了选票这个数量指标，所以在这张地图上无法反映出奥巴马的选票优势，这也是为什么有 Cartogram 出现的原因。而经过 ArcGIS 中 Cartogram 工具处理后得到图 6.16，根据选票对各个州进行了形状扭曲，利用夸张后的面积来反映选票的数量（王双，2014）。这样的票选图就更为合理了。

3）渲染具有立体效果的地图

数字高程模型（DEM）是一定范围内规则格网点的平面坐标（X，Y）及其高程（Z）的数据集，它主要是描述区域地貌形态的空间分布，可以形象、直观、准确地表达区域

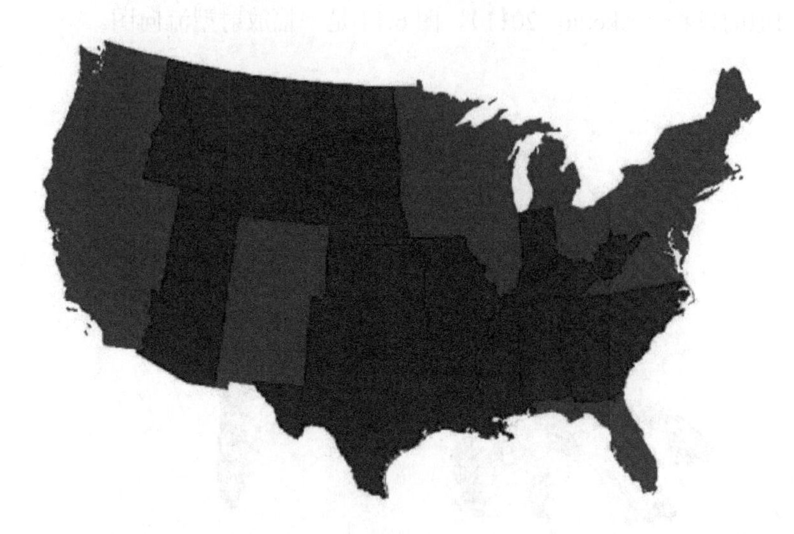

图 6.15　2012 年美国大选各州获胜结果示意图（彩图附后）

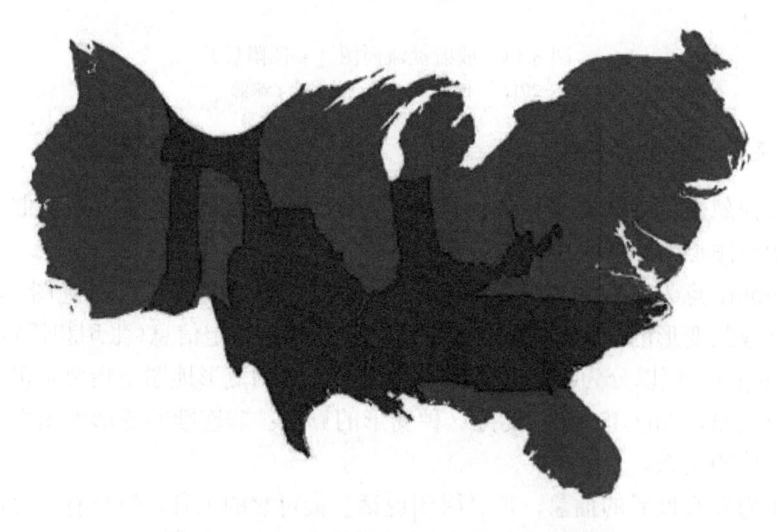

图 6.16　2012 年美国大选各州选票变形地图

内的地貌形态。近年来，随着空间数据基础设施的建设和数字地球战略的实施，DEM 作为标准的基础地理信息产品被广泛应用到地图生产中，用于生成晕渲图、坡度图和坡向图等。自动生成的晕渲图美观、准确、成图速度快，而且与手工晕渲相比，对制图人员的要求相对较低。

具体的渲染方法是利用 DEM 数据生成山影数据，再把山影数据置于底层，要素数据在顶层，设置要素图层的透明度，使得山影可见。不同场景下的最佳图面需要在对数据及地形了解的前提下，不断调整参数和试验探索。图 6.17 为洱海地区的地貌渲染图。

3. 智能标注（Maplex）

在制图出图的时候标注是必不可少的一个元素，标注放置得恰当可以使地图更易理解且更为有用。但是，标注的设置过于死板、标注间发生冲突等问题让我们伤透了脑筋。

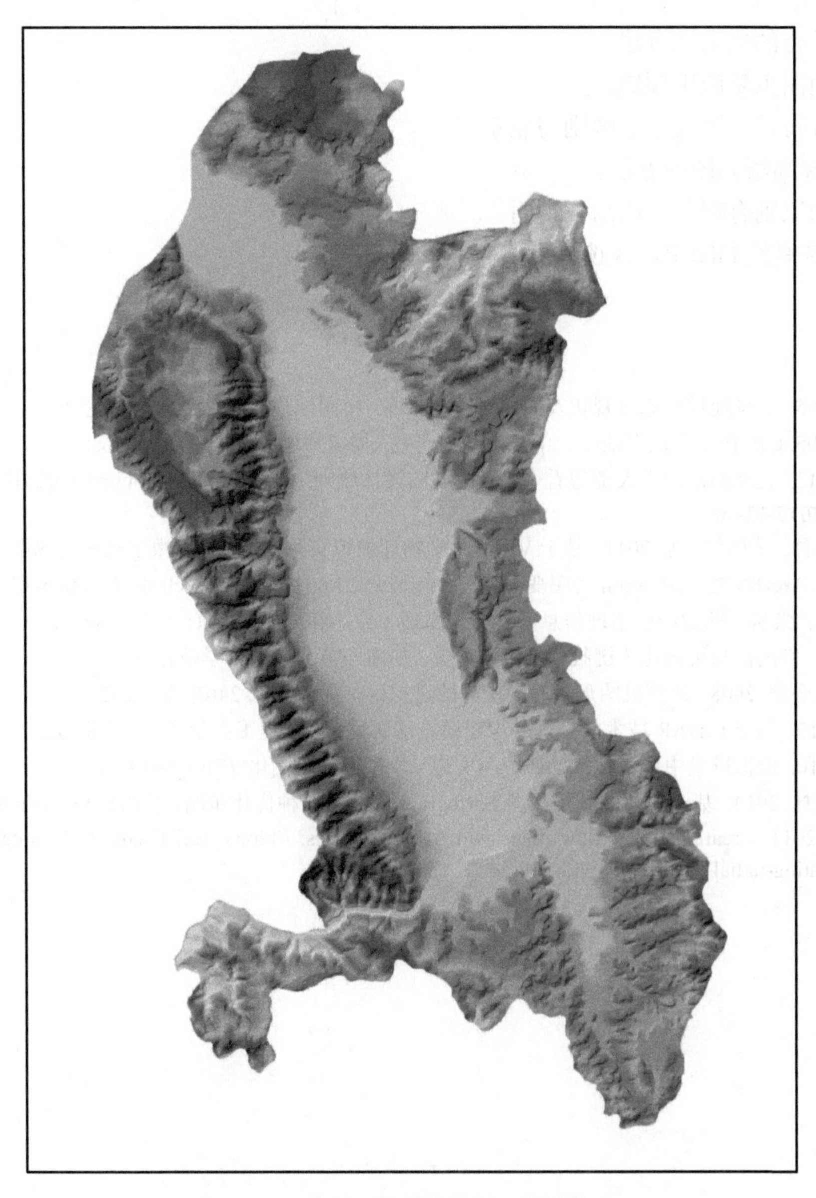

图 6.17　洱海地区地貌渲染图（彩图附后）

在做地图时，我们经常使用的是 ESRI Standard Label Engine，但是标准标注引擎下的标注设置有很多局限性，标注的位置摆放以及文字格式的设置等都未必能满足我们的需求，甚至会出现各种冲突。ArcGIS 在这里就提供了 Maplex 高级智能标注拓展模块来帮助我们提高地图上标注的质量及工作效率。

参 考 题

1. 地图信息可视化的概念及相关技术方法。
2. 地图符号的种类。
3. 地图版面设计的流程。

4. 制图综合的概念及方法。
5. 动态地图主要应用领域。
6. 虚拟现实、三维技术的区别与联系。
7. ArcGIS 高级制图的方法。
8. 制图的原则有哪些？请简要说明。
9. ArcGIS 高级制图中，谈谈你对“高级”的理解。

参考文献

范建福. 2005. 二维地质信息可视化及面向对象符号库. 中国地质科学院硕士学位论文.
林国银. 2005. GIS 在中学地理地图教学中的应用研究. 福建师范大学硕士学位论文.
马静丽. 2012. 让你的地图人人都想看——五大制图设计原则. http: //tm. arcgisonline. cn/2012/0322/ 428. html. 2015-12-20.
王世运, 何仲, 黄槐仁, 等. 2011. 基于 VR 的大学物理虚拟实验建模研究. 数字技术与应用, (9): 105.
王双. 2014. ArcGIS 之 Cartogram 地图变形记. http: //www. higis. cn/Tech/tech/tId/25. 2015-12-24.
邬伦, 刘瑜, 张晶, 等. 2009. 地理信息系统——原理、方法和应用. 北京: 科学出版社.
肖昕. 2005. 空间信息可视化关键技术与方法研究. 华南师范大学硕士学位论文.
于志奇, 孔令德. 2008. 计算机图形学教学工具改进探讨. 福建电脑, 24(6): 201-202.
张旭东. 2012. 基于 LIDAR 技术的三维城市建模方法研究. 桂林理工大学博士学位论文.
张永军. 2010. 虚拟场景中语音技术的研究与实现. 计算机与现代化, (7): 129-131.
张玥, 钱新林. 2014. 基于扩散面域拓扑图 Cartogram 算法的一种优化策略. 甘肃科技, (13): 37-40.
Akella M. 2011. Creating radial flow maps with ArcGIS. https: //blogs. ESRI. com/ESRI/arcgis/2011/09/06/creating-radial-flow-maps-with-arcgis/. 2015-12-20.

第7章　地理信息科学研究的热点技术与发展趋势

随着科技的发展，GIS 技术也得到了长足的发展，研究的热点也发生了迁移。GIS 研究的热点可能曾是面向对象技术与 GIS 相结合、3S 技术集成，以及 GIS 虚拟现实技术等，然而技术的不断革新使得先前研究的热点已趋于成熟，新的研究热点也相继出现，本章中将详细讨论云 GIS（Cloud GIS）、移动 GIS、三维 GIS、WebGIS、影像 GIS，其他如物联网 GIS、智能 GIS、GIS 理论研究等问题未能一一详述。新的研究热点赋予了 GIS 学科新的活力，使得 GIS 学科得以继续蓬勃发展。

7.1　云　GIS

随着 GIS 与主流 IT 技术的日益加速融合，GIS 的大规模、大众化应用趋势已十分明显，涉及多个部门和行业的 GIS 的应用的需求也越来越大，用户对最新数据的需求也越来越快。因此，如何解决大众化应用对超大规模并发访问给 GIS 平台架构带来的严峻挑战？如何解决重复建设投资的问题？如何解决长期面临的信息孤岛的问题？云计算为上述问题的解决找到了新的方法。虽然云计算现在还处于初级阶段，但是已经在海量数据处理、大规模计算、用户透明、减少系统设备投入和维护等方面展现出强大的优势（Foster et al.，2008）。

7.1.1　云 GIS 概念

中国电子学会（The Chinese Institute of Electronics，CIE）云计算专家委员会给出的云计算的定义：云计算就是一种基于互联网的、大众参与的计算模式，其计算资源（包括计算能力、存储能力、交互能力等）是动态、可伸缩、被虚拟化的，以服务的方式提供（中国电子学会云计算专家委员会，2011）。

所谓云 GIS，就是将云计算的各种特征用于支撑地理空间信息的各要素，包括建模、存储、处理等，从而改变用户传统的 GIS 应用方法和建设模式，以一种更加友好的方式，高效率、低成本的使用地理信息资源（ESRI 中国（北京）有限公司，2011a）。其应用模式如图 7.1 所示。

7.1.2　云 GIS 的特点

1. 资源利用效率高

云计算平台能从整体上进行全局的统筹分配，合理利用资源，有效杜绝资源浪费。由于用户功能计算量对 GIS 计算能力的要求差异较大，消费者可以根据自己的实际需要向云计算平台租赁适合的资源，大幅度的节省使用费用，提高利用效率。

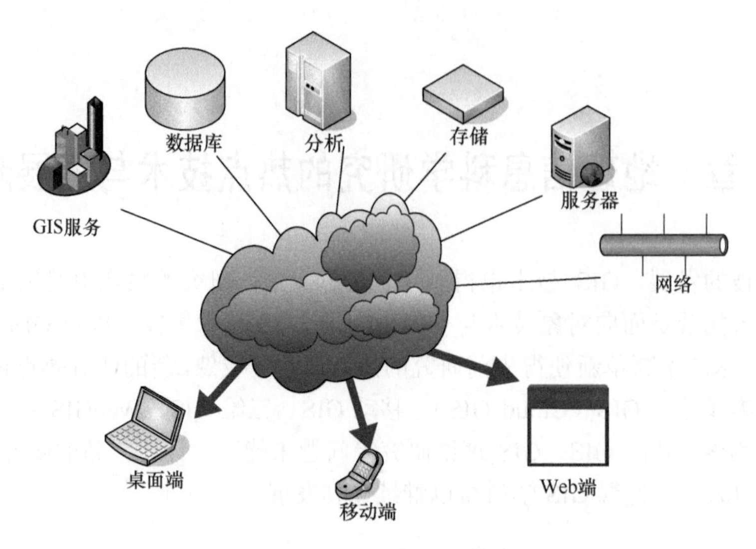

图 7.1 云 GIS 的应用模式

2. 开发工程师的工作量较小

开发工程师在开发 GIS 应用的时候，如果使用基于云计算的地理信息系统平台，则无需开发人员进行算法的优化和构建复杂的并行计算，只需要根据需要的资源向云计算平台提出申请，就可以获得超级计算机般的数据处理能力，保证快速地完成各种分析处理空间数据的工作，进而快速完成 GIS 应用软件的设计与开发工作。

3. 对用户的门槛要求低

使用基于云计算的 GIS，消费者不需要购买数据，也不需要安装 GIS 应用软件，甚至不需要有硬件基础。消费者如果需要获取现存的 GIS 软件的所有功能，只需要安装网络浏览器即可，操作非常简便。

4. 空间数据安全性强

空间数据由于采集与更新不易，而且较多空间数据尤其是大比例数据被相关法律规定为秘密或机密数据，其安全管理至关重要。要保证数据的安全性，对空间数据进行几种的存储和备份是很有必要的，如果由专业人士进行管理，则能够最大程度上保证数据的安全性，而基于云计算的 GIS，则使用了这种模式（孟凡荣，2013）。

7.1.3 云 GIS 的关键技术

1. 虚拟化技术

虚拟化技术以前在计算机体系结构、操作系统、编译器和编程语言等领域得到了广泛应用。虚拟化技术实现了资源的逻辑抽象和统一表示，它从逻辑上对资源进行重新组织，从而使资源能实现在服务器、网络及存储管理等方面共享虚拟化技术，大大降低了管理复杂度，提高了资源利用率，提高了运营效率，从而有效地控制了成本。同时，在大规模数据中心管理、基于 Internet 等解决方案交付运营方面虚拟化技术也有着巨大的价值（彭义春和王云鹏，2014）。

在云 GIS 中，虚拟化主要包括资源虚拟化和应用虚拟化。

1）资源虚拟化

为了实现软件应用与底层硬件相隔离，在云 GIS 平台体系结构中专门设计了一层虚拟层，它采用将单个资源（硬件和软件）划分成多个虚拟资源的裂分模式和将多个资源整合成一个虚拟资源的聚合模式。它通过抽象化，可为系统提供多台可用的“虚拟机”，这些虚拟机之间在逻辑上是独立可用的硬件资源集合，当多种操作系统运行在虚拟机上时，资源组织仍然是独立的，这样也就保证了系统运行的可靠性。

2）应用虚拟化

一方面，一个服务器实例可以运行一个或者多个应用实例，具体运行哪个实例需要通过“服务监控”进行分配，服务器实例也是虚拟的计算资源。另一方面，虚拟化将应用程序与操作界面迁移到用户本地来实现交互和显示操作，而数据的处理、应用程序的运行则在远端的“云”中来完成。

2. 分布式数据存储技术

云 GIS 的空间数据具有海量、异构、多源、多尺度和多时空等特点，这导致了系统的空间数据通常是无序、杂乱、动态的，因此云 GIS 数据采用分布式存储方式，通过冗余存储的方式来保证数据的可靠性。当前，大多数云 GIS 采用基于 BigTable、HBase、NoSQL 等数据库技术来存储和管理空间数据，并通过标准的空间数据库连接技术（SDE）和 REST 接口来统一访问，同时，分布式缓存技术（如 Memcached）的应用也能有效地降低后台服务器的压力和加快响应速度。目前数据存储技术主要有 Google 的非开源的 GFS（Google file system）和 Hadoop 的开源的 HDFS（Hadoop distributed file system）。图 7.2 为分布式存储架构。

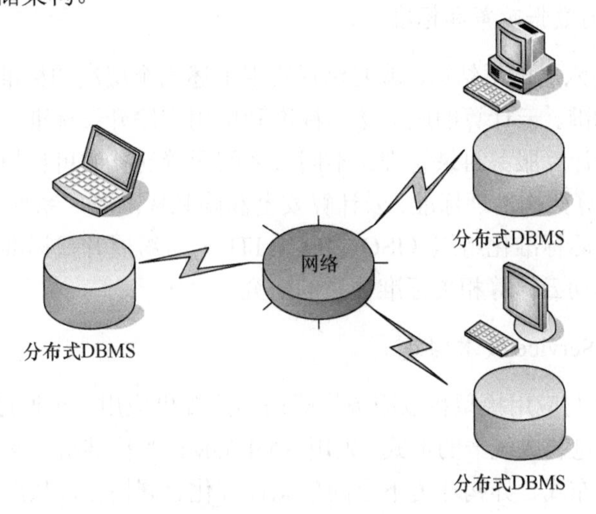

图 7.2　分布式存储架构

3. 虚拟化数据管理技术

云 GIS 由大量分布式服务器组成，要并行地为大量用户提供服务，要对分布的、海量的空间数据进行处理和分析，在传统 GIS 的“RDBMS+SDE”结构和“Extended ORDBMS”的结构中，空间数据库管理系统则会成为系统性能的瓶颈。一方面，虚拟化技术的空间数据管理，具有离线应用和在线更新技术，支持在系统之间、部门之间、层级之间快速迁移和自动同步数据，实现了分布式、多级别、支持多终端的空间数据保障流程；另一方面，云计算系统的平台管理技术，能将分布式服务器群协同工作，为业务的部署和开通提供了极大的便利，也能快速发现系统故障并能及时恢复系统。当前主要有 Google 的 BigTable 数据管理技术和 Hadoop 团队开发的开源数据管理模块 HBase。

4. 并行空间分析技术

云 GIS 的数据处理能力必须具有面向任务的异步空间数据处理架构，支持大型集群的并发处理和处理流程控制，支持长时间运行、长事务处理，支持移动终端操作处理大型空间数据库，具有处理流程的可视化设计和运行状态的实时监控功能，可以跨平台、跨地域整合空间数据的处理流程，并能够实时将处理结果进行发布等。另外，云 GIS 的空间分析能力必须具有统一的空间分析框架，丰富的、标准化的空间分析模型库，支持空间分析流程的快速构建和自动化运行，并能够实时将分析结果进行发布。为此，必须充分利用云平台的计算能力，尽可能地使用并行算法，以提高云 GIS 的空间数据处理和空间分析能力（彭义春和王云鹏，2014）。

5. 数据和功能互操作技术

云 GIS 必须实现跨操作系统（Linux/Unix/AIX/Windows）、跨 GIS 平台、数据源（格式）异构、硬件异构、环境异构，同时，云 GIS 必须支持单点发布、自动同步、频度统计和自动优化，支持云内部的数据互操作、私有公有云的互操作和云中心之间的互操作。为了实现上述功能和操作可从以下三方面去实现。

1）制定相关的数据政策和标准

根据云 GIS 的六层体系结构，就要包括实现上述六个层次的标准化，具体涉及云计算互操作和集成标准、云计算的服务接口标准和应用程序开发标准、云计算不同层面之间的接口标准、云计算服务目录管理、不同云之间无缝迁移的可移植性标准、云计算商业指标标准、云计算架构治理标准、云计算安全和隐私标准等一系列接口、规范和标准。目前，眼下三大国际标准化组织（ISO、IEC、ITU）纷纷展开云标准工作，国内外数十个标准组织也已启动云计算相关标准体系的研究。

2）基于 Web Service 技术构建

云 GIS 是 GIS 与应用模型将以服务模式向用户提供应用，可通过 Web Service 将云 GIS 各类信息资源包装成统一的形式，采用 XML/GML 等标准格式来进行空间信息传输和存储的，实现分布式、异构环境下空间信息标准化、同构化，从而为实现分布式异构网络环境下的 GIS 集成和互操作奠定了基础；构建与 OpenGIS 的空间信息服务体系相对应的包括模型交互、模型管理、工作流及任务管理、模型处理、模型通信、模型系统管理等六大类服务的应用模型服务体系。通过对分布式、异构环境下信息资源的统一管理和调度，云 GIS 真正实现了跨平台、跨系统、跨硬件设施的异构整合。ArcGIS 10.1 for

Server 就是一款纯 Web Service 产品。

3）采用 Web Server 集群技术

采用 Web Server 集群技术，可构建能够整合跨区域、跨平台、跨部门的 GIS 服务器，实现多资源的应用整合，完成企业各类信息的互通互联。图 7.3 为基于 Web Service 的地理信息共享和互操作示意图。

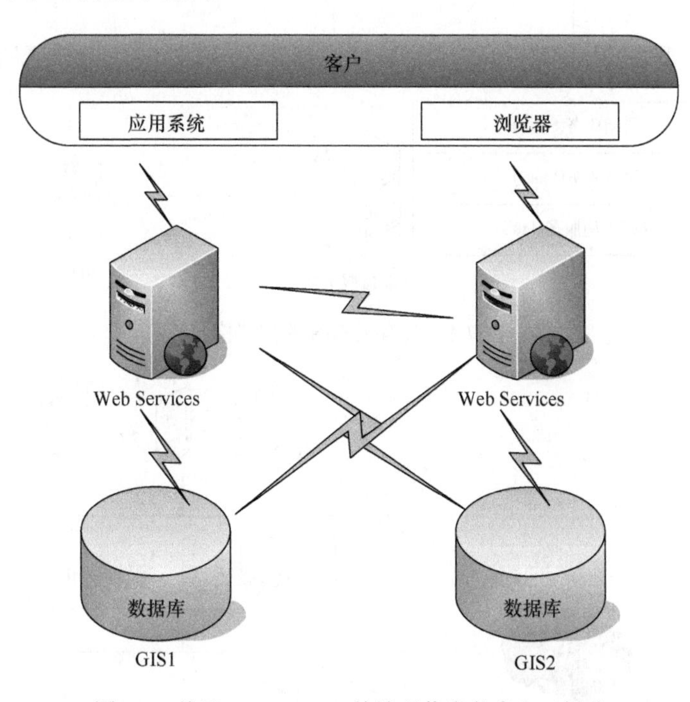

图 7.3　基于 Web Service 的地理信息共享和互操作

6. 部署模式

云 GIS 的建设模式与云计算相同，主要有三种：公有云 GIS（public cloud GIS）、私有云 GIS（private cloud GIS）和混合云 GIS（hybrid cloud GIS）。其中，混合云 GIS 是公有云 GIS 和私有云 GIS 之间的权衡模式（马学刚，2014）。

1）公有云 GIS

公有云 GIS 由专业的云 GIS 供应商负责提供各种类型的 GIS 资源服务，用户无需关心云端所有资源的安全、管理、部署和维护，也无需任何前期投入而只要按需获取并使用即可。图 7.4 为公有云 GIS 部署模式。目前，发展成熟的公有云 GIS 产品，包括 ArcGIS.COM、ArcGISAPPs/APIs 及 ArcGIS In Amazon，国内的有 SuperMap 与微软 Windows Azure 平台开展合作的产品等。

2）私有云 GIS

私有云是为一个客户单独使用而构建的，因而提供对数据安全性和服务质量的最有效控制。私有云具有数据安全、网络通达性好、资源可控、易于定制等优点。图 7.5 为

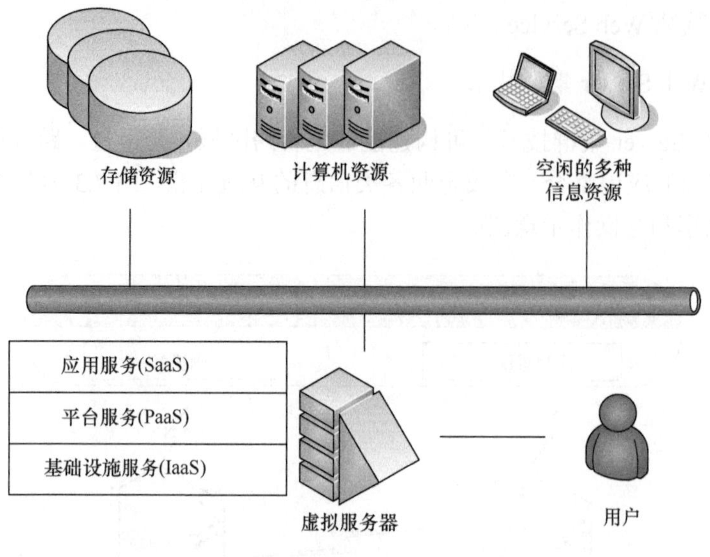

图 7.4　公有云 GIS 的部署模式

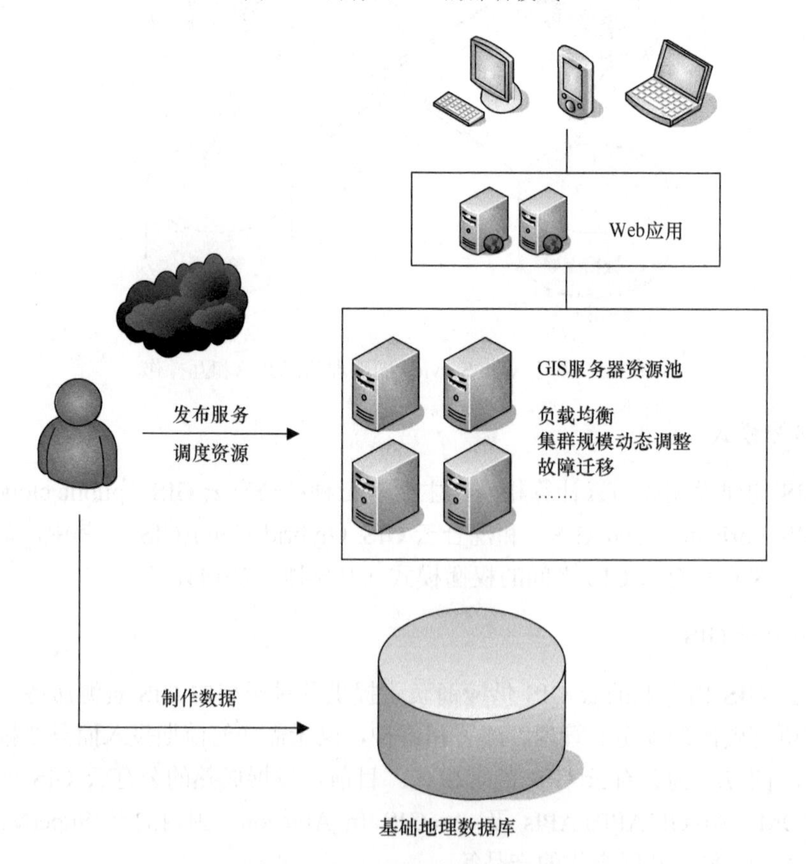

图 7.5　常见私有云 GIS 的结构

常见私有云 GIS 结构。当前 ArcGIS Server 可实现“云端发布服务，本地搭建应用”，让用户将开发的应用托管至云端；SuperMap iServer 6R 为用户提供数据、硬件、IaaS（infrastructure as a service）解决方案、GIS 平台软件（PaaS）等支撑服务。

3）混合云 GIS

混合云 GIS 是指供自己和用户共同使用的云，它多提供的服务既可以供别人使用也可以自己使用。混合云表现为多种云配置的组合，数个云以某种方式整合在一起。例如，有时用户可能需要用一套单独的证书访问多个云，有时数据可能需要在多个云之间流动，或者某个私有云的应用可能需要临时使用共有云的资源。

7.1.4 云 GIS 展望

未来云 GIS 研究，一方面，将朝着基于“公有云”的企业化、专业化的方向发展，并深度融合到各个行业的主体业务中，为其提供强大的空间信息支持；另一方面，GIS 应用正朝着基于“私有云”的大众化、平民化的方向发展，旨在为公众提供公共信息在线服务，如交通、旅游、餐饮娱乐、房地产、购物等与空间信息有关的服务。

云 GIS 将提供一种稳定、高效、低成本、环保的支撑架构，在云中共享数据和应用，使 GIS 彻底突破既有的“专业圈子”，将空间信息的服务和增值带给大众，带给以往没有实力自己搭建 GIS 应用平台的中小企业和个体经营者，从而实现 GIS 自身的革命性突破，极大地扩大市场规模（林德根和梁勤欧，2012）。

7.2 移动 GIS

地理空间位置是人们理解和驾驭现实世界的基础，在资源管理、社会经济活动和日常生活中，有 80%的信息与地理空间位置相关，移动用户迫切想知道当时所处空间位置的有关信息，如“我在哪儿”“我附近有什么”等。移动地理信息系统（mobile geospatial information system）的出现使人们愿望的实现成为可能。移动 GIS 将移动 Internet 上的个性化海量信息和 GIS 的强大应用服务功能扩展到移动终端上，为移动用户基于位置的信息交换、信息获取、信息共享和信息发布提供了便捷、经济的技术途径，移动用户基于移动 Internet 可以获得随时、随地的空间信息移动服务，从而摆脱了系统平台和线缆连接等的束缚。在移动定位技术的支持下，移动 GIS 提供的就是基于位置的服务（location based service，LBS），即能确定移动用户（终端）的地理位置，并能随时随地提供与此地理位置相关的信息服务。由于 LBS 巨大的商业价值，受到业界的高度关注（王方雄等，2007）。

7.2.1 移动 GIS 概念

移动 GIS 是一种应用服务系统，其定义有狭义与广义之分。狭义的移动 GIS 是指运行于移动终端（如 PDA）并具有桌面 GIS 功能的 GIS，它不存在与服务器的交互，是一种离线运行模式。广义的移动 GIS 是一种集成系统，是 GIS，GNSS（卫星导航定位系统）、移动通信、互联网服务、多媒体技术等的集成（康铭东和彭玉群，2008）。而国际 GIS 界更为简练的将 GIS、GPS 和无线互联网络一体化的技术称为移动 GIS。

7.2.2 移动 GIS 的组成结构

与传统 GIS 相比，移动 GIS 的体系结构略微复杂些，因为它要求实时地将空间信息传输给服务器。移动 GIS 的体系结构主要由四部分组成：移动终端设备、无线通信网络、地理应用服务器和空间数据库，如图 7.6 所示。

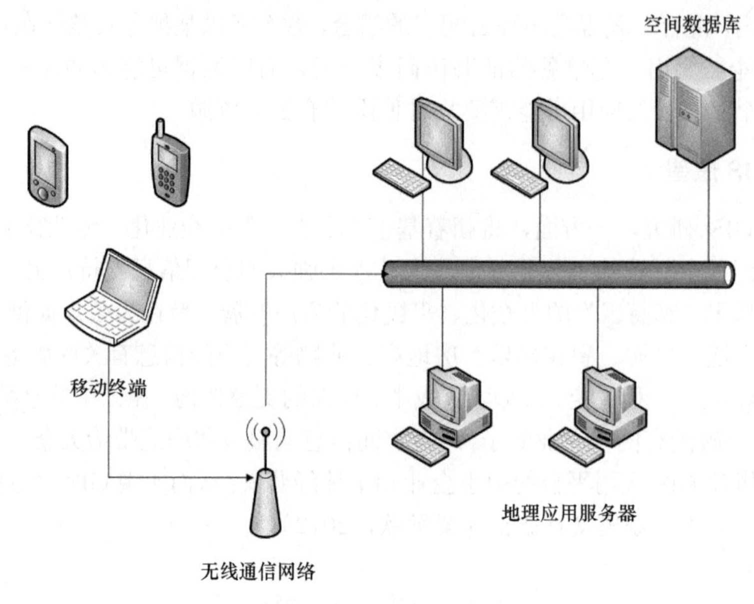

图 7.6 移动 GIS 架构

1. 移动终端设备

移动 GIS 的移动终端主要有便携式计算机、PDA 和 WAP 手机等，具有携带方便、低能耗、适合于地理应用等特点。

2. 无线通信网络

无线通信网络在早期是个人移动电台 PRM，后来经历了 GPS 卫星系统通信网络发展到现在基于蜂窝通信系统的 GSM、GPRS 和 CDMA 等。目前发展移动无限互联网主要是从蜂窝移动电话像移动数据业务演化，从 2G 经过 3G 向 4G 演化。

3. 地理应用服务器

地理应用服务器是整个系统的关键部分，也是系统的 GIS 引擎。它具有以下特点：

（1）提供高质量地图、数据下载及各种空间查询与分析等服务功能；

（2）能同时处理大量请求服务以及不间断的访问请求；

（3）能同时处理巨大数据集及大数据量的应用请求，并在不中断操作的情况下增加处理能力；

（4）必须具有可扩展性能，以便适应今后用户数量的增加和新设备的接入；

（5）地理服务必须保证时刻都可获得，因此服务器必须稳定可靠，使用成熟技术，以及 GIS 和数据库管理系统软件配置，以保证其可靠性。

4. 空间数据库

空间数据库往往被称作移动空间数据库，是移动 GIS 的数据存储中心。其作用有：

（1）使移动设备可以和多种数据源进行交互；

（2）屏蔽固定网络环境的差异；

（3）优化查询条件；

（4）提供无线长事务处理等。

通过这些作用可以使得整个移动 GIS 具有良好的灵活性和适应性。

7.2.3 移动 GIS 的特点

1. 移动性

运行于各种移动终端上，与服务端可通过无线通信进行交互实时获取空间数据，也可以脱离服务器与传输介质的约束独立运行，具有移动性。

2. 动态（实时）性

作为一种应用服务系统，应能及时地响应用户的请求，能处理用户环境中随时间变化的因素的实时影响，如交通流量对车辆运行时间的影响，能提供实时的交通流量影响下的最优道路选择等。

3. 对位置信息的依赖性

在移动 GIS 中，系统所提供的服务与用户的当前位置是紧密相关的，如“我附近是什么？”“我怎么才能到达目的地？”。所以需要集成各种定位技术，用于实时确定用户的当前位置和相关信息。

4. 移动终端的多样性

移动 GIS 的表达呈现于移动终端上，移动终端有手机、掌上电脑、车载终端等，这些设备的生产厂商不是惟一的，他们采用的技术也不是统一的，这就必然造成移动终端的多样性。图 7.7 为各种移动终端设备。

图 7.7　各种类型的移动终端设备

5. 数据资源分散、多样性

移动 GIS 运行平台向无线网络的延伸进一步拓宽了其应用领域。由于移动用户的位置是不断变化的，移动用户需要的信息也是多种多样的，这就需要系统支持不同的传输方式，任何单一的数据源都无法满足所有的移动数据请求。

7.2.4 移动 GIS 的关键技术

1. 移动接入技术

移动无线网络是移动 GIS 的客户端与服务器端进行通信与数据交互的网络运行平台。移动用户摆脱了线缆和位置的束缚，能以多种方式接入移动 Internet。根据无线承载网络的不同，移动接入技术可分为两类：一类是移动通信网技术，如 2G、2.5G、3G 等；另一类是无线局域网（WLAN）技术，如移动 IP。移动 GIS 服务多采用第一类移动接入技术（2G/2.5G），提供的服务也主要受制于其低带宽（2G 的传输速率为 9.6kbps，2.5G 的为 40kbps）。3G 时代，移动终端以车速移动时，传输速率为 144kbps，室外静止或步行时速率为 384kbps，而室内则高达 2Mbps。对于第二类移动接入技术，WLAN 目前正处于高速发展阶段。可以预见，随着无线网络接入技术的发展，约束移动 GIS 服务的“瓶颈”将会被逐渐解决（王立卫等，2013）。

2. 移动访问技术

移动 GIS 用户可以随时随地轻松地接入移动 Internet 访问所需的空间信息，移动 Internet 的访问方案目前流行的主要有两种：无线应用协议（wireless application protocol，WAP）和短消息服务（short messaging service，SMS）。

无线应用协议类似 TCP/IP，以标记语言 WML 和脚本语言 WML Script 处理 WAP 网页。WAP 基于移动 Internet 中广泛应用的标准（如 HTTP、TCP/IP、XML 等），提供一个对空中接口和无线设备独立的移动 Internet 全面解决方案。WAP 作为一种全球开放的无线通信协议，支持现有及未来的任何操作系统，包括 Windows Mobile、Palm OS、EPOC 等嵌入式操作系统。WAP 广泛地支持 2G、3G、PHS 等移动网络。随着移动通信和网络技术的发展，以及 WAP 协议的不断完善，WAP 将会成为移动通信领域内提供统一平台服务的主要技术。

短消息业务为移动用户提供了一种简单实用、功能丰富的文字信息交互平台，传输的文本信息最大长度是 140 个字节。SMS 只利用信令信道就可完成用户终端业务，并可与话音等业务同时进行，实现移动用户和网络之间的双向寻呼功能，是一种适合于移动电话的功能。MMS（multimedia messaging service）的出现，将短信的内容扩展到多媒体信息。MMS 是按照 3GPP 和 WAP 有关多媒体信息的标准开发的新业务。MMS 在移动通信网络（2.5G/3G）的支持下，以 WAP 为载体可以传送视频、图片、声音和文字等。

3. 移动定位技术

移动 GIS 用户处在移动环境中，对位置信息很敏感，尤其是 LBS 服务，很多信息的获取都依赖于移动用户的当前位置。实时获取位置信息的移动定位手段有两类：一类是卫星定位技术，如 GPS、A-GPS；另一类是移动通信网络定位技术，如 COO、TOA、AOA 和 E-OTD 等。多样化的移动定位技术为移动 GIS 服务尤其是 LBS 业务的开展提供了多种定位技术选择与解决方案，几种常用移动定位技术的基本情况对比见相关文献。在选择移动定位技术时，应考虑定位精度、覆盖能力、配置代价和终端改造等关键因素。

4. 嵌入式技术

适用于移动 GIS 的嵌入式终端主要有 4 类。

（1）笔记本电脑；

（2）掌上电脑；

（3）手机；

（4）车载终端。

笔记本电脑的体积较大，移动能力受限；移动电话和车载终端的计算能力、内存容量等十分有限。综合考虑移动终端的移动性和计算、存储及显示能力，PDA 无疑是移动 GIS 终端设备的最佳选择。但手机与 PDA 相比，易学易用，单手操作，拥有坚实的用户群，出现了集 PDA 和手机功能于一身的智能手机。因此，手机特别是智能手机也是较理想的移动 GIS 终端设备。嵌入式操作系统有多种选择，如 Windows Mobile、Palm OS、Symbian EPOC 和嵌入式 Linux 等。嵌入式开发工具逐步向高效、易用、跨平台和联网等特性发展，如 J2ME、Emdeded Visual C++等（王方雄等，2007）。

5. 分布式空间数据管理技术

分布式空间数据库系统是移动 GIS 体系结构中的关键技术之一，它是指在物理上分布、逻辑上集中的分布式结构。由于移动用户的位置是不断变化的，需要的信息多种多样，因此任何单一的数据源都无法满足要求，必须有地理上分布的各种数据源，借助于现有的分布式处理技术，为多用户并发访问提供支持（许颖 和 魏峰远，2008）。

6. 移动数据库技术

移动数据库是指移动环境的分布式数据库，是分布式数据库的延伸和发展。移动数据库要求支持用户在多种网络条件下都能够有效地访问，完成移动查询和事务处理。利用数据库复制/缓存技术或数据广播技术，移动用户即使在断接的情况下也可以访问所需的数据，从而继续自己的工作。其中的时态空间数据库技术是移动 GIS 的关键。移动数据库技术的研究主要涉及五个方面：移动数据库复制/缓存技术、移动查询技术、数据广播技术、移动事务处理技术、移动数据库安全技术（张永志和崔小宝，2009）。

7.2.5 案例：基于 Google Maps 与 PDA 的在线跟踪系统的实现与应用

1. 概述

该研究综合应用了 Google Maps API、Windows Mobile、数据库、服务器技术

等集成方法，使用 C#语言开发了 PDA 客户端程序，实现了实时数据上传，包括 GPS 坐标、速度、时间等数据；同时开发了监控端的 Google Maps API 调用、跟踪信息显示，实时信息更新的 Web 站点。该系统将广泛用于交通、地产、销售、科学研究组织等无线数字领域，为政府部门、企业或个人提供便捷服务（张加龙等，2010）。

2. 系统功能

该系统设计的功能如图 7.8 所示。

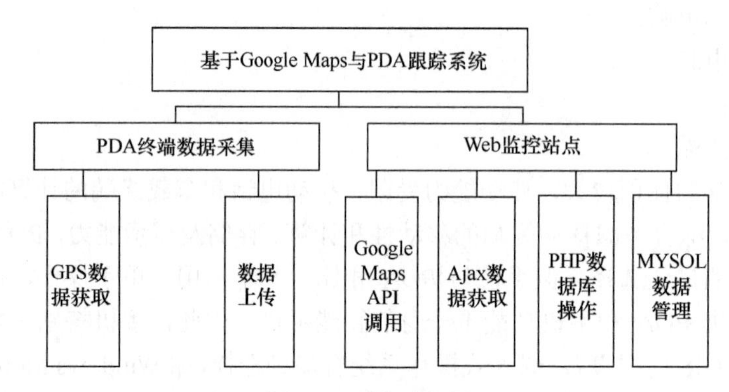

图 7.8　系统功能图

（1）GPS 数据获取：通过 GID 的操作，将 GPS 中的相关信息读取。

（2）数据上传：通过调用 Mysql 的.NET 连接库连接数据库并向数据库定时插值。

（3）Google Maps API 调用：进行 Google Maps API 的初始化及工具调用。

（4）Ajax 数据获取：Javascript 异步接收数据库数据。

（5）PHP 数据库操作：数据库查询并传出查询结果。

（6）Mysql 数据库：用户管理、权限管理。

3. 功能实现

1）PDA 端

运行程序，通过输入相应的数据库服务器 IP 地址，数据库用户名密码，对服务器连接设置进行配置。PDA 主屏幕右键菜单对 GPS 设备的进行管理，主要是管理 GPS 设备的开闭功能；左键菜单启动系统的数据上传，右键菜单管理 GPS，如图 7.9 所示。

2）监控站点

使用浏览器连接到服务器，得到初始化界面，输入用户名及密码后登录到监控界面，监控界面将可以对当前的坐标、时间及其速度状态进行监控。并通过每 8s 一次的频率对显示状态进行更新。图 7.10 为监控端状态显示，加入地图的类型切换和鹰眼功能，左侧栏为用户登录。

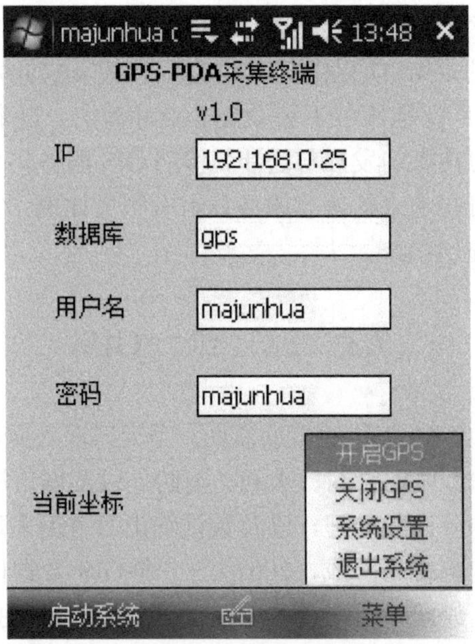
majunhua
13:48
GPS-PDA采集终端
v1.0
IP
192.168.0.25
数据库
gps
用户名
majunhua
密码
majunhua
开启GPS
关闭GPS
系统设置
退出系统
当前坐标
启动系统
菜单

图 7.9　PAD 上 GPS 启动

地图
地图
卫星
混合地图
地形
文昌巷
莲花池正街
当前状态
时间
速度:3.56m/s
删除该标记
一二一大街
北门街
云大信息楼
建设路
云南广播电视大学(老校区)写字楼
旁写字楼
金联大厦

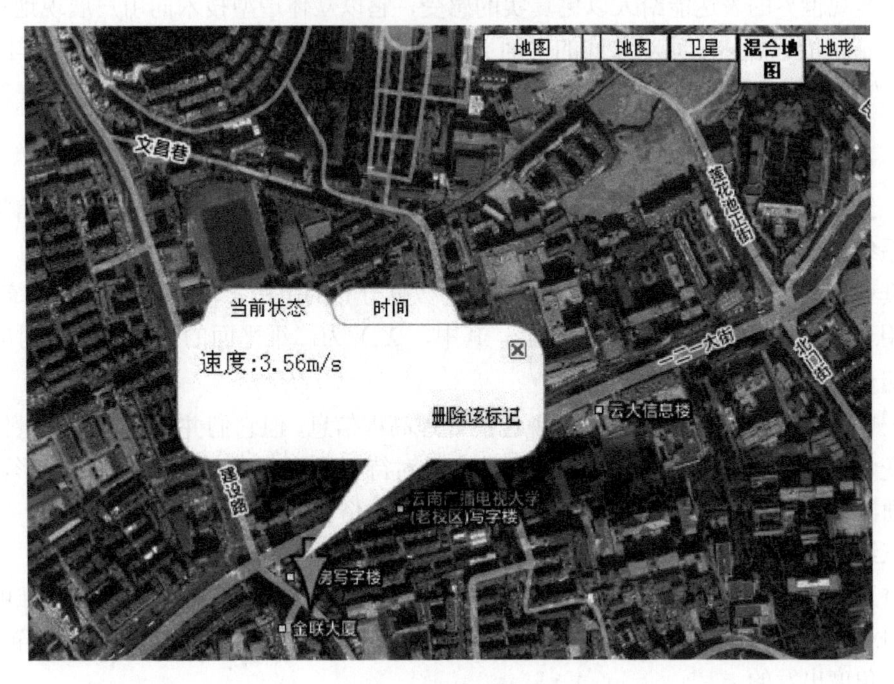

图 7.10　监控状态显示

7.2.6　移动 GIS 展望

GIS 充分利用了无线移动的方便性、灵活性，也体现了大部分信息与位置相关的客观事实，有力地拉近了空间信息与人们生活的距离，推动了空间信息社会化的进程，使 GIS 应用进入了一个全新的时代。移动 GIS 将是 GIS 产业发展的一个亮点。移动 GIS 集成了当前移动 Internet 和 GIS 领域中的大量最新技术，移动接入技术、移动访问方式、移动终端及应用需求的多样性，决定了移动 GIS 服务模式的多样性。移动 GIS 服务摆脱了位置静止和有线连接的束缚，能提供实时的空间信息“4A（anytime、anywhere、anybody、anything）服务”，可以广泛地服务于公众、企业和政府。随着 GIS、移动定位、移动 Internet，以及移动终端等技术的发展与进步，移动 GIS 服务将会成为人们日常生活中一种重要的信息服务，并将在未来的信息服务业占有很大比例，它所蕴藏的巨大商业价值也将在各行各业中日益显现出来。

7.3 三 维 GIS

二维 GIS 始于 20 世纪 60 年代的机助制图，今天已深入应用到各行各业中，如土地管理、交通、电力、电信、城市管网、水利、消防，以及城市规划等。二维 GIS 在数据采集和输入，空间数据的分析与处理，以及数据输出等方面表现了强大的功能，但二维 GIS 存在着难以克服的缺陷（王盼成，2001）。二维 GIS 数据模型与数据结构理论和技术的成熟，图形学理论、数据库理论技术以及计算机虚拟现实技术的进一步发展，加之应用需求的强烈推动，三维 GIS 的出现和发展现已成为可能。与二维 GIS 相比，三维 GIS 对客观世界的表达能给人以更真实的感受，它以立体造型技术向用户展现地理空间现象，不仅能够表达空间对象间的平面关系，而且能描述和表达它们之间的垂向关系；另外，对空间对象进行三维空间分析和操作，是三维 GIS 的特有功能（谭仁春等，2003）。

7.3.1 三维 GIS 的概念

三维 GIS 是模拟、表示、管理、分析客观世界中的三维空间实体及其相关信息的计算机系统，能为管理和决策提供更加直接和真实的目标和研究对象。

真三维 GIS 和二维 GIS 的本质区别在于数据分布的范围。对于一个二维系统来说，可以用一个表达式 $V = f(X,Y)$ 来表示。其中，X,Y 为二维平面的坐标，V 为对应于此点的属性值。

一些二维 GIS 和图像处理系统现已能处理高程信息，但它们并未将高程变量作为独立的变量来处理，只将其作为附属的属性变量对待，能够表达出表面起伏的地形，但地形下面的信息却不具有，因此它们在国际国内也被俗称为 2.5 维的系统。

三维 GIS 研发思路可归纳为两种。

（1）由于三维 GIS 首先要将地理数据变为可见的地理信息，因此人们从三维可视化领域向三维 GIS 系统扩展，这一点同早期的二维 GIS 来源于计算机制图管理一样，是从可视化角度出发的。

（2）GIS 需要存储和管理大量的空间信息和属性信息，因此人们又从数据库的角度出发向三维 GIS 发展。他们从商用数据库向非标准应用领域扩展，将三维空间信息的管理融入 RDBMS 中，或是从底层开发全新的面向空间的 OODBMS，一个新的发展方向是将三维可视化与三维空间对象管理耦合起来，形成集成系统（李响，2008）。

主要的三维 GIS 开发系统有：

（1）国外产品：Google Earth、Skyline、World Wind（NASA）、Virtual Earth（微软）、ArcGIS Explorer（ESRI）、ESRI CityEngine、Google Skechup；

（2）国内产品：EV-Globe（北京国遥新天地）、GeoGlobe（武大吉奥）、VRMap（北京灵图）、IMAGIS（适普）。

7.3.2 三维 GIS 的三维空间数据模型

模型是人们对现实世界的一种抽象，数据模型是现实世界向数字世界转换的桥梁。信息系统的数据模型决定了信息系统的数据结构和对数据可施行的操作，因此数据模型是 GIS 的灵魂和关键。三维空间数据模型是关于三维空间数据组织的概念和方法，它反映了现实世界中三维空间实体及实体间的相互联系，对三维空间数据模型的认识和研究在很大程度上决定着 3DGIS 系统的发展和应用的成败。应用的深入和实践的需要渐渐暴露出二维 GIS 简化世界和空间的缺陷，现在 GIS 的研究人员和开发者们不得不重新思考地理空间的三维本质特征及在三维空间概念模型下的一系列处理方法（肖乐斌等，2001）。若从三维 GIS 的角度出发考虑，地理空间应有如下不同于二维空间的三维特征。

（1）几何坐标上增加了第三维信息，即垂向坐标信息；

（2）垂向坐标信息的增加导致空间拓扑关系的复杂化，其中突出的一点是无论 0 维、一维、二维还是三维对象，在垂向上都具有复杂的空间拓扑关系；如果说二维拓扑关系是在平面上呈圆状发散伸展的话，那么三维拓扑关系则是在三维空间中呈球状向无穷维方向伸展；

（3）三维地理空间中的三维对象还具有丰富的内部信息（如属性分布、结构形式等）。其中，三维几何数据模型是三维 CAD、三维 GIS 都需要解决的问题（李青元等，2000），而拓扑模型则是 GIS 的基本特色之一，是减少数据冗余和进行高效空间分析的基础。

1. 几何数据模型

对于一个三维 GIS 来说几何数据模型是非常重要的内容，尽管在 CAD 应用中使用计算机表示三维物体的基本建模技术已经有相当长的时间并广为熟悉，但在 GIS 中的实现还仅是最近并且还是很局限的事情。主要的三维几何模型有以下五种。

1）三维体元充填模型

三维体元充填模型将三维空间物体抽象为三维体元的集合。它表达点状地物用包含该点的一个体元，表达线状地物用一串沿一个方向（方向可以弯曲）延伸的相邻体元的集合，表达体状物体用一堆沿三个方向延伸（方向可以弯曲）的相邻体元的集合。这种表示一般从边界表示转换而来，就好像二维的从矢量到栅格一样。三维体元有正方体体元、规则长方体体元、不规则长方体体元、不规则六面体体元、四面体体元等。

2）结构实体几何模型（construction solid geometry，CSG）

CSG 的基本思想是：将预先定义好的具有一定形状的基本几何形体（通常称为体素，如立方体、球体、圆柱体、圆锥体等）通过布尔集合运算（并、交、差）和刚体几何变换（平移、旋转）形成一棵有序的二叉树（CSG 树），然后以此表示复杂形体。树的叶结点为体素或刚体运动的变换参数，分叉结点是正则的集合操作（并、交、差）和刚体几何变换（平移、旋转）。这种操作或变换只对邻接的子结点（子形体）起作用。每棵子树（非变换叶子结点）表示了它下面两个结点的组合及变换结果，树根表示整个形体。

该法在机械零件、建筑类的CAD中应用很广，并有人试图在三维GIS中用它表达三维建筑群。

3）矢量模型

矢量模型也称为边界表示模型B-reps。它是二维中点、线、面矢量模型在三维中的推广。它用三维空间中的点、线、面、体四种基本几何元素的集合来构造更复杂的对象。曲线以起点、终点来限定其边界，以一组型值点来限定其形状；曲面以一个外边界环和若干内边界环来限定其边界，以一组型值曲线来限定其形状；体以一组曲面来限定其边界和形状。每个物体都能由一组平面如三角形表示，适于表示拓扑和几何都很复杂的离散物体，在CAD系统中被广泛采用。前面介绍的体元充填模型很难精确表达三维的线状物体、面状物体和体状物体的不规则边界，而矢量模型能精确地表达之。矢量模型的优点是表达精确、数据量小，并能直观地表达空间几何元素间的拓扑关系，因而空间查询、拓扑查询、邻接性分析、网络分析的能力较强，不足的是操作算法较复杂，并且其性能随几何复杂度的增加迅速降低，表达体内的不均一性的能力较差，叠加分析实现较为困难。

4）面向对象模型

一个典型的对象（object）有两个组成部分：状态和行为。面向对象数据模型是对地理对象的属性数据（状态）和对这些属性数据进行操作的方法（行为）进行统一建模，并永久保存。

面向对象的方法可以用来构造三维空间数据模型。一些学者沿用二维GIS模型特点，将三维空间物体抽象为点、线、面和体等类型。龚健雅等提出了矢量与栅格集成的面向对象的三维空间数据模型，抽象出了13类空间对象：结点、点状地物、面状地物、数字表面模型、影像像素、体状地物、数字立体模型、体元、柱状地物、复杂地物、空间地物。

5）面向对象的可视化数据模型

数据模型的可视化目的是三维GIS数据模型设计中的重要因素，因而提出了面向对象的三维可视化数据模型，把实际地理现象和规律的视觉方式同表达地理世界本质的关系和分析模型相结合，给人们营造强烈的交互感和沉浸感。

2. 拓扑数据模型

三维数据模型要能表示各种几何形状并管理其拓扑关系即平移、旋转和拉伸后的不变关系，拓扑信息对于不要复杂的计算即解决空间查询问题极为重要，拓扑关系同时还保证了几何对象的不冗余。拓扑模型必须要完备，也就是说每种拓扑关系都一定能由数据库中的一些基本关系组合确定（Losa and Cervelle，1999）。

7.3.3 三维GIS的特点

在三维GIS中，空间目标通过X、Y、Z三个坐标轴来定义，它与二维GIS中定义在二维平面上的目标具有完全不同的性质。在目前二维GIS中已存在的0，1，2维空间要素必须进行三维扩展，在几何表示中增加三维信息，同时增加三维要素来表示体目标。空间目标通过三维坐标定义使得空间关系也不同于二维 GIS，其复杂程度更高。

二维 GIS 对于平面空间的有限-互斥-完整划分是基于面的划分，三维 GIS 对于三维空间的有限-互斥-完整划分则是基于体的划分，因而，通过分析基于（单一）体划分的三维矢量结构 GIS 几何成分之间的拓扑关系，三维 GIS 的可视表现也比二维 GIS 复杂得多，以至于出现了专门的三维可视化理论、算法和系统。

总起来说，与二维 GIS 相比，三维 GIS 对客观世界的表达能给人以更真实的感受，它以立体造型技术给用户展现地理空间现象，不仅能够表达空间对象间的平面关系，而且能描述和表达它们之间的垂向关系；另外对空间对象进行三维空间分析和操作也是三维 GIS 特有的功能。

与 CAD 及各种科学计算可视化软件相比，它具有独特的管理复杂空间对象能力及空间分析的能力。

三维空间数据库是三维 GIS 的核心，三维空间分析则是其独有的能力。与功能增强相对应的是，三维 GIS 的理论研究和系统建设工作比二维 GIS 也更加复杂。

7.3.4 三维 GIS 的功能

1. 包容一维、二维对象

三维 GIS 不仅要表达三维对象，而且要研究一维、二维对象在三维空间中的表达。三维 GIS 将一维、二维对象置于三维立体空间中考虑，存储的是它们真实的几何位置与空间拓扑关系，这样表达的结果就能区分出一维、二维对象在垂直方向上的变化。

2. 可视化 2.5 维、三维对象

三维 GIS 的首要特色是要能对 2.5 维、三维对象进行可视化表现。三维对象的几何建模与可视表达在三维 GIS 建设的整个过程中都是需要的，这是三维 GIS 的一项基本功能。

3. 三维空间 DBMS 管理

三维 GIS 的核心是三维空间数据库。它可能由扩展的关系数据库系统也可能由面向对象的空间数据库系统存储管理三维空间对象。

4. 三维空间分析

空间分析三维化，也就是在直接在三维空间中进行空间操作与分析，连同上文述及的对空间对象进行三维表达与管理，使得三维 GIS 明显不同于二维 GIS，同时在功能上也更加强大。

7.3.5 三维 GIS 的发展前景

1. 当前三维 GIS 的发展呈现为两大趋势

1）大众化

理论和技术的成熟使得三维 GIS 的门槛不断降低，这不但扩展了其应用领域，而且有更多人群从中受益。简单、易用的三维GIS正在逐渐走近老百姓的生活，如世博会、世界杯均大量使用了三维地理信息技术，三维GIS大众化的趋势显而易见。现在，人们使用电子地图方便出行已属家常便饭，国内外种类丰富的地理位置应用正如雨后春笋般涌现，期待着三维GIS更好地融入其中。

2）专业化

与大众化趋势不同，专业化则需要三维 GIS 能够更加紧密地集成到各个行业应用中，充分发挥其强大的可视化功能和多维空间分析功能，从而为行业应用提供更科学、更强大的三维空间信息服务和决策支持，这不仅是三维GIS的重要作用，也是用户的强烈需求。

2. 三维GIS当前面临的困难

1）三维数据实时廉价获取

主要有两个方面原因：一个重要的原因是地学三维数据采样率很低，难以准确地表达地学对象的真实状况。另一个原因是地学领域的研究者因为地学对象的复杂变化性不能准确地确定研究对象的各种属性。正因为地学对象在自然界的纷繁复杂，使得此一地的经验模型不能移植到另一地的地学研究对象中，因此三维数据实时获取在地学领域显得尤为重要。

2）大数据量的存储与快速处理

在三维 GIS 中，无论是基于矢量结构还是基于栅格结构，对于不规则地学对象的表达都会遇到大数据量的存储与处理问题。除了在硬件上靠计算机厂商生产大容量存储设备和快速处理器外，还应该研究软件方面的算法以提高效率，如针对不同条件的各种高效数据模型设计、并行处理算法、小波压缩算法及在压缩状态下的直接处理分析等。

3）完整的三维空间数据模型与数据结构

三维空间数据库是三维GIS的核心，它直接关系到数据的输入、存储、处理、分析和输出等GIS的各个环节，它的好坏直接影响着整个GIS的性能。而三维空间数据模型是人们对客观世界的理解和抽象，是建立三维空间数据库的理论基础。三维空间数据结构是三维空间数据模型的具体实现，是客观对象在计算机中的底层表达，是对客观对象进行可视表现的基础。虽然有很多人展开过相关方面的研究与开发，但还没有形成能为大多数人所接受的统一理论与模式，有待进一步研究与完善。

4）三维空间分析方法的开发

空间分析能力在二维GIS中就比较薄弱，目前大多数的GIS都不能做到决策层次上来，只能作为一个大的空间数据库，满足简单的编辑、管理、查询和显示要求，不能为决策者直接提供决策方案。其中很大一个原因就是在现有的GIS中，空间分析的种类及数量都很少。在三维GIS中，同样面临着这个问题。因此，研究开发GIS的基本空间分析及将各领域的专家知识嵌入 GIS 中，是三维 GIS 发展的一个重要方面（郭文才，2010）。

7.3.6 CityEngine

1. CityEngine 简介

ESRI CityEngine 是三维城市建模的首选软件，应用于数字城市、城市规划、轨道交通、电力、管线、建筑、国防、仿真、游戏开发和电影制作等领域。

ESRI CityEngine 可以利用二维数据快速创建三维场景，并能高效的进行规划设计。而且对 ArcGIS 的完美支持，使很多已有的基础 GIS 数据不需转换即可迅速实现三维建模，减少了系统再投资的成本，也缩短了三维 GIS 系统的建设周期。

2. CityEngine 特点

1）基于规则批量建模

规则定义了一系列的几何和纹理特征决定了模型如何生成。基于规则的建模的思想是定义规则，反复优化设计，以创造更多的细节。如图 7.11 所示，左侧是最初的图形和右侧是最终生成的模型。

图 7.11　建模过程

当有大量的模型创造和设计时，基于规则建模可以节省大量的时间和成本。如图 7.12 所示，最初，它需要更多的时间来写规则文件，但一旦做到这一点，创造更多的模型或不同的设计方案，比传统的手工建模更快。

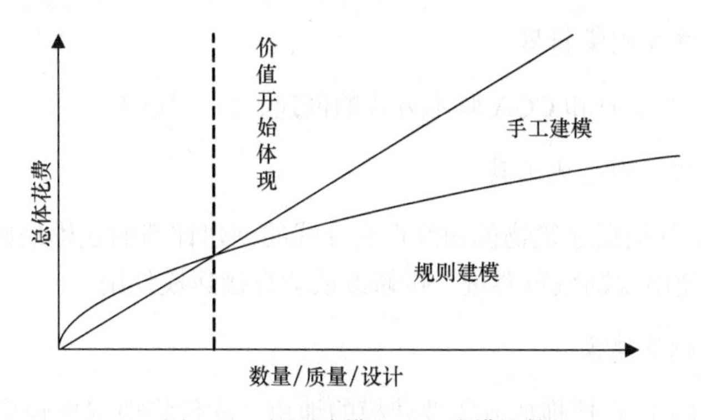

图 7.12　规则建模和手工建模比较

2）与 ArcGIS 集成

ESRI CityEngine 提升了 ArcGIS 三维建模能力，充分使用 GIS 数据快速创建 3D 内容，为 ArcGIS 三维数据的获取提供保障，使得 ArcGIS 三维解决方案更加完善。

产品集成路线：

（1）在 ArcGIS10.1 桌面中提供 ESRI CityEngine 插件；

（2）ESRI CityEngine 2011，支持 File GDB、支持基本投影；

（3）ESRI CityEngine 2012，将与 ArcGIS 深入集成，支持 TIN、支持全部投影、支持 multipatch；

（4）2012～2015 年，ArcGIS 将 CityEngine 技术集成到内核中，并推出专门针对城市规划设计的工作流程解决方案：GIS 驱动设计、GIS 驱动规则。

3）动态城市布局

ESRI CityEngine 是一个全面的、综合的工具箱，使用它可以快速的创建和修改城市布局；它专门为设计、绘制、修改城市布局提供了独有的模型增长功能和直观的编辑工具，辅助设计人员调整道路、街区、宗地的风貌。

4）支持 GIS 数据

ESRI CityEngine 支持 ESRI Shapefile、File Geodatabase、KML 和 OpenStreetMap，可以利用现有的 GIS 数据，如宗地、建筑物边界、道路中心线，快速的构建城市风貌。

5）标准行业 3D 格式

ESRI CityEngine 支持多数行业标准 3D 格式，包括 Collada®、Autodesk® FBX®、DXF、3DS、Wavefront OBJ 和 E-OnSoftware® Vue。创建的三维内容还可以导出为 Pixar's RenderMan® RIB 格式和 NVIDIA's mental ray® MI 格式。

6）可视化的参数接口设置

提供可视化的、交互的对象属性参数修改面板来调整规则参数值，如房屋高度、房顶类型、贴图风格等，并且可以立刻看到调整以后的结果。这种参数的调整不会修改规则本身（韩东成等，2014）。

7）提供节点式规则编辑器

通过可视化交互工具和 CGA 脚本方式的创建、修改规则。

8）提供交互式规则生成工具

通过交互式工具根据建筑物侧面纹理交互式的创建详细的建模规则，规则能保存为 CGA 文件，可以使用规则编辑器进一步修改或者直接建模使用。

9）基于规则批量建模

将 CGA 规则文件直接拖放到需要建模的地块，软件将根据规则将所有的宗地建筑物模型批量建好。

10）集成 Python 环境

编写 Python 脚本，完成自动化的工作流程，如批量导入模型、读取每个建筑的元数据信息等。

11）输出统计报表

创建基于规则的自定义报表，用于分析城市规划指标，包括建筑面积、容积率等，报表的内容会根据设计方案的不同自动更新。

12）支持多平台操作系统

支持 Windows（32/64bit）、Mac OSX（64bit）和 Linux（64bit）。

3. CityEngine 应用案例

1）南京浦口新城规划

中国南京市浦口区的新城规划方案由澳大利亚墨尔本事务所“CK designworks”设计。新规划的浦口区占地 20km^2，将容纳 20 万人，通过将原有的城市绿地和工业低洼地相融合，建造了全新的工业开发区和商业部门。图 7.13 为该区域的全景图，图 7.14 为鸟瞰图。

这个方案可能是目前世界上最大规模的城市规划方案，设计师旨在反映南京市丰富的历史文化，并通过世界上最现代的城市形象反映南京的全新面貌。建筑师希望通过这个方案树立一个城市设计的先例，并启发政府，吸引更多公司和投资者并展示中国发展可持续发展城市的进程（ESRI 中国信息技术有限公司，2013b）。

2）电影场景制作

在科幻电影《超人•钢铁之躯》中，该电影特效团队使用了 ESRI 公司的 CityEngine

图 7.13　全景图

图 7.14　鸟瞰图

三维建模设计软件，基于真实的城市（如纽约、洛杉矶和芝加哥）获得建筑的高度，并在 CityEngine 中生成建筑体，然后按照其风格再用小部件表达出建筑的外观，这样才有了电影中建筑碰撞和倒塌的真实效果，图 7.15 为该片中的三维城市场景，相同的技术也应用于电影《全面回忆》的拍摄当中。目前，CityEngine 这款软件逐渐在影视娱乐行业中发挥出巨大的价值，除了可用于创造科幻的未来城市场景，还可用于电视广告、游戏等领域的三维场景制作（ESRI 中国信息技术有限公司，2013a）。

图 7.15　《超人 · 钢铁之躯》电影中庞大的三维城市场景

3）基于 CityEngine 的校园三维建模及应用

近年来虚拟现实技术在计算机领域的应用引起了广泛的关注，其中建立三维虚拟校园系统是一个很重要的应用领域。虚拟校园的设计与实现已经成为当前许多大学研究的方向，虚拟校园作为仿真的校园环境，有助于校园的规划管理，也可以帮助用户采用动态交互的方式对学校进行身临其境的全方位漫游浏览。图 7.16 为利用遥感影像和地形图为 GIS 基础数据，基于 CityEngine 实现的西南林业大学第一教学楼模型。

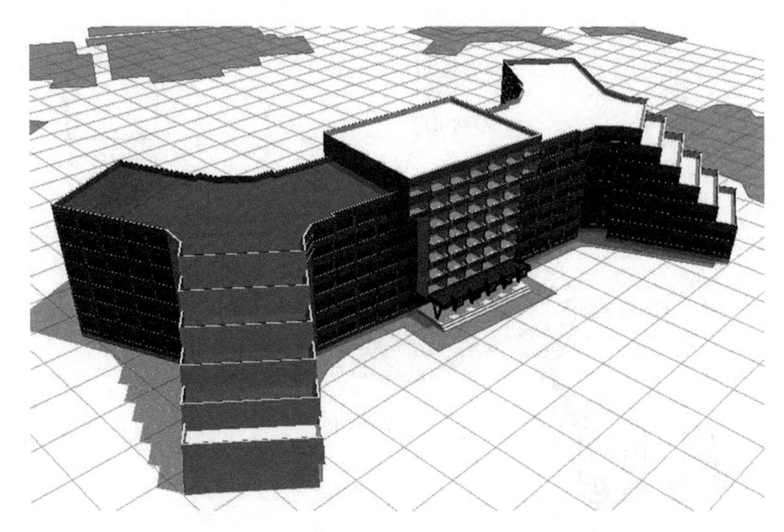

图 7.16　西南林业大学第一教学楼模型

7.4　Web GIS

进入 2l 世纪后，互联网技术的迅速普及使得 GIS 技术发生了质的变化，Intemet 成为 GIS 新的操作平台，Web GIS 即为 Intemet 与 GIS 的结合的产物。Web GIS 利用 Intemet 发布和出版地理信息，为用户提供空间数据的信息浏览、查询、分析等功能，从而实现地理信息的操作和共享，使得 GIS 的各项功能从局部的计算机网络扩展到更加广阔的空间。从长远上看，WebGIS 已经成为 GIS 发展的必然趋势。

7.4.1　Web GIS 概念

Web GIS 又称万维网地理信息系统，是建立在 Web 技术上的一种特殊环境下的地理信息系统。Web GIS 在 Internet 或 Intranet 网络环境下存储、处理、分析和显示与应用地理信息。地理信息是描述地球表面地物的空间位置和空间关系的信息。空间数据包括带有空间位置特征的图像、图形数据和与此相关的文本数据。国际学术界把基于万维网的地理信息系统称之为 Web GIS，这主要是由于大多数的客户端应用采用了 WWW 协议。它的基本思想就是在互联网上提供地理信息，让用户通过浏览器浏览和获得一个地理信息系统中的数据和功能服务。图 7.17 为 Web GIS 的概念图。

Web GIS 是 GIS 与 WWW 的有机结合，也是实现 GIS 互操作的一条有效解决途径。GIS 通过 WWW 功能得到了扩展，从 WWW 的任意一个节点，人们可以浏览和获取 Web 上的各种地理空间数据及属性数据、图像、文件，以及进行地理空间分析，地理数据的概念已扩展为分布式的、超媒体特性的、相互关联的数据。

通常与 Web GIS 相关的概念主要还有网络 GIS、Internet GIS（互联网 GIS）。目前，Web GIS、网络 GIS、Internet GIS 三个概念还没有明确的定义，在很多情况下，三者不作严格的区分来使用。笔者认为，三个概念中，网络 GIS 概念含义最广，可以涵盖一切基于网络环境下运行的 GIS，包括局域网环境下 C/S 结构的地理信息系统；Internet GIS 是以因特网作为网络环境的地理信息系统，以 TCP/IP 作为信息传输协议，而客户端的

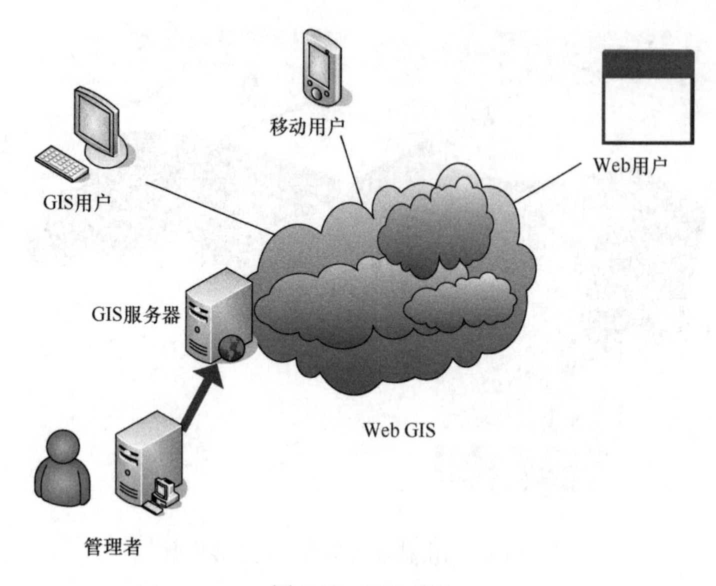

图 7.17　Web GIS

表现是专门开发的 GIS 软件用户界面，不一定是通用的 Web 浏览器界面；Web GIS 则是以 WWW 技术为基础的地理信息系统，基于超文本 Hyper Text 和 HTTP 协议，通过 Web 浏览器，以 WWW 的 Web 页面作为 GIS 软件的用户界面，Web 页面使用超媒体技术和超文本链接语言，使得对 WWW 的操作更富有灵活性和趣味性。由于 WWW 服务是 Internet 上提供的一项最为常用的服务，因此实际上 Web GIS 和 Internet GIS 两个概念经常混用。图 7.18 是网络 GIS、Internet GIS、Web GIS 三个概念内涵的关系。

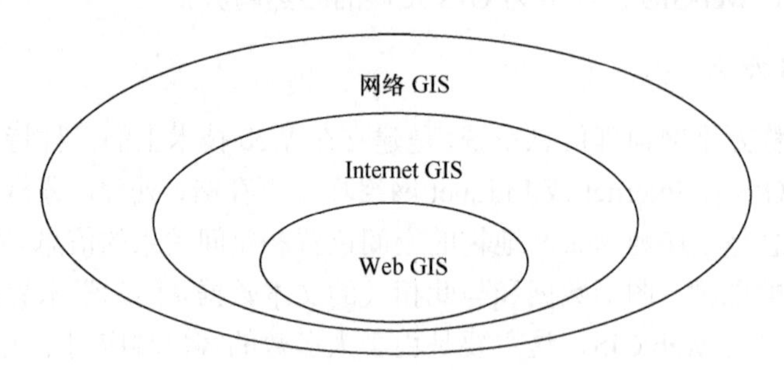

图 7.18　网络 GIS、Internet GIS、Web GIS 三者关系

7.4.2　Web GIS 特点

1. Web GIS 是集成的全球化的客户/服务器网络系统

客户/服务器的概念就是把应用分析为服务器和客户两者间的任务，一个客户/服务器应用有 3 个部分：客户、服务器和网络，每个部分都由特定的软硬件平台支持。Web GIS 应用客户/服务器概念来执行 GIS 的分析任务，它把任务分为服务器端和客户端两部分，客户可以从服务器请求数据、分析工具和模块，服务器或者执行客户的请求并把结果通过网络送回给客户，或者把数据和分析工具发送给客户供客户端使用。

全球范围内任意一个 WWW 节点的 Internet 用户都可以访问 Web GIS 服务器提供的各种 GIS 服务，甚至还可以进行全球范围内的 GIS 数据更新。

2. Web GIS 是交互系统

通过超链接（hyperlink），WWW 提供在 Internet 上最自然的交互性，用户通过超链接可以一页一页地浏览 Web 页面。Web GIS 可使用户在 Internet 上操作 GIS 地图和数据，用 Web 浏览器（IE、Netscape 等）执行部分基本的 GIS 功能，如 zoom（缩放）、Pan（拖动）、Query（查询）和 Label（标注），甚至可以执行空间查询，如“离你最近的旅馆或饭店在哪儿”或者更先进的空间分析，如缓冲区分析和网络分析等。在 Web 上使用 Web GIS 就和在本地计算机上使用桌面 GIS 软件一样。

3. Web GIS 是分布式系统

Internet 的一个特点就是它可以访问分布式数据库和执行分布式处理，即信息和应用可以部署在跨越整个 Internet 的不同计算机上。Web GIS 利用 Internet 这种分布式系统把 GIS 数据和分析工具部署在网络不同的计算机上。GIS 数据和分析工具是独立的组件和模块，用户可以随意从网络的任何地方访问这些数据和应用程序。用户不需要在自己的本地计算机上安装 GIS 数据和应用程序，只要把请求发送到服务器，服务器就会把数据和分析工具模块传送给用户。

4. Web GIS 是动态系统

Web GIS 是分布式系统，数据库和应用程序部署在网络的不同计算机上，并由其管理员进行管理，因此，这些数据和应用程序一旦由其管理员进行更新，则它们对于 Internet 上的每个用户来说都将是最新可用的数据和应用。这也就是说，Web GIS 和数据源是动态链接的，只要数据源发生变化，Web GIS 将得到更新，与数据源的动态链接将保持数据和软件的现势性。

5. Web GIS 是跨平台系统

Web GIS 可以访问不同的平台，而不必关心用户运行的操作系统是什么（如 Windows、UNIX、Macintosh）。Web GIS 对任何计算机和操作系统都没有限制。只要能访问 Internet，用户就可以访问和使用 Web GIS。随着 Java 的发展，Web GIS 通常可以做到“一次编写，到处运行”，使 Web GIS 的跨平台特性走向更高层次。

6. Web GIS 能访问 Internet 异构环境下的多种 GIS 数据和功能

在 GIS 用户之间访问和共享异构环境下的 GIS 数据、功能和应用程序，需要很高的互操作性。OGC 提出的开放式地理数据互操作规范（open geodata interoperablity specification）为 GIS 互操作性提出了基本的规则。其中有很多问题需要解决，如数据格式的标准、数据交换和访问的标准，GIS 分析组件的标准规范等。随着 Internet 技术和标准的飞速发展，完全互操作的 Web GIS 将会成为现实。

7. Web GIS 是图形化的超媒体信息系统

Web GIS 通过 Web 上超媒体热链接可以链接不同的地图页面。例如，用户可以在浏览全国地图时，通过单击地图上的热链接，而进入相应的省地图进行浏览。此外，WWW

为 Web GIS 提供了集成多媒体信息的能力，把视频、音频、地图、文本等集中到相同的 Web GIS 页面，极大地丰富了 GIS 的内容和表现能力。

8. Web GIS 是真正大众化的 GIS

由于 Internet 的飞速发展，Web 服务正在进入千家万户，Web GIS 给更多用户提供了使用 GIS 的机会。Web GIS 可以使用通用浏览器进行浏览、查询，额外的插件（plug-in）、ActiveX 控件和 Java Applet 通常都是免费的，降低了终端用户的经济和技术负担，很大程度上扩大了 GIS 的潜在用户范围。而传统的 GIS 由于成本高和技术难度大，往往成为少数专家拥有的专业工具，很难推广。

9．Web GIS 使 GIS 具有良好的可扩展性

Web GIS 很容易跟 Web 中的其他信息服务进行无缝集成，可以建立灵活多变的 GIS 应用。

10．Web GIS 使 GIS 成本降低

传统 GIS 在每个客户端都要配备昂贵的专业 GIS 软件，而用户使用的经常只是一些最基本的功能，这实际上造成了极大的浪费。Web GIS 在客户端通常只需使用 Web 浏览器（有时还要加一些插件），其软件成本与全套专业 GIS 相比明显要节省得多。另外，由于客户端的简单性而节省的维护费用也很可观。

7.4.3 Web GIS 构建

1. Web GIS 的客户端

Web GIS 的客户端是 Web 浏览器通过安装 GIS Plug-In、下载 GIS ActiveX 或 GIS Java Applets，实现客户端的 GIS 计算。

Web GIS 客户端允许 GIS 的数据和 GIS 计算能在用户本地计算机的浏览器上执行，客户端应用包括 3 种主要技术方案；GIS 插件、GIS ActiveX 控件和 GIS Java Applets。

2. Web GIS 服务器端

Web GIS 服务器端由 WWW 服务器、GIS 服务器、GIS 元数据服务器，以及数据库服务器组成。其中：

（1）WWW 服务器负责接受客户端的 GIS 服务请求，传递给 GIS 服务器或 GIS 元数据服务器，并把结果送回给客户。

（2）GIS 服务器完成客户的 GIS 服务请求的功能，将结果转为 HTML 页面或直接把 GIS 数据通过 WWW 服务器返回客户端。GIS 服务器也能同客户端的 GIS Plug-In/ActiveX/Java Applets 直接通信，完成 GIS 服务。

（3）GIS 元数据服务器管理服务器端的 GIS 元数据，并为客户提供 GIS 元数据数据检索、查询服务。

（4）数据库服务器完成对空间数据的存取功能，提供空间数据的查询服务，实现对空间数据的管理，包括用户管理、安全权管理、事务管理等。

另外，在 WWW 服务器和 GIS 服务器间还可以增加 GIS 服务代理，协调服务器端 GIS 软件、GIS 数据库和 GIS 应用程序间的通信，提高 GIS 服务器性能。

Web GIS 服务器端应用就是在服务器执行 GIS 计算，并把执行的结果转换为 HTML 格式（一般是 GIF/JPEG 图像）或直接返回客户端。GIS 数据和 GIS 计算部署在服务器上，对客户请求的响应只是在服务器端进行 GIS 计算，然后将结果形成为新的中间 GIS 数据，返送给客户，成为 GIS 数据迁移。服务器端应用包括 3 种主要技术方案：基于 GIS 桌面系统扩展的 Web GIS 服务器、基于 Active X 组件的 Web GIS 服务器和基于 Java 的 Web GIS 服务器。

在 Web GIS 的实现上，可以大致分为服务器端方案（“胖”服务器、“瘦”客户）和客户端方案（“瘦”服务器、“胖”客户），对 GIS 计算的策略不同，Web GIS 实现的技术方案也就不同。

7.4.4 Web GIS 发展趋势

1. 无线网络 GIS

随着第三代无线网络的推广与普及（3G），使 Internet 技术与无线通信技术、GIS 技术的结合成为现实，形成了一种新技术——无线定位技术（wireless location technology），随之衍生出一种新的服务，即空间位置信息服务（LBS）。LBS 将通信技术与 GIS 技术进行整合，融合了移动通信与网络的技术，使移动 GIS 的应用环境发生了极大的变化和改善。例如，在手机上集成的地图软件，帮助用户进行实时定位，规划交通线路及城市信息查询等。可以预见在不久的将来，移动计算将成为主流计算环境，并将在辅助 GIS 野外工作方面发挥巨大的作用。

2. 云计算

以虚拟化技术为核心、以低成本为目标的动态可扩展网络应用基础设施的云计算（cloud computing）代表了近年来网络计算的发展趋势。Google 地图就是一个很好的例子。因此，上述的几种技术发展都会通过云计算整合起来，用户只需要一个简单的 Web 浏览器就可以实现所需要完成的请求，而用户不用知道它的物理地址或者安装庞大的应用程序，在很大程度上给个人计算机减轻了负担。

3. 网格 GIS 技术

网格技术被看成是“下一代 Internet”，是由各种不同的硬件与软件组成的基础设施，它将计算机、互联网、大型数据库、远程设备等连接在一起，实现资源共享与协作，使人们更自由、更方便地使用网络资源，解决复杂问题。网格 GIS 是 GIS 在网格环境下的一种新的应用，将促进 GIS 沿着网络化、全球化、标准化、大众化、实用化的方向发展，最终实现空间信息的全面共享与互操作。

4. 数字地球

1998 年美国前副总统戈尔提出了“数字地球”这一概念，随即受到了各国专家学者的极大关注。数字地球将地球上的一切与地理位置有关的信息用数字形式描述出来，然后透过网络形成丰富的资源，从而为全社会提供高质量的信息服务。在“数字地球”中，涉及的主要技术是计算机、网络通信、遥感、全球定位系统、地理信息系统，以及海量的数据存储处理、图像智能处理、数据库技术等。

从目前的发展和研究中可以看出，各个领域对 Web GIS 的应用需求越来越大，Web GIS 正朝着分布式、标准化、大众化、开放的、互操作的方向迈进。尽管目前 Web GIS 还是一个相对较新的技术，本身存在着很多不足之处，但毋庸置疑的是，在信息技术迅猛发展的带动下，新一代的 Web GIS 将会给我们带来一个更加方便、快捷、灵活的信息世界。

7.5 影　像　GIS

7.5.1 海量影像

“海量”通常指大容量的数据存储能力和吞吐能力。对于“海量影像”来说，一方面是指影像数据量大，需要占用大量的存储空间；而另一方面则是指影像多，需要产生庞大的编目管理信息。就影像的数据量来讲，“海量”一词是一个相对发展的概念。考虑当前国内的应用背景和发展趋势，“海量影像”所指的数据量对于大部分单位来说应该在 TB～PB 之间，对于少数单位则至少为 PB 级。“海量影像”的另外一个衡量指标便是影像的数量。它会直接影响影像管理和使用的复杂度。随着遥感影像数据的积累，影像的数量会越来越多。目前，以国外 GeoEye 公司为例，其影像数量已经达到了 500 万景以上，是国际影像数据运营商的典型代表。

我国卫星遥感技术近来发展迅速，资源一号、二号、三号，以及天绘一号等卫星相继发射成功，后期我国还将在“十二五”发射“百箭百星”，这些都在预示着未来我们所要面临的影像数据将会越来越多越丰富。面对如此庞大、复杂的影像数据集合，如何对其进行快速处理，高效存储、管理和共享，缩短影像从获取到使用的时间，为各行业提供满足需求的数据服务，就成为一个迫切需要解决的问题。

7.5.2 海量影像管理

1. 影像数据格式

影像数据格式指既能够访问以文件形式存储在磁盘或存储系统中影像数据，又能够访问空间数据库中存储的影像数据集。

2. 海量影像存储和管理模型

镶嵌数据集集成了栅格目录（raster catalog）、栅格数据集（raster dataset）和影像服务器（image server）的最佳功能，并被 ArcGIS 的大多数应用程序支持，包括 Desktop 和 Server。

镶嵌数据集使用“文件+数据库”的存储和管理方式，是管理海量影像理想模型。影像入库时，只会在空间数据库中建立影像索引，不会拷贝或改变原有的影像数据，原有影像文件仍然存储在文件系统中或是空间数据库中。这种方式充分发挥了存储系统和数据库系统的优势，是目前管理海量影像最高效的方式（栾峰等，2014）。

3. 海量影像入库、更新和维护

1）自动的影像批处理入库工具

影像入库是影像管理的第一步，也是传统数据库影像管理方式中最为费时费力的一步。因为在入库之前，需要将各种不同的遥感影像进行必要的影像预处理，然后将预处理之后的影像数据导入空间数据库中，最后为之填写必要的元数据信息才能完成入库。因此，在建立海量影像库之前，经常需要编写复杂的建库程序，以辅助完成这些工作。Arc GIS 工具箱中的自动的影像批量入库工具，将帮助用户自动完成这些工作。

2）丰富的影像更新维护工具

影像入库后，随之而来的便是更新和维护工作。ArcGIS 提供了一套用于管理镶嵌数据集的工具，涵盖了海量影像更新和维护的大部分工作，如图 7.19 所示。

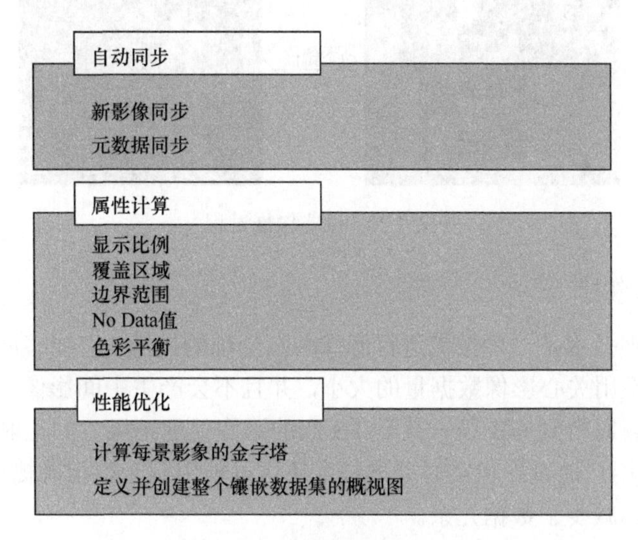

图 7.19　影像更新维护工具

使用自动同步工具，能够解决海量影像管理中的影像更新。如果接收或购买了新的影像，通过自动同步工具能够自动将新影像导入。

属性计算类工具为用户提供了重新计算镶嵌数据集影像属性的功能。这些功能都是日常维护工作中常用的一些功能。通过属性计算类工具，用户可以获取更加精确的覆盖区域或是为一景影像定义特殊的 No Data 值。

性能优化类工具为用户提供了优化镶嵌数据集访问速度的功能。通过这类工具，用户可以为镶嵌数据集中管理的每景影像建立影像金字塔和统计值，以对访问每景影像的性能进行优化。同时，还能够定义并创建整个镶嵌数据集的概视图，这对于镶嵌数据集的全局显示有非常大的帮助（ESRI 中国（北京）有限公司，2011b）。

3）灵活的元数据管理和扩展

影像管理的目的之一是让管理系统的用户能够快速检索到自己需要的影像。满足常用的检索需求，必须要使用到影像的元数据信息。因此，和其他空间数据管理一样，海量影像管理中，元数据信息的管理和扩展同样重要。可分为两种元数据管理方案。

第一种方案是通过属性字段实现元数据的管理。具有管理和扩展简单，查询效率高的优点。第二种方案是通过元数据标准实现元数据的统一管理。

4. 高级特性

1）影像动态镶嵌

影像动态镶嵌技术是镶嵌数据集的高级特性之一。得益于影像动态镶嵌技术，通过镶嵌数据集编目管理的海量影像数据，可以像预先镶嵌好的影像一样进行可视化分析。动态镶嵌过程见图 7.20。

图 7.20 动态镶嵌过程

2）影像实时处理

影像实时处理技术是一种按需进行影像动态处理的技术。它能够让用户实时得到影像处理结果，而不用关心影像数据量的大小，并且不会产生中间影像。用户通过影像实时处理技术可以瞬时得到 GB 级，甚至 TB 级的影像处理结果，如正射校正、影像融合和 NDVI 分析等。用户通过影像实时处理技术还可以使用同一数据源提供多种结果影像，节省了处理时间，减少了数据冗余。

5. 多级影像管理

对于海量影像数据的管理者来说，管理不同来源的数据、不同数据级别的数据、向不同的业务单位或公众用户提供不同保密级别的影像，是建立影像库进行管理之前都需要考虑的问题。用户可以利用镶嵌数据集轻松地进行多级影像管理，以便于灵活地组织数据，提高数据服务的针对性和保密性（ESRI 中国（北京）有限公司，2011a）。

7.5.3 海量影像共享

1. 基于 SOA 的影像共享模式

面向服务架构（service-oriented architecture，SOA），它是一种粗粒度、松耦合服务架构，可以根据需求通过网络对松散耦合的粗粒度应用组件进行分布式部署、组合和使用。基于 SOA，海量空间影像数据可以通过 Web 服务的方式进行共享。用户不需要安装客户端组件和程序，即可以通过网络快速访问到共享的影像数据，轻松地和现有应用进行集成，解决传统影像共享模式中的问题。图 7.21，便是使用 ArcGIS Server 进行海量影像共享的 SOA 模式（ESRI 中国（北京）有限公司，2011b）。

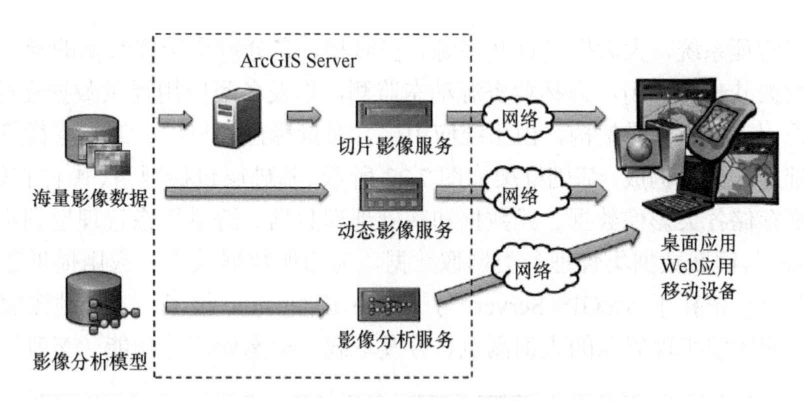

图 7.21　基于 SOA 的海量影像共享模式

2. 切片影像服务

切片影像服务是一种通过 Web 极速访问海量影像的服务方式。它预先在服务器上缓存了影像不同比例尺的图片，然后在每次请求时服务器直接返回用户所需的图片，不需动态渲染，所以也称为静态影像服务。图 7.22 为不同比例尺切片示意图。

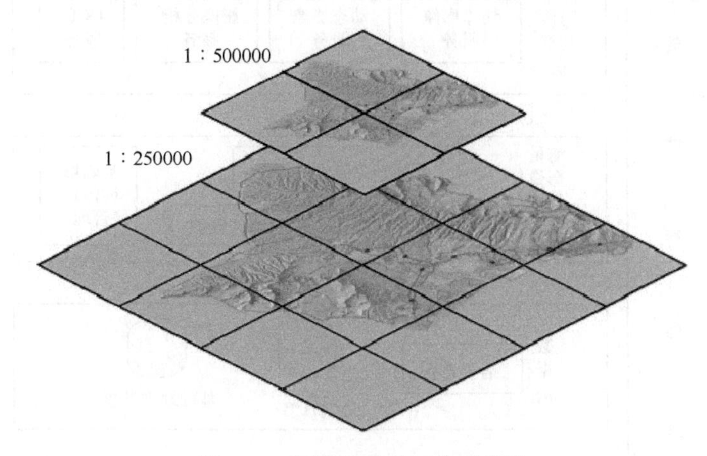

图 7.22　不同比例尺切片示意图

3. 动态影像服务

影像动态服务因为需要进行服务器动态处理，速度略逊一筹，但是提供了强大的服务器处理能力、快速的查询检索能力和可控的原始数据下载能力。它不仅适合公众用户作为背景底图使用，而且专业用户可以使用影像动态服务进行分析和处理。

4. 在线分析服务

在线分析服务可以向用户提供在线的影像处理和分析服务。

7.5.4　影像应用案例

1. 新疆林业海量影像数据管理系统建设

近些年，新疆林业部门在林业资源调查和应用过程中积累了大量的 TM、Repid Eye、IRS、SPOT、QuickBird 等航空航天影像及其成果数据。引入信息化手段，建立一个海量影像数据管理系统，大大提高这些多源、多时相、多分辨率影像数据的管理和使用效率，实现数据共享和应用，为林业资源动态监测，以及各类应用提供数据支撑服务。

系统采用 SOA 体系架构，由系统应用层、海量影像共享层、海量影像管理层、数据层和基础层 5 部分构成，基础框架如图 7.23 所示。基础层包括网络、硬件和软件平台。数据层用来存储各类影像数据、元数据和基础地理数据。海量影像管理层利用 ArcSDE Geodatabase 与镶嵌数据集管理各类影像数据，为影像数据共享和应用提供数据支撑。海量影像共享层依托于 ArcGIS Server 与 Image Extension 技术，实现地图服务与影像服务功能。应用层实现影像的查询浏览、分发下载、动态处理等功能（李毅等，2015）。

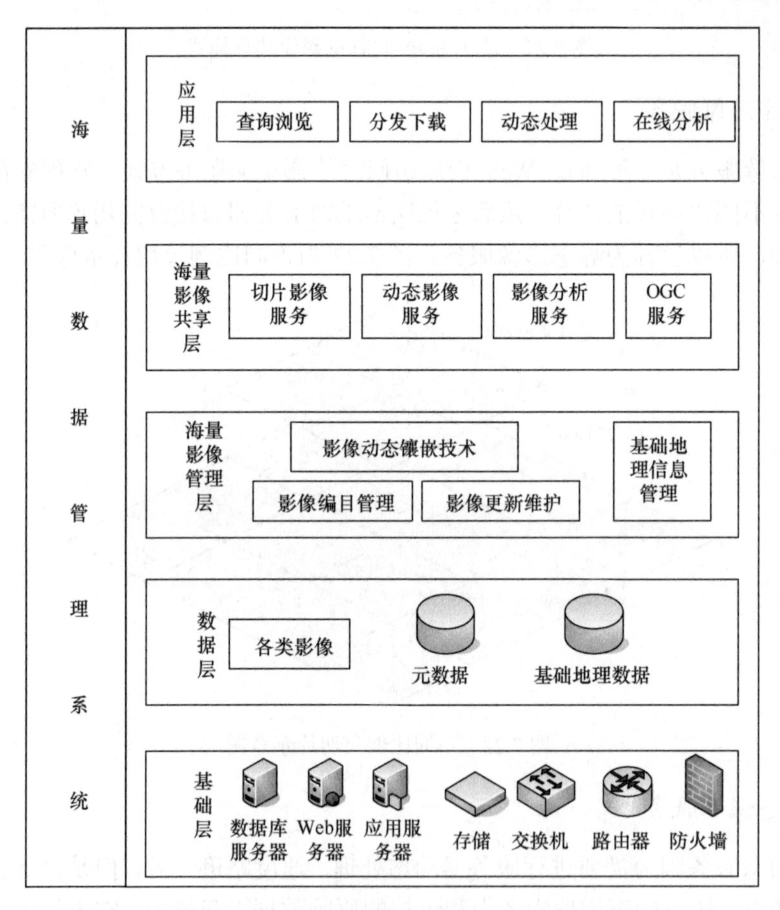

图 7.23 系统框架

2. ESRI 和美国内政部合作发布 30 年 Landsat 卫星影像服务

2008 年，美国内政部秘书长 Dirk Kempthorne，出席了 ESRI 国际用户大会并宣布，由于美国政府的一大举措，将免费提供全部归档的 Landsat 卫星影像。这包括 Landsat 全球土地调查数据集（GLS），其为地球变化研究提供了质量最好的全球级别的影像。2010 年，ESRI 宣布将会在 ArcGIS Online 上免费提供 Landsat GLS 数据集。

2011 年，通过和美国内务部的密切合作，ESRI 公司宣布将在 ArcGIS Online 上如期发布 Landsat 卫星影像服务。Landsat 影像服务允许简单、快速地访问从 1975～2005 年这30年的Landsat GLS影像。ESRI在ArcGIS Online上提供这些数据，并将之发布为多种动态的、多光谱、多时态的影像服务，这些影像服务提供完整影像信息内容的访问，同时具备变化检测能力。另外，ESRI创建了Web地图和一个交互式Web应用程序，以充分利用这些影像服务，提供更佳的访问体验。

ESRI在服务器端使用ArcGIS Server Image Extension来管理和发布所有Landsat GLS数据。它的数据量8TB以上，数据格式为TIFF。通过镶嵌数据集（mosaic dataset）进行管理。预先创建概视图，用于小比例全局显示。通过ArcGIS Server Image Extension发布为影像服务，具备在线动态镶嵌、支持查询检索。

ArcGIS系统是提供能够快速、轻松访问全球Landsat GLS影像服务的核心。Landsat影像在线服务和应用程序使用非常简单，遥感和非遥感专家将会创造性的使用这些数据和工具解决问题。除此之外，这还是非常好的案例，既能够证明ArcGIS海量影像管理的能力，又显示了用户使用ArcGIS影像管理解决方案所能带来的好处（ESRI中国（北京）有限公司，2011b）。

参 考 题

1. 结合所学知识，谈谈你自己对云GIS的理解。
2. 简述云GIS的三种部署模式。
3. 什么是GIS互操作技术？简要阐述。
4. 简述移动GIS的特点和关键技术。
5. 使用任意一款手机地图APP，并思考该APP的各项功能分别由移动GIS中的哪项技术来实现。
6. 简要阐述ESRI CityEngine特点及建模流程。
7. 什么是数字地球？谈谈你对数字地球的理解。
8. 简述网络GIS、InternetGIS和WebGIS的区别与联系。
9. 简述你对影像GIS的理解。
10. 结合所学知识，说说你对GIS的理解，并预测GIS的发展趋势。

参 考 文 献

郭文才. 2010. 试论现阶段三维GIS的发展. 科技信息, (36): 226-228.
韩东成, 唐志敏, 张守文, 等. 2014. 基于CityEngine与CGA规则构建3D室外及室内精细模型的研究. 电子世界, (14): 363.
康铭东, 彭玉群. 2008. 移动GIS的关键技术与应用. 测绘通报, (9): 50-53, 69.
李青元, 林宗坚, 李成明. 2000. 真三维GIS技术研究的现状与发展. 测绘科学, 25(2): 47-51.
李响. 2008. 重庆北部新区三维地理信息系统应用开发与实现. 重庆大学硕士学位论文.
李毅, 彭岩, 徐林, 等. 2015. 新疆林业海量影像数据管理系统建设. 林业调查规划, 40(2): 44-47.
林德根, 梁勤欧. 2012. 云GIS的内涵与研究进展. 地理科学进展, 31(11): 1519-1528.
栾峰, 宁方辉, 滕惠忠. 2014. 面向海量遥感影像的数据模型与管理模型设计. 海洋测绘, 34(5): 76-78.
马学刚. 2014. 电信运营商企业级云GIS平台的关键技术研究. 互联网天地, (11): 18-23.
孟凡荣. 2013. 浅谈基于云计算的 GIS. 科技创新与应用, (19): 84.

彭义春, 王云鹏. 2014. 云 GIS 及其关键技术. 计算机系统应用, 23(8): 10-17.
谭仁春, 江文萍, 杜清运. 2003. 三维 GIS 中建筑物的若干问题探讨. 测绘工程, 12(1): 20-23.
王方雄, 吴边, 怡凯. 2007. 移动 GIS 的体系结构与关键技术. 测绘与空间地理信息, 30(6): 12-14, 18.
王立卫, 王慧彦, 薛辉, 等. 2013. 移动 GIS 在应急管理中的应用. 新西部(中旬刊), (3): 56-57.
王盼成. 2001. 数据库技术在不规则三角形网生成中的应用. 测绘通报, 01: 35-37.
肖乐斌, 钟耳顺, 刘纪远, 等. 2001. GIS 概念数据模型的研究. 武汉大学学报(信息科学版), 26(5): 387-392.
许颖, 魏峰远. 2008. 移动 GIS 关键技术及开发模式探讨. 测绘与空间地理信息, 31(4): 45-47.
张加龙, 岳彩荣, 马俊华. 2010. 基于 GoogleMaps 与 PDA 的在线跟踪系统的实现与应用. 见: International Conference on Broadcast Technology and Multimedia Communication, 311-314.
张永志, 崔小宝. 2009. 移动 GIS 的关键技术问题和发展趋势探讨. 电脑知识与技术, 5(23): 6454-6455.
张玥, 钱新林. 2014. 基于扩散面域拓扑图 Cartogram 算法的一种优化策略. 甘肃科技, (13): 37-40.
中国电子学会云计算专家委员会. 2011. 云计算技术发展报告. 北京: 科学出版社.
ESRI 中国(北京)有限公司. 2011a. ArcGIS 云计算解决方案——触手可及的云. http: //www. ESRIchina-bj. cn/uploadfile/hyjjfa/ArcGIS 云计算解决方案. pdf. 2015-12-5.
ESRI 中国(北京)有限公司. 2011b. ESRI 海量影像管理与共享. 北京: ESRI 中国(北京)有限公司.
ESRI 中国信息技术有限公司. 2013a. CityEngine: 电影场景制作之新神器. http: //www. ESRIchina. com. cn/2013/0820/2371. html. 2015-12-15.
ESRI 中国信息技术有限公司. 2013b. 南京浦口区新城规划. http: //www.ESRIchina.com.cn/2013/0820/2373. html. 2015-12-15.
Foster I, Zhao Y, Raicu I, et al. 2008. Cloud Computing and Grid Computing 360-degree. In: Grid Computing Environments Workshop. Gce '08, Austin Convention Center Austin, Tx, Usa: Institute of Electrical and Electronics Engineers: 1-10.
Losa A, Cervelle B. 1999. 3d topological modeling and visualisation for 3d Gis. Computers & Graphics, 23(4): 469-478.

下篇　遥 感 科 学

第1章　遥感科学绪论

遥感（remote sensing）是20世纪60年代迅速发展起来的一门综合性探测技术。它是在航空摄影测量基础上，随着空间技术、信息技术、电子计算机技术等当代高新技术迅速地发展，以及地学、环境学等学科发展的需要，到以人造地球卫星、宇宙飞船和航天飞机为运载工具的航天遥感的发展，形成的对地球资源和环境进行星-空-地监测的立体观测体系，大大地扩展了人们的观察视野及观测领域，形成的对地球资源和环境进行星-空-地监测的立体观测体系。遥感技术在城市规划、资源勘查、环境保护、全球变化、土地监测、农业、林业，以及军事等领域的应用显示出了很强的优越性，并且其应用的深度和广度仍然在不断地拓展。遥感已成为地球系统科学、资源科学、环境科学、城市科学和生态学等学科研究的基本支持技术，并逐渐融入现代信息技术的主流，成为信息科学的主要组成部分。随着对遥感基础理论研究的重视，遥感技术正在逐渐发展成为一门综合性的新兴交叉学科——遥感科学与技术（杜培军，2006）。

1.1　遥感的基本概念

遥感，即遥远的感知，从广义上说是泛指从远处探测、感知物体或事物的技术。具体来讲，遥感是指不直接接触物体本身，从远处通过仪器（传感器）探测和接收来自目标物体的信息（如电场、磁场、电磁波、地震波等信息），经过信息传输、加工处理及分析解译，识别物体和现象的属性及其空间分布等特征与变化规律的理论和技术。

通过大量的实践，人们发现地球上的每一种物质由于其化学成分、物质结构、表面特征等固有性质的不同都会选择性反射、发射、吸收、透射及折射电磁波。例如，植物的叶子之所以能看出是绿色的，是因为叶子中的叶绿素对太阳光中的蓝色及红色波长光吸收，而对绿色波长光反射的缘故。物体这种对电磁波的响应所固有的波长特性叫光谱特性（spectral characteristics）。一切物体，由于其种类及环境条件不同，因而具有反射和辐射不同波长电磁波的特性。遥感就是根据这个原理来探测目标对象反射和发射的电磁波，获取目标的信息，通过信息解译处理完成远距离物体识别的技术。应当指出的是，人类生活的自然界是非常复杂的，加之人类活动与自然环境的影响，会出现“同质异谱”和“异质同谱”的现象，这就给处理与分析遥感信息带来困难，也是目前研究的重大课题（杜培军，2006）。

1.2　遥感基本内容

遥感可按数据获取、处理、分析和应用的整个过程中的主要内容分类。如图1.1第2层，遥感科学技术包括5个方面的内容：传感器研制、数据获取、数据校正与处理、信息提取和遥感应用（宫鹏，2009）。

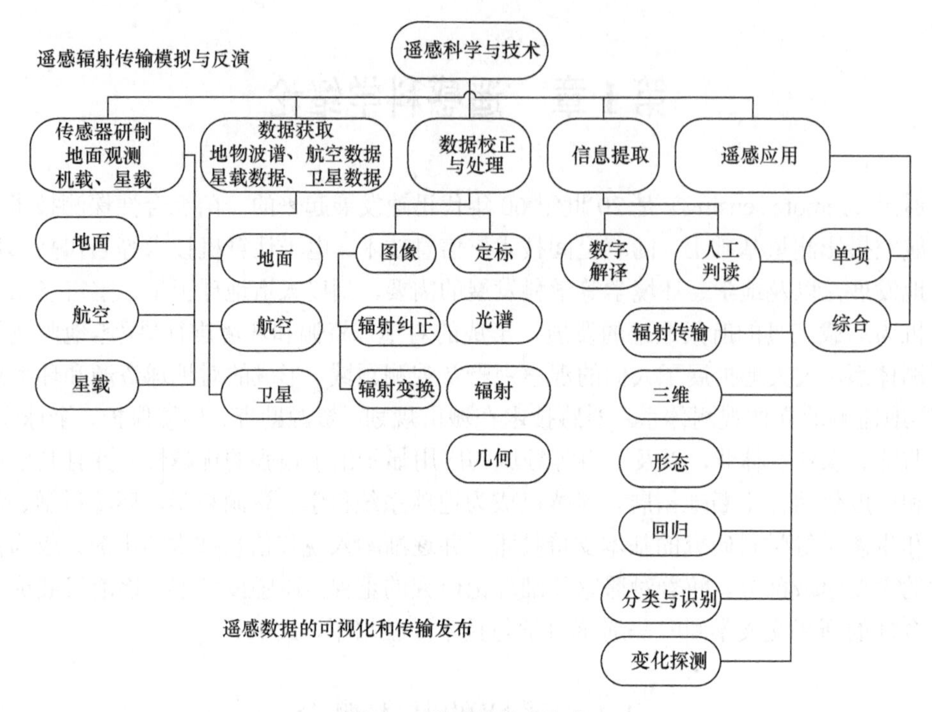

图 1.1　遥感的基本内容

1.3　遥感数据获取的基本过程

遥感过程包括遥感信息源（或地物）的物理性质、分布及其运动状态，环境背景及电磁波光谱特性，大气的干扰和大气窗口，传感器的分辨能力、性能和信噪比，图像处理及识别，以及人们的视觉生理和心理及其专业素质等。因此，遥感过程不但涉及遥感本身的技术过程，以及地物景观和现象的自然发展演变过程，还涉及人们的认识过程。这一复杂过程当前主要通过地物波谱测试与研究、数理统计分析、模式识别、模拟试验方法，以及地学分析等方法来完成。通常它由五部分组成，即被测地物的信息源、信息的获取、信息的传输与记录、信息的处理和信息的应用，如图 1.2 所示。

1.3.1　信息源

1）能源

被动遥感所利用的能源主要是太阳辐射能，地表特征反射太阳辐射能或自己发射的能且是被动遥感的主要探测信息。主动遥感则以发射电磁波的仪器为能源（如雷达）。

2）在大气中传播

太阳辐射能通过大气层，部分被大气中的微粒散射和吸收，使能量衰减，其中透过率较高的波段称为大气窗口，这种大气衰减效应随波长、时间、地点的变化而变化。这使太阳辐射的连续光谱中部分波段不能到达地表，并使光谱分布发生变化。

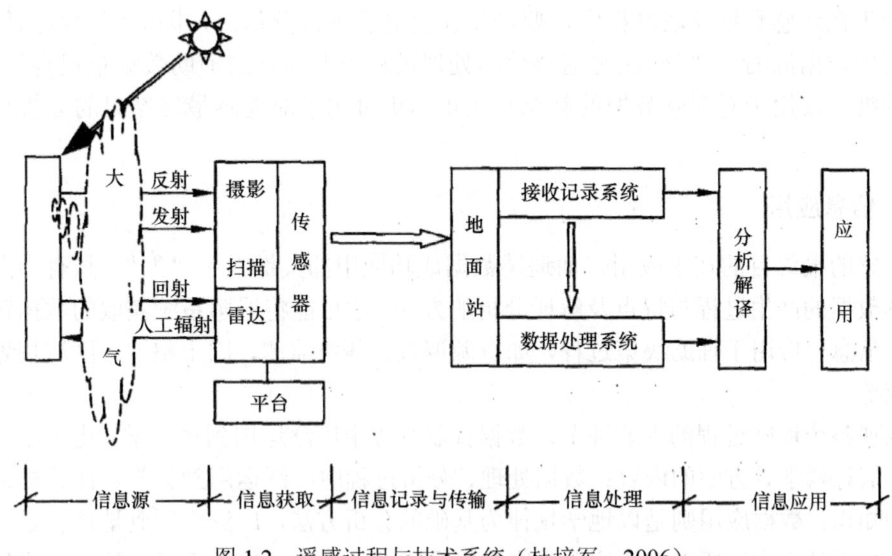

图 1.2　遥感过程与技术系统（杜培军，2006）

3）到达地表的能量与地表物质相互作用

地表特征是十分复杂的，它是由生物、地质水文、地貌、人文等多种因素组成的综合体，即自然景观和人文景观。这些因素均随时间、地点、环境不同而变化。不同波长的能量到达地表后，被选择性地反射、吸收、透射、折射等。

4）再次的大气传播

地表反射或发射的能量，再次通过大气，能量再次衰减。此时的能量已包含着不同地表特征波谱响应的能量。这一过程的大气效应对遥感影响较大，它不仅使遥感器接收的地面辐射强度减弱，而且由于散射产生天空散射光使遥感影像反差降低并引起遥感数据的辐射、几何畸变、图像模糊，直接影响到图像清晰度、质量和解译精度。

1.3.2　信息获取

遥感通过不同的遥感系统（平台、传感器）采集数据。根据不同的应用目的采用的不同遥感系统均有它自身的优势和局限性，并在数据获取过程中伴随有不同的几何、辐射畸变。因而在运用各种遥感数据时，需要了解它们的特点及误差并设法对误差加以纠正。

1.3.3　信息记录与传输

遥感仪器所记录的地表反射、发射电磁波谱特征主要有两种形式：一是模拟图像，如摄影图像；二是数字图像数据，如用扫描仪得到的亮度值矩阵。两者可以相互转换，即模数变换（A/D）或数模变换（D/A）。

1.3.4　数据处理

这一阶段对采集的遥感数据进行各种处理以获得目标信息，可通过人工解译和计算机处理实现。

由于在遥感数据获取过程中，要产生误差并丢失部分信息，因而遥感数据仅是应用分析中数据源的一部分。在对遥感数据处理过程中非遥感的辅助数据是很有价值的，辅助数据不仅用于对遥感数据的补充与纠正，更可用于对遥感最终结果的分析与精度评价。

1.3.5 信息应用

遥感的最终目的在于应用，而遥感数据成功应用的关键在于“人”。只有当人们了解遥感数据的产生过程与特点及解译分析的方法，才可能将遥感系统获取的数据转换成有用的信息，应用于辅助决策过程，如资源调查、环境监测、国土整治、区域规划、全球研究等。

纵观整个遥感过程的主要环节，数据获取过程中广泛运用到物理学、电子学、空间科学、信息科学等方面的内容；数据处理、分析过程中广泛运用到数学、计算机科学等方面的知识；数据应用则是以地学规律为基础的分析方法，广泛应用到地球科学、生命科学等方面的内容。所以，从这个角度讲，遥感又是一门以物理手段、数学方法和地学分析为基础的综合性应用科学技术。

1.4 遥感的分类

1.4.1 按平台高度

按照平台从低到高依次可分为：地面测量、航空平台、航天平台。

1. 地面测量

地面测量是基础性和服务性的，如收集地物波谱，为航空航天遥感器定标、验证航空航天遥感性能及结果等。平台高度包括手持（约 1m）、观测架（1.5～2m）、遥感车（10～20m）、观测塔（30～350m）等。

2. 航空平台

航空平台的高度从数百米、数千米到 20km（高空侦察机）、35km（高空气球）。

3. 航天平台

航天平台高度从低轨（小于 500km）、极轨（保持太阳同步，随着重复周期轨道高速可变，一般为 700～900km）到静止卫星轨道（与地面自转同步，高度约为 3.6 万 km），再到 L-1 轨道（此处太阳与地球对卫星引力平衡，离地球约 150 万 km）（李小文和刘素红，2008）。

1.4.2 按遥感波段

以遥感使用的波段大体上可分为光学与微波。这里的光学包括波长小于热红外（10μm 左右）的电磁波。微波波长可以从亚毫米到米，此时衍射、干涉、极化已很难忽略，故与光学遥感在成像机理和仪器制造上差别较大。

具体又可分为（梅安新等，2001）：

（1）紫外遥感，探测波段在0.05～0.38μm；

（2）可见遥感，探测波段在0.38～0.76μm；

（3）红外遥感，探测波段在0.76～1000μm；

（4）微波遥感，探测波段在1mm至10m；

（5）多波段遥感，指探测波段在可见光波段和红外波段范围内，再分成若干窄波段来探测目标。

1.4.3 按工作方式（成像信号能量来源）

被动遥感：传感器不向目标发射电磁波，仅被动接收目标物的自身发射和对自然辐射源的反射能量。可分为反射式（反射太阳光）与发射式（被感目标本身的辐射）两种。

主动遥感：由探测器主动发射一定电磁波能量并接收目标的后向散射信号。又可分为反射式（反射“闪光灯”的照射）与受激发射两种。

1.4.4 按应用

从空间尺度分类：有全球遥感、区域遥感、局地遥感。

从地表类型分类：有海洋遥感、陆地遥感、大气遥感。

从应用领域分类：有环境遥感、农业遥感、林业遥感、水文遥感、地质遥感、气象遥感、城市遥感、灾害遥感、军事遥感等，还可以划分为更细的研究对象进行各专题的应用。

1.5 遥感技术与科学的发展历史

人类从高空观察地球的历史是非常悠久的，从登山望远、登高望远到大气气溶胶的记载，再到望远镜、载人气球、飞机、卫星等作为载体进行对象的观测，遥感技术与科学的积累和酝酿经历了几百年的历史和发展阶段。

1.5.1 地面遥感阶段（1608～1857年）

1608年，汉斯.李波尔赛制造出世界第一架望远镜，1609年伽利略制作了放大倍数3倍的科学望远镜，从而为观测远距离目标开辟了先河。但望远镜观测不能把观测到的事物用图像的方式记录下来。

对探测目标的记录与成像始于摄影技术的发明，并与望远镜结合发展为远距离摄影。1839年，达盖尔（Daguarre）发表了他和尼普斯（Niepce）拍摄的照片，第一次成功地把拍摄到事物形象地记录在胶片上。1849年，法国人义米·劳塞达特（Aime Laussedat）制订了摄影测量计划，成为有目的、有记录的地面遥感发展阶段的标志。

1.5.2 空中摄影遥感阶段（1858～1956年）

1958～1903年，先后出现采用热气球、载人升空热气球、捆绑在鸽子身上微型相机、风筝等拍摄的试验性的空间摄影。1903 年，莱特兄弟发明了飞机，促进了航空摄影向实用化发展。第一次世界大战期间，航空摄影成了军事侦察的重要手段，并形成了一定的规模，相片判读、摄影测量水平也获得了极大提高。1930 年起，美国的农业、林业、牧业等政府部门都采用航空摄影并应用于制定规划。1924 年，彩色胶片的出现，使得航空摄影记录的地面目标信息更为丰富。第二次世界大战前期，德、英等国采用航空摄影侦察军事态势、部署军事行动等。两次大战中微波雷达及红外技术在军事侦察中得到应用。两次大战及其以后，遥感著作如 J.W.巴格莱（Bagley）的《航空摄影与航空测量》与期刊《摄影测量工程与遥感》等不断涌现，为遥感的发展奠定了理论基础（林辉等，2011）。

1.5.3 航天遥感阶段（1957～）

1957 年 10 月 4 日，苏联第一颗地球卫星的发射成功。1959 年 9 月美国发射的“先驱者 2 号”探测器拍摄了地球云图，同年 10 月苏联的“月球 3 号”航天器拍摄了月球背面的照片。真正从航天器上对地球长期观测是从 1960 年美国发射 TIROS（television infrared observation satellite）-1 和 NOAA（national oceanic and atmospheric administration）-1 太阳同步气象卫星开始的。

在 TRIOS 气象卫星基础上，美国 1972 年（图 1.3）发射了第一颗“地球资源技术卫星”（Earth resources technology satellites，ERTS），1972 年发射时更名为“陆地卫星”（Landsat 2），到 Landsat 3 止主要传感器均为多光谱扫描仪（multispectral scanner，MSS），地面分辨率为 79m，包括绿、红及两个近红外共四个波段。1982 年 7 月，Landsat 4 成功发射，新增了专题制图仪（thematic mapper，TM），空间分辨率提高到 30m（波段 6 热红外除外），波段数增到了 7 个，全球覆盖周期从 18 天缩至 16 天。1984 年 3 月 1 日 Landsat 5 发射，是目前在轨运行时间最长的光学遥感卫星，成为全球应用最为广泛、成效最为显著的地球资源卫星遥感信息源。1993 年 10 月 5 日携带了增强型专题制图仪（enhanced TM，ETM）Landsat 6 发射后失败。1999 年 4 月 15 日 Landsat 7 发射成功，Landsat 7 携带了增强型专题制图仪（ETM+）。ETM+比其以前的设计增加了一个 15 m 空间分辨率的全色波段和一个 60 m 空间分辨率的热红外波段，使得其为全球变化研究、土地覆盖监测和评估、大范围的制图提供了一个更灵活和有效的工具。直到 2003 年 5 月，一个硬件组件故障导致 Landsat 7 号的图像数据在两侧的梯形空间上丢失。这个硬件组件被称为扫描行校正器（scan line corrector，SLC）。2013 年 2 月 11 日 Landsat 8 发射升空，Landsat 8 或称 LDCM（Landsat data continunity mission），其携带有两个主要载荷：陆地成像仪（operational land imager，OLI）和热红外传感器（thermal infrared sensor，TIRS）。其中，OLI 由科罗拉多州的鲍尔航天技术公司研制；TIRS 由 NASA 的戈达德太空飞行中心研制。设计使用寿命为至少为 5 年（张玉君，2013）。

对地观测系统（Earth observing system，EOS）是美国从 20 世纪 80 年代开始，为在航天领域对全球变化研究计划作出贡献，采用与欧空间局、加拿大、日本的合作体制，将有关计划合并，于 80 年代中期提出的一项计划。该计划由三大部分组成：①EOS 科学研究计划：主要是地球系统科学的研究，以解释地球系统中发生的一些现象的原因及

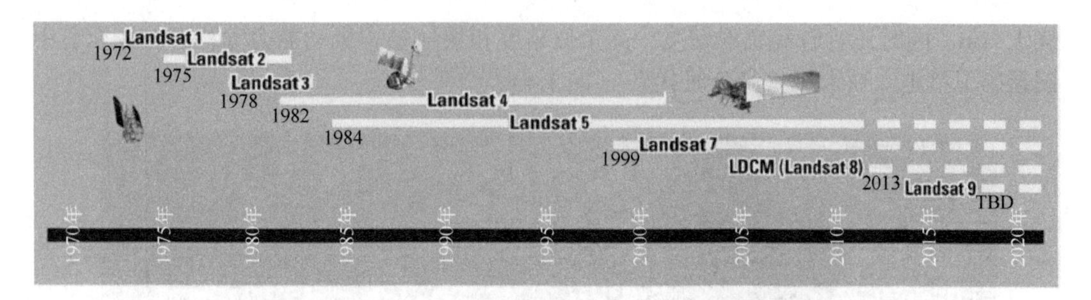

图 1.3 历次 Landsat 发射时间展示（来自于 NASA）

其发展变化规律，建立地球系统模型。②EOS 航天观测系统：主要由大型极轨平台 EOS-a、EOS-b 组成，分别约于 1998 年、2000 年用大力神 IV 发射到极地轨道上。另外还有欧空局的一个平台，日本的一个平台和载人太空站。由于各个平台是按 5 年寿命设计的，为了完成 15 年的连续观测计划，美国的平台由三组 6 座平台组成。中途采用任务舱的置换等技术来完成。突出的遥感器为中分辨率成像光谱仪（moderate-resolution imaging spectroradiometer，MODIS）、合成孔径雷达（synthetic aperture radar，SAR）、高空间分辨率微波辐射计等。一般一个组合平台搭载 20 多种遥感器。各遥感器之间有互为修正、不同的观测周期互补等特点。③数据信息系统（EOS data and information system，EOSDIS）：有利于各研究机构对 EOS 资料的充分利用，通过网络向用户长期提供可信度高的观测资料。

在 TM 成功的基础上，法国的 SPOT（法文 Systeme Probatoire d'Observation dela Tarre 的缩写）卫星于 1986 年成功发射，搭载两台 CCD 相机，空间分辨率提高到 10m（全色）和 20m（三波段），能偏离星下点成像以构成立体相对。这些改进也成为后来各国仿效和改进的基础，如印度的 IRS 系列（IRS-1，发射于 1995 年），日本的 AVNIR（1996 年）和 ALOS（2002 年）等。

我国的资源卫星系列也可视为 TM 或 SPOT 的改进型。1999 年 10 月 14 日，中巴地球资源卫星 01 星（CBERS-01）成功发射，在轨运行 3 年 10 个月；02 星（CBERS-02）于 2003 年 10 月 21 日发射升空，目前仍在轨运行。环境与灾害监测预报小卫星星座 A、B 星（HJ-1A/1B 星）于 2008 年 9 月 6 日上午 11 点 25 分成功发射，HJ-1A 星搭载了 CCD 相机和超光谱成像仪（HSI），HJ-1B 星搭载了 CCD 相机和红外相机（IRS）。资源一号 02C 卫星（简称 ZY-1 02C）于 2011 年 12 月 22 日成功发射，设计寿命 3 年，搭载有全色多光谱相机和全色高分辨率相机，主要任务是获取全色和多光谱图像数据，可广泛应用于国土资源调查与监测、防灾减灾、农林水利、生态环境、国家重大工程等领域。资源三号卫星于 2012 年 1 月 9 日成功发射，资源三号卫星是我国首颗民用高分辨率光学传输型立体测图卫星，卫星集测绘和资源调查功能于一体。资源三号上搭载的前、后、正视相机可以获取同一地区三个不同观测角度立体像对，能够提供丰富的三维几何信息，填补了我国立体测图这一领域的空白。高分一号 GF-1 于 2013 年 4 月 26 日在酒泉卫星发射中心由长征二号丁运载火箭成功发射，卫星搭载了两台 2m 分辨率全色/8m 分辨率多光谱相机，四台 16m 分辨率多光谱相机。2014 年 8 月 19 日，中国在太原卫星发射中心用长征四号乙运载火箭成功发射高分二号遥感卫星，高分二号卫星的空间分辨率优于 1m，同时还具有高辐射精度、高定位精度和快速姿态机动能力等特点。标志着中国遥感卫星进入亚米级“高分时代”（图 1.4）。

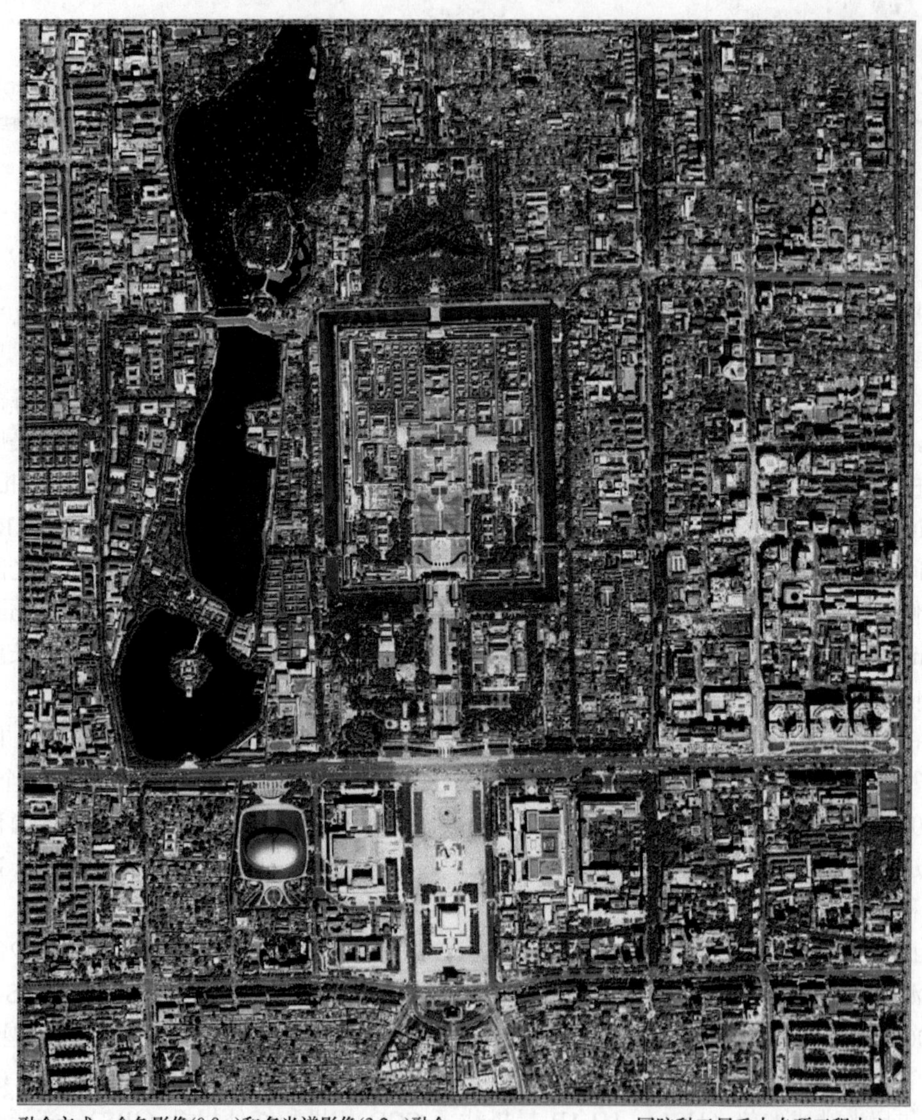

图 1.4　高分二号卫星北京影像（来自中国资源卫星中心网站；彩图附后）

1.6　遥感技术与科学的发展趋势与研究热点

1.6.1　发展趋势

新一代对地遥感器的标志性的指标大致为（李小文和刘素红，2008）：全色波段分辨率达到 0.15～3m，在保持中等空间分辨率（10m 到数百米）的情况下，光谱分辨率达 2nm，从可见光到红外范围获取数百到千波段，且波段覆盖向长波红外延伸。

航天遥感的另一个发展趋势是小卫星，使用小火箭或搭载发射，研制周期短，卫星成本大为降低，对地观测功能增强，向大众化和商业化迈进一步。

遥感技术是一种以物理手段、数学方法和地学分析为基础的综合性应用技术，遥感科学的发展要滞后于遥感技术。直到20世纪80年代，NASA认识到遥感是一门新兴的科学，所以组织了“遥感科学计划”项目，执行了15年，随后又组织了EOS计划中的科学研究项目。

遥感科学与技术的发展，进入一个新的发展时期（宫鹏，2009）。从下面五个方面考察了不同程度的进步。

1. 理论上的发展

理论上，从定性发展到定量。从简单解释辐射测量值与地表现象间的关系到用辐射传输模型定量描述他们之间二向性反射/辐射关系。并且从正向辐射传输模型，发展到对辐射传输模型的定量反演。从分散（如局限于光学或热红外或微波）发展到集成多个波谱区间。

2. 技术上的发展

技术上，从单一波段发展到多波段、多角度、多极化（偏振）、多时相、多模式，从单一遥感器到多遥感器的结合，近些年出现多角度遥感辐射测量（摄影测量是早期典型的多角度遥感，但是注重对几何形态的测量）技术、激光雷达技术和无线传感器网络技术。

3. 传感器方面的发展

传感平台由过去注重卫星和航空发展到地面传感器网络连续观测技术，地面传感器网络的出现对遥感和地学研究有重要意义。对于遥感科学技术的发展具有地–空–天一体化地球观测的潜力，并且提供在空–天遥感应用中无法替代的高时间采样频率（分、秒尺度）的地面验证数据。这种观测尺度和频度对地球科学理论的验证和地学现象的认识有重要作用。

4. 分析方法的发展

分析方法方面，从目视解译发展到半自动、自动，以及结合专家经验和计算机自动处理的信息提取；但是与遥感传感器技术发展的速度相比，自动提取信息算法研制的速度相对缓慢得多。分析技术也从分类等通用算法设计发展到为特定目标设计检测和识别算法设计。

5. 应用上的发展

应用上，已从实验走向实用，从区域应用到全球范围的应用，并正在向产业化方向发展。从小范围实验阶段走向大范围实用化，标志着遥感的成熟，同时还有许多难于攻克的前沿问题。

遥感与现场实测数据的融合、渗透和统一，以及多源遥感数据与陆表过程模型的同化为地球科学、环境科学、生命科学等研究提供了新的科学方法和技术手段，导致了地学的研究范围、性质和方法发生重大变化。推动了以全球观和系统观为特点，以全球变化多学科交叉研究为重点的地球系统科学的发展，为解决全球变化问题提供了有效途径。

1.6.2 全球遥感研究趋势：杂志、作者、机构与词汇

Zhuang 等（2013）采用文献计量学分析了 1991～2010 年 SCI 和 SSCI 收录的有关“remote sensing”48754 篇相关文章，并对发表文章的期刊、作者影响力、机构和热门词汇进行了相关分析，发现在过去 20 年遥感研究取得了很大的进步。

1. 与遥感相关的刊物

在 2010 年期刊引证报告（journal citation reports，JCR）的主题分类中，遥感研究涵盖了 111 个主题。前 10 个主题是：remote sensing（24571），imaging science&photographic technology（12966），geochemistry&geophysics（10002），engineering（8969），environmental sciences &ecology（7884），geology（7171），meteorology & atmospheric sciences（5765），physical geography（4574），astronomy & astrophysics（3272），和 telecommunications（2657）。

关于遥感的文章出现在2327本杂志中，前20本活跃的期刊汇总在表1.1中。占0.86%

表 1.1 遥感研究前 20 部活跃期刊

Journal	TA/%	IF（R）
International Journal of Remote Sensing	5712（12.88）	1.117（12）
IEEE Transactions on Geoscience and Remote Sensing	4901（11.05）	2.895（6）
Remote Sensing of Environment	3318（7.48）	4.574（1）
Radio Science	2407（5.43）	1.075（14）
Photogrammetric Engineering and Remote Sensing	1884（4.25）	1.048（15）
IEEE Geoscience and Remote Sensing Letters	960（2.16）	1.56（11）
Journal of Geodesy	849（1.91）	2.414（8）
Journal of Geophysical Research-Atmospheres	722（1.63）	3.021（4）
Canadian Journal of Remote Sensing	653（1.47）	0.56（18）
ISPRS Journal of Photogrammetry and Remote Sensing	610（1.38）	2.885（7）
Geophysical Research Letters	391（0.88）	3.792（2）
Earth Observation and Remote Sensing	379（0.85）	0.229 (20)[a]
Applied Optics	347（0.78）	1.748（9）
Photogrammetric Record	331（0.75）	1.098（13）
Journal of Geophysical Research-Oceans	327（0.74）	3.021（4）
Survey Review	301（0.68）	0.277（19）
Journal of Applied Remote Sensing	300（0.68）	0.818（17）
International Journal of Applied Earth Observation and Geoinformation	260（0.59）	1.744（10）
Journal of Quantitative Spectroscopy and Radiative Transfer	237（0.53）	3.193（3）
Optical Engineering	210（0.47）	0.959（16）

TA（%）表示 total articles 总文章数量（百分比）；IF 表示 2011 年 JCR 影响因子；R 表示表格中的排序；a 表示 2003 年 JCR 影响因子。

的这20本期刊出版了56.59%的文章。International Journal of Remote Sensing发表了5712篇文章，占第一，其次是IEEE Transactions on Geoscience and Remote Sensing（4901）。还有98.84%的期刊没有分类为“remote sensing”，表明遥感已经延伸到其他多个领域，并且在地理科学、环境科学、信号科学和制图等学科占据重要的位置。

2. 作者表现和地理分布

表1.2列出了前20名文章数量最多的作者，分别是美国农业部的Jackson T J、加拿大自然资源部的Wulder M A、加州大学伯克利分校的Gong P（宫鹏）等。Wulder M A为FCA（第一或通信作者）排名第一，加拿大哥伦比亚大学Coops N C 5年TC和h-index排名第一，而美国蒙大拿大学的Running S W的5年每年文章引用（CPP）和地理影响力指数（GIF）排名第一。

3. 活跃的研究机构

表1.3列出了前20名主要的遥感研究机构，其中NASA、Chinese Academy of Sciences、Caltech和University of Maryland位列前四。

表1.2　前20个遥感研究高产的作者

Author/research institute	TA	FCA（R）	In 5-year window			
			TC	CPP（R）	h-index（R）	GIF（R）
Jackson T J/USDA ARS	102	27（5）	634（9）	20.45（9）	16（5）	9.29（10）
Wulder M A/Natural Resources Canada	94	40（1）	979（2）	15.3（13）	20（1）	6.98（16）
Gong P/University of California-Berkeley	90	12（15）	585（10）	14.63（14）	13（9）	6.48（17）
Ustin S L/University of California-Davis	87	11（17）	638（8）	15.95（12）	15（7）	9.05（11）
Kustas W P/USDA ARS	82	27（5）	415（12）	20.75（8）	13（9）	11.4（6）
Coops N C/University of British Columbia	75	23（8）	1,046（1）	14.33（15）	20（1）	8.1（13）
Asner G P/Stanford University	73	33（3）	875（4）	21.88（5）	18（3）	12.43（4）
Kaufman Y J/NASA	72	19（13）	95（18）	13.57（17）	6（17）	10.14（9）
Cohen W B/USDA	69	22（9）	827（6）	29.54（2）	17（4）	13.14（3）
Bruzzone L/University of Trent	66	20（11）	870（5）	18.91（10）	16（5）	9.00（12）
Everitt J H/USDA ARS	65	31（4）	90（19）	4.5（20）	6（17）	3.30（20）
Wigneron J P/INRA	65	21（10）	545（11）	25.95（4）	12（12）	11.52（5）
Baret F/INRA	65	12（15）	656（7）	27.33（3）	13（9）	14.17（2）
Tsang L/University of Washington	63	10（18）	199（16）	16.58（11）	8（15）	7.67（15）
Running S W/University of Montana	62	6（19）	876（3）	39.82（1）	15（7）	15.77（1）
Liang S L/University of Maryland	62	18（14）	405（13）	10.38（19）	12（12）	6.36（18）
Strahler A H/Boston University	60	1（20）	169（17）	21.13（6）	6（17）	10.75（8）
Karnieli A/Ben-Gurion University of the Negev	60	27（5）	220（14）	10.48（18）	9（14）	7.76（14）
Foody G M/University of Southampton	59	38（2）	209（15）	20.9（7）	7（16）	11.00（7）
Cihlar J/Canada Centre for Remote Sensing（CCRS）	59	20（11）	14（20）	14（16）	1（20）	6.00（19）

TA（total article）表示总文章数量；FCA the number of articles published as the first author or the corresponding author表示第一作者或通信作者数量；TC 5-year citations表示5年的引用；CPP 5-year citations per articles表示5年每篇文章引用；h-index 5-year表示5年h指数；GIF 5-year geo-influencing index表示5年地理影响力指数；R rank in the list表示表格中的排序。

表 1.3　前 20 名主要的遥感研究机构

序号	Research institute/country	TA	MC（A）
1	NASA/USA	2367	University of Maryland（296）
2	Chinese Academy of Sciences/China	1385	Beijing Normal University（156）
3	Caltech/USA	1019	NASA（136）
4	University of Maryland/USA	856	NASA（296）
5	NOAA/USA	838	University of Colorado（157）
6	University of Colorado/USA	670	NOAA（157）
7	Consiglio Nazionale delle Ricerche（CNR）/Italy	591	University of Florence（32）
8	United States Navy（USN）/USA	556	NASA（48）
9	USDA ARS/USA	527	NASA（65）
10	United States Geological Survey/USA	465	NASA（44）
11	Russian Academy of Sciences/Russia	463	NASA（12）
12	University of Arizona/USA	446	NASA（69）
13	University of Washington/USA	427	NASA（51）
14	University of Wisconsin/USA	403	NASA（79）
15	Ohio State University/USA	398	Caltech（22）
16	Centre National de la Recherche′ Scientifique	361	（CNRS）/France　Universite′ Paris VI（52）
17	University of California，Santa Barbara/USA	361	NASA（30）
18	Beijing Normal University/China	349	Chinese Academy of Sciences（156）
19	Boston University/USA	349	NASA（67）
20	Colorado State University/USA	339	NASA（45）

TA Total articles 表示文章总量；MC（A）major collaborator（the number of collaborated articles between two institutions）表示主要合作者（两个研究机构合作的文章数量）。

4．遥感领域热门词汇

为了跟踪 1991～2010 年遥感领域的动态研究变化，将研究期划分为四个阶段，检查 30 个高频词之间的相关关系，采用 Ucinet 6.0 进行可视化显示（图 1.5）。

除了“remote sensing”“GIS”是整个期间最为频繁使用的词汇。观测分析也显示出 RS 与 GIS 的结合已经是遥感研究领域的发展趋势。而且，“hyperspectral”和“hyperspectral remote sensing”是 2001～2010 年迅速出现的主题，高光谱数据是监测植被和绘制土地覆盖与利用变化的有效途径（Petropoulos et al.，2012）。

高频出现的关键词：GIS、GPS、modeling、mapping、classification、change detection、monitoring、simulation、image processing、image analysis、data fusion、calibration、microwave radiometry、radiative transfer、neural networks。这些词汇是 1991～2010 年主要的技术。“GIS”“modeling”“monitoring”“validation”“calibration”“classification”和“change detection”是最后 5 年的核心主题。

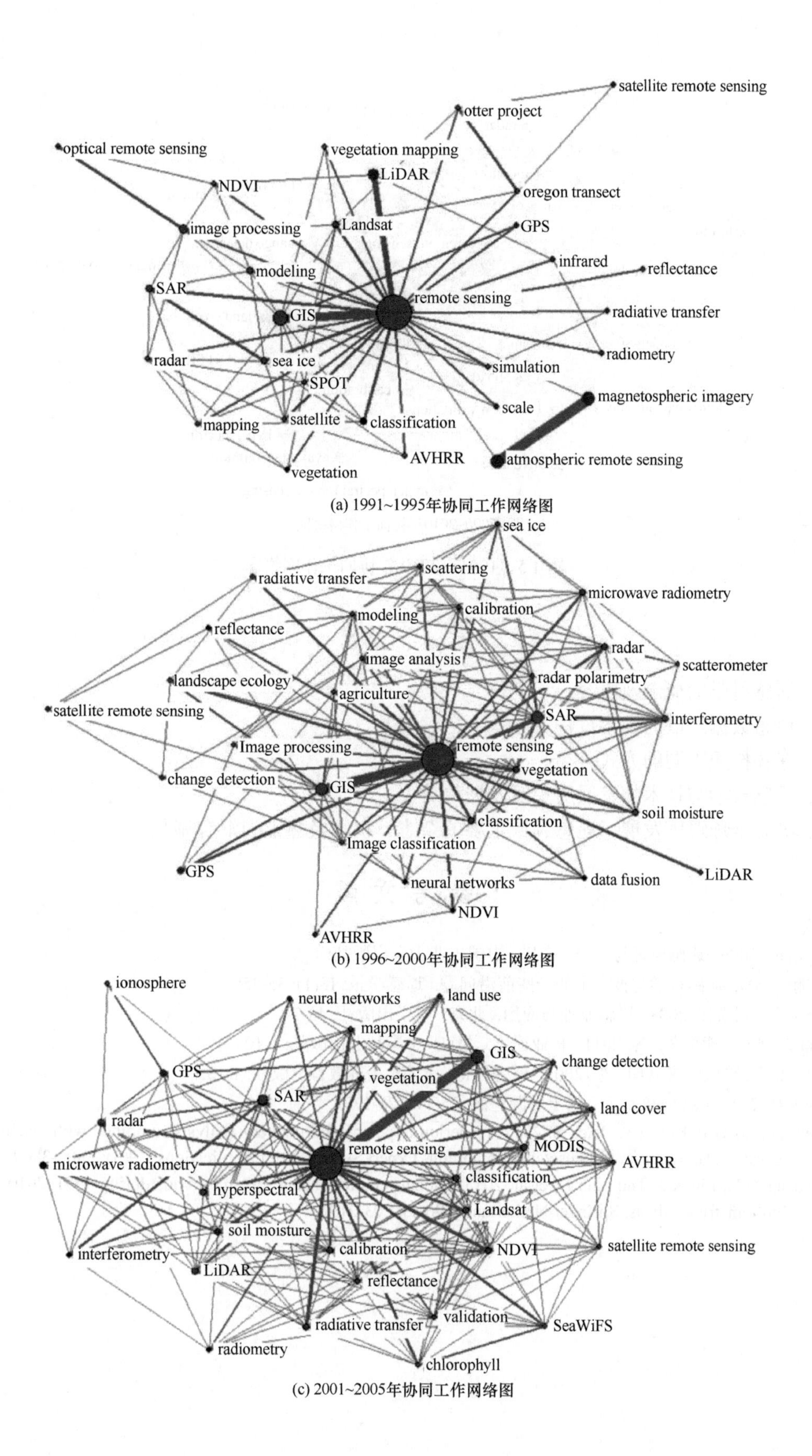

(a) 1991~1995年协同工作网络图

(b) 1996~2000年协同工作网络图

(c) 2001~2005年协同工作网络图

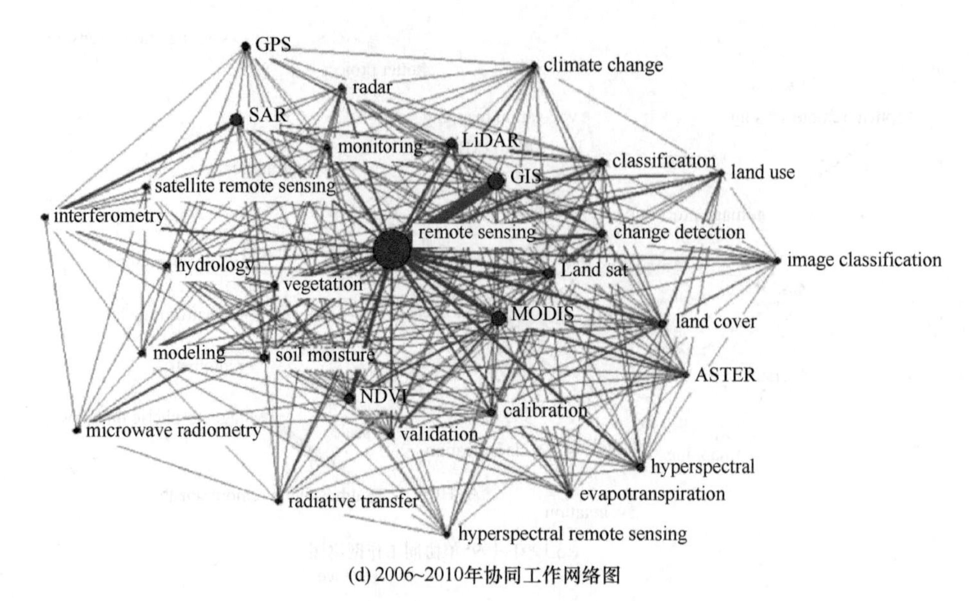

(d) 2006~2010年协同工作网络图

图 1.5　1991～2010 年协同工作网络图

参 考 题

1. 遥感科学的概念及内容。
2. 遥感数据获取的基本过程。
3. 遥感按照不同的方式分类。
4. 遥感科学与技术的发展历史及发展趋势。
5. 纵观全球遥感发展，遥感领域主要的杂志、机构及热点词汇有哪些。

参 考 文 献

杜培军. 2006. 遥感原理与应用. 徐州: 中国矿业大学出版社: 1-2.

宫鹏. 2009. 遥感科学与技术中的一些前沿问题. 遥感学报, 13(1): 35-45.

李小文, 刘素红. 2008. 遥感原理与应用. 北京: 科学出版社: 43-74.

林辉, 孙华, 熊育久, 等. 2011. 林业遥感. 北京: 中国林业出版社: 1-10.

梅安新, 彭望琭, 秦其明, 等. 2001. 遥感导论. 北京: 高等教育出版社: 1-13.

张玉君. 2013. Landsat8 简介. 国土资源遥感, 25(1): 176-177.

Petropoulos G P, Kostas A, Nick S. 2012. Hyperion hyperspectral imagery analysis combined with machine learning classifiers for land use/cover mapping. Expert Systems with Applications, 39(3): 3800-3809.

Zhuang Y H, Liu X J, Thuminh N, et al. 2013. Global remote sensing research trends during 1991–2010: A bibliometric analysis. Springer Netherlands, 96(1): 203-219.

第2章　遥感科学基础

遥感科学与技术是在测绘科学与技术、空间科学、电子科学与技术、信息与通信工程、物理学、地球科学、计算机科学与技术，以及其他学科交叉渗透、相互融合的基础上发展起来的一门新兴边缘学科。遥感即遥远感知，是一种远离目标，以电磁波（包括紫外、可见光、红外和微波等）为媒介，通过不直接接触目标而判定、测量并分析地物目标和自然现象性质的技术。由于任何地物其组成、特征和环境条件的不同，而具有完全不同的电磁波的反射或发射特征，因此遥感技术就是根据不同地物的电磁波特征的差异识别不同的地物目标。所以要深入学习遥感科学与技术，首先需要学习和掌握遥感科学基础理论。本章主要介绍遥感几何光学基础、电磁波与电磁波谱、辐射传输基础和地物波谱特性的测定等。

2.1　几何光学基础

光在均匀各向同性介质中是沿直线方向传播的，可以用几何学上的直线代表光的传播方向，把这种描述光的传播方向的几何线叫做光线。几何光学是光学学科中以光线为基础，研究光线的传播和成像规律（直线传播、反射和折射定律等）的一个重要的实用性分支学科。一般情况，当研究对象的几何尺寸远远大于光波长，则几何光学简单明了且与实际相符；反之，当研究对象的几何尺寸和单色光波长相近时，光就会产生衍射和干涉现象，就必须考虑光的波动性，才符合实际情况。在对地观测遥感中，由于可见光和微波波长的不同，成像方式也不一样，所以必须用不同的几何光学理论来研究“光学遥感”和“微波遥感”。在可见光遥感中，需要遵循几何光学的基本定律（李小文和刘素红，2008）。

几何光学的基本定律有以下五种。

（1）直线传播定律：光在同一种各向同性、均匀介质中，光是沿直线方向传播，可以用几何光学的直线代表光的传播方向，并把这种描述光传播方向的几何直线叫做光线。

（2）独立传播定律：沿不同方向传播的或由不同物体发出的光，即使相交也互不影响，各自独立传播。

（3）反射定律：当光从一种介质传播到另一种介质时，在两种介质的分界面上，光的传播方向发生了变化，一部分光返回原来的介质。如果分界面是均匀光滑的，则产生镜面反射。如图2.1所示，入射光线、反射光线和投射点法线三者在同一平面内，入射光线和反射光线分居于入射点界面法线的两侧，入射角等于反射角，即$i=i'$。

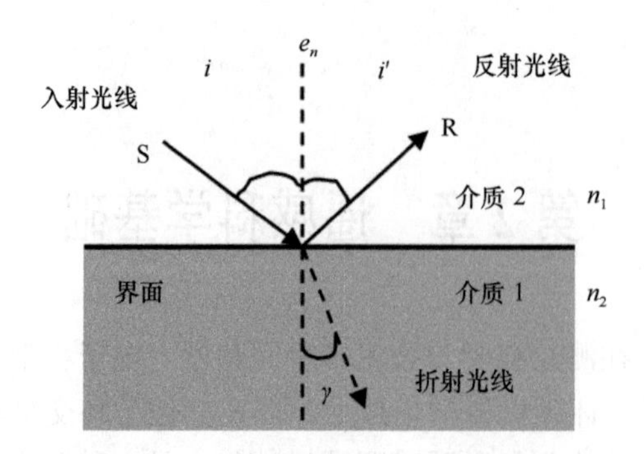

图 2.1　光线反射和折射几何关系

（4）折射定律：由荷兰数学家斯涅尔发现，是在光的折射现象中，确定折射光线方向的定律。光在两种均匀透明介质的光滑表面，除了发生反射外，还有部分光透过分界面，由第一介质进入第二介质后即发生折射，具体几何关系如图 2.1 所示。

（5）漫反射（朗伯定律）：当光线沿着同一方向平行入射到粗糙不平的表面时，光线向不同方向反射，这种反射叫漫反射，如图 2.2 所示，或称朗伯反射。一般说来，当表面粗糙度和波长相近时，可以近似为朗伯表面。

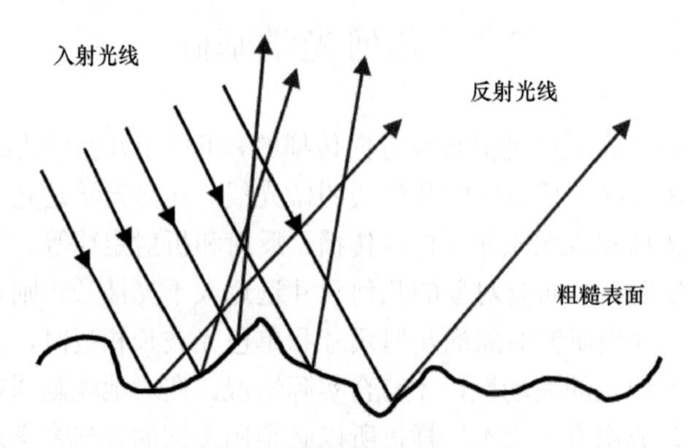

图 2.2　光线漫反射几何关系

当入射光照射到两种透明介质的分界面上时，将有一部分光被反射，另一部分光透过分界面进入第一介质中，如图 2.1 所示。被反射的光线满足反射定律；透过分界面的光线，符合折射定律。

（1）光线折射的光学特性，入射光线、折射光线和分界面的法线 e_n 三者同处在一个平面上，而且折射光线与入射光线分别在法线的两侧，折射角γ大小与入射角 i 的大小有关，具体有下述关系（几何关系如图 2.1 所示）：$\dfrac{\sin i}{\sin\gamma}=n_{21}$，其中，$n_{21}=\dfrac{n_2}{n_1}$，$n_{21}$ 称为介质 2 相对于介质 1 的相对折射率，n_1 为入射光线所在介质的折射线，n_2 为折射光线所在介质的折射线。

（2）透镜的光学特性，透镜是由两个折射球面构成的光具组，球面间为透镜媒质（透镜包括凸透镜和凹透镜），也是目前应用最广的光学元件，各种仪器的光学系统主要由透镜组合而成，因此研究透镜的光学特性具有重要意义。

薄透镜由两个折射球面组成，过两球面圆心的直线为光轴，顶点间距 d，如果满足：

$d \ll r_1, r_2, |s|, |s'|$就是薄透镜，通常可以认为$d=0$此时，两球面顶点重合，称为光心，记为$O$。薄透镜成像实际上就是两个单球面两次折射的总效果，如图2.3所示，可以用逐次成像法得到透镜成像公式：

$$\frac{n'}{s'}+\frac{n}{s}=\frac{n_L-n}{r_1}+\frac{n'-n_L}{r_2}-\frac{n_L}{s_1'}-\frac{n_L}{d-s_1'} \tag{2.1}$$

式中，$s_1=s$；$s_2'=s'$。

由于薄透镜的特性，$d\approx 0$，那么薄透镜成像公式如下：

$$\frac{n'}{s'}+\frac{n}{s}=\frac{n_L-n}{r_1}+\frac{n'-n_L}{r_2} \tag{2.2}$$

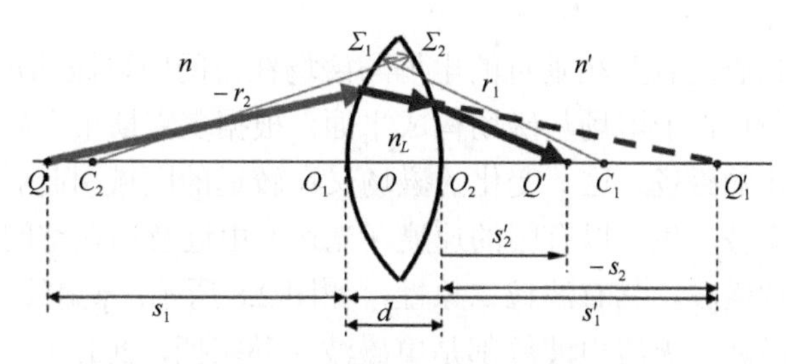

图2.3 薄透镜成像示意图

（3）光线在棱镜中的折射。棱镜是由两个以上互不平行的折射面组成的，用以分光或使光束发生色散，它是光学仪器中经常用到的光学元件，它的样式很多，其中常用就是三棱镜，三棱镜是由折射平面组成的光学系统，它是由两个或两个以上的不平行的折射平面围成的透明介质元件。它的主要作用是使通过它的不同波长光线的行进方向相对与原来的方向发生偏折，如图2.4所示。

光线在棱镜中的色散，由于玻璃对波长越长的光的折射率越小，红、橙、黄、绿、蓝、靛、紫7种颜色的光波波长依次越来越短，折射率依次越来越大，因此偏折的程度也就依次增大，所以白光通过三棱镜后，出射光束变为红、橙、黄、绿、蓝、靛、紫七色光的光束，形成了如图2.5所示的彩色分布．这种现象叫做光的色散，这类棱镜称为色散棱镜。

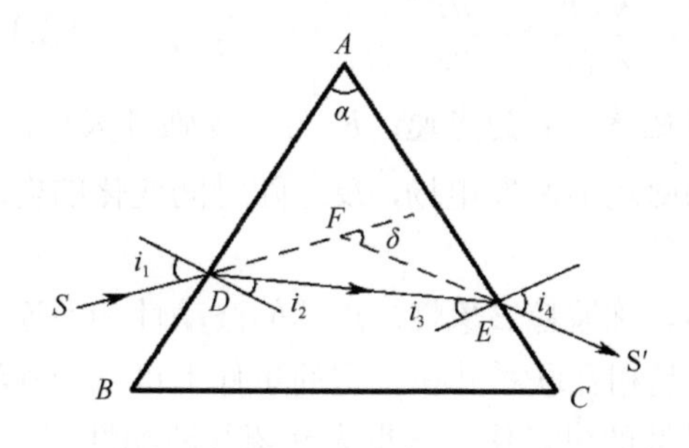

图2.4 光线在三棱镜中的折射

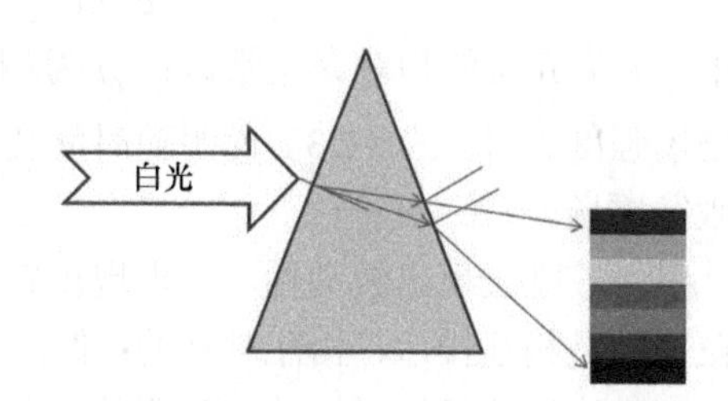

图2.5 光线色散示意图（彩图附后）

2.2 电磁波与电磁波谱

遥感是通过对地面目标进行探测，获取目标的信息，再对所获取的信息进行处理，从而实现对目标的了解和描述，它获取信息是通过传感器来实现。传感器收集地表的信息，而这些信息就是地表任何地物表面辐射的电磁波和反射入射的电磁波。不同亮度的电磁辐射，向上穿过大气层，经大气层的吸收、衰减和散射，穿透大气层，到达航天航空传感器。传感器可以是横幅式成像，如相面，一次成一幅二维遥感影像；也可以是推扫式的，即一次成一条线状影像，随着卫星向前运行，再成下一条影像，最后拼成一幅卫星影像；还可以是扫描式的，即一次记录一个像元的亮度波谱，逐点扫描，形成一条反映地物目标的影像线，随着平台的移动，最后形成一幅遥感影像。

2.2.1 电磁波与电磁波谱

1. 电磁波

电磁波是由同相震荡且互相垂直的电场与磁场在空间中以波的形式移动，传递能量和动量，其传播方向垂直于电场与磁场构成平面。根据麦克斯韦电磁场，变化的电场能够在它周围引起变化的磁场，这一变化的磁场又在较远的区域引起新的变化磁场。这种变化的电场和磁场交替产生，以有限的速度（光速）由近及远在空间传播的过程称为电磁波，电磁波是一种横波，具有波粒二象性，如图 2.6 所示。γ 射线、X 射线、紫外线、可见光、红外线、微波、无线电波等都是电磁波（孙家抦，2013）。

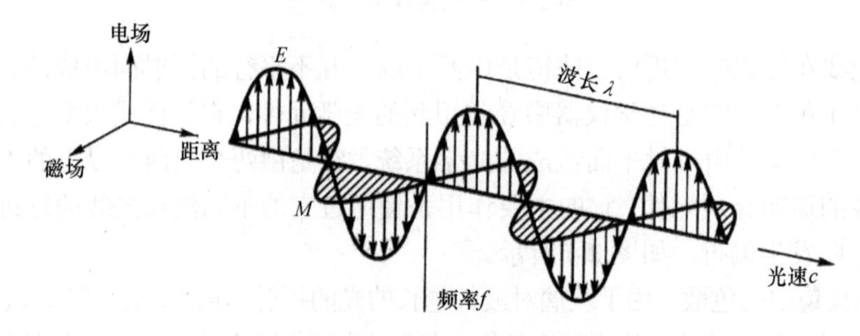

图 2.6 电磁波传播示意图

电磁波可以用下列方程组表示：

$$\frac{\mu}{c}\frac{\partial H}{\partial t}=-\frac{\partial E}{\partial x},\quad \frac{\varepsilon}{c}\frac{\partial E}{\partial t}=-\frac{\partial H}{\partial x} \tag{2.3}$$

式中，ε 为介质的相对介电常数；μ 为相对导磁率；c 为光速；E 为电场强度矢量；H 为磁场强度矢量。式（2.3）说明随时间变化的磁场能激发电场，反之随时间变化的电场能激发磁场。

电磁波既表现出波动性，又表现出粒子性，称波粒二象性。连续的波动性和不连续的粒子性是相互排斥、相互对立的；但两者又是相互联系并在一定的条件下可以相互转化的。可以说波是粒子流的统计平均，粒子是波的量子化。这里先介绍其波动性。

1）波动性

单色波的波动性可用波函数来描述，如

$$E(r,t)=E_0\sin[(\omega t-kr)+\varphi] \tag{2.4}$$

式中，r 为位置矢量；t 为时间；ω 为角频率；φ 为初相位；E_0 为振幅。

波函数是一个时空的周期性函数，由振幅和相位组成。对电磁波来讲，振幅表示电场振动的强度，振幅的平方与电磁波具有的能量大小呈正比。一般成像时只记录振幅，而全息成像和雷达成像时，既记录振幅又记录相位。

光的波动性形成了光的干涉、衍射、偏振等现象（梅安新等，2001；李德仁等，2008）。

干涉：由两个（或两个以上）频率、振动方向相同、相位相同或相位差恒定的电磁波在空间叠加时，合成波振幅为各个波的振幅的矢量和。因此，会出现交叠区某地方振动加强，某些地方振动减弱或完全抵消的现象。

一般来说，凡是单色波都是相干波。取得时间和空间相干波对于利用干涉进行距离测量是相当重要的。激光就属于相干波，它是光波测距仪的理想光源。微波遥感中的雷达也是应用了干涉原理成像的，其影像上会出现颗粒状或斑点状的特征，这是一般非相干的可见光影像所没有的，对微波遥感的判读意义重大。

衍射：光通过有限大小的障碍物时偏离直线路径的现象称为衍射。从夫琅禾费衍射装置的单缝衍射实验中可以看到：从入射光垂直于单缝平面时的单缝衍射图样中，可以看到中央有特别明亮的亮纹，两侧对称地排列着一些强度逐渐减弱的亮纹。如果单缝变成小孔，由于小孔衍射，在屏幕上出现不是一个亮点，而是一个亮斑，它周围还有逐渐减弱的明暗相间的条纹，其强度分布如图 2.7 所示。一个物体通过物镜成像，实际上是物体各点发出的光线在屏幕上形成的亮斑组合。

遥感中部分光谱仪的分光器件，正是运用多缝衍射原理，用一组相互平行、宽度相同、间隙相同的狭缝组成衍射光栅，使光发生色散以达到分光的目的。因此，研究电磁波的衍射现象对设计遥感仪器和提高遥感图像几何分辨率具有重要的意义。另外，在数字影像的处理中也要考虑光的衍射现象。

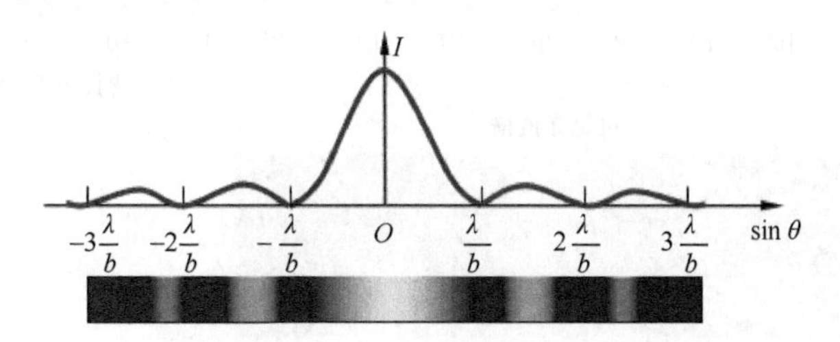

图 2.7　衍射光强度分布

偏振：偏振是横波的振动矢量（垂直于波的传播方向）偏于某些方向的现象。它是横波区别于纵波的一个最明显的标志，只有横波才有偏振现象。电磁波是横波，因此它具有偏振性，包括偏振波、部分偏振波和非偏振波。许多散射光、反射光、透射光都是部分偏振光，且其偏振度与有关物质的性质有关。偏振在微波技术中称为“极化”。遥感技术中的偏振摄影和雷达成像就利用了电磁波的偏振这一物性（尹占娥，2008）。

2）粒子性

电磁波还具有粒子性，粒子性的基本特点是能量分布的量子化。一个原子不能连续地吸收或发射辐射能，只能不连续地一份一份地吸收或发射能量，即光能有一最小单位，叫做光量子或光子，这种情况叫做能量的量子化。光子能量与电磁辐射的频率呈正比。由于光子可以被带电粒子吸收或发射，因此光子承担了一个重要的角色——能量的传输者。根据普朗克关系式，光子的能量是：$E=h\nu$，式中，E 为能量，h 为普朗克常数，ν 为频率。

一个光子被子吸收的同时，也会激发它的束缚电子，将电子的能级升高。假若光子给出的能量足够大，电子可能会逃离原子核的束缚吸引，成为自由电子。反过来，一个跃迁至较低能级的电子，会发射一个能量等于能级差的光子。由于原子内的电子能级是离散的，每一种原子只能发射和吸收它的特征频率的光子。综合在一起，这些效应解释了物质对电磁波的吸收光谱与发射光谱。

2. 电磁波谱

不同波长的电磁波的产生方式以及与物质的相互作用是不同的，不同的电磁波是由不同的波源产生的。γ射线、X 射线、紫外线、可见光、红外线、微波、无线电波等属于电磁波。电磁波是电磁场的传播，而电磁场具有能量，因而波的传播也是电磁能量的传播过程。将电磁波按照波长或频率递增或递减顺序排列，称为电磁波谱，如图 2.8 所示。电磁波谱区段的界限是渐变的，一般按产生电磁波的方法或测量电磁波的方法来划分。习惯上人们常常将电磁波区段划分为表 2.1（周军其等，2014）。

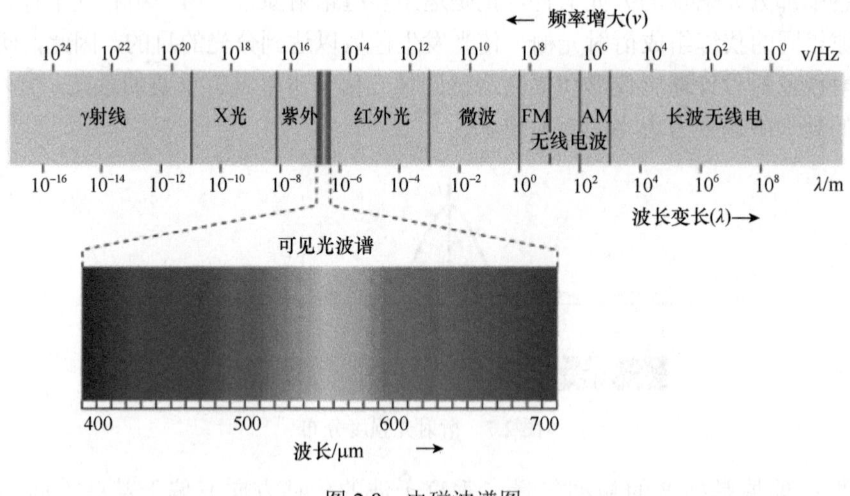

图 2.8　电磁波谱图

从电磁波谱图可见，电磁波的波长范围非常宽，从波长最短的γ射线到最长的无线电波，它们的波长之比高达 10^{22} 倍以上。遥感采用的电磁波波段可以从紫外一直到微波波段。遥感器就是通过探测或感测不同波段电磁波谱的发射、反射辐射能级而成像的，可以说电磁波的存在是获取图像的物理前提。在实际的遥感工作中根据不同的目的选择不同的波谱段。

表 2.1　各电磁波谱段的产生及其遥感应用特征

产生方式	谱段		波长	遥感应用特征
原子核内部的相互作用	γ射线		<0.03nm	来自太阳的辐射完全被上层大气所吸收，不能为遥感利用，来自放射性矿物的γ辐射作为一种探矿手段可被低空飞机探测到
层内电子离子化	X 射线		0.03～3nm	进入的辐射全被大气所吸收，遥感中未用
外层电子的离子化	紫外线		3nm 至 0.38μm	波长小于 0.3μm 的由太阳进入的紫外辐射完全为上层大气中的臭氧所吸收
	摄影紫外		0.38～0.38μm	穿过大气层，用胶片和光电探测器可检出，但是大气散射严重
外层电子的激励	可见光	紫	0.38～0.43μm	用照相机、电视摄影机和光电扫描仪等均可检测，包括在 0.5μm 附近的地球反射比峰值
		蓝	0.43～0.47μm	
		青	0.47～0.50μm	
		绿	0.50～0.56μm	
		黄	0.56～0.59μm	
		橙	0.59～0.62μm	
		红	0.62～0.76μm	
分子振动 晶格振动	红外线		0.76～1000μm	与物质的相互作用随波长而变，各大气传输窗口被吸收谱段所隔开，一般有以下的划分
		近红外（反射红外）	0.76～3μm	这是初次反射的太阳辐射，0.7～1.4μm 的辐射用红外胶片检测，称为摄影红外辐射
		中红外（热红外）	3～5μm	这是热区中的主要大气窗口，是一个宽谱段内的总辐射，用这些波长成像需要使用光学-机械扫描器而不是用胶片
		远红外（热红外）	8～14μm	
分子旋转和反转，电子自转与磁场的相互作用	微波		0.1～100cm	这些较长的波长能穿透云和雾，可用于全天候成像，其下可续分为毫米波、厘米波和分米波，而且都是无线电波的一种
核自转与磁场的相互作用	无线电波工业用电		100～106cm 及>106cm	用于无线电通信，分超短波、短波、中波、长波

2.2.2　物体的发射辐射

1. 黑体辐射

任何自身温度高于绝对零度的物体，都具有发射电磁波的能力，但一般物体发射电磁波的情况比较复杂。为了衡量地物发射电磁波能力的大小，常以黑体辐射作为度量的标准。如果一个物体对于任何波长的电磁辐射都全部吸收，则这个物体称为绝对黑体。

1960 年，基尔霍夫得出了好的吸收体也是好的辐射体这一定律，它说明了凡是吸收热辐射能力强的物体，它们的热发射能力也强；凡是吸收热辐射能力弱的物体，它们的热发射能力也就是弱。黑体是个假设的理想辐射体，它既是完全的吸收体，又是完全的辐射体（周军其等，2014）。

一个不透明的物体对入射到它上面的电磁波只有吸收和反射作用，且此物体的光谱吸收率$\alpha(\lambda,T)$与光谱反射率$\rho(\lambda,T)$之和恒等于 1，实际上对于一般物体而言，上述系数都与波长和温度有关，但绝对黑体的吸收率$\alpha(\lambda,T)\equiv 1$，反射率$\rho(\lambda,T)\equiv 0$；与之相反的绝对白体则能反射所有的入射光，即反射率$\rho(\lambda,T)\equiv 1$，吸收率$\alpha(\lambda,T)\equiv 0$，与温度和波长无关。理想的绝对黑体在实验上是用一个带有小孔的空腔做成的（图 2.9）。

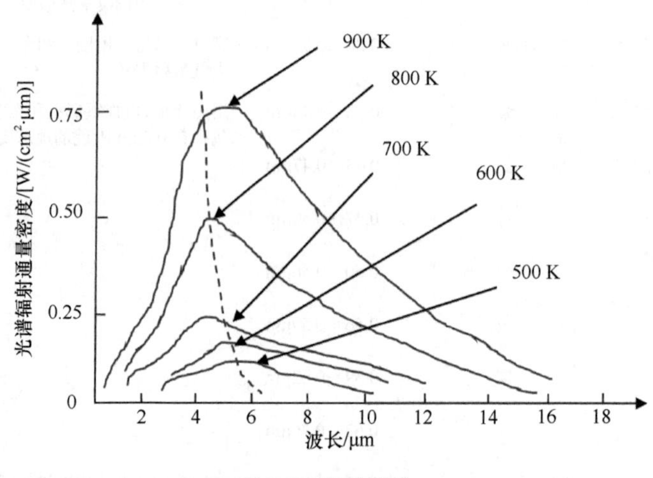

图 2.9 绝对黑体

在黑体辐射中存在各种波长的电磁波，辐射的电磁波波长和能量大小与它自身温度有关。1990 年普朗克用量子理论概念推导出了黑体辐射定律，表明黑体辐射通量密度与其温度和波长有如下关系，即

$$W_\lambda = \frac{2\pi hc^2}{\lambda^5}\cdot\frac{1}{\mathrm{e}^{ch/\lambda kT}-1} \tag{2.5}$$

式中，W_λ为分谱辐射通量密度，单位：W/（cm^2·μm）；λ为波长，单位：μm；h为普朗克常数（6.6256×10^{-34}J·s）；c为光速（3×10^{10} cm/s）；k为玻耳兹曼常数（1.38×10^{-23}J / K）；T为绝对温度，单位：K。

从式（2.5）中可以看出，W_λ与温度T和波长λ有关，图 2.10 为几种温度下普朗克式（2.5）绘制的黑体辐射波谱曲线，从图中可直观地看出黑体辐射的三个特性：

（1）总辐射通量密度W随温度T的增加而迅速增加，即与曲线下的面积成正比，总辐射通量密度W可从零到无穷大的范围内，对普朗克公式按波长进行积分求得，即

$$W=\int_0^\infty \frac{2\pi hc^2}{\lambda^5}\cdot\frac{1}{\mathrm{e}^{ch/\lambda kT}-1}\mathrm{d}T \tag{2.6}$$

由此可得从 1cm^2 面积的黑体辐射到半球空间里的总辐射通量密度的表达式为

$$W=\frac{2\pi^5 k^4}{15c^2h^3}T^4=\sigma T^4 \tag{2.7}$$

式中，$\sigma=\frac{2\pi^5 k^4}{15c^2h^3}=5.6697\times10^{-12}$［W/（cm^2·K^4）］；$T$为绝对黑体的绝对温度（K）；$\sigma$为

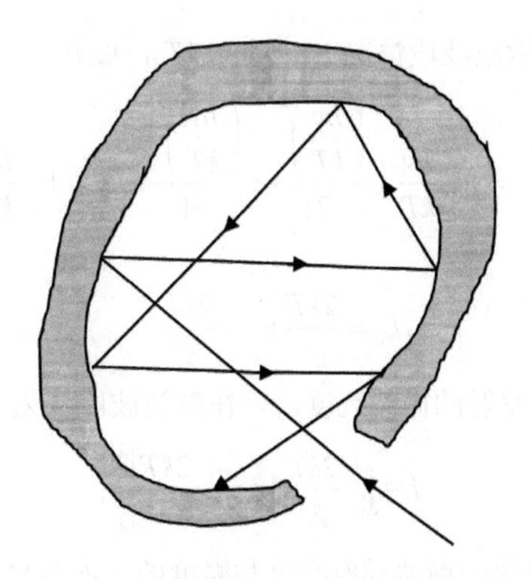

图 2.10 几种温度下的黑体波谱辐射曲线

斯忒藩-玻耳兹曼常数。从式（2.7）可知，绝对黑体表面上单位面积发出的总辐射能与绝对温度的四次方成正比。对于一般物体，传感器检测到其辐射能后就可以利用此式概略推算出物体的总辐射能量或绝对温度。热红外遥感就是利用这一原理探测和识别目标物的。

（2）分谱辐射能量密度的峰值波长 $\lambda_{\max}$ 随温度的增加向短波方向移动。对普朗克公式微分普朗克公式，并求极值：

$$\frac{\partial W_{\lambda}}{\partial_{\lambda}}=\frac{-2\pi hc^{2}\left[5\lambda^{4}(e^{\frac{hc}{\lambda kT}}-1)-\lambda^{5}e^{\frac{hc}{\lambda kT}}.\frac{hc}{\lambda^{2}kT}\right]}{\lambda^{10}(e^{\frac{hc}{\lambda kT}}-1)^{2}}=0 \tag{2.8}$$

令 $X=\frac{hc}{\lambda kT}$，解出 X=4.96511，因此

$$\lambda_{\max}T=\frac{hc}{4.96511k}=2897.8\text{m}\cdot\text{K} \tag{2.9}$$

此式称为维恩位移定律。它表明黑体最大辐射强度所对应折波长 $\lambda_{\max}$ 与黑体的绝对温度 T 成反比，即黑体绝对温度增高时，其最大辐射值向短波方向移动。知道了某物体温度，就可以推算它的辐射峰值波长。在遥感技术上，常用这种方法选择遥感器和确定对目标物进行热红外遥感的最佳波段。

（3）每根曲线彼此不相交，故温度 T 越高所有波长上的波谱辐射通量密度也越大。

在长波区，普朗克公式用频率变量代替波长变量，即

$$W_{v}=\frac{2\pi v^{3}}{c^{2}}\cdot\frac{1}{e^{\frac{hv}{kT}}-1} \tag{2.10}$$

倘若考虑是朗伯体，则辐射亮度为

$$L_{v}=\frac{2\pi hv^{3}}{c^{2}}\cdot\frac{1}{e^{\frac{hv}{kT}}-1} \tag{2.11}$$

在波长大于 1mm 的微波波段情况下，$h\nu \ll kT$，展开

$$e^{\frac{h\nu}{kT}} = 1 + \frac{h\nu}{kT} + \frac{\left(\frac{h\nu}{kT}\right)^2}{2!} + \frac{\left(\frac{h\nu}{kT}\right)^3}{3!} + \cdots = 1 + \frac{h\nu}{kT}$$

则

$$L_\nu = \frac{2kT}{c^2}\nu^2 = \frac{2kT}{\lambda^2} \tag{2.12}$$

式（2.12）表示黑体发射的微波亮度，若在微波波段从 λ_1 到 λ_2 积分，则

$$L = \int_{\lambda_1}^{\lambda_2} \frac{2kT}{\lambda^2} \mathrm{d}\lambda = -\frac{2kT}{\lambda}\bigg|_{\lambda_1}^{\lambda_2} \tag{2.13}$$

因此，在微波波段黑体的微波辐射亮度与温度的一次方呈正比。

2. 太阳辐射

地球上的能源主要源于太阳，太阳是被动遥感最主要的辐射源，因此太阳辐射源是一重要的辐射源。传感器从空中或空间接收地物反射的电磁波，主要是来自太阳辐射的一种转换形式。

太阳常数指不受大气影响，在距离太阳一个天文单位（日地平均距离：太阳和地球的距离在天文学上称做“天文单位”，这是一个很重要的数字，很多天文数字都是以它为基础；日地平均距离大约为 15000 万 km）内，垂直于太阳光辐射的方向上，单位面积、单位时间黑体所接收的太阳辐射能量。它是进入地球大气的太阳辐射在单位面积内总量，包括所有形式的太阳辐射，不是只有可见光的范围；它需要在地球大气层之外，垂直于入射光的平面上测量。

太阳辐射包括整个电磁波波谱范围。图 2.11 描绘出了黑体在 5800K 时的辐射曲线，在大气层外接收到的太阳辐照度曲线，以及太阳辐射穿过大气层后的海平面接收的太阳辐射照度曲线。

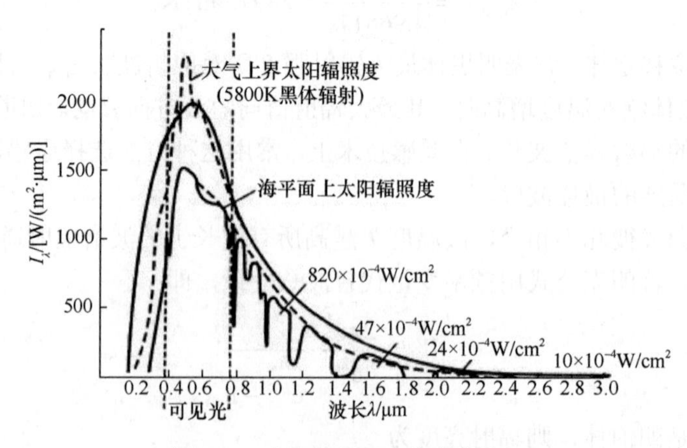

图 2.11　太阳辐射照度分布曲线

从图 2.11 可以看出，太阳辐射的光谱是连续的，它的辐射特性与绝对黑体的辐射物性基本一致。太阳辐射从近紫外到中红外这一波段区间能量最集中而且相对来说较稳

定。在X射线、γ射线、远紫外及微波波段，能量小但变化大。就遥感而言，被动遥感主要利用可见光、红外等稳定辐射，因而太阳的活动对遥感没有太大影响，可以忽略。另外，海平面处的太阳辐射照度曲线与大气层外的曲线有很大不同。这主要是地球大气对太阳辐射的吸收和散射的结果。

3. 一般物体的发射辐射

一般地物的温度都高于绝对零度，因此都会发射电磁波。在相同温度下，地物的电磁波发射能力较同温下黑体的辐射能力要低。黑体热辐射由普朗克定律描述，它仅依赖于波长和温度，而实体物体的辐射不仅依赖于波长和温度，还与构成物体的材料、表面状况等因素有关。我们用发射率 ε_λ 来表示它们之间的关系：

$$\varepsilon_\lambda = W'_\lambda / W_\lambda \tag{2.14}$$

式中，ε_λ 为单位面积上地物发射的某一波长的辐射能量密度 W'_λ 与同温度的黑体在同一波长上的辐射通量密度 W_λ 之比。发射率是一个无量纲的量，取值0～1；ε_λ 为波长 λ 的函数，即 $\varepsilon_\lambda = f(\lambda)$，但通常在较大的温度变化范围内其为常数，一般用 ε 来表示。

依据光谱发射率随波长的变化形式，将实际物体分为两类：一类是选择性辐射体，在各波长处的光变发射率 ε_λ 不同；另一类是灰体，在各波长处的光谱发射率 ε_λ 相等，即 $\varepsilon = \varepsilon_\lambda$，与绝对黑体、绝对白体相比较列于下面：

绝对黑体：$\varepsilon_\lambda = \varepsilon = 1$；

灰体、发射率与波长无关：$\varepsilon_\lambda = \varepsilon$，且 $0 < \varepsilon < 1$，自然界大多数物体为灰体；

选择性辐射体：$\varepsilon_\lambda = f(\lambda)$；

理想反射体：$\varepsilon_\lambda = \varepsilon = 0$。

发射率是一个介于0和1数，用于比较此辐射源接近黑体的程度，是物体发射能力的表征，它不仅依赖于物体的组成成分，而且与其表面状态（粗糙度等）及物理性质（介电常数、含水量、温度等）有关，并随着所测定的辐射能的波长、观测角度等条件的变化而变化，表2.2列出了部分地物发射率的实测值（周军其等，2014）。

表2.2　常温下部分地物 ε_λ

地物名称	ε_λ	地物名称	ε_λ
人体皮肤	0.99	石油	0.27
水	0.96	灌木	0.98
岩石（石英岩）	0.63	麦地	0.93
大理石	0.94	稻田	0.89
柏油路	0.93	黑土	0.87
土路	0.83	黄黏土	0.85
干沙	0.95	草地	0.84
混凝土	0.90	铁	0.21

同一种物体的发射率还与温度与关，表2.3列出了石英石和花岗岩随温度变化时发射率的变化情况（周军其等，2014）。

表 2.3　不同温度下两种岩石的发射率

岩石	−20℃	0℃	20℃	40℃
石英岩	0.694	0.682	0.621	0.664
花岗岩	0.787	0.783	0.780	0.777

大多数物体可以视为灰体，根据式（2.14）可知：

$$W'_{\lambda}=\varepsilon W=\varepsilon\sigma T^{4} \tag{2.15}$$

实际测定的物体的光谱辐射通量密度曲线并不像描绘的黑体光谱辐射通量密度曲线那么光滑，图 2.12 是石英岩的光谱辐射通量密度曲线，为了便于分析，常常用一个最接近灰体辐射曲线的黑体辐射曲线作为参照，这时的黑体辐射温度称为该灰体的等效黑体温度（或称辐射温度），写为 $T_{等效}$（在光度学中称为色温）。等效黑体温度与辐射曲线温度不等，可近似地确定它们之间的关系为

$$T_{等效}=\sqrt[4]{\varepsilon}T' \tag{2.16}$$

式中，T'为实际物体的温度。

基尔霍夫定律：在任一给定温度下，辐射通量密度与吸收率之比对任何材料都是一个常数，并等于该温度下黑体的辐射通量密度。即有

$$\frac{W'_{\lambda}}{\alpha}=W_{\lambda} \tag{2.17}$$

式中，α为吸收率。

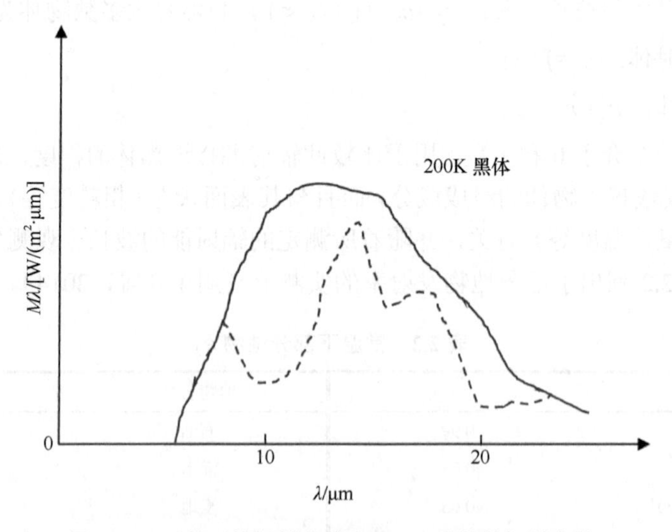

图 2.12　石英石的辐射曲线和 200K 黑体的辐射曲线

将$W'_{\lambda}=\varepsilon\sigma T^{4}$和$W'_{\lambda}=\sigma T^{4}$代入上式得：$\varepsilon=\alpha$，说明任何材料的发射率等于其吸收率。

根据能量守恒定律，入射在地表面的辐射功率 E 等于吸收功率 E_{α}、透射功率 E_{γ}和反射功率 E_{ρ}三个分量之和，即 $E= E_{\alpha}+E_{\gamma}+ E_{\rho}$，等式两边分别除以 E，得

$$1=\frac{E_{\alpha}}{E}+\frac{E_{\gamma}}{E}+\frac{E_{\rho}}{E}=\alpha+\gamma+\rho \tag{2.18}$$

式中，α为吸收率；γ为透射率；ρ为反射率。

对于不透射电磁波的物体：

$$\alpha+\rho=1 \tag{2.19}$$

可以得到

$$\varepsilon=1-\rho \tag{2.20}$$

2.2.3 地物的反射辐射

1. 地物的反射类别

地物对电磁波的反射有三种形式：镜面反射、漫反射、方向反射（孙家抦，2013），如图 2.13 所示。

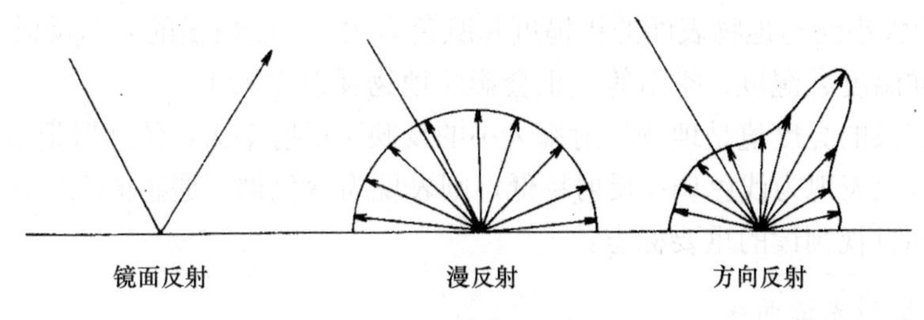

图 2.13 几种反射形式

镜面反射：当入射能量全部或几乎全部按相反方向反射，且反射角等于入射角，称为镜面反射。镜面反射分量是相位相干的，且振幅变化小，伴有偏振发生。自然界中真正的镜面很少，对可见光而言，在光滑金属表面、平静水体表面均可发生镜面反射；而对微波而言，由于波长较长，故大多数平面物体都会产生镜面反射。

漫反射：如果入射电磁波波长λ不变，表面粗糙度h逐渐增加，直到h与λ同数量级，这时整个表面均匀反射入射电磁波，入射到此表面的电磁辐射按照朗伯余弦定律反射。

方向反射：朗伯体表面实际上是一个理想化的表面，即假定介质是均匀的、各向同性的。事实上，自然界大多数地表既不完全是粗糙的朗伯表面，也不完全是光滑的镜面，而是介于两者之间的非朗伯表面，其反射并非各向同性，而具有明显的方向性，即在某些方向上反射最强烈，这种现象称为方向反射。镜面反射可以认为是方向反射的一种特例。

从空间对地面进行观察时，对于平面地区且地面物体均匀分布的情况，物体对电磁波的反射可以看成漫反射；对于地形起伏和地面结构复杂的地区，物体对电磁波的辐射形式则为方向反射。产生方向反射的物体在自然界中占绝对多数，即它们对太阳短波辐射的散射具有方向异性性质。当遥感应用进行定量分析阶段，必须抛弃“目标是朗伯体”的假设。描述方向反射不能简单地用反射率来表述，因为各方向的反射率都不一样。对非朗伯体而言，它对太阳短波辐射的反射、散射能力不仅随波长而变，同时亦随空间方向而变。而地物的方向特征是用来描述地物对太阳反射辐射、散射能力在方向空间的变化，这种空间变化特征主要决定于两种因素，其一是物体的表面粗糙度，它不仅取决于表面平均粗糙高度值与电磁波波长之间的比例关系，而且还与视角关系密切。

2. 光谱反射率以及地物反射光谱特性

1）光谱反射率

反射率是物体的反射辐射通量与入射辐射通量之比，$\rho = E_\rho / E'$ 反射率是在理想的漫反射情况下，整个电磁波长的反射率。

根据能量守恒定律，反射率高的地物，其吸收率就低。吸收率高的地物，其反射率就低。地物反射率是可以用光谱辐射计测量的，吸收率一般是通过反射率推算出来的。

地物对不同波长的反射率是变化的，同一波长作用于不同地物其反射率也是不同的。反射率的大小还与地物表面的粗糙度和颜色有关，一般粗糙的表面反射率低。此外，环境因素，如温度、湿度、季节等，也会影响地物反射率大小。

传感器记录的亮度值是地物反射率大小的反映。反射率大，传感器记录的亮度值就大，遥感图像上表现为浅色调；反射率低，则表现为深色调。遥感图像色调的差异是识别地物类别和目视判读的重要标志。

2）地物反射光谱曲线

地物波谱反射率随着波长变化而改变的特性称为地物的反射波谱特性，将其与波长的关系在直角坐标系中描绘出的曲线称为地物反射光谱曲线（也称反射波谱曲线）。不同地物的该曲线是不同的（图 2.14），地物反射率随波长变化的规律，为遥感影像的判读和分析提供了重要依据。

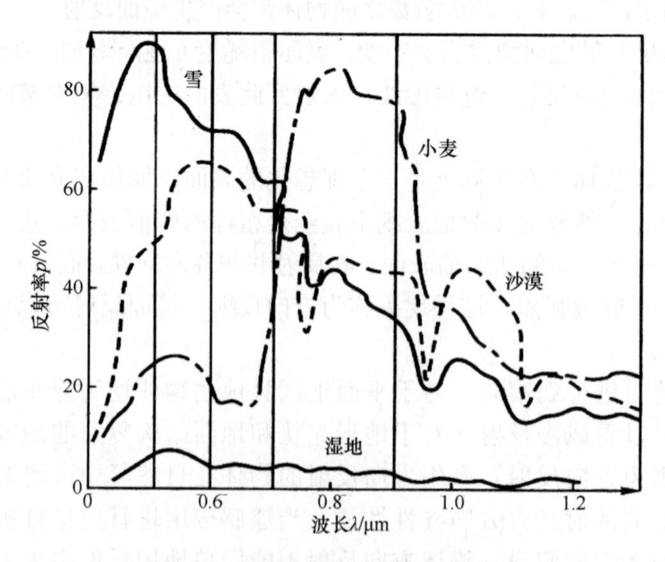

图 2.14　四种不同地物反射波谱曲线

物体的反射波谱限于紫外、可见光和近红外，尤其是后两个波段。一个物体的反射波谱的特征主要取决于该物体与入射辐射相互作用的波长选择，即对入射辐射的反射、吸收和透射的选择性，其中反射作用是主要的。物体对入射辐射的选择性作用受物体的组成成分、结构、表面状态，以及物体所处环境的控制和影响。在漫反射的情况下，组成成分和结构是控制因素。

图 2.15 表示四种不同地物的反射波谱曲曲线，其形态差异很大。从图中曲线可以看到，雪的反射波谱与太阳波谱最相似，在蓝光 0.49 μm 附近有个波峰，随着波长增加反射率逐渐降低；沙漠的反射率在橙色光 0.6 μm 附近有峰值，但在长波范围里比雪的反射率要高；湿地的反射率较低，色调发暗灰；小麦叶子的反射波谱与太阳的波谱有很大差别，在绿波处各种物体，由于其结构和组成成分不同，反射波谱特性是不同，即各种物体的反射特性曲线的形状是不一样的，即便是在某波段相似，甚至一样，但在另外的波段还是有很大的区别的。如图 2.15 所示柑橘、番茄、玉米、棉花四种地物的反射波谱特性曲线形状则不同，在 0.6～0.7 μm 很相似，而其他波长（如 0.25～0.75 μm 波段）的波谱反射特性曲线形状则不同，且有很大差别。不同波段的地物反射率不同，这就使人们很容易想到用多波段进行地物探测，如在地物的波谱分析以及识别上用多光谱扫描仪、成像光谱仪等传感器，另外多源遥感数据融合、假彩色合成等也逐渐成为遥感影像的重要处理方式。

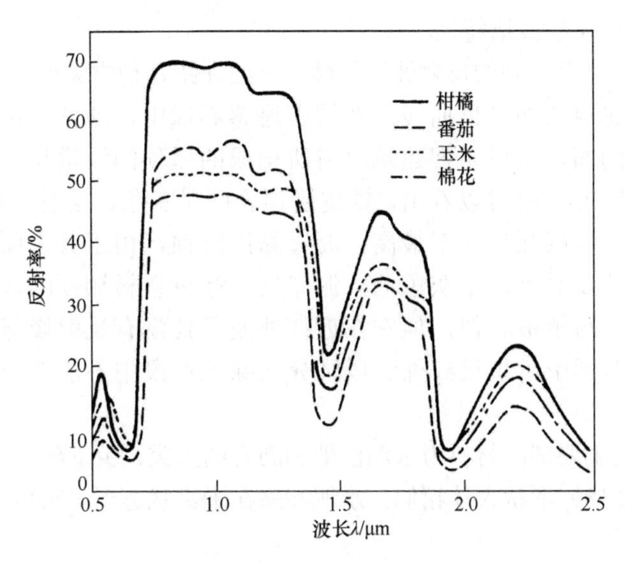

图 2.15　四种植物的反射波谱特性曲线

正因为不同地物在不同波段有不同的反射率这一特性，物体的反射特性曲线才作为判读和分类的物理基础，广泛地应用于遥感影像的分析和评价中。

3）地物反射光谱特性分析

不同的地物在不同波段具有不同的反射率，相同的地物在不同条件（时间和地理位置等）下也具有不同的光谱效应。

A. 同一地物的反射波谱特性

地物的光谱特性一般随时间和季节变化而变化，这称为时间效应；处在不同地理区域的同种地物具有不同的光谱效应，称为空间效应。图 2.16 显示同一春小麦在花期、灌浆期、乳熟期、黄叶期的光谱测试结果。从图中可以看出，花期的春小麦反射率显示高于灌浆期和乳熟期。而黄叶期因不具备绿色植物特征（水含量降低），因此在 1.45 μm、1.95 μm、2.7 μm 附近的 3 个水吸收带减弱，反射光谱近似于一条斜线。当叶片有病虫害时，也有与典叶期相类似的反射率。

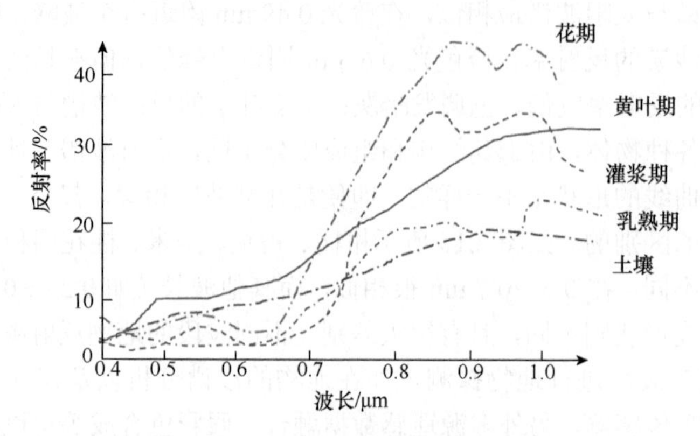

图 2.16　春小麦在不同生长阶段的波谱特性曲线

B. 不同地物的反射波谱特性

不同的地物在具有不同的反射波谱特性，下面介绍几种常见地物的反射波谱特性。

城市道路、建筑物的光谱曲线：在城市遥感影像中，通常只能看到建筑的顶部或部分建筑物的侧面，所以掌握建筑材料所构成的屋顶的波谱特性是我们研究的主要内容之一。从图 2.17 中可以看出，铁皮屋顶表面呈灰色，反射率较低而且起伏小，所以曲线较平缓。石棉瓦反射率最高，沥青黏砂屋顶，由于其表面铺着反射率较高的砂石而决定了其反射率高于灰色的水泥屋顶。绿色塑料棚顶的波谱曲线在绿波段处有一反射峰值，与植被相似，但它在近红外波段处没有反射峰值，有别于植被的反射波谱。军事遥感中常用近红外波段区分在绿色波段中不能区分的绿色植被和绿色的军事目标。

城市中道路的主要铺面材料为水泥沙地和沥青两大类，少量部分有褐色地，它们反射波谱曲线（图 2.18）形状大体相似，水泥沙路在干爽状态下呈灰白色，反射率最高，沥青路反射率最低。

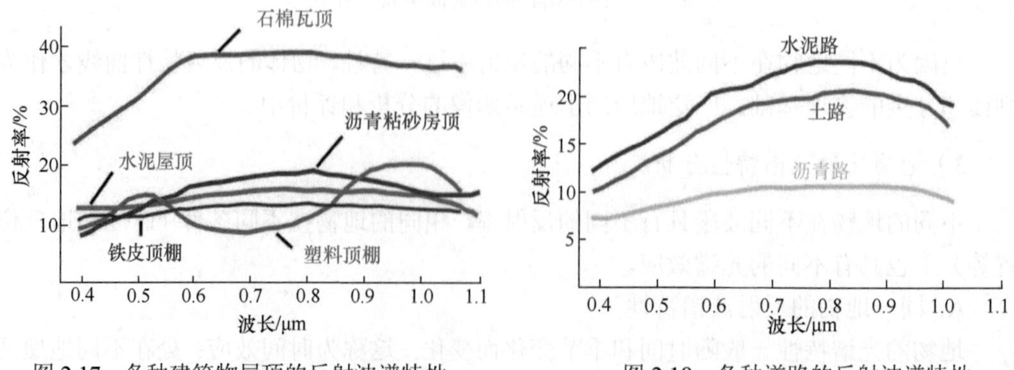

图 2.17　各种建筑物屋顶的反射波谱特性　　　　图 2.18　各种道路的反射波谱特性

植物的光谱曲线：由于植物均进行光合作用，所以各类绿色植物具有很相似的反射波谱特性，其特征是：在可见光波段 0.55 μm（绿光）附近有反射率 10%～20%的一个波峰，两侧 0.45 μm（蓝）和 0.67 μm（红）则有两个吸收带。这一特征是由于叶绿素的影响造成的，叶绿素对蓝光和红光吸收作用强，则对绿色反射作用强。在近红外波段 0.8～1.0 μm 有一个反射的陡坡，至 1.1 μm 附近有一峰值，形成植被的独有特征。这是由于植被叶的细胞结构的影响，除了吸收和透射的部分，形成的高反射率。在近红外波雄姿英发（1.3～2.5 μm）受到绿色植物含水量的影响，吸收率大增，反射率大大下降，特别是以 1.45 μm、1.95 μm 和 2.7 μm 为中心是水的吸收带，形成低谷，如图 2.19 所示。植物波谱在上述基本特征下仍有细部差别，这种差别与植物种类、季节、病虫害影响、含水量多少有关系。

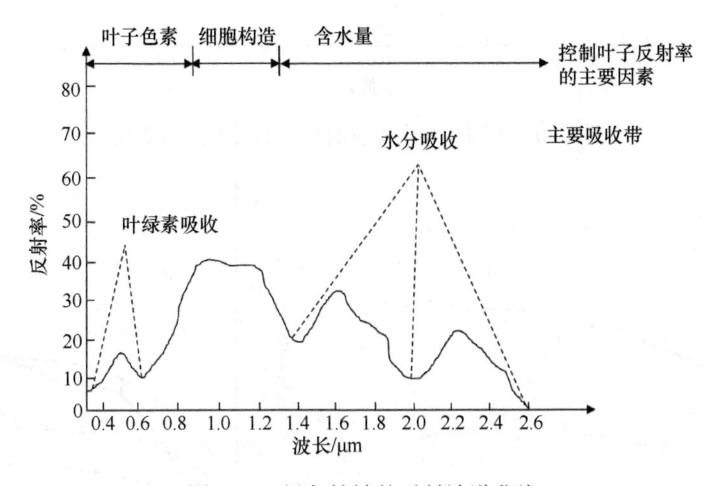

图 2.19　绿色植被的反射波谱曲线

水体的光谱曲线：水体的反射主要在蓝绿光波段，其他波段吸收率很强，特别在近红外、中红外波段有很强的吸收带，反射率几乎为零。因此，遥感中常用近红外波段确定水体的位置和轮廓，在此波段的黑白影像上，水体的色调很黑且与周围的植被和土壤有明显的反差，易于识别。但当水中含有其他物质时，反射光谱曲线会发生变化。水含泥沙时，由于泥沙的散射作用，可见光波段发射率会增加，峰值出现在黄红区；当水中含有叶绿素时（图 2.20），近红外波段反射明显抬升，这些都是影像分析的重要依据。

土壤的光谱曲线：土壤表面反射光谱曲线都比较平滑，没有明显的峰值和谷值（图 2.21），因此在不同波段的遥感图像上，土壤的色调区别不太明显，一般情况下，土质越细反射率越高，有机质含量越高反射率越低，土壤含水量越高反射率越低。根据这一特征，通过同种类型土壤的反射率变化，可以测定土壤含水量和有机质等。

岩石的光谱曲线：不同类型的岩石的反射光谱曲线都较平缓，没有明显的波段起伏，但是反射率的值相差很大（图 2.22）。岩石成分、矿物质含量、含水状况、风化程度、颗粒大小、色泽、表面光滑程度等都影响反射波谱特性曲线的形态。在遥感探测中可以根据所测岩石的具体情况选择不同的波段，如图 2.22 所示。

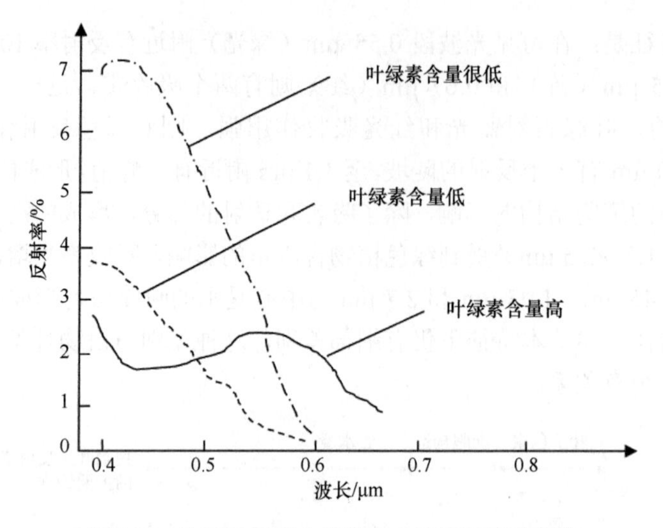

图 2.20　不同叶绿素含量的海水的反射波谱曲线

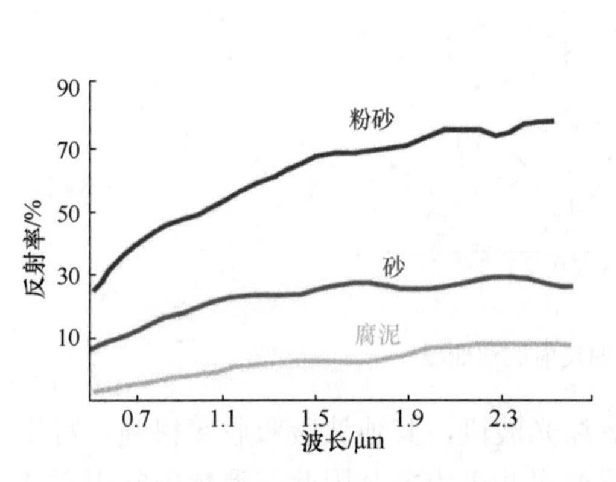

图 2.21　不同土壤的反射波谱曲线

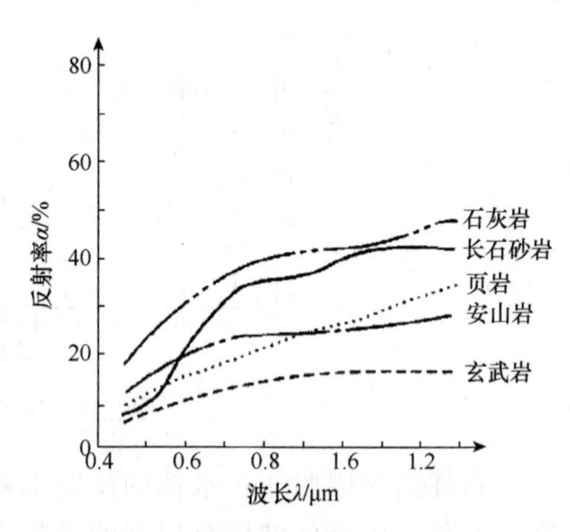

图 2.22　几种岩石的反射波谱曲线

4）影响地物反射光谱特性的因素

地物反射光谱特性是复杂的，它受地物本身性质与入射通量有关，很多其他因素也会引起反射率的变化，如太阳位置、传感器位置、地理位置、地形、季节气候变化、地面湿度变化、地物本身的变异、大气状况等。

太阳位置主要是指太阳高度角和方位角，改变太阳高度角和方位角，则地面物体入射度也就发生变化。为了减小这两个因素对反射率变化的影响，遥感卫星轨道大多设计在同一地方时间通过当地上空，但由于季节的变化和当地经纬度的变化，造成太阳高度角和方位角的变化是不可避免的。

传感器位置指传感器的观测角和方位角，一般空间遥感用的传感器大部分设计成垂直指向地面，这样影响较小，但由于卫星姿态引起的传感器指向偏离垂直方向，仍会造成反射率变化。

不同的地理位置、太阳高度角和方位角、地理景观等都会引起反射率变化，还有海拔不同，大气透明度改变也会造成反射率变化。

地物本身的变异，如植物的病害将使反射率发生较大变化，土壤的含水量也直接影响土壤的反射率，含水量越高红外波段的吸收越严重。反之，水中的含沙量增加将使水的反射率提高。

随着时间的推移、季节的变化，同一种地物的光谱反射率特性曲线也发生变化。

所有这些因素，使得遥感影像上产生“同物异谱、异物同谱”现象，造成遥感分析判别的困难。

2.3 辐射传输基础

2.3.1 电磁波的传输特性

电磁波不需要依靠介质传播，但在遥感过程中，电磁波是在各种空间场所中传播，因此各种介质必然要对所传输的电磁波信号产生影响，既传播过程中会有能量的损耗，这种能量损耗可能是由各种介质对电波的吸收或散射所引起（卢小平和王双亭，2012）。

电磁波在非线性介质内（如某些晶体）传播时，会与电场或磁场产生相互作用，如法拉第效应和克尔效应。当电磁波从一种介质入射另一种介质时，假若两种介质的折射率不相等，那么就会产生折射现象，电磁波的方向和速度就会改变，斯涅尔定律专门描述了折射的物理行为。

此外，当电磁波在大气中传播时，大气中的各种分子会对电磁波产生吸收和散射，较长的电磁波（微波）对大气中的大分子产生绕射，这些都使得接收到的电磁波信息强度小于发射或反射电磁波点的强度。

由于遥感的辐射能在通过大气层时，其传输路径的长度是不同的。例如，被动式遥感需要两次通过大气层，而红外辐射仪直接探测地物的发射能量，它仅一次通过大气层。此外路径长度还取决于遥感平台的高度，若传感器载于低空飞机上，大气对图像质量影响往往可以忽略；但星载传感器所获得的能量需要穿过整个大气层，经大气传输后，其强度和光谱分布均会发生变化。大气净效应取决于电磁辐射能量的强弱、路径长度、大气条件以及波长等，它对遥感数据质量会产生重要影响。

大气对电磁波传输过程的影响包括散射、吸收、反射、扰动、折射和偏振。但对于遥感而言，主要的影响因素是大气中的各种分子对电磁波产生吸收和散射。由于大气分子及大气层中气溶胶粒子的影响，太阳辐射在大气层中传输时，一部分被吸收，另一部分被散射，剩余部分穿过大气层到达地面；地物反射或辐射的电磁波在大气层中传输时，同样部分被吸收和散射，剩余部分穿过大气层到达传感器的接收系统，由此引起光线强度的衰减，进而影响传感器成像的质量。地球大气是电磁波传输必经的媒介，所以这里着重讨论地球大气对电磁辐射的影响。

2.3.2 太阳辐射与大气的相互作用

1. 地球大气组成

大气成分主要氮、氧、氩、二氧化碳、氦、甲烷、氧化氮、氢（这些气体在 80km 以下的相对比例保持不变，称为不变成分），臭氧、水蒸气、液态和固态水（雨、雾、雪、冰等）、盐粒、尘烟（这些气体的含量随高度、温度、位置而变，称为可变成分）

等。大气的成分及其作用详见表2.4（周军其等，2014）。

地球大气从垂直方向可划分为四层：对流层、平流层、电离层和外大气层。

（1）对流层，即从地表向高空延伸到平均高度12km处，其主要特点是：①温度随高度上升而下降，每上升1km下降6℃；②空气密度和气压也随高度上升而下降，地面空气密度为$1.3\times10^{-3}g/cm^3$，气压10^5Pa。对流层顶部空气密度仅为$0.4\times10^{-3}g/cm^3$，气压下降到0.26×10^5Pa左右；③空气中不变成分的相对含量是氮占78.09%，氧占20.95%，氩等其余气体共占不到1%；可变成分中，臭氧含量较少，水蒸气含量不固定，在海平面潮湿的大气中，水蒸气含量可高达2%，液态和固态水含量也随着气象而变化。1.2～3.0km的对流层是最容易形成云的区域，近海面或盐湖上空含有盐粒，城市工业区和干旱植被覆盖的地区上空有尘烟微粒。

（2）平流层，在12～80km的垂直区间中，可分为同温层、暖层和冷层，空气密度也是随高度上升而下降。这一层中不变成分的气体的含量与对流层的相对比例关系一样，只是绝对度变小，平流层中水蒸气含量很少，可忽略不计。平流层的臭氧含量比对流层大，在这一层的25～30km处，臭氧含量较大，这个区间称为臭氧层。臭氧层往上臭氧含量又逐渐减少，至55km处趋近于零。

（3）电离层，在80～1000km的大气层，电离层空气稀薄，因太阳辐射作用而发生电离现象，分子被电离成离子和自由电子状态。电离层中气体成分为氧、氦、氢及氧离子，无线电波在电离层中发生全反射现象。电离层温度很高，上层温度为600～800℃。

（4）外大气层，在1000km以上的大气层称为外大气层，1000～2500 km主要成分为氦离子，称为氦层；2500～25000km主要成分为氢离子，氢离子又称质子，因此该区间称为质子层，温度可达1000℃。

表2.4　大气在组成及各成分的作用

大气成分			主要作用
干洁空气	主要成分	N_2	地球上生物体的基本成分
		O_2	维持生命活动的必需物
	微量成分	CO_2	绿色植物进行光合作用的基本原料，并对地球起保温作用
		O_3	吸收太阳紫外线，保护地球上的生物免受过多紫外线伤害
水汽			天气变化的重要角色；对地面起保温作用
固体杂质			成云致雨的必要条件

2. 大气对太阳辐射的吸收、散射及反射作用

在可见光波段，引起电磁波衰减的主要原因是分子散射；在紫外、红外与微波区，引起电磁波衰减的主要原因是大气吸收。

1）大气吸收

大气吸收是将电磁辐射能量转换成分子的热运动，而使能量衰减。而引起大气吸收的主要成分是氧气、臭氧、水、二氧化碳等，它们吸收电磁辐射的主要波段有以下几种。

臭氧主要吸收0.3μm以下的紫外区的电磁波，另外在9.6μm处有弱吸收；在4.75μm

和 14μm 处的吸收更弱，已不明显。

二氧化碳主要吸收带有：2.60μm～2.80μm，吸收峰在 2.70μm 处；4.10～4.45μm，吸收峰在 4.3μm 处；9.10～10.9μm，吸收峰在 10.0μm 处；12.9～17.1μm，吸收峰在 14.4μm 处，全在红外区。

水蒸气主要吸收带有：0.70～1.95μm，最强处为 1.38μm 和 1.87μm；2.5～3.0μm，2.7μm 处最强；4.9～8.7μm，6.3μm 处吸收最强；15μm 至 1mm 的超远红外区，以及微波中 0.164cm 和 1.348cm 处。

此外，氧气对 0.253cm、0.5cm 处的微波也有吸收现象。另外，甲烷、氧化氮和工业集中区附近的高浓度一氧化碳、氨气、硫化氢、氧化硫等都具有吸收电磁波的作用，但吸收率很低，可略而不计。大气对波长 1.5μm 以下的红外、可见光和紫外区的吸收程度如图 2.23 所示。至于大气中其他成分的气体，由于都是对称分子，无极性，因此对电磁波不存在吸收。

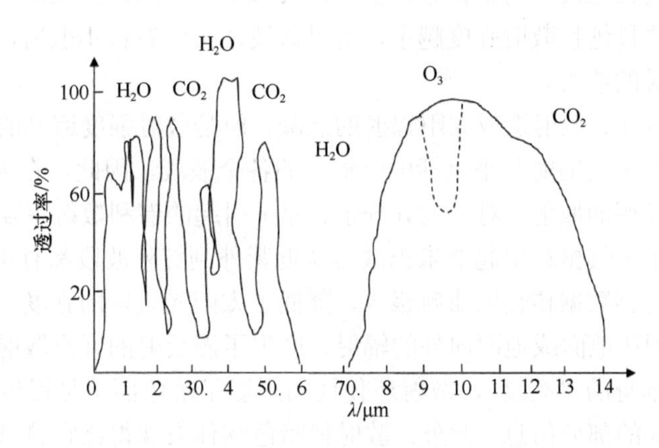

图 2.23　波长小于 15μm 的大气透射率图

大气吸收的主要影响是造成遥感影像暗淡，由于大气对紫外线有很强的吸收作用，因此现阶段对地遥感很少用到紫外线波段。

2）大气散射

电磁波在传播过程中遇到微粒而使传播方向发生改变，并向各个方向散开，称为散射。大气散射尽管强度不大，但太阳辐照到地面又反射到传感器的两次通过大气过程中，传感器所接收到的能量除了反射光还增加了散射光，从而增加了信号中的噪声部分，造成遥感影像质量的下降。在可见光波段范围内，大气分子吸收的影响很小，主要是散射引起衰减。

散射性质与强度取决于微粒的半径和被散射光的波长。大气的散射方式随电磁波波长与大气分子直径、气溶胶微粒大小之间的相对关系而改变，将散射过程分为三类：瑞利散射、米氏散射和均匀散射。如果介质中不均匀颗粒的直径 α 与入射波长 λ 同数量级，发生米氏散射；当不均匀颗粒的直径 $\alpha \gg \lambda$ 时，发生均匀散射；当不均匀颗粒的直径 $\alpha \ll \lambda$ 时，发生瑞利散射。

瑞利认为散射的强度为

$$I \propto E_s'^2 \propto \sin^2\theta / \lambda^4 \tag{2.21}$$

式中，E'_s为电磁波强度；θ为入射电磁波振动方向与观察方向的夹角。

可以看出，散射强度 I 与波长的四次方呈反比。由于蓝光波长比红光短，因而蓝光散射较强，而红光散射较弱。晴朗的天空，可见光中的蓝光受散射影响最大，所以天空呈蓝色。清晨太阳光通过较厚的大气层，直射光中红光成分大于蓝光成分，因而太阳呈现红色。大气中的瑞利散射对可见光影响较大，而对红外的影响很少，对微波基本没有多大影响。

对于同一物质来讲，电磁波的波长不同，表现的性质也不同。例如，在晴好的天气可见光通过大气时发生瑞利散射，蓝光比红光散射的多；当天空有云层或雨层时，满足均匀散射时的条件，各个波长的可见光散射强度相同，因而云呈现白色，此时散射较大，可见光难以通过云层，这就是阴天时不利于用可见光进行遥感探测地物的原因。而对于微波来说，微波波长比粒子的直径大得多，则又属于瑞利散射的类型，散射强度与波长四次方呈反比，波长越长散射强度越小，所以微波才可能有最小散射，最大透射，而被称为具有穿云透雾的能力。

由以上分析可知，散射造成太阳辐射的衰减，但是散射强度遵循的规律与波长密切相关。而太阳的电磁波辐射几乎包括电磁辐射的各个波段，因此，在大气状况相同时，同时会出现各种类型的散射。对于大气分子、原子引起的瑞利散射主要发生在可见光和近红外波段。对于大气微粒引起的米氏散射从近紫外到红外波段都有影响。

大气散射对遥感数据传输的影响极大，降低了太阳光直射的强度，改变了太阳辐射的方向，削弱了到达地面或地面向外的辐射，产生了漫反射的天空散射光，增强了地面的辐照和大气层本身的“亮度”。散射还使地面阴影呈暗色而不是黑色，使人们有可能在阴影处得到物体的部分信息。此外，散射使暗色物体表现得比它自身的要亮，使亮物体表现得比它自身的要暗。因此，它降低了遥感影像的反差，降低了图像的质量及影像上空间信息的表达能力。

3）大气反射

另外，电磁波与大气的相互作用还包括大气反射。由于大气中有云层，当电磁波到达云层时，就像到达其他物体界面一样，不可避免地要产生反射现象，这种反射同样满足反射定律。而且各波段受到不同程度的影响，削弱了电磁波到达地面的程度，因此应尽量选择无云的天气接收遥感信号。

4）大气窗口

太阳辐射在到达地面之前穿过大气层，大气折射只是改变太阳辐射的方向，并不改变辐射的强度。但是大气反射、吸收和散射的共同影响却衰减了辐射强度，剩余部分才为透射部分。不同电磁波段通过大气后衰减的程度是不一样的，因而遥感所能够使用的电磁波是有限的。有些大气中电磁波透过率很小，甚至完全无法透过电磁波，称为“大气屏障”；反之，有些波段的电磁辐射通过大气后衰减较小，透过率较高，对遥感十分有利，这些波段通常称为“大气窗口”，如图 2.24 所示。研究和选择有利的大气窗口、最大限度地接收有用信息是遥感技术的重要课题之一。

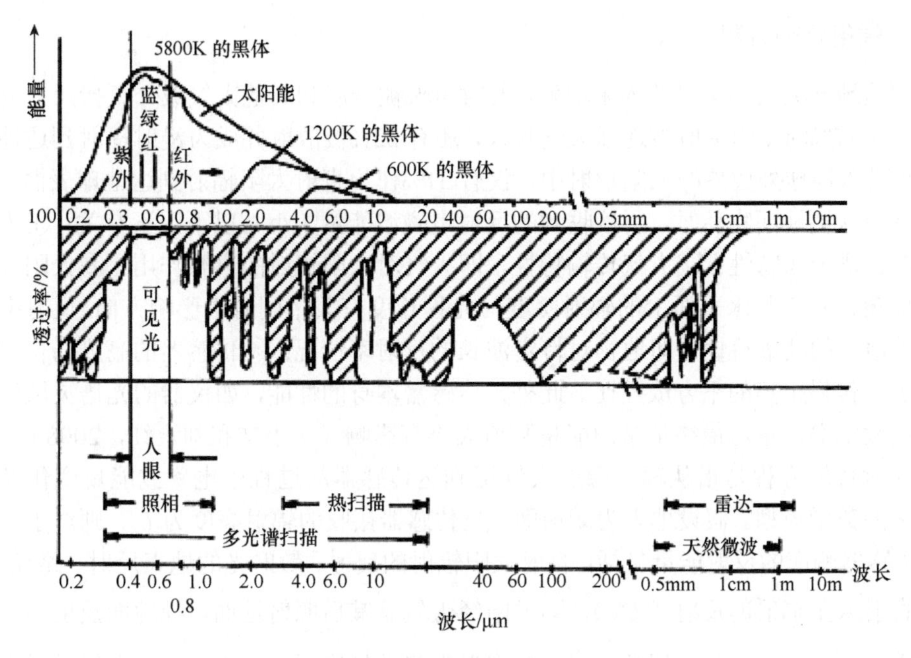

图 2.24 大气窗口

目前所知，可以用做遥感的大气窗口大体有如下五个。

（1）0.30～1.15 μm 大气窗口，包括全部可见光波段、部分紫外波段和部分近红外波段，是遥感技术应用最主要的窗口之一。其中，0.3～0.4 μm 近紫外窗口，透射率为70%；0.4～0.7 μm 可见光窗口，透射率约 95%；0.7～1.10 μm 近红外窗口，透射率约为80%。该窗口的光谱主要是反映地物对太阳光的反射，通常采用摄影或扫描的方式在白天感测、收集目标信息成像。通常称为短波区。

（2）1.3～2.5 μm 大气窗口属于近红外波段。该窗口习惯分为 1.40～1.90 μm 以及2.00～1.50 μm 两窗口，透射率为 60%～95%。其中 1.55～1.75 μm 透过率较高，白天夜间都可应用，是以扫描的成像方式感测，收集目标信息，主要应用于地质遥感。

（3）3.5～5.0 μm 大气窗口属于中红外波段。透射率为 60%～70%。包含地物反射及发射光谱，用来探测高温目标，如森林火灾、火山、核爆炸等。

（4）8～14 μm 热红外窗口，透射率为 80%左右，属于地物的发射波谱。常温下地物光谱辐射出射度最大值对应的波长是 9.7 μm。所以此窗口是常温下地物热辐射能量最集中的波段，所探测的信息主要反映地物的发射率及温度。

（5）1.0mm 至 1m 微波窗口，分为毫米波、厘米波、分米波。其中 1.0～1.8mm 窗口透射率为 35%～40%。2～5mm 窗口，透射率为 50%～70%。8～1000mm，微波窗口，透射率为 100%。

微波的特点是能穿透云层、植被及一定厚度的冰和土壤，具有全天候的工作能力，因而越来越受到重视。遥感中常采用被动式遥感（微波辐射测量）和主动式遥感，前者主要测量地物热辐射，后者是用雷达发射一系列脉冲，然后记录分析地物的回波信号。

2.3.3 辐射传输方程

到达地球大气外边界的太阳辐射，大约30%被云层和其他大气成分直接反射返回太空，约有17%的太阳辐射被地球大气吸收，还有22%被散射并成为漫射辐射到达地球表面。在进入地球外边界的太阳辐射中，仅有31%作为直射太阳辐射到达地球表面。传感器从高空探测地面物体时，所接收到的反射电磁波能量大小与以下因素有关：①太阳辐射能的光谱分布特性；②大气传输特性，即大气对太阳辐射的衰减作用；③太阳高度角和方位角，它们与水平面上的辐射照度与光程长度有关，同时也影响方向 反射率的大小；④地物的波谱特性，即地物对特定波长的反射率情况；⑤传感器的高度与位置，能量大小与传播距离的平方成反比。此外，传感器本身的性能，如仪器的光谱灵敏度和能量转换效率等，也对最终记录的能量数值大小有影响（李小文和刘素红，2008）。

辐射传输方程是指从辐射源经大气层到达传感器的过程中电磁波能量变化及其影响因素的数学模型。假设地表为朗伯面，且传感器接收的辐射亮度为 L_λ，则对于反射辐射，传感器响应的反射能量包括：直射太阳辐射的反射、散射光的地表反射、路径辐射。

直射太阳辐射的反射（L_λ^{su}），即太阳经大气衰减后照射地面，经地面反射后，又经大气第二次衰减进入传感器的能量；来自散射光的地表反射（L_λ^{sd}），即大气散射辐射中到达地面被地面反射进入传感器的能量；反射路径上天空散射加入的成分（L_λ^{sp}），即大气散射直接到达传感器的能量，也称为路径辐射。所以向上到达传感器高度的总辐射为

$$L_\lambda=L_\lambda^{\mathrm{su}}+L_\lambda^{\mathrm{sd}}+L_\lambda^{\mathrm{sp}} \tag{2.22}$$

下面分析前面两项的构成：

（1）对直射太阳辐射的反射（L_λ^{su}），有

$$L_\lambda^{\mathrm{su}}=K_\lambda E_\lambda^0 \tau_\lambda^s \sin\theta \rho_\lambda \tau_\lambda^v \tag{2.23}$$

式中，K_λ 为传感器光谱响应系数；E_λ^0 为太阳入射的光谱能量；τ_λ^s 为太阳辐射路径上的大气传输参数，即大气光谱透过率，$\tau_\lambda^s=f(h)$；θ 为太阳高度角；ρ_λ 为地物光谱反射率，$\rho_\lambda=f(\theta,\phi)$；$\phi$ 为太阳方位角；τ_λ^v 为观测路径上的大气传输参数。

（2）来自散射光的地表反射（L_λ^{sd}），有

$$L_\lambda^{\mathrm{sd}}=K_\lambda E_\lambda^d \tau_\lambda^v \rho_\lambda \tag{2.24}$$

式中，E_λ^d 为大气散射到达地面的能量，其他参数含义同上。

传感器响应的全部太阳辐射能量是上述三者的线性叠加：

$$L_\lambda=L_\lambda^{\mathrm{su}}+L_\lambda^{\mathrm{sd}}+L_\lambda^{\mathrm{sp}}=K_\lambda[\tau_\lambda^v(E_\lambda^0\tau_\lambda^s\sin\theta+E_\lambda^d)+L_\lambda^{\mathrm{sp}}] \tag{2.25}$$

2.4 地物波谱特性的测定

2.4.1 地物波谱特性的概念

地物波谱也称地物光谱。地物波谱特性是指各种地物各自所具有的电磁波特性（发

射辐射或反射辐射)。在遥感技术的发展过程中,世界各国都十分重视地物波谱特征的测定。1974年前苏联学者克里诺夫就测试并公开了自然物体的反射光谱。美国测试了7~8年的地物光谱才发射陆地资源卫星。遥感影像中灰度与色调的变化是遥感影像所对应的地面范围内电磁波谱特性的反映。遥感有三大信息内容:波谱信息、空间信息、时间信息,其中波谱信息用得最多。

在遥感中,测量地物的反射波谱特性曲线主要有以下三种作用:①它是选择遥感波谱段、设计遥感仪器的依据;②在外业测量中,它是选择合适的飞行时间的基础资料;③它是有效地进行遥感影像数字处理的前提,是用户判读、识别、分析遥感影像的基础(孙家抦,2013)。

2.4.2 地物波谱特性的测定原理

对于不透明的物体,其发射率与反射率有下列关系:

$$\varepsilon_\lambda = 1 - \rho_{(\lambda)} \tag{2.26}$$

可见,各种地物发射辐射电磁波的特性可以通过间接地测试各种地物反射辐射电磁波的特性得到。因此,地物波谱特性通常都是用地物反射辐射电磁波的特性来描述,即在给定波段范围内,某地物的电磁波反射率的变化规律。

地物波谱特征(反射波谱)测定的原理:用光谱测定仪器(置于不同波长或波谱段)分别探测地物和标准板,测量、记录和计算地物对每个波谱段的反射率,其反射率的变化规律即为该地物的波谱特性。

地物波谱特征测定有两种测定环境:实验室内样本测定和野外测定。对可见光和近红外波段的波谱反射特征,在限定的条件下,可以在实验室内对采回来的样品进行测试,精度较高。但实验室内不可能逼真地模拟自然界千变万化的条件,所以一般以实验室所测的数据作为参考。因此,进行地物波谱反射特性的野外测量是十分重要的,它能反映测量瞬间地物实际的反射特性。

测定地物反射波谱特性的仪器分为分光光度计、光谱仪、摄谱仪,以及高光谱成像仪等,其中前三种仪器的一般结构如图2.25所示。仪器由收集器、分光器、探测器和显示或记录器组成。其中收集器的作用是收集来自物体或标准板的反射辐射能量,一般由物镜、反射镜、反射镜、光栏(或狭缝)组成;分光器的作用是将收集器传递过来的复色光进行分光(色散),它可选用棱镜、光栅或滤光片;探测器的类型有光电管、硅光电二极管、摄影负片等;显示或记录器是将探测器上输出信号显示或记录下来,或驱动*X-Y*绘图仪直接绘成曲线。摄影类型的仪器则需经摄影处理才能得到摄谱片。

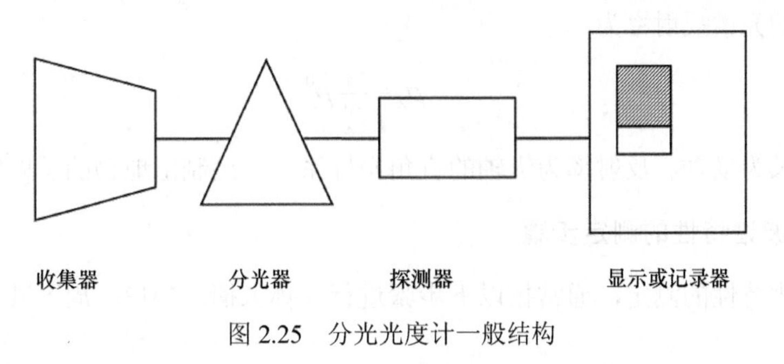

图2.25 分光光度计一般结构

图2.26为一种典型的野外用分光光度计——长春光学仪器厂的302型野外分光光度计的结构原理图。

地物或标准版的反射光能量经反射镜和入射狭缝进入分光棱镜产生色散，由分光棱镜旋转螺旋和出射狭缝控制使单色光逐一进入光电管，最后经微电流计放大后在电表上显示光谱反射能量的测量值。其测量的原理是先测量地物的反射辐射通量密度，在分光光度计视场中收集到的地物反射辐射通量密度为

$$\phi_\lambda=\frac{1}{\pi}\rho_\lambda E_\lambda \tau_\lambda \beta G \Delta\lambda \tag{2.27}$$

式中，ϕ_λ 为物体的光谱反射辐射能量密度；ρ_λ 为物体的光谱反射率；E_λ 为太阳入射在地物上的光谱照度；τ_λ 为大气光谱透射率；β 为光度计视场角；G 为光度计有效接收面积；$\Delta\lambda$ 为单色光波长宽度。

经光电管转变为电流强度在电表上指示读数 I_λ，它与 ϕ_λ 关系为

$$I_\lambda=k_\lambda \phi_\lambda \tag{2.28}$$

式中，k_λ 为仪器的光谱辐射响应灵敏度。

接着是测量标准板的反射辐射通量密度。标准板为一种理想的漫反射体，它一般由硫酸钡或石膏做成。最理想的标准板的反射率为 1，称为绝对白体，但一般只能做出灰色的标准板，它的反射率 ρ_λ^0 预先经过严格测定并经国家计量局鉴定。用仪器观察标准板时，所观察到的光谱辐射通量密度为

$$\phi_\lambda^0=\frac{1}{\pi}\rho_\lambda^0 E_\lambda \tau_\lambda \beta G \Delta\lambda \tag{2.29}$$

同理电表读数为

$$I_\lambda^0=k_\lambda \phi_\lambda^0 \tag{2.30}$$

将地物的电流强度与标准板的电流强度相比，并将式（2.29）和式（2.30）代入，得

$$\frac{I_\lambda}{I_\lambda^0}=\frac{k_\lambda \phi_\lambda}{k_\lambda \phi_\lambda^0}=\frac{\phi_\lambda}{\phi_\lambda^0} \tag{2.31}$$

再将式（2.27）和式（2.29）代入式（2.31）：

$$\frac{I_\lambda}{I_\lambda^0}=\frac{\frac{1}{\pi}\rho_\lambda \tau_\lambda \beta G \Delta\lambda}{\frac{1}{\pi}\rho_\lambda^0 E_\lambda \tau_\lambda \beta G \Delta\lambda} \tag{2.32}$$

则求得地物的光谱反射率为

$$\rho_\lambda=\frac{I_\lambda}{I_\lambda^0}\rho_\lambda^0 \tag{2.33}$$

然后在以波长为横轴、反射率为纵轴的直角坐标系中，绘制出地物的反射特性曲线。

2.4.3 地物波谱特性的测定步骤

地物波谱特性的测定，通常按以下步骤进行（孙家抦，2013；周军其等，2014）：

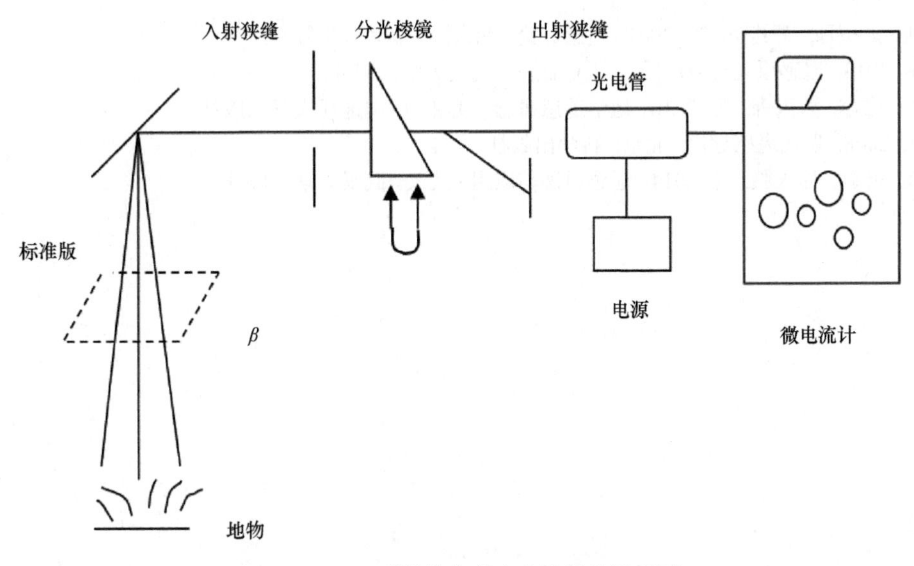

图 2.26　302 型野外分光光度计结构原理图

（1）架设好光谱仪，接通电源并进行预热；

（2）安置波长位置，调好光线进入仪器的狭缝宽度；

（3）将照准器分别照准地物和标准板，并测量和记录地物、标准板在波长 $\lambda_1,\lambda_2,\cdots,\lambda_n$ 处的观测值 I_λ 和 I_λ^0；

（4）按照式（2.33）计算 $\lambda_1,\lambda_2,\cdots,\lambda_n$ 处的 ρ_λ；

（5）根据所测结果，以 ρ_λ 为纵坐标轴，λ 为横坐标轴画出地物反射波谱特性曲线。

由于地物波谱特性的变化与太阳和测试仪器的位置、地理位置、时间环境（季节、气候、温度等）和地物本身有关，所以应记录观测时的地理位置、自然环境（季节、气温、湿度等）和地物本身的状态，并且测定时要选择合适的光照角，正因为波谱特性受多种因素的影响，所测的反射率定量但不唯一。

参　考　题

1. 几何光学包括哪些基本原理？什么情况下可以使用几何光学基本原理？几何光学理论在遥感中应用如何？
2. 什么是电磁波谱？遥感中常用的电磁波段有哪些？
3. 何谓大气窗口？常用于遥感的大气窗口有哪些？
4. 简述辐射传输方程的基本原理。
5. 简述地物波谱特性的测定原理和测定的步骤。

参 考 文 献

李德仁，王树根，周月琴. 2008. 摄影测量与遥感概论(第二版). 北京：测绘出版社.
李小文，刘素红. 2008. 遥感原理与应用. 北京：科学出版社.
卢小平，王双亭. 2012. 遥感原理与方法. 北京：测绘出版社.

梅安新, 彭望琭, 秦其明, 等. 2001. 遥感导论. 北京: 高等教育出版社.
孙家抦. 2013. 遥感原理与应用(第三版). 武汉: 武汉大学出版社.
薛重生, 张志, 董玉森, 等. 2010. 地学遥感概念. 武汉: 中国地质大学出版社.
尹占娥. 2008. 现代遥感导论. 北京: 科学出版社.
周军其, 叶勤, 邵永胜, 等. 2014. 遥感原理与应用. 武汉: 武汉大学出版社.

第3章　遥感传感器与遥感平台

遥感传感器是测量和记录被探测物体电磁波特性的工具，是遥感技术系统的重要组成部分。传感器的性能决定遥感的能力，即传感器对电磁波段的响应能力、传感器的空间分辨率及图像的几何特征、传感器获取地物信息量的大小和可靠程度等（彭望琭，2002）。

传感器通常安装在不同类型和不同高度的遥感平台上。遥感平台是装载传感器的运载工具，按高度分为地面平台、航空平台和航天平台。在遥感平台中，目前发展最快，应用最广的为航天遥感平台。

3.1　传感器的类型及性能

3.1.1　传感器的定义和功能

传感器是收集、探测、记录地物电磁波辐射信息的工具。通常由收集器、探测器、信号处理和输出设备四部分组成。收集器由透射镜、反射镜或天线等构成；探测器指测量电磁波性质和强度的元器件；典型的信号处理器是负荷电阻和放大器；输出设备包括影像胶片、扫描图、磁带记录和波谱曲线等（孙家抦，2013）。

不同的工作波段适用的传感器是不一样的。摄影机主要用于可见光波段范围。红外扫描仪、多谱段扫描仪除了可见光波段外，还可记录近紫外、红外波段的信息。雷达则用于微波波段。从可见光到红外区域的光学领域的传感器统称光学传感器，微波领域的传感器统称微波传感器。

3.1.2　传感器的分类

按传感器本身是否带有电磁波发射源可分为主动式（有源）传感器和被动式（无源）传感器两类。主动式的传感器向目标物发射电子微波，然后收集目标物反射回来的电磁波。目前，在主动式遥感器中，主要使用激光和微波作为辐射源，如侧视雷达、激光雷达、微波辐射计。被动式是一种收集太阳光的反射及目标自身辐射电磁波的传感器，它们工作在紫外、可见光、红外、微波等波段，目前，这种传感器占太空传感器的绝大多数，如航空摄影机、多光谱扫描仪（MSS、TM、ETM、HRV等）、红外扫描仪等（沙晋明等，2012）。

按传感器记录数据的形式不同，它又分成像传感器和非成像传感器，前者可以获得地表的二维图像；后者不产生二维图像。在成像传感器中又可细分为摄影式成像传感器（相机）和扫描式成像传感器。

3.1.3　传感器的组成

传感器基本是由收集系统、探测系统、信息转化系统和记录系统四部分组成，如图3.1所示。

1）收集系统

遥感应用技术是建立在地物的电磁波谱特性基础之上的，要收集地物的电磁波必须要有一种收集系统，该系统的功能在于把接收到的电磁波进行聚集，然后输送到探测系统。不同的传感器使用的收集元件不同，最基本的收集元件是透镜、反射镜或天线。对于多波段遥感，收信系统还包括按波段分波束的元件，一般采用各种散光成分的元件，如滤光片、棱镜、光栅等。

2）探测系统

传感器中最重要的部分就是探测元件，它是真正接收地物电磁辐射的器件，常用的探测元件有感光胶片、光电敏感元件、固体敏感元件和波导等。

3）信号转化系统

除了摄影照相机中的感光胶片无须信号转化之外，其他传感器都有信号转化问题，光电敏感元件、固体敏感元件和波导等输出的都是电信号，从电信号转换到光信号必须有一个信号转化系统，这个转换系统可以直接进行电光转化，也可进行间接转换。

4）记录系统

传感器的最终目的是要把接收到的各种电磁波信息，用适当的方式输出，输出必须有一定的记录系统，遥感影像可以直接记录在摄影胶片上，也可记录在磁带上、芯片上等（图 3.1）。

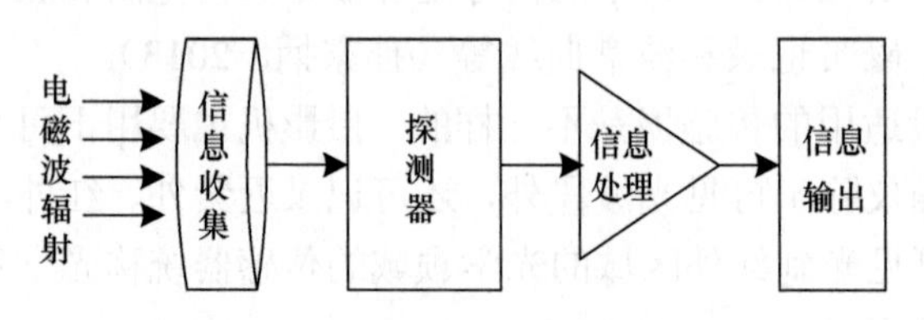

图 3.1　传感器工作流程图

3.1.4　成像传感器

成像传感器中分为摄影式成像传感器（相机）和扫描式成像传感器。摄影式成像传感器是通过光学系统采用胶片或磁带记录地物的反射光谱能量。记录的波长范围以可见光-近红外为主。其传感器主要有框幅式、缝隙式、全景式、多光谱等。扫描式成像传感器主要为光机扫描仪和推扫式扫描仪。光机扫描仪用光学系统接收来自目标地物的辐射，并分成几个不同的光谱段，使用探测仪器把光信号转变为电信号，同时发射信号回地面，如 MSS、TM 等。推扫式扫描仪用平行排列的 CCD 探测杆收集地面辐射信息，每根探测杆由 3000 个/6000 个 CCD 元件呈一字排列，负责收集某一波段的地面辐射信息（周军其，2014）。

微波遥感的传感器主要为雷达，此外还有微波高度计和微波散射计。按照雷达的工作方式可分为成像雷达和非成像雷达。成像雷达中又可分为真实孔径侧视雷达和合成孔径侧视雷达。

3.2 摄影式成像传感器

摄影式成像传感器是通过光学系统记录地物的反射光谱能量，传统的记录介质通常采用感光胶片或磁带，现在多采用数码摄影机，其记录介质采用的是光敏电子器件，如CCD（电荷耦合器件）。记录的波长范围以可见光-近红外为主。其传感器主要有框幅式、缝隙式、全景式、多光谱等（梅安新等，2001）。

3.2.1 框幅式摄影机

框幅式摄影机成像原理与普通照相机相同，在某个摄影瞬间，地面上视场范围内目标的辐射一次性地通过镜头中心在焦平面上成像，有一个摄影中心和一个像平面，如图3.2所示。

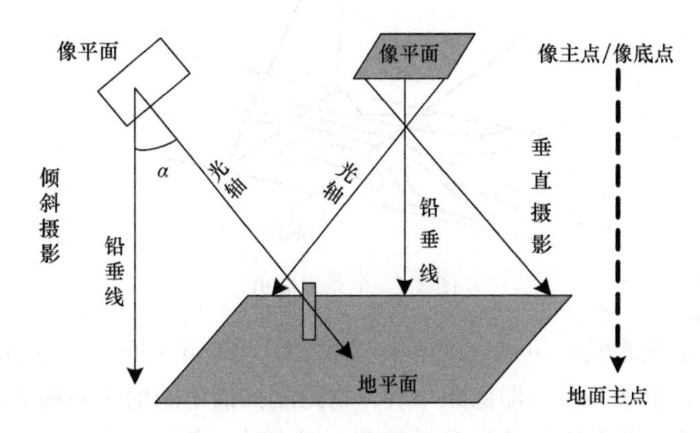

图3.2 框幅式摄影机工作示意图

3.2.2 缝隙式摄影机

缝隙式摄影成像又称推扫式摄影成像或航带摄影成像。在飞机或卫星上，摄影瞬间所获取的影像，是与航线方向垂直且与缝隙等宽的一条线影像，如图3.3所示。当飞机或卫星向前飞行时，摄影机焦平面上与飞行方向垂直，狭缝中的影像也连续变化。当摄影机内的胶片不断卷动，且其速度与地面在缝隙中的影像移动速度相同，则能得到连续的航带摄影像片。

缝隙式摄影机为多中心投影，不同缝隙对应的投影中心不同。

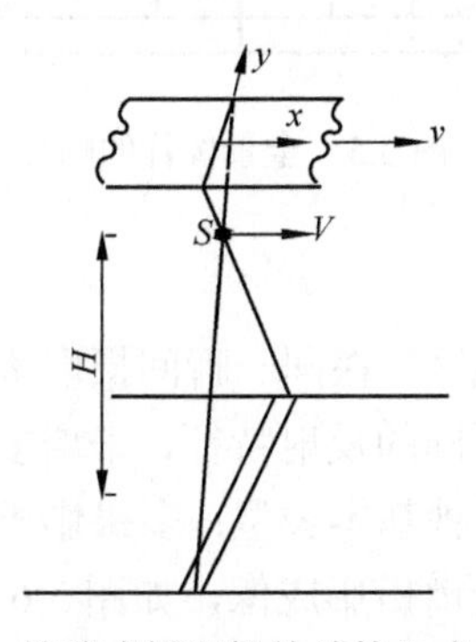

图3.3 缝隙式摄影机的结构及成像原理

3.2.3　全景式摄影机

全景式摄影机又称扫描摄影成像或摇摆摄影成像。在物镜的焦面上平行于飞行方向设置一条狭缝，并随物镜作垂直于航线方向的摆动扫描，得到一幅扫描成像的图像。物镜摆动的幅面很大，能将航线两边的地平线内的影像都摄入底片，如图 3.4 所示。

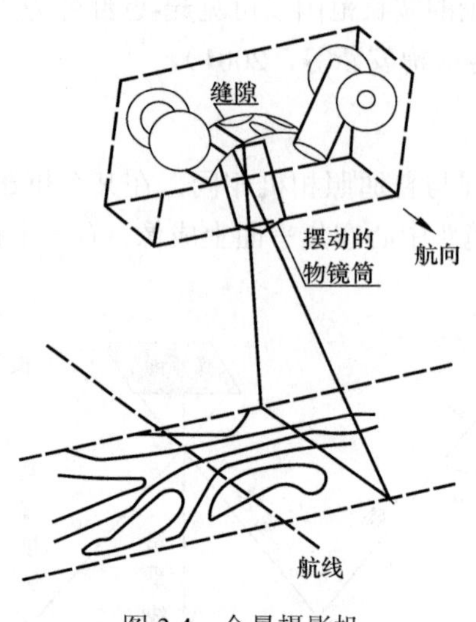

图 3.4　全景摄影机

其成像特点是焦距长，可达 600mm；幅面大，23cm（长）×128cm（宽）；扫描视场大，可达 180°；全景畸变，即像距不变，物距随扫描角的增大而增大，出现两边比例尺逐渐缩小的现象，整个影像产生全景畸变；扫描时，飞机向前运动，扫描摆动的非线性因素，使畸变复杂化，如图 3.5 所示。

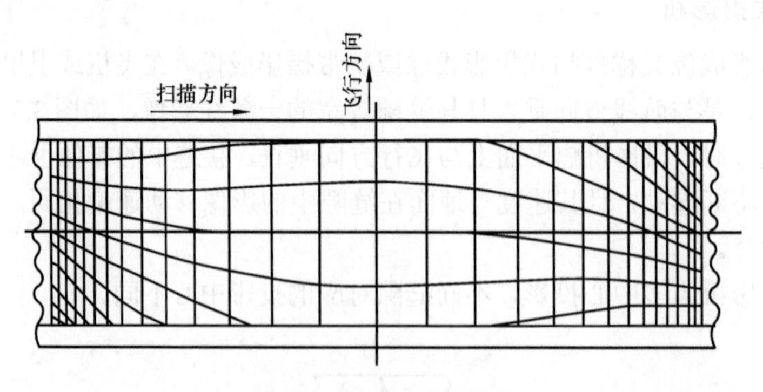

图 3.5　全景像片的畸变

3.2.4　多光谱摄影机

多光谱摄影成像是对同一地区，在同一瞬间摄取多个波段影像的摄影成像方式。可充分利用地物在不同光谱区有不同的反射特征，来增多获取目标的信息量，以提高识别地物能力。多光谱摄影成像有三种基本类型：多摄影机型多光谱摄影成像、多镜头型多光谱摄影成像和光束分离型多光谱摄影成像，如图 3.6 所示。

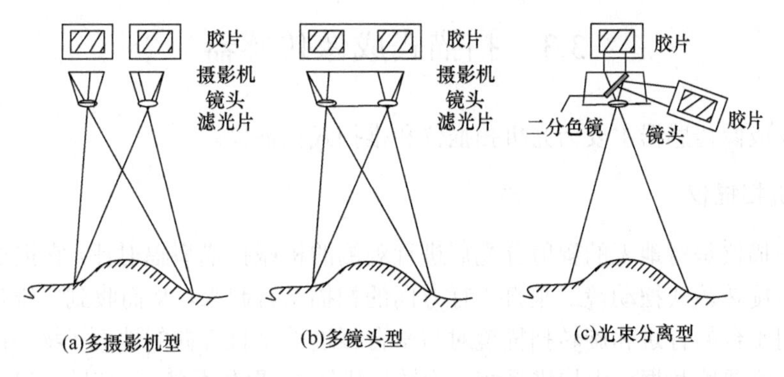

图 3.6　多光谱摄影机工作方式示意图（梅安新等，2001）

1. 多摄影机型多光谱摄影机

用几架普通的航空摄影机组装而成，对各摄影机分别配以不同的滤光片和胶片的组合，采用同时曝光控制，以进行同时摄影。

2. 多镜头型多光谱摄影机

由多个物镜组成的摄影机，是用普通航空摄影机改制而成，在一架摄影机上配置多个镜头，同时选配相应的滤光片与不同感光特性的胶片组合，使各镜头在底片上成像的光谱，限制在规定的波段区内。多镜头型多光谱摄影机要求快门的同步性要好，以便在同一时刻获取地物的多光谱像片；各物镜光轴严格平行，保证多光谱像片的套合精度；事先确定曝光时间；由于不同波长的光聚焦后的实际焦面位置不同，应使地物成像在最清楚的位置上。

3. 光束分离型多光谱摄影机

利用单镜头进行多光谱摄影。摄影时，光束通过一个镜头后，经分光装置分成几个光束，然后分别透过不同滤光片，分成不同波段，在相应的感光胶片上成像，实现多光谱摄影。

一束白光通过棱镜传播后将被散射，表现形式是其光谱组成如图 3.7 所示。

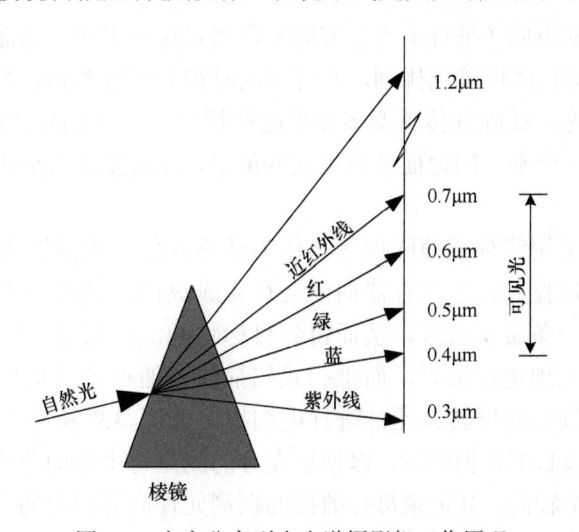

图 3.7　光束分离型多光谱摄影机工作原理

3.3 扫描式成像传感器

扫描式成像传感器主要为光机扫描仪和推扫式扫描仪。

3.3.1 光机扫描仪

光机扫描仪是对地表的辐射分光后进行观测的机械扫描型辐射计，它把卫星的飞行方向与利用旋转镜式摆动镜对垂直飞行方向的扫描结合起来，从而收到二维信息。光机扫描仪利用平台的行进和旋转扫描镜对与平台行进的垂直方向的地面（物平面）进行扫描，获得二维遥感数据。由扫描系统（旋转扫描镜）、聚焦系统（反射镜组）、分光系统（棱镜、光栅）、检测系统（探测元件-光电转换系统、放大器）、记录系统等组成，如图3.8所示。

这种传感器基本由采光、分光、扫描、探测元件、参照信号等部分构成。光机扫描仪所搭载的平台有极轨卫星及陆地卫星 Landsat 上的多光谱扫描仪（MSS），专题成像仪（TM）及气象卫星上的甚高分辨率辐射计（AVHRR），它们都属于这类传感器。这种机械扫描型辐射计与推扫式扫描仪相比具有扫描条带较宽、采光部分的视角小、波长间的位置偏差小、分辨率高等特点，但在信噪比方面劣于像面扫描方式的推扫式扫描仪。

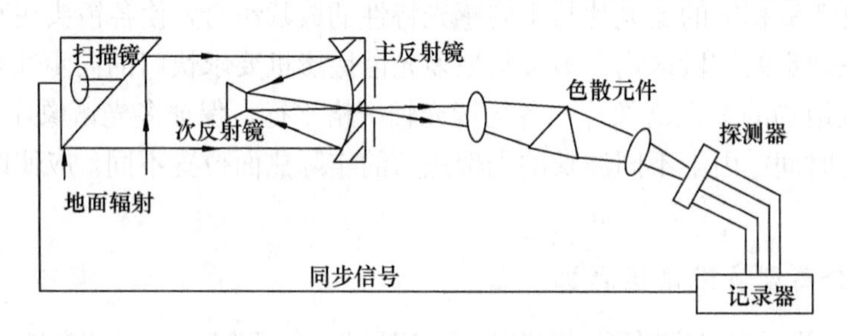

图 3.8 光机扫描仪构成示意图

3.3.2 推扫式扫描仪

把探测器按扫描方向（垂直于飞行方向）阵列式排列来感应地面响应，以代替机械的真扫描。若探测器按线性阵列排列，则可以同时得到整行数据；若面阵式排列，则同时得到的是整幅图像。线阵列传感器多使用电荷耦合器件 CCD，每个探测器元件感应响应“扫描”行上一个唯一的地面分辨单元的能量，探测器的大小决定了每个地面分辨单元的大小。

推扫式扫描仪采用线列或面阵探测器作为敏感元件，线列探测器在光学焦面上垂直于飞行方向作横向排列，当飞行器向前飞行完成纵向扫描时，排列的探测器就好像刷子扫地一样扫出一条带状轨迹，从而得到目标物的二维信息，光机扫描仪是利用旋转镜扫描，逐个像元地进行采光，而推扫式扫描仪是通过光学系统一次获得一条线的图像，然后由多个固体光电转换元件进行电扫描，如图 3.9 所示。线性阵列系统可以为每个探测器提供较长的停留时间，以便更充分的测量每个地面分辨单元的能量，所以其空间和辐射分辨率较高。其记录每行数据的探测元件间有固定的关系，具有更大的稳定性，几何精度更高。且由于没有光机扫描那样的机械运动部分，所以结构上可靠性高。

另外推扫式扫描仪一般体积小、重量轻、能耗低，代表了新一代传感器的扫描方式。

由于使用了多个感光元件把光同时转换成电信号，因此当感光元件间存在灵敏度差时，往往会产生带状噪声，需要进行校准。线性阵列传感器多使用电荷耦合器件 CCD，它被用于 SPOT 卫星上的高分辨率传感器 HRV，日本的 MOS-1 卫星上的可见光-红外辐射计 MESSR 上、中巴资源卫星、IKONOS、QuickBird、北京 1 号小卫星等。

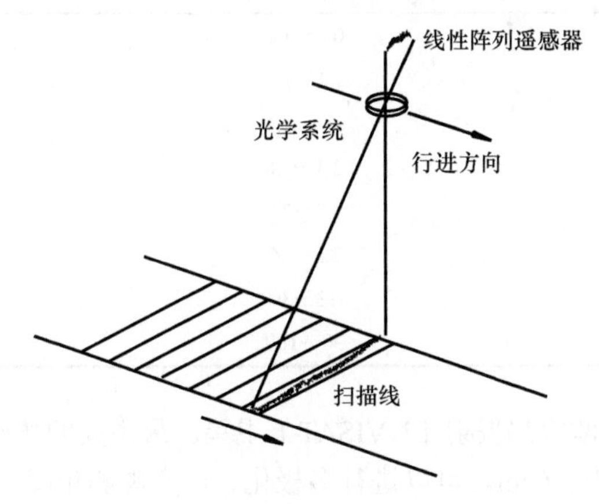

图 3.9　推扫式扫描仪工作原理图

3.4　雷达成像传感器

雷达成像主要使用微波和激光作为辐射源。

3.4.1　微波雷达

雷达是主动发射已知的微波信号（短脉冲），再接收这些信号与地面相互作用后的回波反射信号，并对这些信号的探测频率和极化位移等进行比较，生成地表的数字图像或模拟图像。遥感平台在匀速前进运动中，以一定的时间间隔发射一个脉冲信号，天线在不同的位置上接收回波信号，并记录和储存下来（Woodhouse，2015）。其工作原理如图 3.10 所示。

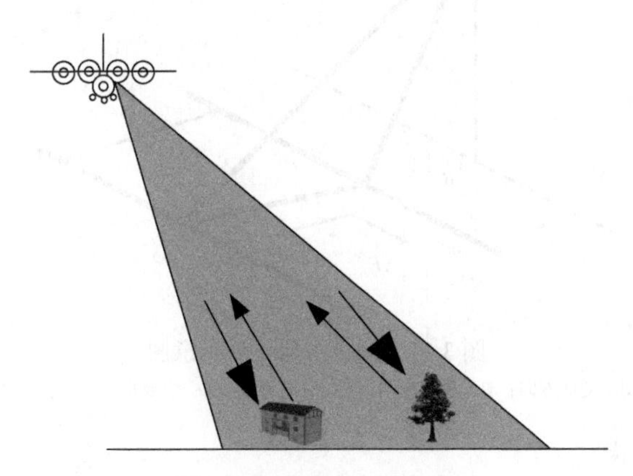

图 3.10　雷达的工作原理

雷达使用的波长是1mm至1m（即频率300MHz至300GHz）的微波波段，比可见光-红外（0.38～15μm）波长要大得多，最长的微波波长可以是最短的光学波长的250万倍。遥感中常用的微波范围为0.8～30cm，如表3.1所示。

表3.1 雷达常用工作波段

波段	波长/cm	频率/MHz
Ka	0.8～1.1	40000～26500
K	1.1～1.7	26500～18000
Ku	1.7～2.4	18000～12500
X	2.4～3.8	12500～8000
C	3.8～7.5	8000～4000
S	7.5～15	4000～2000
L	13～30	2000～1000
P	30～100	1000～300

2002年3月1日欧空局发射ENVISAT-1卫星。最主要的传感器为ASAR。ASAR工作载C波段，波长为5.6cm。可以进行多极化、可变观测角度、宽幅成像。2006年1月24日日本发射的ALOS卫星的PALSAR（相控阵型L波段合成孔径雷达），空间分辨率达7m。2007年6月15日，德国TerraSAR-X雷达卫星发射成功，该卫星是固态有源相控阵的X波段合成孔径雷达（SAR）卫星，分辨率可高达1m。

雷达主要有侧视机载雷达（SLAR）、真实孔径雷达和合成孔径雷达（SAR）三种。

1）侧视机载雷达

侧视雷达的天线与遥感平台的运动方向形成角度，朝向一侧或两侧倾斜安装，向侧下发射微波，接收回波信号（包括振幅、位相、极化）。侧视雷达的分辨率可分为距离分辨率（垂直于飞行的方向）和方位分辨率（平行于飞行的方向），如图3.11所示。

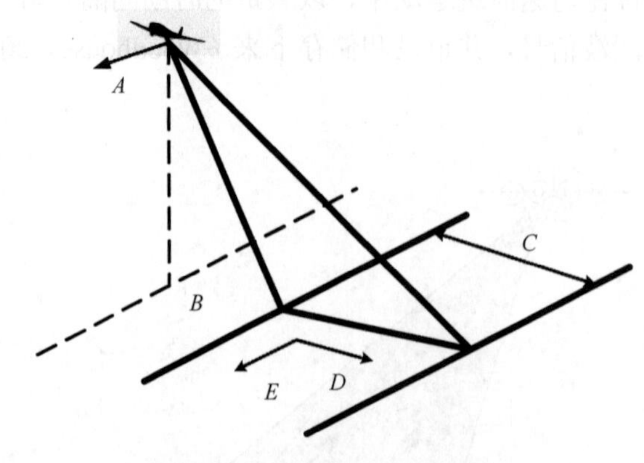

图3.11 侧视雷达工作示意图

A. 飞行方向；*B*. 天底方向；*C*. 扫描宽度；*D*. 距离向；*E*. 方位向

2）真实孔径雷达

真实孔径雷达天线长度就是实际的长度，为了提高方位向的分辨率，要求发出的波束沿方位向是很窄的，波束宽度与天线长度有关；波束沿距离向是很宽的，不过由于是时间测距的工作方式，距离向的分辨率则取决于发送波束的脉冲宽度τ。波束之脉冲时间τ越小，距离向的分辨率越高，但τ太小则发射功率下降，降低后向散射的信噪比。

为了提高方位向的分辨率，理论上增加孔径D就可以提高方位向分辨率，但是实际上是难以实现的，因为孔径的大小决定了天线几何尺寸的大小（苗俊刚和刘大伟，2013）。

3）合成孔径雷达

合成孔径雷达通过飞行平台的向前运动实现合成孔径。利用天线的移动，可以将小孔径的天线虚拟成一个大孔径的天线。合成孔径侧视雷达是利用遥感平台的前进运动，将一个小孔径的天线安装在平台的侧方，以代替大孔径的天线，提高方位分辨率的雷达。合成孔径雷达是一种脉冲-多谱勒雷达，利用雷达与目标的相对运动把尺寸较小的真实天线孔径用数据处理的方法合成一较大的等效天线孔径的雷达。合成孔径雷达工作时按一定的重复频率发、收脉冲，真实天线依次占一虚构线阵天线单元位置。把这些单元天线接收信号的振幅与相对发射信号的相位叠加起来，便合成一个等效合成孔径天线的接收信号。

1. 雷达图像几何特征

地球上经常有40%～60%的地区被云层覆盖。我国西南部多云雾、多雨等，光学图像获取困难。占地球面积3/5的海洋上，气候条件变化大，经常被云层遮蔽。微波雷达遥感可以作为光学图像的补充，对多云多雾地区监测，发挥重要作用。全天候，穿透云雾能力，全天时工作；穿透植被和树叶；微波对地表的穿透能力较强；海洋探测；干涉雷达测量地形；土壤水分（邓良基，2002）。

但是雷达图像的变形比光学图像严重。像片上呈正方形的田块，在雷达图像上往往被压缩成菱形或长方形。有地形起伏时，背向雷达的斜坡往往照不到，产生阴影。因为雷达图像是根据天线对目标物的射程远近记录在图像上的，故近射程的地面部分在图像上被压缩，而远射程的地面部分则伸长。有地形起伏时，面向雷达一侧的斜坡在图像上被压缩，而另一侧则延长。由于投射收缩，导致前坡的能量集中，显得比后坡亮，这种现象称为透视收缩。观测角度进一步减小时，斜坡顶部反射的信号比底部反射的信号提前到达雷达。在图像上显示顶部与底部颠倒，称为顶底位移。

2. 雷达遥感应用领域

雷达遥感主要应用领域有：地形测绘与地质研究中的应用，如埃及古河道的发现；国土、农业和林业中的应用，如土地利用调查（多云多雾地区），土壤水分监测，作物生长监测与分类，树高、冠幅测量；海洋研究和监测方面的应用，如海浪、海冰监测，船只识别，海面石油污染的监测；军事方面的应用，如军事目标的识别与定位。

3.4.2 激光雷达

激光雷达或称机载激光雷达，采用激光探测与测距，是一种高精密度的激光测试技术，其基本原理是由激光器发射光脉冲信号，探测器接收前方物体反射的光脉冲信号，通过测定光脉冲发射和接收的时间差来确定前方物体的距离（或运行速度），能够获取精确的地面三维数据（X、Y、Z）（李德仁等，2008）。

激光雷达的工作原理与雷达非常相近，以激光作为信号源，由激光器发射出的脉冲激光，打到地面的树木、道路、桥梁和建筑物上，引起散射，一部分光波会反射到激光雷达的接收器上，根据激光测距原理计算，就得到从激光雷达到目标点的距离，脉冲激光不断地扫描目标物，就可以得到目标物上全部目标点的数据，用此数据进行成像处理后，就可得到精确的三维立体图像，如图 3.12 所示。激光扫描仪与之前的传感器不同，它得到的数据不是图像，而是具有三维空间信息和回光强度的点云数据（刘春等，2010）。

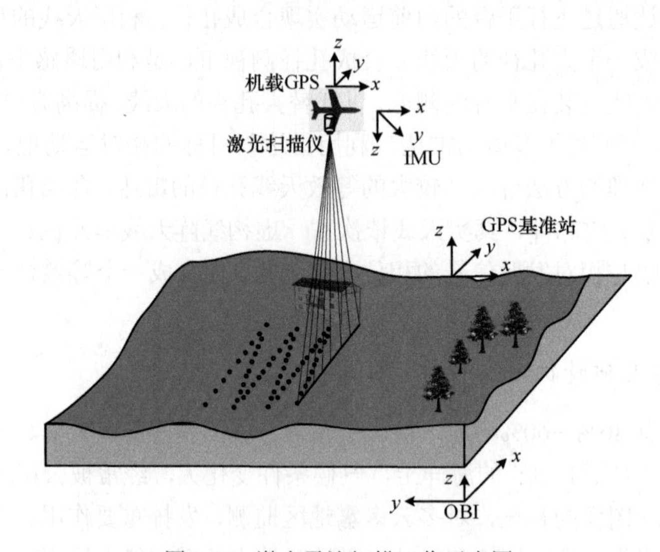

图 3.12　激光雷达扫描工作示意图

1. 激光雷达系统组成

激光雷达系统包括定位与导航系统、激光扫描仪、数码相机和中心控制单元。

（1）定位与导航系统：动态差分 GPS（即 DGPS）技术和惯性测量装置（即 IMU）；

（2）激光扫描仪：用来量测地物地貌的三维空间坐标信息，由激光发射器、接收器、时间间隔测量装置、传动装置、计算机和软件组成；

（3）数码相机：获取地面的地物地貌真彩色或红外数字影像信息；

（4）中心控制单元：实现三个重要设备的精确同步，采用导航、定位和管理系统构成同步记录 IMU 的角速度和加速度的增量，以及 GPS 的位置、激光扫描仪和数码相机的数据。

2. 激光雷达数据的主要特点

目前激光雷达使用的激光波长主要为 0.532μm、1.064μm、1.550μm。根据激光发散程度分为大光斑和小光斑，大光斑直径为 8～70m；小光斑直径小于 1m。激光雷达数据有以下特点：

（1）数据密度高。根据不同工程需要，可以灵活调节不同地表激光点采集间隔。Leica 最新型号 ALS50-II 设备，激光点采集间距可以达到 0.15m，甚至更小，数据采集密度极大，非常有利于真实地面高程模型的模拟。

（2）数据精度高。与传统航摄不同，由于采用激光回波探测原理，LiDAR 数据的高程精度不受航飞高度影响，且激光具有极高的方向指向性，加上 LiDAR 配置的高精度姿态测量系统，即使在没有地面控制点的情况下，也能达到较高的定位精度。

（3）植被穿透能力强。由于激光探测具有多次回波的特性，激光脉冲在穿越植被空隙时，可返回树冠、树枝、地面等多个高程数据，有效克服植被影响，更精确探测地面真实地形。

（4）不受阴影和太阳高度角影响。LiDAR 技术以主动测量方式采用激光测距方法，不依赖自然光；在传统被动成像方式的遥感中，因受太阳高度角等的影响，植被、山岭等出现大量的阴影地区，而 LiDAR 在这些区域获取数据的精度完全不受影响。

3. 激光雷达应用领域

激光雷达主要应用领域有高精度三维地形测量，数字城市，城市 DSM（digital surface model），农林业应用（树冠、树高、树木景观格局），电力线路设计，交通管线设计，水利测量，以及水下地物探测、城市建设、大气环境监测等（刘春等，2010）。

1）激光雷达的应用——农林业

激光雷达具有快速、准确穿透云层的能力，因此其光束能在云层中传播，可以观测许多地表特征和低空大气现象。对于农作物和森林经营等资源来说，激光雷达技术能够精确地获取树木和林冠下地形地貌和农作物信息，而利用传统的遥感技术很难做到。

在农业、林业调查与规划利用中，可以利用激光雷达的数据，分析森林树木、农作物的覆盖率和面积，了解其疏密程度，以及不同树龄树木的情况、推算其数量，以便于人们对森林和农业进行合理规划和利用。

2）激光雷达的应用——电网

在电力、通信网络建设与维护中，利用激光雷达的数据，可以了解整个线路设计区域的地形与地面上物的情况，以资评估建设方案的可行性与建设成本；在线路发生灾难时，可以及时发现倒塌的部位，便于抢修和维护。

激光雷达技术作为近年来航空遥感技术发展的一个重要里程碑，无疑代表着航空遥感技术未来的发展方向。而机载激光雷达优化选线技术自身的优势，以及未来电网工程施工、数字电网建设、运营维护等对三维空间信息的需求，都将使其成为未来电力优化选线技术的发展趋势，其在电网工程建设中必将具有很好的应用前景。

3）激光雷达的应用——交通

在交通、输油气建设与维护中，激光雷达技术可以为公路、铁路设计高精度的地面高程模型，以方便线路设计和施工土方量的精确计算。另外激光雷达技术能够在进行通信网络、油管、气管等线路设计时提供很大的帮助。

和常规的航空摄影测量相比，激光雷达技术在数据获取条件方面具有独特的优势。不会因阴影和太阳高度角而影响高程数据精度，不受航空高度的限制；获得地面的信息更丰富；产品更加多样化。

4）激光雷达的应用——水利

激光雷达技术对于河流监控与治理有着极其重要的意义。在水利建设与监测中，由于激光雷达数据构成的三角网高程值可以用颜色赋值渲染，即可以用不同颜色表示不同高度的水位，对于水利测量、水灾评估都极有用处。

另外，利用激光雷达技术还可以对水下目标进行探测。传统的水中目标探测装置是声呐。根据声波的发射和接收方式，声呐可分为主动式和被动式两种，可对水中目标进行警戒、搜索、定性和跟踪。但它体积很大，质量一般在600kg以上，有的甚至达几十吨重。而激光雷达是利用机载蓝绿激光器发射和接收设备，通过发射大功率窄脉冲激光，探测海面下目标并进行分类，既简便，精度又高。

5）激光雷达的应用——城市建设

在城市建设中，利用激光雷达数字地面模型与地理信息系统有机的结合，可以建立"数字城市"系统，并可方便地对数据进行实时更新，极大地方便了城市的规划建设。激光雷达与航空摄影测量技术相比，机载激光雷达在表现对象几何特征上更加直接，在描述不连续变化上更具优势且自动化程度更高。

随着激光雷达数据建筑物提取系统的建立，大大加快数据处理的速度，能够在一定程度上解决城市建设、规划中数据的需求。

6）大气环境监测

激光雷达多用于大气环境监测方面，通过分析激光的回波信号从而得到大气物理特征。激光波长位于光波段，典型值为 1μm 左右，这与烟尘等大气气溶胶粒子的尺度相当，加上探测器的探测灵敏度较高，因而激光探测烟、尘等微粒具有很高的探测灵敏度。激光雷达所接收的大气回波信息，包含了大气散射光的光强、频率、相位和偏振等多种信息。利用其可探测多种大气物理要素，其优势是其他探测手段所不能比拟的。

3.5 遥感平台

传感器是远距离感测地物环境辐射或反射电磁波的仪器，通常安装在不同类型和不同高度的遥感平台上。遥感平台是装载传感器的运载工具，按高度分为地面平台、航空平台和航天平台。地面平台主要为航空和航天遥感作校准和辅助工作。航空平台主要在80km 以下的平台，包括飞机和气球。航天平台为 80km 以上的平台，包括高空探测火箭、人造地球卫星、宇宙飞船、航天飞机。其中航天平台应用最广、发展最快。

根据航天遥感平台的服务内容，将其分为陆地资源卫星、海洋卫星和气象卫星等三个系列（梅安新等，2001）。

3.5.1 陆地资源卫星

以探测陆地资源为目的的卫星叫陆地资源卫星。目前，主要的陆地资源卫星有美国陆地卫星（Landsat）、法国陆地观测卫星（SPOT）、欧空局地球资源卫星（ERS）、美国地球观测系统系列卫星（EOS）、俄罗斯钻石卫星（ALMAZ）、日本地球资源卫星（JERS）、印度遥感卫星（IRS）、中-巴地球资源卫星（CBERS）等。

常用卫星数据有 Landsat、SPOT、MODIS、IKONOS、QuickBird、CBERS、JERS、IRS、WorldView，以及我国的高分卫星数据等。

1. Landsat 传感器及数据特征

美国 NASA 陆地卫星 Landsat 系列，自 1972 年发射第一颗起至 2013 年发射 Landsat 8，Landsat 共发射了 8 颗陆地资源卫星，产品主要有 MSS、TM、ETM、OLI 和 TIRS，属于中高度、长寿命的卫星。Landsat 陆地卫星的运行特点是近极地、近圆形的轨道；轨道高度为 700～900km；运行周期为 99～103min/圈；轨道与太阳同步（邓良基，2002）。

Landsat 系列卫星的主要传感器有下列五种。

（1）MSS：多光谱扫描仪，5 个波段；
（2）TM：主题绘图仪，7 个波段；
（3）ETM+：增强主题绘图仪，8 个波段；
（4）OLI：陆地成像仪，9 个光谱波段；
（5）TIRS：热红外传感器，2 个热红外波段。

MSS 数据是一种多光谱段光学-机械扫描仪所获得的遥感数据。其数据获取原理如图 3.13 所示。

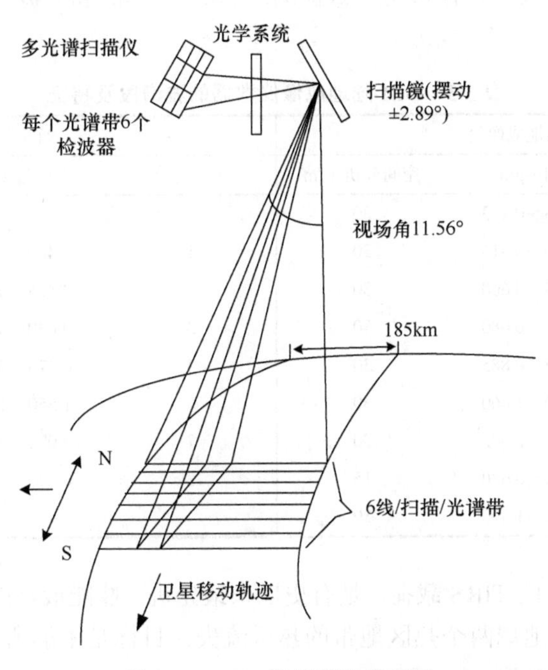

图 3.13　MSS 数据获取原理图

TM 数据是第二代多光谱段光学-机械扫描仪，是在 MSS 基础上改进和发展而成的一种传感器。TM 采取双向扫描，提高了扫描效率，缩短了停顿时间，并提高了检测器的接收灵敏度。

ETM 数据是第三代推扫式扫描仪，是在 TM 基础上改进和发展而成的一种传感器。

ETM 数据的波谱段及特征见表 3.2。

表 3.2　ETM 数据的波谱段及特征

波段数	光谱段/μm	光谱特征	分辨率/m
ETM1	0.45～0.52	蓝绿波段	30
ETM2	0.52～0.60	绿红波段	30
ETM3	0.63～0.69	红波段	30
ETM4	0.76～0.90	近红外波段	30
ETM5	1.55～1.75	近红外波段	30
ETM6	10.4～12.5	热红外波段	60
ETM7	2.08～2.35	近红外波段	30
ETM8（PAN）	0.52～0.90	可见光-近红外	15

OLI 陆地成像仪包括 9 个波段，空间分辨率为 30m，其中包括一个 15m 的全色波段，成像宽幅为 185km×185km，详见表 3.3。OLI 包括了 ETM+传感器所有的波段，为了避免大气吸收特征，OLI 对波段进行了重新调整，比较大的调整是 OLI Band5（0.845～0.885μm），排除了 0.825μm 处水汽吸收特征；OLI 全色波段 Band8 波段范围较窄，这种方式可以在全色图像上更好区分植被和无植被特征；此外，还有两个新增的波段：蓝色波段（band1，0.433～0.453μm）主要应用海岸带观测，短波红外波段（band 9，1.360～1.390μm）包括水汽强吸收特征可用于云检测；近红外 band5 和短波红外 band9 与 MODIS 对应的波段接近。

表 3.3　OLI 陆地成像仪数据的波谱段及特征

OLI 陆地成像仪			ETM+		
序号	波段/μm	空间分辨率/m	序号	波段/μm	空间分辨率/m
1	0.433～0.453	30			
2	0.450～0.515	30	1	0.450～0.515	30
3	0.525～0.600	30	2	0.525～0.605	30
4	0.630～0.680	30	3	0.630～0.690	30
5	0.845～0.885	30	4	0.775～0.900	30
6	1.560～1.660	30	5	1.550～1.750	30
7	2.100～2.300	30	7	2.090～2.350	30
8	0.500～0.680	15	8	0.520～0.900	15
9	1.360～1.390	30			

Landsat 8 上携带的 TIRS 载荷，是有史以来最先进、性能最好的 TIRS，其载荷参数见表 3.4。TIRS 收集地球两个热区地带的热量流失，目标是了解所观测地带水分消耗，特别是美国西部干旱地区。

2013 年 4 月 24 日美国国家航空航天局地球观测站公布了陆地卫星数据连续性任务（LDCM）卫星拍下的一组卫星照片，展示了美国加利福尼亚州南部的沙漠绿洲景象，见图 3.14 和图 3.15。图 3.14 是热红外传感器（TIRS）获取的热红外图，它显示了所摄地区不同地点的地表辐射热量，辐射热量较少的地方颜色较暗，反之则颜色较亮。图 3.15

是陆地成像仪（OLI）获取的同一地区的自然色照片。两幅照片所摄地区均为美国加利福尼亚州南部沙漠地带及其周围地区，包括人工内海索尔顿海和附近的灌溉农业区。在上面的热红外图中，颜色较暗的区域是农田，农田中的作物会吸收水分并通过蒸腾作用排泄出来，从而降低当地的地表温度。

表 3.4 TIRS 载荷参数

Band #	中心波长/μm	最小波段边界/μm	最大波段边界/μm	空间分辨率/m
10	10.9	10.6	11.2	30
11	12.0	11.5	12.5	30

图 3.14 热红外传感器（TIRS）获取的美国加利福尼亚州沙漠绿洲热红外图（据思北，2013）

图 3.15 陆地成像仪（OLI）获取的美国加利福尼亚州沙漠绿洲真彩色图（据思北，2013）

2. SPOT 传感器及数据特征

1978 年起，以法国为主，联合比利时、瑞典等欧共体某些国家，设计、研制了一颗名为“地球观测实验系统”（SPOT）的卫星，也叫做“地球观测实验卫星”。SPOT 1 于1986 年 2 月发射，至今还在运行。SPOT 2 于 1990 年 1 月发射，至今还在运行。SPOT 3 于 1993 年 9 月发射，1997 年 11 月 14 日停止运行。SPOT 4 于 1998 年 3 月发射，至今还在运行。SPOT 5 于 2002 年 5 月 4 日凌晨当地时间 1 时 31 分，在法属圭亚那卫星发射中心由阿里亚娜 4 号火箭运载成功发射。中等高度（832km）圆形近极地太阳同步轨道。主要成像系统有高分辨率可见光扫描仪（HRV、HRG），VEGETATION，HRS。

SPOT 1～3 号卫星上携带两台 HRV 传感器。HRV 是推扫式扫描仪。探测元件为 4 根平行的 CCD 线列，每根探测一个波段，每线含 3000 个（HRV1～3）或 6000 个（PAN 波段）CCD 元件。HRV 波谱段及特征见表 3.5。

表 3.5　SPOT 的 HRV 波谱段及特征

光谱段/μm	光谱特性	分辨率/m
0.50～0.59	绿	20
0.61～0.68	红	20
0.79～0.89	近红外	20
0.51～0.73	全色波段	10

SPOT 5 卫星上 HRG（高分辨率几何装置）与 HRV 基本相同。HRS 是 SPOT 5 特有的一个高分辨率立体成像装置，工作波段 0.48～0.71μm。HRG、HRS 波谱段及特征见表 3.6。

表 3.6　SPOT 的 HRG、HRS 波谱段及特征

光谱段/μm	光谱特性	分辨率/m
0.50～0.58	绿	20
0.61～0.67	红	20
0.78～0.89	近红外	20
0.49～0.71	全色波段	5

3. IKONOS 传感器及数据特征

自从 1994 年 3 月 10 日美国克林顿政府颁布关于商业遥感数据销售新政策以来，解禁了过去不准 1～10m 级分辨率图像商业销售，使得高分辨率卫星遥感成像系统迅速发展起来。美国空间成像公司（Space-Imaging）的 IKONOS 卫星是最早获得许可的公司之一。经过 5 年的努力，于 1999 年 9 月 24 日空间成像公司率先将 IKONOS-2 高分辨率（全色 1m，多光谱 4m）卫星，由加州瓦登伯格空军基地发射升空。该卫星具有太阳同步轨道，倾角为 98.1°。设计高度 681km（赤道上），轨道周期为 98.3min，下降角在上午 10：30，重复周期1～3 天。携带一个全色 1m 分辨率传感器和一个四波段 4m 分辨率的多光谱传感器。传感器由三个 CCD 阵列构成三线阵推扫成像系统。因此在正常模式下，它可取得正视、后视和前视推扫成像。IKONOS 图像可以实现模量传递函数（MTF）的补偿，为此卫星的传感器设计了进行 MTF 的测量。有了这些测量值，可以对因光学和检测器等引起的像质模糊进行补偿。IKONOS 卫星内设有 GPS 天线，接收的信号被记录下来，经过处理可以提供每个图像的星历参数；传感器系统设计有三轴稳定装置和量测装置，以获得相应姿态数据。

全色光谱响应范围：0.15～0.90μm，而多光谱则相应于LandsatTM的波段，其波谱段及特征见表3.7。

表3.7　IKONOS多光谱波谱段及特征

波段数	光谱段/μm	光谱特征	分辨率/m
MSI-1	0.45～0.52	蓝绿波段	4
MSI-2	0.52～0.60	绿红波段	4
MSI-3	0.63～0.69	红波段	4
MSI-4	0.76～0.90	近红外波段	4

4. QuickBird传感器及数据特征

美国DigitalGlobe公司的高分辨率商业卫星，于2001年10月18日在美国发射成功。卫星轨道高度450km，倾角98°，卫星重访周期1～6天（与纬度有关）。QuickBird图像分辨率为0.61m，幅宽16.5km。其波谱段及特征见表3.8。Quickbird传感器为推扫式成像扫描仪。可应用于制图、城市详细规划、环境管理、农业评估。

表3.8　QuickBird数据的波谱段及特征

数据类型	波段范围/μm	分辨率/m
多波段	蓝：0.45～0.52	2.44
	绿：0.52～0.60	2.44
	红：0.63～0.69	2.44
	近红外：0.76～0.90	2.44
全波段	0.45～0.90	0.61

图3.16为Quickbird多波段与全色波段合成图，此图大片绿色植被处为昆明圆通山动物园，北部为小菜园立交桥，两者东侧的盘龙江贯穿南北。

5. CBERS传感器及数据特征

中巴地球资源卫星，太阳同步极地轨道。CBERS具有三台成像传感器：高分辨率CCD像机、红外多谱段扫描仪（IRMSS）、广角成像仪（WFI）。CBERS计划是中国和巴西为研制遥感卫星合作进行的一项计划。CBERS采用太阳同步极轨道。轨道高度为778 km，倾角为98.5°。每天绕地球飞行14圈。卫星穿越赤道时当地时间是上午10：30，这样可以在不同的天数里为卫星提供相同的成像光照条件。卫星重访地球上相同地点的周期为26天。于1997年10月发射CBERS-l；1999年10月发射CBERS-2。卫星设计寿命为2年。三台成像传感器以不同的地面分辨率覆盖观测区域：WFI的分辨率可达256m，IR-MSS可达78m和156m，CCD为19.5m。

1）CBERS的CCD光谱段

高分辨率CCD像机具有与陆地卫星的TM类似的五个谱段，波谱段及特征见表3.9。

其星下点分辨率为 19.5m，高于 TM；覆盖宽度为 113km。

图 3.16 QuickBird 影像图（彩图附后）

表 3.9 CBERS 的 CCD 波谱段及特征

波段数	光谱段/μm	光谱特征	分辨率/m
B1	0.45～0.52	蓝	19.5
B2	0.52～0.59	绿	19.5
B3	0.63～0.69	红	19.5
B4	0.77～0.89	近红外	19.5
B5	0.51～0.73	全波段	19.5

2）CBERS 的 IRMSS 光谱段

红外多光谱扫描仪 IRMSS 四个谱段，波谱段及特征见表 3.10。覆盖宽度为 119.5km。

表 3.10 CBERS 的 IRMSS 波谱段及特征

波段数	光谱段/μm	光谱特征	分辨率/m
B6	0.50～1.10	蓝绿～近红外	77.8
B7	1.55～1.75	近红外相当于 TM5	77.8
B8	2.08～2.35	近红外相当于 TM7	77.8
B9	10.4～12.5	热红外相当于 TM6	156

3）CBERS 的 WFI 光谱段

广角成像仪 WFI 两个谱段，波谱段及特征见表 3.11。覆盖宽度 890km。

6. JERS 传感器及数据特征

日本地球资源卫星，近圆形、近极地、太阳同步、中等高度轨道，是一颗将光学传感器和合成孔径雷达系统置于同一平台上的卫星，主要用途是观测地球陆域，进行地学研究等。共有 3 台传感器：可见光近红外辐射计（VNR）、短波红外辐射（SWIR）、合成孔径雷达（SAR）。

表 3.11 CBERS 的 WFI 波谱段及特征

波段数	光谱段/μm	光谱特征	分辨率/m
B10	0.63～0.69	红	256
B11	0.77～0.89	近红外	256

SAR 是一套多波束合成孔径雷达，工作频率为 5.3GHz，属 C 频段，HH 极化。SAR 扫描左侧地面。它有 5 种工作模式，5 种模式的照射带分别为：500km、200km、300km、500km、800km。地面分辨率分别为 28m×25m、9m×l0m、30m×35m、55m×32m、28m×31m。

7. IRS 传感器及数据特征

印度遥感卫星 1 号，太阳同步极地轨道，该卫星载有三种传感器：全色像机（PAN）、线性成像自扫描仪（LISS）、广域传感器（WiFS）。

PAN 数据运用 CCD 推扫描方式成像，地面分辨率高达 5.8m，带宽 70km，光谱范围 0.5～0.75μm，具有立体成像能力，可在 5 天内重复拍摄同一地区。运用其资料可以建立详细的数字化制图数据和数字高程模型（DEM）。

LISS 数据在可见光和近红外谱段的地面分辨率为 23.5m，在短波红外谱段的分辨率为 70m，带宽 141km，有利于研究农作物含水成分和估算叶冠指数，并能在更小的面积上更精确地区分植被，也能提高专题数据的测绘精度。

WiFS 数据是双谱段像机，用于动态监测与自然资源管理。两个波谱段是可见光与近红外，地面分辨率为 188.3m，带宽 810km。它特别有利于自然资源监测和动态现象（洪水、干旱、森林火灾等）监测，也可用于农作物长势、种植分类、轮种、收割等方面的观察。

8. WorldView 传感器及数据特征

WorldView 是 Digitalglobe 公司的下一代商业成像卫星系统。WorldView-I 于 2007 年发射，WorldView-II 于 2009 年 10 月发射升空，2014 年 8 月 14 日 02：30，WorldView-III 商业遥感卫星由 Atlas V 401 运载火箭自范登堡空军基地发射升空。

WorldView-I 卫星发射后在很长一段时间内被认为是全球分辨率最高、响应最敏捷的商业成像卫星。该卫星将运行在高度 450km、倾角 98°、周期 93.4min 的太阳同步轨道上，平均重访周期为 1.7 天，星载大容量全色成像系统每天能够拍摄多达 50 万 km^2 的 0.5m 分辨率图像。卫星还将具备现代化的地理定位精度能力和极佳的响应能力，能够快速瞄准要拍摄的目标和有效地进行同轨立体成像。

WorldView-II 卫星于 2009 年 10 月 6 日发射升空，运行在 770km 高的太阳同步轨道上，能够提供 0.5m 全色图像和 1.8m 分辨率的多光谱图像。该卫星将使 Digitalglobe 公司能够为世界各地的商业用户提供满足其需要的高性能图像产品。星载多光谱遥感器不仅将具有 4 个业内标准谱段（红、绿、蓝、近红外），还将包括四个额外谱段（海岸、黄、红边和近红外 2）。多样性的谱段将为用户提供进行精确变化检测和制图的能力，由于 WorldView 卫星对指令的响应速度更快，因此图像的周转时间（从下达成像指令到 接收到图像所需的时间）仅为几个小时而不是几天。

WorldView-III 是新一代商业遥感卫星，工作轨道高度 617km，卫星分辨率全色达 0.31m，多光谱 1.24m，短波红外 3.7m，CAVIS30m，是目前分辨率最高的商业遥感卫星。WorldView-3 为用户提供光谱分布最为丰富的商业卫星图像，并成为第一颗提供多种短波红外（SWIR）波段的卫星，使得透过雾霾、烟尘，以及其他空气颗粒进行精确的图像采集成为可能。该卫星也是唯一一颗装备 CAVIS 装置（云、气溶胶、水汽、冰及雪等气象条件下的大气校正设备）的卫星，通过该装置可以对气象条件进行监测并以前所未有的精确性对数据进行校正。

WorldView 系列卫星具有特点：

1）更灵活的运转

WorldView 卫星是全球第一批使用了控制力矩陀螺（CMGs）的商业卫星。这项高性能技术可以提供多达 10 倍以上的加速度的姿态控制操作，从而可以更精确的瞄准和扫描目标。卫星的旋转速度可从 60s 减少至 9s，覆盖面积达 300km。所以，WorldView 卫星能够更快速、更准确地从一个目标转向另一个目标，同时也能进行多个目标地点的拍摄。

2）更高容量，更快回访

WorldView 卫星能非常灵活运转，它在太空中能灵活的前后扫描、拍摄大面积的区域，能在单次操作中完成多频谱影像的扫描。独有的大容量系统，能达到每日采集 100 万 km^2 的数据采集量。而卫星集群可以保证每日近 200 万 km^2 的数据采集量。WorldView 卫星的灵活性能在 1.1 天内两次访问同一地点。如果算上卫星集群，甚至能实现在一天之内两次访问同一地点。由此可以为用户提供同一地点、同一天内的高清晰商业卫星集群影像。

3）更精确的拍摄

WorldView 卫星先进的地理位置技术，在扫描的精确度上有了非常大的进步。WorldView 其精确度已经达到了 3.5m（90%圆点误差，CE90），这是没有经过处理，没有地面控制，也没有高程模型的数据。

4）多波段高清晰影像

WorldView 卫星能提供独有的 8 波段高清晰商业卫星影像。除了四个常见的波段外（蓝色波段：450～510nm；绿色波段：510～580nm；红色波段：630～690nm；近红外线波段：770～895nm），WorldView 卫星还能提供以下新的彩色波段的分析。

（1）海岸波段（400～450nm）这个波段支持植物鉴定和分析，也支持基于叶绿素和渗水的规格参数表的深海探测研究。由于该波段经常受到大气散射的影响，已经应用于大气层纠正技术。

（2）黄色波段（585～625nm）过去经常被说成是 yellow-ness 特征指标，是重要的植物应用波段。该波段将被作为辅助纠正真色度的波段，以符合人类视觉的欣赏习惯。

（3）红色边缘波段（7055～745nm）辅助分析有关植物生长情况，可以直接反映出植物健康状况有关信息。

（4）近红外 2 波段（860～1040nm）这个波段部分重叠在 NIR 1 波段上，但较少受到大气层的影响。该波段支持植物分析和单位面积内生物数量的研究。

9. GF 传感器及数据特征

1）高分一号

2013 年 4 月 26 日，中国高分辨率对地观测系统首颗卫星——高分（GF）一号，在酒泉卫星发射中心由长征二号丁火箭精准送入预定轨道。它是我国首颗考核寿命大于 5 年的低轨遥感卫星。高分一号空间分辨率约 2m，时间分辨率为 4 天。GF-1 卫星轨道和姿态控制参数见表 3.12，卫星有效载荷技术指标见表 3.13。高分一号在雅安地震、甘肃岷县地震、东北洪涝灾害、华北华东雾霾中启动应急模式中提供了大量精准数据。图 3.17 为高分一号卫星拍摄的卫星影像图，左图为山东东营河口区海滩自然地理地貌图像，右图为新疆昌吉州呼图壁县山谷自然地理地貌图像。右图上方的方块是农田，此时农作物尚未返青，地块呈现灰褐色。沉积岩层经流水侵蚀切割所形成的山脉，中间如灰白色“骨骼”状的东西方向连续山丘是坚硬的岩层所残留的，而下方大片红色是由于山上的植物覆盖所致。图像正中自上而下的是山谷中的一条河流（孙自法，2014）（高分一号卫星-PMS 多光谱相机 2014 年 4 月 20 日观测，图像大小 40km×40km，空间分辨率 8m）。

表 3.12　GF-1 卫星轨道和姿态控制参数

参数	指标
轨道类型	太阳同步回归轨道
轨道高度	645km（标称值）
倾角	98.0506°
降交点地方时	10：30am
侧摆能力（滚动）	±25°，机动 25°的时间≤180s，具有应急侧摆（滚动）±35°的能力

表 3.13　GF-1 卫星有效载荷技术指标

参数	2m 分辨率/8m 分辨率多光谱相机/μm		16m 分辨率多光谱相机
光谱范围	全色	0.45～0.90μm	
	多光谱	0.45～0.52μm	0.45～0.52μm
		0.52～0.59μm	0.52～0.59μm
		0.63～0.69μm	0.63～0.69μm
		0.77～0.89μm	0.77～0.89μm
空间分辨率	全色	2m	16m
	多光谱	8m	
幅宽	60km（2 台相机组合）		800km（4 台相机组合）
重访周期（侧摆时）	4 天		
覆盖周期（不侧摆）	41 天		4 天

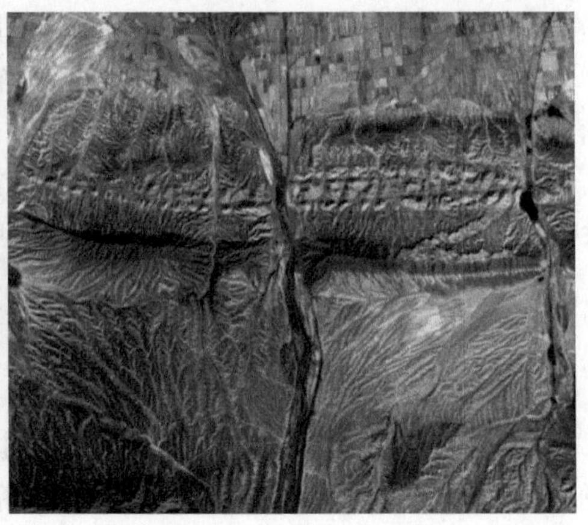

图 3.17　中国高分一号卫星地理图像（据孙自法，2014）

2）高分二号

高分二号卫星于 2014 年 8 月 19 日成功发射，8 月 21 日首次开机成像并下传数据。高分二号卫星是我国自主研制的首颗空间分辨率优于 1m 的民用光学遥感卫星，搭载有两台高分辨率 1m 全色、4m 多光谱相机，星下点空间分辨率可达 0.8m。高分二号卫星轨道和姿态控制参数见表 3.14，有效载荷技术指标见表 3.15。其具有亚米级空间分辨率、高定位精度和快速姿态机动能力等特点，有效地提升了卫星综合观测效能，达到了国际先进水平。主要用户为国土资源部、住房和城乡建设部、交通运输部和国家林业局等部门，同时还将为其他用户部门和有关区域提供示范应用服务。

表 3.14　高分二号卫星轨道和姿态控制参数

参数	指标
轨道类型	太阳同步回归轨道
轨道高度	631km（标称值）
倾角	97.9080°
降交点地方时	10：30 am
侧摆能力（滚动）	±35°，机动 35°的时间≤180s

表 3.15　高分二号卫星有效载荷技术指标

参数	1m 分辨率全色/4m 分辨率多光谱相机	
光谱范围	全色	0.45～0.90μm
	多光谱	0.45～0.52μm
		0.52～0.59μm
		0.63～0.69μm
		0.77～0.89μm
空间分辨率	全色	1m
	多光谱	4m
幅宽	45km（2 台相机组合）	
重访周期（侧摆时）	5 天	
覆盖周期（不侧摆）	69 天	

3）高分四号

2015 年 12 月 29 日我国成功发射了高分四号卫星。与之前发射的高分一号、高分二号等低轨遥感卫星不同，高分四号运行于距离地面 3.6 万 km 的地球同步轨道上，高分四号卫星为地球静止轨道 50m 分辨率光学成像卫星，由中国航天科技集团公司五院研制，是高分专项工程首批启动立项的重要项目之一，我国第一颗地球静止轨道高轨高分辨率对地观测卫星，也是目前世界上空间分辨率最高、幅度最大的地球同步轨道遥感卫星。该卫星设计使用寿命 8 年，是目前我国时间分辨率最高、设计使用寿命最长的光学遥感卫星。

高分四号卫星主要用户为民政部、中国地震局、国家林业局、中国气象局。该星获取的遥感数据，可重点针对国内用户对高时间分辨率遥感图像数据的要求，为综合防灾减灾、地质灾害调查、林业灾害监测、气象预警预报等应用领域提供遥感数据，并为海洋、农业、国土、水利等行业提供遥感数据服务。

高分三号为 1m 分辨率雷达遥感卫星，高分五号为高光谱遥感卫星，两颗卫星预计于 2016 年发射。

3.5.2 海洋卫星

海洋卫星主要用于海洋温度场，海流的位置、界线、流向、流速，海浪的周期、速度、波高，水团的温度、盐度、颜色、叶绿素含量，海冰的类型、密集度、数量、范围，以及水下信息、海洋环境、海洋净化等方面的动态监测。主要有 SEASAT 数据、MOS 数据、ERS 数据、RADARSAT 数据。

美国海洋卫星 SEASAT，近极地近圆形太阳同步轨道。卫星载有 5 种传感器，其中 3 种是成像传感器。这 3 种成像传感器是合成孔径侧视雷达（SAR-A）、多通道微波扫描辐射计（SNMR）和可见光-红外辐射计（VIR）。

日本海洋观测卫星 MOS 数据，近圆形近极地太阳同步轨道，卫星载有 3 种传感器：多谱段电子自扫描辐射计（MESSR）、可见光-热红外辐射计（VTIR）和微波辐射计（MSR）。

欧洲遥感卫星 ERS 数据，圆形极地太阳同步轨道。雷达地面分辨率可达 30 m。主要用于海洋学、冰川学、海冰制图、海洋污染监测、船舶定位、导航，水准面测量、岸洋岩石圈的地球物理，以及地球固体潮和土地利用制图等领域。

加拿大遥感卫星 RADARSAT 数据，圆形近极地太阳同步轨道。携带的成像传感器有合成孔径雷达（SAR）、多谱段扫描仪、高分辨率辐射计（AVHRR），非成像传感器有散射计。

3.5.3 气象卫星

气象卫星是广泛应用于国民经济领域和军事领域的一种卫星，是太空中的自动化高级气象站。它能连续、快速、大面积地探测全球大气变化情况。主要有 NOAA 卫星系列（美国）、GMS 气象卫星系列（日本）、FY 气象卫星系列（中国）等。

NOAA 卫星系列，美国气象卫星，近圆形太阳同步轨道。卫星携带的环境监测传感器主要有改进型甚高分辨率辐射计（AVHRR）和泰罗斯业务垂直观测系统（TOVS）。

GMS 气象卫星，日本葵花气象卫星，地球卫星同步轨道。星上载有可见光-红外自旋扫描辐射计（成像）和空间环境监测仪。可提供全景圆形图像、日本邻区局部放大图像、分割圆形为 7 扇形图像、极地立体投影图像、墨卡托投影图像。各种图像均有可见光、红外及等温、分层等图像。

FY 气象卫星，中国风云气象卫星，近极地太阳同步轨道。卫星上主要的传感器是两台甚高分辨率扫描辐射计（AVHRR），每台有 5 个通道，AVHRR 1 和 2 可获取白天云图及地表图像；AVHRR 3 和 4 可获取海洋水色和陆表图像；AVHRR 5 可获取昼夜云图、海温和地表温度。

参考题

1. 简述遥感传感器的功能及分类。
2. 主要遥感传感器的特点及其应用领域。
3. 主要遥感平台有哪些，各有何特点？
4. 摄影成像的基本原理是什么？其图像有什么特征？
5. 扫描成像的基本原理是什么？扫描图像与摄影图像有何区别？
6. 微波成像与摄影、扫描成像有何本质区别？
7. 简述雷达遥感的原理及特点。
8. 美国陆地资源卫星 Landsat 系列的传感器有哪几种，各有何特点？
9. 简述 SPOT 卫星的参数和图像特征。
10. 简述我国高分 4 号的功能及特点。
11. 简述气象卫星的特点和种类。

参考文献

邓良基. 2002. 遥感基础与应用. 北京: 中国农业出版社.
李德仁, 王树根, 周月琴. 2008. 摄影测量与遥感概论（第二版）. 北京: 测绘出版社.
李小文. 2008. 遥感原理与应用. 北京: 科学出版社.
刘春, 陈华云, 吴航彬. 2010. 激光三维遥感的数据处理与特征提取. 北京: 科学出版社.
梅安新, 彭望琭, 秦其明, 刘慧平. 2001. 遥感导论. 北京: 高等教育出版社.
苗俊刚, 刘大伟. 2013. 微波遥感导论. 北京: 机械工业出版社.
彭望琭. 2002. 遥感概论. 北京: 高等教育出版社.
沙晋明, 张安定, 王金亮, 夏丽华, 陈文惠. 2012. 遥感原理与应用. 北京: 科学出版社.
思北. 2013. 每日卫星照: 美国加利福尼亚州沙漠绿洲. http: //zhidao.lgol00.com/yuzhou/22885.html. 2015-12-1.
孙家抦. 2013. 遥感原理与应用（第三版）. 武汉: 武汉大学出版社.
孙自法. 2014. 中国发布 10 幅“高分一号”卫星图像. http: //www.wokeji.com/explore/twht/201408/t20140820_796888.shtml. 2014-08-20.
新华网. 中国发射全球视力最佳高轨卫星“高分四号”. http: //tech.163.com/15/1229/07/BC0436BT00094O5H.html. 2015-12-29.
周军其. 2014. 遥感原理与应用. 武汉: 武汉大学出版社.
Woodhouse I H. 2015. 微波遥感导论. 董晓龙, 等译. 北京: 科学出版社.

第4章 遥感数字图像处理

遥感数字图像是以数字形式表示的遥感图像，数字图像最基本的单位是像素（梅安新等，2001）。数字记录方式主要指扫描磁带、磁盘、光盘等的电子记录方式。它是以光电二极管等作为探测元件，将地物的反射或发射能量，经光电转换过程，把光的辐射能量差转换为模拟的电压差（模拟电信号），再经过模数（A/D）变换，将模拟量变换为数值（亮度值），存储于数字磁带、磁盘、光盘等介质上。扫描成像的电磁波谱段包括从紫外线、可见光到近红外、中红外、远红外的整个光学波段。由于可以灵活地分割为许多狭窄的谱段，甚至上百个谱段，故波谱分辨率高，信息量大，并适于数据的传输和各种数值运算（李玲，2009）。

遥感图像的数字处理是利用计算机程序实现数据的自动分析和处理，利用反演，通过电磁能量值获得目标的其他物理特性或几何特性，从而达到识别地物目标的目的（李小文和刘素红，2008）。

4.1 遥感数字图像的表示

遥感数字图像以二维数组来表示，在数组中，每个元素代表一个像素，像素的坐标位置由这个元素在数组中的行列位置所决定。元素的值表示传感器到像素对应面积上的目标地物的电磁辐射强度（梅安新等，2001）。

数字图像是一个二维的离散的光密度（或亮度）函数。相对于光学图像，它在空间坐标（x，y）和密度上都已离散化，空间坐标x，y仅取离散值：

$$\begin{aligned} x &= x_0 + m\Delta x \\ y &= y_0 + m\Delta y \end{aligned} \tag{4.1}$$

式中，m=0，1，2，…，m–1；Δx，Δy为离散化的坐标间隔。同时f（x，y）也仅取离散值，取值区间为0～2k，k=1，2，3，…（一般k取8，成为8bit图像），取值区间为0，1，2，…，255。

数字图像可用一个二维矩阵表示，即

$$f(x,y)=\begin{bmatrix} f(0,0) & f(0,1) & \dots & f(0,n-1) \\ f(1,0) & f(1,1) & \dots & f(1,n-1) \\ \vdots & \vdots & & \vdots \\ f(m-1,0) & f(m-1,1) & \dots & f(m-1,n-1) \end{bmatrix} \tag{4.2}$$

矩阵中每个元素称为像元（孙家抦，2013；杜培军，2006）。

多波段数字图像的存储与分发，通常采用三种数据格式（梅安新等，2001）：BSQ（band sequential）数据格式、BIP（band interleaved by pixel）数据格式、BIL（band interleaved by line）数据格式。

4.1.1 BSQ 数据格式

BSQ 是一种按波段顺序依次排列的数据格式，其图像数据格式如表 4.1 所示。

表 4.1 BSQ 数据排列表

第一波段	(1, 1)	(1, 2)	(1, 3)	(1, 4)	(1, 5)	(1, 6)
	(2, 1)	(2, 2)	(2, 3)	(2, 4)	(2, 5)	(2, 6)
		…				
第二波段	(1, 1)	(1, 2)	(1, 3)	(1, 4)	(1, 5)	(1, 6)
	(2, 1)	(2, 2)	(2, 3)	(2, 4)	(2, 5)	(2, 6)
		…				
		…				
第 n 波段	(1, 1)	(1, 2)	(1, 3)	(1, 4)	(1, 5)	(1, 6)
	(2, 1)	(2, 2)	(2, 3)	(2, 4)	(2, 5)	(2, 6)
		…				

在 BSQ 数据格式中，数据排列遵循以下规律：

（1）第一波段位居第一，第二波段位居第二，第 n 波段位居第 n 位。

（2）在第一波段中，数据依据行号顺序依次排列，每一行内，数据按像素号顺序排列。

（3）在第二波段中，数据依然根据行号顺序依次排列，每一行内，数据仍然按像素号顺序排列。其余波段依次类推。

4.1.2 BIP 数据格式

BIP 格式中每个像元按波段次序交叉排列，其图像数据格式如表 4.2 所示。

表 4.2 BIP 数据排列表

	第一波段	第二波段	第三波段	…	第 n 波段	第一波段	第二波段…	…
第一行	(1, 1)	(1, 1)	(1, 1)	…	(1, 1)	(1, 2)	(1, 2)	…
第二行	(2, 1)	(2, 1)	(2, 1)	…	(2, 1)	(2, 2)	(2, 2)	…
…								
第 N 行	$(n, 1)$	$(n, 1)$	$(n, 1)$	…	$(n, 1)$	$(n, 2)$	$(n, 2)$	…

在 BIP 数据格式中，数据排列遵循以下规律：第一波段第一行第一个像素位居第一，第二波段第一行第一个像素位居第二，第三波段第一行第一个像素位居第三位，第 n 波段第一行第一个像素位居第 n 位，然后为第一波段第一行第 2 个像素，它位居第 n+1 位，第二波段第一行第一个像素，位居第 n+2 位，其余数据排列位置依次类推。

4.1.3 BIL 数据格式

BIL 是逐行按波段次序排列的格式，其数据格式见表 4.3。

在 BIL 数据格式中，数据排列遵循以下规律：第一波段第一行第一个像素位居第一，第一波段第一行第二个像素位居第二，第一波段第一行第三个像素位居第三位，第一波

段第一行第 n 个像素位居第 n 位，然后为第二波段第一行第 1 个像素，它位居第 n+1 位，第二波段第一行第二个像素，位居第 n+2 位，其余数据排列位置依次类推。

表 4.3　BIL 数据排列表

第一波段	(1, 1)	(1, 2)	(1, 3)	(1, 4)	(1, 5)	(1, 6)	(1, 1)
第二波段	(1, 1)	(1, 2)	(1, 3)	(1, 4)	(1, 5)	(1, 6)	(1, 1)
第三波段	(1, 1)	(1, 2)	(1, 3)	(1, 4)	(1, 5)	(1, 6)	(1, 1)
…							
第 n 波段	(1, 1)	(1, 2)	(1, 3)	(1, 4)	(1, 5)	(1, 6)	(1, 1)
第一波段	(2, 1)	(2, 2)	(2, 3)	(2, 4)	(2, 5)	(2, 6)	(2, 1)
第二波段	(2, 1)	(2, 2)	(2, 3)	(2, 4)	(2, 5)	(2, 6)	(2, 1)
…							

4.2　遥感图像的统计特征

4.2.1　直方图

图像直方图（histogram）描述了图像中每个亮度值（DN）的像元数量的统计分布。它是灰度级的函数，表示图像中具有每种灰度级像元的个数或比例，反映图像中每种灰度出现的频率。确定图像像元的灰度值范围，以适当的灰度间隔为单位将其划分为若干等级，以横轴表示灰度级，纵轴表示每一灰度级具有的像元个数或该像元占总像元数的比例值，作出的条形统计图即为灰度直方图，如图 4.1 所示。

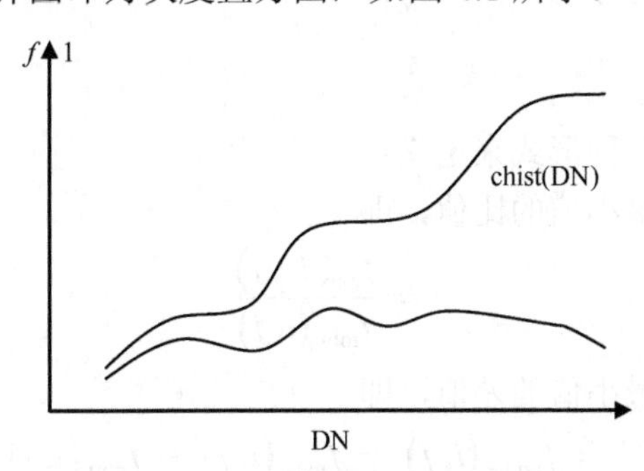

图 4.1　直方图和累计直方图示意图

$$\text{hist}(\text{DN}) = \text{count}(\text{DN})/N \approx \text{PDF}(\text{DN}) \tag{4.3}$$

式中，hist（DN）为 DN 的像元的频度；count（DN）为灰度值为 DN 的像元数目；PDF（DN）为连续概率密度分布函数在 DN 处的函数值。

累计直方图同样以灰度值 DN 为横坐标，纵坐标为比该灰度值小的所有像元的频度之和 chist（DN）：

$$\text{chist}(\text{DN}) = \sum_{\text{DN}=\text{DN}\min}^{\text{DN}} \text{hist}(\text{DN}) \tag{4.4}$$

4.2.2　图像灰度均值

设数字图像 $f(i, j)$ 大小为 $M \times N$。均值指的是一副图像中所有的像元灰度值的算

术平均值，它反映的是图像中地物的平均反射强度，大小由波谱信息决定，具体算法为

$$u=\frac{\sum_{i=1}^{M}\sum_{j=1}^{N}f(i,j)}{M\times N} \tag{4.5}$$

4.2.3 图像灰度中值

中值是指图像所有灰度级中处于中间的值，当灰度级为奇数时，取其中间值作为中值，当灰度级为偶数时，则取中间两灰度值的平均值。

4.2.4 图像灰度峰值

峰值是图像出现频率最高的灰度值，它是一副图像中分布较广的地物类型反射量的反映。一副图像中常会遇到多个峰值。

4.2.5 图像灰度方差与标准差

方差反映像元灰度值与图像平均灰度值总的离散程度，其平方根值为标准差。标准差越小，图像中像元亮度值越集中于某个中心值；反之，其标准差越大，亮度值越分散。它是衡量一副图像信息量大小的亮度，是图像统计分析中重要的统计量，其计算公式如下：

$$\sigma^2=\frac{\sum_{i=1}^{M}\sum_{j=1}^{N}\left[f(i,j)-u\right]^2}{M\times N} \tag{4.6}$$

式中，σ为标准差；σ^2为方差。

4.2.6 图像灰度反差

灰度反差可以通过三种形式来定义：

（1）灰度最大值和最小值的比值，即

$$c_1=\frac{f_{\max}(i,j)}{f_{\min}(i,j)} \tag{4.7}$$

（2）灰度最大之和最小值的差值，即

$$C_2=f_{\text{range}}(i,j)=f_{\max}(i,j)-f_{\min}(i,j) \tag{4.8}$$

（3）等于图像灰度值的标准差，即

$$C_3=\sigma \tag{4.9}$$

4.2.7 图像偏度

偏度是一种反映频数分布的偏态方向和程度的指标，在图形中表现为对称分布和不对称分布两种形式，其公式为

$$\text{skewness}=\frac{1}{N}\sum_{p=1}^{N}\left(\frac{\left(\text{DN}_p-u\right)}{\sigma}\right)^3=\sum_{\text{DN}=\text{DN}_{\min}}^{\text{DN}_{\max}}\left(\frac{\text{DN}-u}{\sigma}\right)^3\times\text{hist}(\text{DN}) \tag{4.10}$$

（1）若 skewness=0，表明分布是对称的；

（2）若 skewness>0，表明分布右偏，且偏度系数越大表明右偏程度越大；

（3）如 skewness<0，表明分布左偏，且偏度系数越小表明左偏程度越大。

4.2.8 波段间相关系数矩阵和协方差矩阵

对于一个波段的遥感数据，统计量还包括协方差 C 和相关系数矩阵 R。

一副由 N 个像素，n 个波段构成的遥感图像，其第 m 波段的影像和第 n 波段的影像的协方差 C_{mn} 为

$$C_{mn}=\frac{1}{N-1}\sum_{p=1}^{N}\left(\mathrm{DN}_{pn}-u_m\right)\left(\mathrm{DN}_{pn}-u_n\right) \tag{4.11}$$

式中，DN_{pn} 为第 p 个像素在第 n 波段的值；u_m 为第 m 波段影像的均值；u_n 为第 n 波段影像的均值。

图像的相关系数矩阵 R 为

$$R=\begin{matrix} C_{11} & C_{12} & \cdots & C_{1n} \\ C_{21} & C_{22} & \cdots & C_{2n} \\ \vdots & \vdots & \vdots & \vdots \\ C_{n1} & C_{n2} & \cdots & C_{nn} \end{matrix} \tag{4.12}$$

4.3 遥感图像的预处理

在遥感影像处理与分析中，预处理（pre-processing）是最初的也是最基本的影像操作，预处理主要是校正图像数据获取过程中所出现的图像畸变并恢复图像的质量。消除几何畸变的称为几何校正（geometric correction），消除辐射量失真的称为辐射校正（radiometric correction）。在实际应用中，通常要进行大气校正（atmospheric correction）和地形校正（topographic correction）。

4.3.1 像元灰度值 DN 和辐射率的转换

利用遥感图像的目的之一是利用灰度值反算其对应的地物的反射率或地物温度。下面以 TM 图像可见光波段灰度值和辐射率转换为例说明。

利用头文件中记录的辐射校正参数，可以方便地计算出地物在大气顶部的辐射亮度或反射率。计算公式如下（孙家抦，2013）：

$$L=\mathrm{gain}*\mathrm{DN}+\mathrm{bias} \tag{4.13}$$

$$\rho=\pi L d_s^2 / E_0\cos\theta \tag{4.14}$$

式中，gain 和 bias 为传感器的增益和偏移量，可以从头文件中得到；ρ为地物反射率；d_s 为日地天文单位距离；E_0 为太阳辐照度；θ为太阳天顶角。不同波段的 E_0 值可查表得到。

4.3.2 遥感图像几何校正

由于传感器、遥感平台，以及地球本身等方面的原因导致原始图像上地物的几何位置、形状、尺寸、方位等特征与参照系统中的表达要求不一致时，就产生了图像几何变形，这种变化称为几何畸变（geometric distortion）。解决遥感图像的几何畸变问题就是

几何校正，以使校正后的图像具有最大的几何精度。

1. 遥感图像几何畸变来源

遥感图像几何畸变来源很多，主要有：

1）传感器成像方式引起的变形

传感器成像方式有中心投影、全景投影、斜距投影，以及平行投影等不同类型。

2）传感器外方位元素变化的影响

传感器外方位元素通常指的是传感器成像时的位置和姿态。

3）地形起伏的影响

当地形起伏时，会产生局部像点的位移，使原来本应是地面点的信号被同一位置上某高点的信号代替。如图 4.2 所示，由于高差的原因，实际相点 P'距像幅中心的距离相对于理想像点 P'_0距离像幅中心的距离移动了Δr。

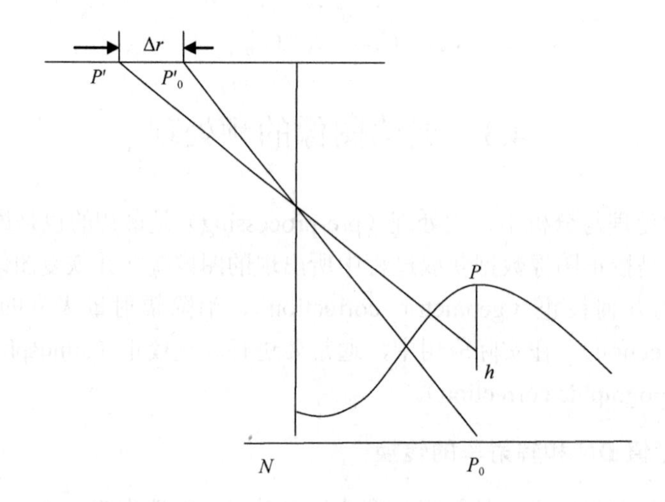

图 4.2 地形起伏引起的像点位移

4）地球表面曲率的影响

5）大气折射的影响

大气对辐射的传播产生折射，由于大气的密度分布从下向上越来越小，折射率不断变化，因此折射后的辐射传播不再是直线而是一条曲线。

6）地球自转的影响

多数卫星在轨道运行下降阶段接收图像，即卫星自北向南运动，这时地球自西向东自转，相对运动的结果，使卫星的星下位置逐渐产生偏离。

2. 遥感图像几何校正的方法

遥感图像几何校正的任务是定量地确定图像的像元坐标（图像坐标）与目标的地理

坐标（地图坐标等）的对应关系（坐标变化式）。图像几何校正包括粗校正和精校正两种（杜培军，2006），粗校正一般由遥感数据地面接收站处理，即利用卫星等所提供的轨道和姿态参数，以及地面系统中的的有关处理参数对原始数据进行几何校正。粗校正后的图像仍有较大的几何偏差，因此必须对遥感图像进行进一步的处理，即几何精校正。

几何精校正是利用地面控制点（ground control point，GCP），用一种数学模型来近似描述遥感图像的几何畸变过程，并利用畸变的遥感图像与标准地图之间的一些对应同名点（即控制点）求得这个畸变模型，然后利用该模型进行几何校正。由于人们已习惯使用正射投影的地形图或已校正过的影像，因此对各类遥感影像的畸变都必须以地面测量控制点、地形图或已校正过的影像为基准进行几何校正。对所选取的二元 n 次多项式求系数，必须已知一组控制点的坐标，控制点的最少数目 N 为

$$N = \frac{(N+1)(N+2)}{2} \tag{4.15}$$

一般来说，控制点应选取图像上易分辨且精细的特征点，这很容易通过目视方法辨别，如道路交叉点、河流弯曲或分叉处、海岸线弯曲处、湖泊边、飞机场、城廓边缘等。特征变化大的地区应多选些，图像边缘部分一定要选取控制点，以避免外推。此外，尽可能满幅均匀选取，特征是在不明显大面积区域。 当多项式的次数选定后，用所选定的控制点坐标，按最小二乘法回归求出多项式系数，计算每个地面控制点的均方根误差（RMS）公式为

$$\text{RMS}=\sqrt{(x'-x)^2+(y'-y)^2} \tag{4.16}$$

式中，x、y 为地面控制点在原始图像中的坐标；x'、y'为对应于相应的多项式计算的控制点坐标。在必要时，选取新的控制点或调整旧的控制点，重新计算 RMS 误差，直至达到所要求的精度为止。

几何校正过程中，由于校正前后图像的分辨率可能变化，像元点位置相对变化等原因，不能简单地用原图像灰度值输出图像像元灰度值。由于计算后的（x，y）多数不在原图的像元中心处，因此必须重新计算新位置的亮度值。一般来说，新点的亮度值介于邻点亮度值之间，所以常用内插法计算。为了确定校正后图像上每点的亮度值，只要求出其原图所对应点的亮度。通常有三种方法：最近邻法（nearest neighborhood）、双线性内插法（bilinear neighborhood）和三次卷积内插法（cubic convolution）。

1）最近邻法

以离被计算点最近的一个像元的灰度值作为输出像元的灰度值。这种方法保持了原来的亮度值不变，几何位置精度差，灰度失真大，但方法简单，计算速度快。

2）双线性内插法

取（x，y）点周围的 4 个邻点，在 y 方向（或 x 方向）内插，再在 x 方向（或 y 方向）内插一次，得到（x，y）的亮度值 f（x，y）。双线性内插法比最近邻法计算量增加，但精度明显提高，保真度较高。缺点是破坏了原来的数据，但具有平均化的滤波效果，从而使对比度明显的分界线变得模糊。

3）三次卷积内插法

使用内插点周围的 16 个观测点的像元值，用三次卷积函数对所求像元值进行内插。可得到较高的图像质量，但计算量很大，破坏了原来的数据，但具有图像的均衡化和清晰化的效果。

4.3.3 辐射校正

由于传感器响应特征和大气吸收、散射，以及其他随机因素影响，导致从传感器得到的测量值与目标物的光谱反射率或光谱辐射亮度等物理量不一致，这些都需要通过辐射校正复原。辐射校正主要包括传感器的灵敏度特性引起的畸变的校正、由太阳高度及地形引起的畸变的校正和大气校正等。

1. 传感器校正

传感器本身产生的误差是由多个检测器之间存在差异，以及仪器系统工作产生的误差，这导致了接收的图像不均匀，产生条纹和“噪声”。一般来说，这些畸变应该在数据生产过程中，由生产单位根据传感器参数进行校正，而不需要用户自行校正。

2. 太阳高度角、日地距离和地形校正

1）太阳高度角、日地距离引起的辐射误差校正

太阳高度角校正考虑了太阳在地球上的相对位置的季节变化，如图 4.3 所示。太阳高度角引起的辐射畸变校正是将太阳光线倾斜照射时获取的图像校正为太阳光垂直照射时获取的图像（孙家炳，2013）。太阳高度角可以根据成像时刻的时间、季节和地理位置确定。

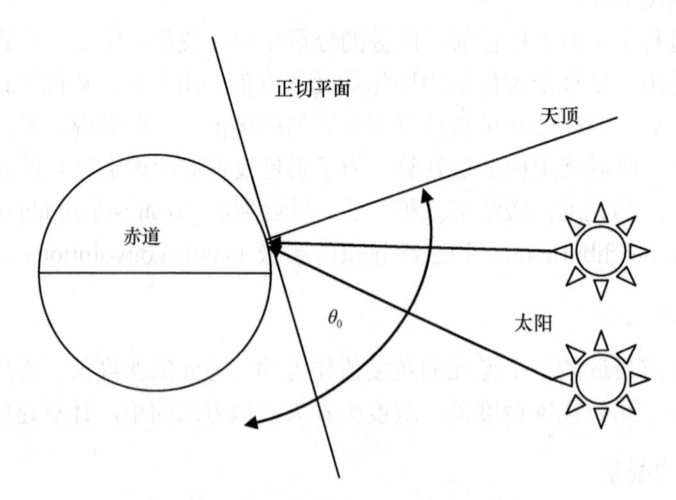

图 4.3　季节变化对太阳高度角的影响

通过太阳高度角校正和日地距离校正，将不同太阳高度角照射条件下、不同日地距离的图像数据的像元亮度值，标准化到假设太阳在天顶时的像元亮度值，在不考虑大气影响和地形影响的情况下，二者可统一表示为（李小文和刘素红，2008）：

$$E = \frac{E_0 \cos\theta_0}{d^2} \tag{4.17}$$

式中，E 为标准化的太阳辐射；E_0 为日地平均太阳辐射；θ_0 为太阳高度角；d 为日地距离，为一个天文单位（1.496×10^8km）。

由于太阳高度角的影响，在图像上产生阴影现象，一般情况下阴影是难以消除的，但对多光谱图像，可以用两个波段图像的比值产生一个新图像来消除地形的影像（孙家抦，2013）。

2）地形影响引起的辐射误差校正

在山区，地形影响光谱信息是非常大的，如果太阳光垂直入射水平地表时的太阳辐射为 E_0，则太阳光垂直入射到坡度为 a 的坡面上，入射点处的太阳辐射 E 为

$$E = E_0 \cos\alpha \tag{4.18}$$

地形引起的辐射校正需要知道各坡面的倾角，需要已知该地区的 DEM。可以通过比值图像来消除或部分减小地形影响。在复杂的山区，如果知道阳面的地物类型，也可以根据人为的推理和实地考察把和阳面一致的阴面地物归并到阳面地物中去（Zhang et al.，2014）。

3）大气校正

遥感图像的大气校正是遥感定理化研究和应用的主要难点之一。一方面，大气削弱了照射在地表物体上的能量；另一方面，大气本身作为一个反射体，增加了散射量，从而增大了传感器探测到的、与地物特征无关的辐射。简单的大气效应模型（不考虑多次反射）可以表示为

$$L_{\text{tol}} = \frac{\rho ET}{\pi} + L_{\text{p}} \tag{4.19}$$

式中，L_{tol} 为传感器所获得的总幅度；ρ为地表反射率；E 为地表辐照度；T 为大气透过率；L_{p} 为大气层辐射。

有许多的工具软件包可以帮助消除大气效应的影响，如 6S 模型（second simulation of the satellite signal in the solar spectrum）、LOWTRAN（low resolution transmission）、MORTRAN（moderate resolution transmission）、紫外线和可见光辐射模型 UVRAD（ultraviolet and visible radiation）、空间分布快速大气校正模型 ATCOR（a spatially-adaptive fast atmospheric correction）、FLASSH（fast line-of-sight atmospheric analysis of hypercubes）等。

4.4 图像的增强和变换

图像增强（image enhancement）的目标是突出相关的专题信息，提高图像的视觉效果；图像变换（image transformation）的目标是使分析者更容易地识别图像内容，从图像中提取更有用的定量化信息。两者通常都在图像校正和重建后进行，特别是必须消除原始图像中的各种噪声。

图像增强和变换的主要目的是改变图像的灰度等级，提高图像对比度；消除边缘和

噪声，平滑图像；突出边缘或线状地物，锐化图像；合成彩色图像；压缩图像数据量，突出主要信息等。图像增强和变换的主要内容如图 4.4 所示。

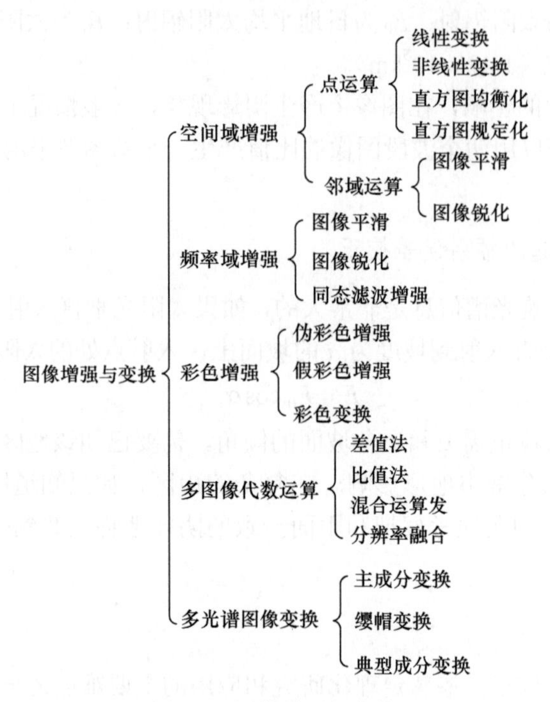

图 4.4　图像增强与变换

4.4.1　对比度拉伸

对比度拉伸（contrast stretching）主要通过改变灰度（亮度）分布态势，扩展灰度分布区间，达到增加反差目的，从而改善图像质量的图像处理方法。因为灰度值是辐射强度的反映，所以对比度拉伸也称辐射增强。常用的方法有对比度线性变换和非线性变换、直方图调整等。

对比度拉伸的主要处理方式是点运算，对于一副输入图像，通过点运算后产生的输出图像的灰度值仅由相应输入像素点的灰度值决定，与周围的像元不发生直接联系。

1. 线性变换

为了改变图像的对比度，必须改变图像像元的灰度值，且这种改变需符合一定的数学规律，即在运算过程中有一个变换函数。如果变换函数是线性的或分段线性的，这种变换就是线性变换（linear transformation）。

线性变换也称“线性拉伸”，是将像元值的变动范围按线性关系扩展到指定范围，图像变换前后灰度函数关系符合以下线性关系式：

$$y = ax + b \tag{4.20}$$

式中，x 为原始图像的灰度值变量；y 为扩展后的灰度值变量；a 为斜率（扩展系数）；b 为常数。

在实际工作中，有时为了更好地调节图像的对比度，需要在一些灰度段拉伸，而在另一些灰度段压缩，这种变换称为分段线性变换（piecewise linear transform）。分段线性变换时，变换函数不同，在变换坐标系中成为折线，折线间断点的位置根据需要决定。

2. 非线性变换

当变换函数非线性时，即为非线性变换（non-linear transformtaion）。非线性变换的函数很多，如对数变换、指数变换、平方根变换、三角函数变换等，常用的有指数变换和对数变换。

指数变换：

$$y = b\mathrm{e}^{ax} + c \tag{4.21}$$

对数变换：

$$y = b * \lg(ax+1) + c \tag{4.22}$$

式中，x，y 分别为变换前后图像中每个像元的灰度值；a，b，c 为可调参数。

3. 直方图调整

直方图调整（histogram modification）是指通过变换函数，使原图像的直方图变换为所要求的直方图，并根据新直方图变更原图像的灰度值。这种方法是以概率论为基础，常用的方法有直方图均衡化、直方图正态化和直方图规定化。

直方图均衡化（histogram equalization）是将随机分布的图像直方图修改为均匀分布的直方图，其实质是对图像进行非线性拉伸，重新分配图像像元值，使一定灰度范围内像元的数量大致相等。从数学的观点来看，就是把一个概率密度函数通过某种变换变成均匀分布的随机概率密度函数。

直方图正态化（histogram normalization）是将随机分布的原图像直方图变换成高斯（正态）分布的直方图，如图 4.5 所示。实现的方法与均衡化类似，采用累加方法。

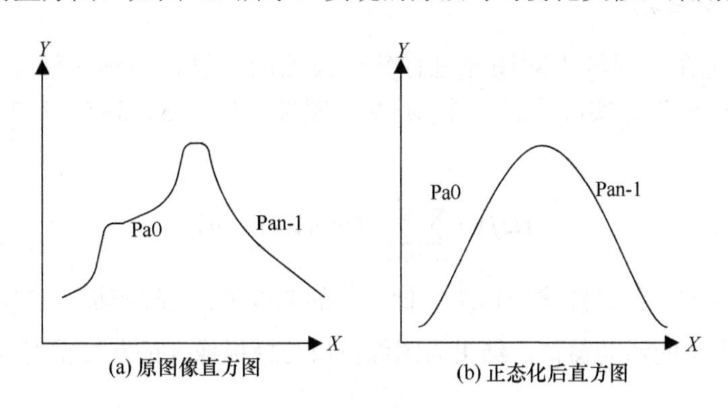

图 4.5　直方图正态化调整

直方图匹配（histogram matching）又称直方图规定化，是指把原图像的直方图变换为某种指定的直方图或某一参考图像的直方图，然后按照已知直方图调整原始图像各像元的灰度值，最后得到一幅直方图匹配的图像。该方法对在不同时间获取的同一地区或邻接地区的图像，或者由于太阳高度角或大气影响引起差异的图像，特别是对图像镶嵌或变化检测很有用。

4. 图像灰度反转

灰度反转是指对图像灰度范围进行线性或非线性取反，产生一幅与输入图像灰度相反的图像，其结果是原来亮的地方变暗，原来暗的地方变亮。

4.4.2 空间域滤波增强

空间滤波增强以重点突出图像上的某些特征为目的，如突出边缘或线性地物等，也可以有目的地去除某些特征。空间增强在方法上强调了像元与其周围相邻像元的关系，采用空间域中邻域处理的方法，在被处理像元周围的像元参与下，进行运算处理，这种方法也叫做空间滤波（filter）。邻域处理中常用的邻域如图 4.6 所示，分别表示中线像元的 4-邻域和 8-邻域。在进行运算时，多采用空间卷积技术（又称掩模技术），即在原图像上移动“活动窗口”，逐块进行局部运算，以实现平滑和锐化的目的。

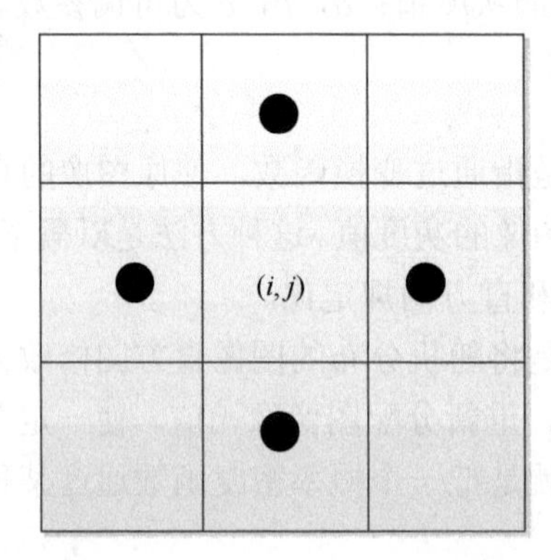

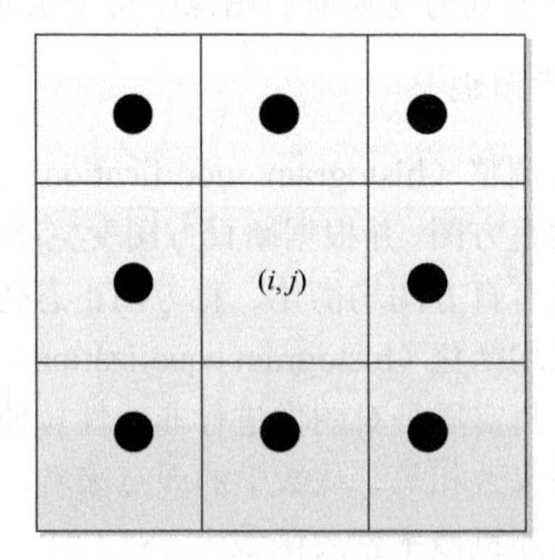

图 4.6 邻域图

1. 图像卷积运算

卷积运算是在空间域上对图像进行邻域检测的运算，具体做法是选定一卷积函数，又称为“模板”，实际上是一个 $M \times N$ 小图像，如 3×3、5×5、7×7 等。模板运算的公式为

$$g(i,j)=\sum_{m=1}^{M}\sum_{n=1}^{N}f(m,n)\varnothing(m,n) \tag{4.23}$$

式中，$g(i,j)$ 为结算结果图像窗口中心像元新的灰度值；运算模板为 $\varnothing(m,n)$，$f(m,n)$ 为与模板同样大小的活动窗口。结果为图像窗口与模板像元的灰度值对应相乘再相加。

2. 平滑

平滑（smoothing）也叫低通滤波，目的在于消除图像中各种干扰噪声，使亮度平缓或去掉不必要的“噪声”点。具体方法有均值平滑和中值滤波。均值平滑是将每个像元在以其为中心的区域内取平均值来代替该像元值，以达到去掉尖锐“噪声”和平滑图像的目的。与均值平滑不同，中值滤波是将邻域中的像素按灰度级排序，取其中间值作为输出像素。

3. 锐化

锐化（sharpening）也叫高通滤波，主要是增强图像中的高频成分，突出图像的边缘信息，提高图像细节的反差，所以也叫边缘增强，其结果与平滑相反。为了突出图像的边缘、线状目标或某些亮度变化率大的部分，可采用锐化方法。常见的锐化算子有Roberts梯度算子、Sobel梯度算子和拉普拉斯算子等。

4.4.3 频率域滤波增强

在图像中，像元的灰度值随位置变化的频繁程度可以用频率来表示，这是一种随位置变化的空间频率。傅里叶变换（Fourier transform）对一幅遥感图像进行傅里叶变换后，将得到一个频率域平面。原图像上的灰度突变部位、图像结构复杂的区域、图像细节及干扰噪声等，经傅里叶变换后，其信息大多集中在高频区；而原始图像上灰度变化平缓的部位，如植被比较一致的平原、沙漠和海面等，经傅里叶变换后，大多数集中频率域中的低频区。在频率域平面中，低频区位于中心部位，而高频区位于低频区的外围，即边缘部位。因此，在频率域增强技术中，平滑主要保留图像的低频部分而抑制高频部分，锐化则是保留图像的高频部分而削弱低频部分。

傅里叶变换是可逆的，即对一幅图像进行傅里叶变换后所得出的频率函数再作反向傅里叶变换（inverse Fourier transform），又可得出原来的图像。如果在正变换后人为地改造频率域，主要频率域平面上设置一定的滤波器，有目的的压制或过滤掉某些频率成分，然后再经过傅里叶反变换，重新得到一张图像，新图像和原图像在空间滤波特征方面会不一样，从而达到图像增强的目的。这一过程就是频域滤波。空间滤波与频域滤波本质是一样的，在空间域上作卷积相当于在频率域上作乘积。

4.4.4 彩色变换

人眼感知的彩色由原色红、绿、蓝，即RGB，按各种比例组成。人眼对灰度级别的分辨能力是有限的，对色彩差异的分辨能力要比灰度分辨能力高几十倍以上。因此，将灰度图像变为彩色图像以增强对图像的判读能力。彩色变换一般有三种：伪彩色密度分割、假彩色合成和HSI变换。

1. 伪彩色密度分割

伪彩色（pseudo-color）增强是把黑白图像的各不同灰度级按照线性或非线性的映射函数变换成不同的彩色，得到一幅彩色图像的技术。密度分割（density slicing）是伪彩色增强中最简单的方法。将一幅单波段黑白遥感图像按灰度的大小，划分为不同的层，并对每层赋予不同的颜色，使之变为一幅彩色图像的方法称伪彩色密度分割。例如，灰度值0～1为第一层，赋值1，11～15为第二层，赋值2，16～30为第三层，赋值3，等等。密度分割中的彩色是人为赋予的，与地物的真实色彩毫无关系，因此成为伪彩色。

2. 假彩色合成

密度分割是对一幅单波段图像而言的，而彩色合成（false-color composite）是利用三个波段进行合成生成的彩色图像。根据加色法彩色合成原理，选择遥感影像的某三个波段，分别赋予红、绿、蓝三种原色，就可以合成彩色影像，如图 4.7 所示为 Landsat TM432、TM543RGB 两种合成图。由于原色的选择与原来的遥感波段所代表的真实颜色不同，因此生成的合成色不是地物的真实颜色，因此这种合成叫做假彩色合成。

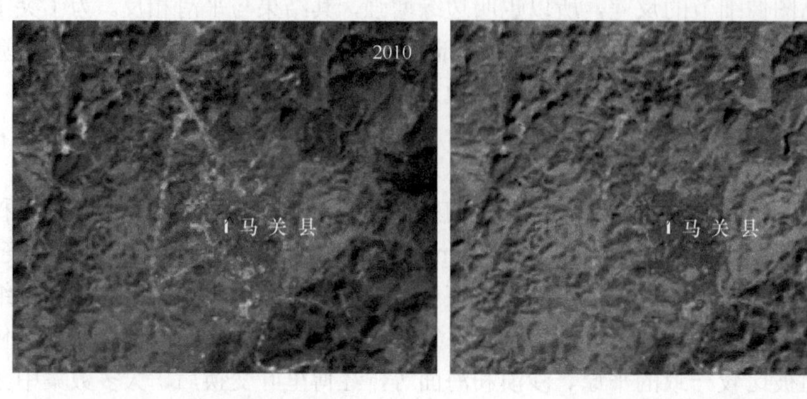

(a) Landsat TM 432波段合成　　(b) Landsat TM 543波段合成

图 4.7　云南东南部马关县城土地利用与覆盖分类示例（彩图附后）

3. HSI 变换

颜色可以用明度（intensity，I）、色度（hue，H）和饱和度（saturation，S）来表示，它们称为色彩的三要素。彩色图像除了用 RGB 颜色模型外，还经常采用 HSI 模型，RGB 与 IHS 模型可以相互转换。RGB 向 HSI 模型的转换是由一个基于笛卡儿直角坐标系的单位立方体向基于圆柱极坐标的双锥体的转换。基本要求是将 RGB 中的亮度因素分离，将色度分解为色调和饱和度，并用角向量表示色调，如图 4.8 所示。

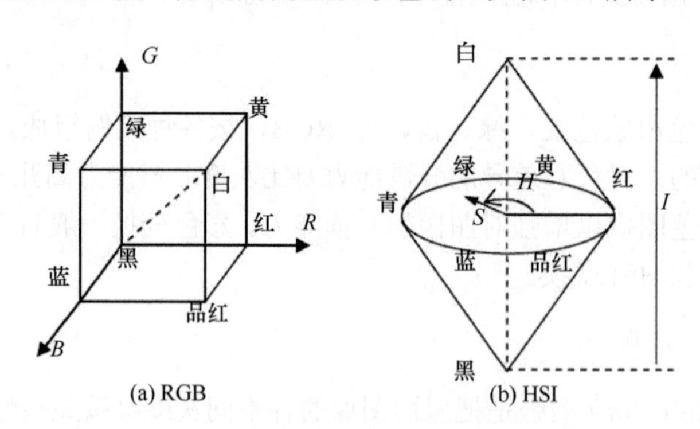

图 4.8　RGB 与 HSI 模型示意图

HSI 中的三个量在 RGB 立方体里表示如下：我们规定 RGB 立方体中黑点和白点连线（即灰度线）为一个强度轴，所以一个垂直于强度轴，且包含该彩色点的平面与强度轴的交点就确定出了一个[0，1]范围内的强度值。强度轴上的饱和度为零，彩色点的饱和度则随其距离强度轴的距离而增加。RGB 立方体上的任意 3 个点确定平面则确定了一个色度，且该平面内所有的点都具有相同的色度（其强度和饱和度不同而已）。

HSI 彩色模型可以从彩色图像中包含的彩色信息（色度和饱和度）里消去强度分量的影响，因此成为基于彩色描述的图像处理方法的一个有效工具（贾永红等，1998）。

采用四种典型的HSI变换公式：球体变换、圆柱体变换、三角形变换和单六角锥变换应用于SAR与 TM影像复合，进行了定量的计算和评估，其中球体复合法更佳，复合的影像有利于提高分类和制作专题图的精度。

4.4.5 多波段图像处理

1. 波段运算

波段运算是指遥感影像各波段之间、基于像素的运算，从而达到某种增强的目的。常用的方法有加法运算、差值运算、乘运算、比值运算、植被指数、水体指数法等，常用的植被指数如比值植被指数（RVI）、归一化植被指数（NDVI）、垂直植被指数（PVI）、土壤调节植被指数（SAVI）等。其中，归一化植被指数由以下公式计算：

$$\mathrm{NDVI}=\frac{\mathrm{NIR}-R}{\mathrm{NIR}+R} \tag{4.24}$$

式中，NIR为近红外波段；R为红光波段；Landsat TM数据NIR和R分别对应第4和第3波段。

2. 多光谱图像变换

遥感多光谱影像波段多，信息量大，对图像解译很有价值。一些波段的遥感数据之间存在不同程度的相关性，且存在冗余。多光谱变换方法可通过函数变换，达到保留主要信息、降低数据质量、增强或提取有用信息的目的。其变换的本质是遥感图像进行线性变换，使多光谱空间的坐标系按一定规律进行旋转。多光谱变换主要有两种：主成分变换和缨帽变换。

1）主成分变换

主成分变换也称为额主分量分析（principal component analysis，PCA）或K-L（Karhunen-Loeve）离散变换，是将原来指标重新组合成一组新的互相无关的几个综合指标来代替原来的指标，同时根据实际需要从中选取几个较少的综合指标尽可能多地反映原来的指标信息。主成分分析其实是考察多个波段变量间相关性的一种多元统计方法，是在统计特征基础上的正交线性变换，并尽可能的不丢失信息。

多光谱图像波段通常是高度相关的，它们在视觉上和数值上相似。光谱波段之间的相关性受多个因素的影响：

（1）物质光谱相关性：例如，在可见光区域植被相对较低的反射率，在所有的可见光波段产生一个相似的信号。波长相关性的范围由物质的光谱反射率决定。

（2）地形：地形上的底纹在所有的太阳反射波是一样的，甚至在山区和弱日照的区域是占优势的图像成分。所以在日照反射区域导致一个与表面物质类型无关的波段和波段的相关性。

（3）传感器波段重叠：理想情况下这个因素在传感器设计阶段被减少到最小，但是它不可能被完全消除。重叠的数量在典型的情况下较小，但是对于精准校准仍然是需要的。

对于某一多光谱图像DN，利用K-L变换矩阵$A(n\times n)$进行线性组合，而产生一组新的多光谱图像Y，表达式为

$$Y = A \times \mathrm{DN} \tag{4.25}$$

A 的作用是给多波段的像元亮度加权系数，实现线性变换。经 K-L 变换组合后，输出图像 Y 的各分量之间将具有最小的相关性，变换的应用归纳如下：

（1）数据压缩：以 TM 影像为例，共有 7 个波段，处理起来数据量很大。进行 K-L 变换后，第一或前二或前三个主分量已包含了绝大多数的地物信息，足够分析使用，同时数据量却大大地减少了。应用中常常只取前三个主分量作假彩色合成，数据量可减少到 43%，既实现了数据压缩，也可作为分类前的特征选择。

（2）图像增强：K-L 变换后的前几个主分量．信噪比大，噪声相对小，因此突出了主要信息，达到了增强图像的目的。随着信息量的逐渐减少，最后的主分量几乎全部是噪声信息。此外，将其他增强手段与之结合使用，会收到更好的效果。

（3）分类前预处理：多波段图像的每个波段并不都是分类最好的信息源，因而分类前的一项重要工作就是特征选择，即减少分类的波段数以便提高分类效果。主成分变换即是特征选择最常用的方法。

2）缨帽变换

缨帽（tasseled cap）变换也称 K-T（Kauth-Thomas）变换。该变换也是一种坐标空间发生旋转的线性组合变换，但旋转后的坐标轴不是指向主成分方向，而是指向与地物特别是和植被生长以及土壤有密切关系的方向。其变换公式为

$$Y = B \times \mathrm{DN} \tag{4.26}$$

K-T 变换为植被研究特别是分析农业特征提供了一个优化显示的方法，同时又实现了数据压缩。变换的应用主要针对 TM 和 MSS 数据。TM 与 MSS 数据的变换矩阵 B 的表达式不同的。

Crist 和 Ciocne 在 1984 年提出 TM 数据 K-T 变换时的转换矩阵，变换后 Y=[y_1，y_2，y_3，y_4，y_5，y_6]，这六个分量相互垂直，y_1 为亮度，实际上是 TM 的六个波段的加权和，反映出图像总体的反射值；y_2 为绿度，波长较长的红外波段 5 和 7，有很明显的抵消，剩下 4 与 1，2，3 波段刚好是近红外和可见光部分的差值，反映了绿色生物量的特征；y_3 为湿度，该分量反映了可见光与近红外 1～4 波段与波长较长的红外 5、7 波段的差值，而 5、7 两波段对土壤湿度和植被湿度最为敏感，易于反映出湿度特征。这前三个分量具有明显的地物意义。

4.5 遥感图像融合

遥感图像融合是一个对多遥感器的图像数据和其他信息的处理过程，它着重于把那些在空间或时间上冗余或互补的多源数据，按一定的规则（或算法）进行运算处理，获得比任何单一数据更精确、更丰富的信息，生成一幅具有新的空间、波谱、时间特征的合成图像。它不仅仅是数据间的简单复合，而强调信息的优化，以突出有用的专题信息，消除或抑制无关的信息，改善目标识别的图像环境，从而增加解译的可靠性，减少模糊性（即多义性、不完全性、不确定性和误差）、改善分类、扩大应用范围和效果。

图像融合可以分为若干层次。一般认为可分像素级、特征级和决策级（孙家抦，

2013）。像素级融合能够对原始图像及预处理各阶段上所产生的信息分别进行融合处理，以增加图像中有用信息成分，改善图像处理效果。特征级融合能以高的置信度来提取有用的图像特征。决策级融合允许来自多源数据在高抽象层次上被有效地利用。

图像融合算法种类非常多，但大体上可以分为三类：一类是从图像增强算法发展而来的较为简单的传统图像融合方法，即针对各个图像通道，利用一些替换、算术等简单的方法来实现。应用较广的有线性加权法、高通滤波（HPF）法、HSI 变换法、主分量分析法（PCA）等。这些方法简单易行，在不同的遥感领域得到应用。第二类是自 20 世纪 80 年代中期发展起来的多分辨融合算法，主要是塔式算法和小波变换法及小波变换融合算法。它们的基本思想是：首先把原始图像在不同的分辨率下进行分解，然后在不同的分解水平上对图像进行融合，最后通过重构来获得融合图像。第三类主要是多种算法相结合形成的各种改进的融合算法（牛凌宇，2005）。

4.5.1 线性复合与加权乘法

线性复合指对遥感影像资料进行加权运算，从振幅上对影像的结果进行突出处理，从而达到影像效果的增强。乘积运算就是将高分辨率波段与多光谱两个灰度矩阵进行矩阵乘积。结果矩阵与多光谱矩阵差别很大，直接反映在影像上为光谱变化大，纹理不如原分辨率波段清晰。

此类融合方法对于表现大的地貌类型，如高起伏地区、荒漠区域类型增强效果是比较理想的。利用该融合方法还可以解决非同一波谱区波段数据融合的问题，如在传统的用 HSI 变换对高空间分辨率全色影像与多光谱影像的融合中，当有红外波段影像参与融合时，由于高分辨率全色影像不含红外波段信息，因而与强度分量的相关性弱，使融合得到的多光谱影像灰度值同原多光谱影像有较大的差异，即光谱特征被扭曲，从而造成解译困难。为了最大限度地保留多光谱影像的光谱特征，可将高空间分辨率全色影像与 I 分量进行加权线性组合，以得到高分辨率影像，并以之代替强度分量进行融合。

如果 $A_k(i, j)$ 为 n 幅图像 A_k 在对应位置（i, j）的灰度值，那么融合后图像 $B_k(i, j)$ 可通过下式得到：

$$B_k(i,j)=\sum_{k=1}^{n}W_k(i,j)A_k(i,j) \tag{4.27}$$

$$\sum_{k=1}^{n}W_k(i,j)=1 \tag{4.28}$$

线性加权法的优点在于概念简单，计算量非常小，适合实时处理。缺点是融合后的图像包含很强的噪声；特别是当融合图像的灰度差异很大时，就会出现明显的拼接痕迹，视觉效果差。

4.5.2 高通滤波（HPF）法

高通滤波法实现遥感图像融合的概念比较简单。一幅图像通常由不同的频率成分组成。根据一般图像频谱的概念，高的空间频率对应图像中急剧变化的部分，而低的频率代表灰度缓慢变化的部分。对于遥感图像来说，高频分量包含了图像的空间结构，低频部分则包含了光谱信息。由于进行遥感图像融合的目的在于尽量保留低分辨率的多光谱图像的基础上加上高分辨率全色图像的细节信息，因此，可以用高通滤波器算子提取出高分辨率图像的细节信息，然后简单地采用像元相加的方法，将提取出的细节信息叠加到低分辨率图像上，这样就实现了多光谱的低分辨率图像和高分辨率全色图像之间的数据融合。

高通滤波法的优点在于其算法简单，计算量小，而且没有波段数的限制（HSI 变换融合法只能用 3 个波段进行融合），所以使用此种方法在使融合后图像空间分辨率有了较大改善的同时，又充分保持了多光谱图像的光谱信息。缺点在于使用固定大小滤波器难以完全提取出包含有不同尺寸大小地物的高分辨率图像的细节信息，融合图像仍然包含比较大的噪声。高通滤波器的大小选择分辨率倍数的两倍左右效果比较好。

4.5.3 小波变换实现多光谱图像融合增强

小波变换是一种多分辨时频信号分析工具，它可以把信号分解到更低分辨率水平上进行信号的表示。这一级的信号由低频的轮廓信息和原信号在水平、垂直和对角线向高频部分的细节信息组成，且每一次分解均使得信号的分辨率变为原信号的 1/2，这样就使得人们很容易地找到变换后的小波系数和原始图像在空间和频率域两方面的对应关系。

一般地，小波变换融合增强方法是直接利用经小波分解的具有高空间分辨率的全色图像的细节分量替换多光谱图像的细节分量，然后进行小波反变换从而得到增强后的多光谱图像。由于其直接舍弃了全色图像的低频分量，因此在增强结果中容易出现分块效应。

标准的基于小波变换的图像融合一般包含以下步骤：

（1）首先，对高、低分辨率图像进行配准。

（2）然后对高分辨率的图像向低分辨率图像进行灰度调整。

（3）分别对高、低分辨率图像进行 n 次小波变换（n 通常取 2 或者 3），以得到各自相应的低频轮廓图像和高频细节纹理图像。

（4）用低分辨率图像的低频部分来代替高分辨率图像的低频部分。

（5）对替换后的图像进行小波反变换，得到最终融合结果图像。

小波变换进行融合有两个缺点：一是小波变换进行融合容易产生较为明显的分块效应；二是直接用低分辨率图像的低频部分去替代高分辨率图像的低频部分，这样在一定程度上损失了高分辨率图像的细节信息。

4.5.4 多种算法结合形成的融合算法

无论是传统融合算法，还是多分辨融合算法，都有一定程度的不足之处。线性加权法和 HPF 法最简单，但融合效果最差，一般很少单独采用。HSI 变换法的优点是不仅大大提高了融合影像的空间信息表现能力，而且计算量非常小，但光谱失真严重，而且多光谱图像的通道数必须为 3。PCA 变换法的优点在于不仅提高了影像的空间信息表现能力，而且在保留原多光谱影像的光谱特征方面优于 HSI 融合法，但计算量很大。在一般的小波变换融合算法中，小波分解的阶数对融合结果影像影响很大。若小波分解的阶数选得低，则增强后多光谱图像的空间细节表现能力较差，但光谱特性保持程度好；若小波分解的阶数选得高，则增强后多光谱图像的空间细节表现能力较好，但光谱特性保持程度较差。

各种融合算法之间有很强的互补性。因此，可以将多种算法有机地、互补地结合起来，形成新的融合算法。

4.6 遥感图像的专题分类

专题地图表示的是可以识别的地标特征的空间状态，用信息而不是数据描述一个给定的区域。遥感图像专题分类就是将遥感图像转换成专题地图的过程。

遥感图像分类的理论依据是：在理想的条件下，遥感图像中的同类地物在相同的条件下（纹理、地形、光照以及植被覆盖等）应具有相同或相似的光谱信息特征和空间信息特征，从而表现出同类地物的某种内在的相似性，即同类地物像元的特征向量将集群在同一特征空间区域，而不同地物的光谱信息特征或空间信息特征应不同，因而将集群在不同的特征空间区域。

遥感图像专题分类处理的一般过程为：

（1）图像选择。在明确了研究区后，应根据实现的目的考虑图像的空间分辨率、光谱分辨率、成像时间、图像质量等。

（2）图像预处理。分类前需要对数字图像进行合理的运算处理，如像元灰度值和DN值的转换、几何校正、辐射校正、图像的增强与变换处理及去噪声等，4.3节与4.4节已阐述，获得比较清晰、对比度高、位置准确、光谱特征校正过的图像，以提高分类精度。

（3）提取训练数据。遥感专题分类的过程是根据已知的和代表性的地物特征来训练计算机，计算机通过一定的算法来推算一致的和更多的地物达到分类的目的，参见分类的若干个特征为相关性小的地物。

（4）分类。遥感图像分类处理就是根据图像特点和分类目的设计或选择恰当的分类器及判别准则，对特征矢量进行划分，完成分类工作。

（5）分类后处理。由于分类器或判别规则的限制，同时“同物异谱、同谱异物”现象的存在，分类处理结束后，可以对分类的结果可靠性进行初步的判断和修正，如对于明显错分的地物可以人为地进行归并；对于部分阴影部分可以根据专家知识或现地调查进行正确的专题划分；对分类后的专题可以进行统一的符号化处理等。

（6）精度验证。对于分类后精度的评价，通过参考数据和分类结果的交叉对比统计，计算用户精度（user’s accuracy）、生产者精度（producer’s accuracy）、Kappa系数等。

4.6.1 非监督分类和监督分类

1. 非监督分类

非监督分类是按照灰度值向量或波谱样式在特征空间聚集的情况划分点群或类别的，再根据相似性把图像中的像素归成若干类别。它的目的是使得属于同一类别的像素之间的距离尽可能地小而不同类别上的像素间的距离尽可能地大。它不需要训练样本，是一种无监督的统计方法。它迭代的进行图像分类并提取各类的特征值，可以说是一种自我训练的分类。

非监督分类中，常用的算法有 K-均值聚类、ISODATA（iterative self-organizing data analysis technique algorithm）等。

ISODATA 算法是在 K-均值算法的基础上，增加对聚类结果的“合并”和“分裂”两个操作，并设定算法运行控制参数的一种聚类算法。

它与 K-均值算法有两点不同：第一，它不是每调整一个样本的类别就重新计算一次各类样本的均值，而是在每次把所有样本都调整完毕之后才重新计算一次各类样本的均值，前者称为逐个样本修正法，后者称为成批样本修正法；第二，ISODATA 算法不仅可以通过调整样本所属类别完成样本的聚类分析，而且可以自动地进行类别的“合并”和“分裂”，从而得到类数比较合理的聚类结果。

ISODATA 算法过程框图如图 4.9 所示。

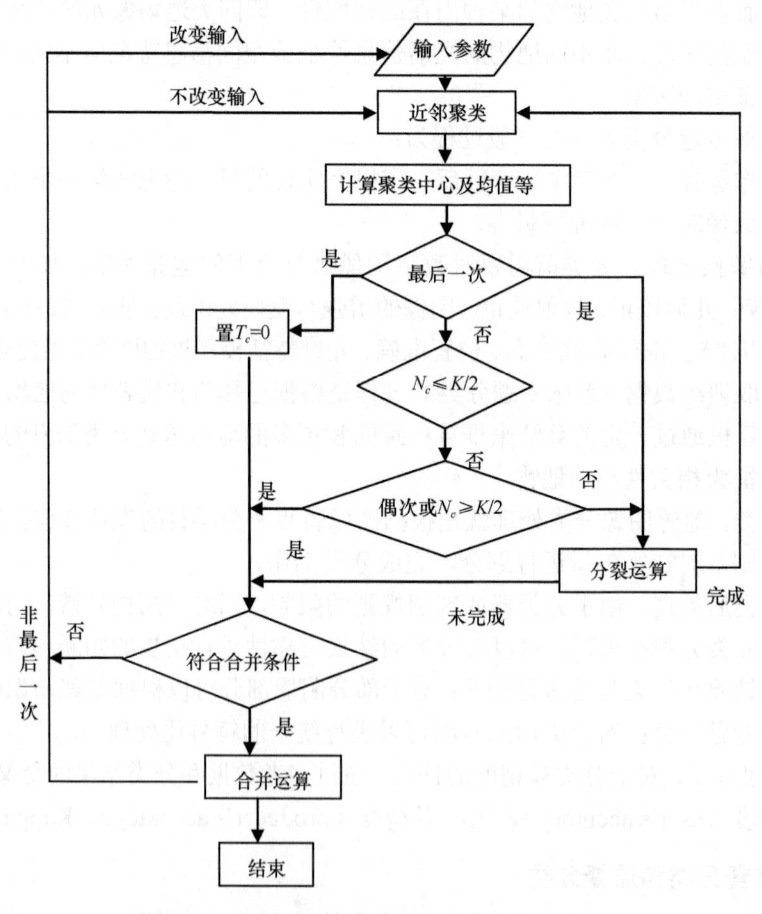

图 4.9　ISODATA 算法过程图（孙家抦，2013）

其中具体算法步骤如下：

第一步：将 N 个模式样本（X_i，i=1，2，3，…，N）读入。

预选 N_c 个初始聚类中心（Z_1，Z_2，…，Z_{N_c}），它可以不必等于所要求的聚类中心的数目，其初始位置亦可从样本中任选一些代入。

预选：K=预期的聚类中心数目；

θ_N = 每一聚类域中最少的样本数目，即若少于此数就不作为一个独立的聚类；

θ_S = 一个聚类域中样本距离分布的标准差；

θ_c = 两聚类中心之间的最小距离，如小于此数，两个聚类进行合并；

L = 在一次迭代运算中可以合并的聚类中心的最多对数；

I = 迭代运算的次数序号。

第二步：将 N 个模式样本分给最近的聚类 S_j，假如

$D_j = \min$（$\| X-Z_j \|$，i=1，2，…，N_c），即 $\| X-Z_j \|$ 的距离最小，则 $x \in S_j$。

第三步：如果 S_j 中的样本数目 $N_j < \theta_N$，取消该样本子集，这时 N_c 减去 1。

第四步：修正各聚类中心值

$$z_j = \frac{1}{N}\sum_{x \in S_j} x \text{，} j=1, 2, \cdots, N_c$$

第五步：计算各聚类域 S_j 中诸聚类中心间的平均距离：

$$\overline{D_j} = \frac{1}{N_j}\sum_{x \in S_j} \left\| x - z_j \right\| \text{，} j=1, 2, \cdots, N_c$$

第六步：计算全部模式样本对其相应聚类中心的总平均距离：

$$\overline{D} = \frac{1}{N}\sum_{j=1}^{N_c} N_j \overline{D_j}$$

第七步：判别分裂、合并及迭代运算等步骤：

（1）如迭代运算次数已达 1 次，即最后一次迭代，置 $\theta_c = 0$，跳到第十一步，运算结束。

（2）如 $N_c \leqslant K/2$，即聚类中心的数目等于或不到规定值的一半，则进入第八步，将已有的聚类分裂。

（3）如迭代运算的次数是偶次，或 $N_c \geqslant 2K$，不进行分裂处理，跳到第十一步；如不符合以上两个条件（即既不是偶次迭代，也不是 $N_c \geqslant 2K$），则进入第八步，进行分裂处理。

分裂处理：

第八步：计算每聚类中样本距离的标准差向量

$$\sigma_j = (\sigma_{1j}, \sigma_{2j}, \cdots, \sigma_{xj})^t$$

其中，向量的各个分量为

$$\sigma_{ij} = \sqrt{\frac{1}{N_j}\sum_{x \in S_j} (x_{ij} - z_{ij})^2}$$

式中，维数 i =1，2，…，n 为聚类数；j=1，2，…，N_c。

第九步：求每一标准差向量（σ_j，j=1，2，…，N_c）中的最大分量，以（$\sigma_{j_{\max}}$，j=1，2，…，N_c）代表。

第十步：在任一最大分量集（$\sigma_{j_{\max}}$，j=1，2，…，N_c）中，如有 $N_c > \theta_S$（该值给定），同时又满足以下两个条件中之一：

（1）$\overline{D_j} > D$ 和 $N_j > 2$（θ_N+1），即 S_j 中样本总数超过规定值一倍以上；

（2）$N_c \leqslant K/2$。

则将 Z_j 分裂为两个新的聚类中心 Z_j^+ 和 Z_j^-，且 N_c 加 1。Z_j^+ 中相当于 $\sigma_{j\max}$ 的分量，可加上 $K^{\sigma_{j\max}}$，其中 $0 \leqslant k \leqslant 1$；$Z_j^-$ 中相当于 $\sigma_{j\max}$ 的分量，可减去 $K^{\sigma_{j\max}}$。如果本步完成了分裂运算，则跳回第二步；否则，继续。

第十一步：计算全部聚类中心的距离：

$$D_{ij} = \left\| z_i - z_j \right\|,\ i=1,\ 2,\ \cdots,\ N_c-1$$

$$j=i+1,\ \cdots,\ N_c$$

第十二步：比较 D_{ij} 与 θ_c 值，将 $D_{ij} < \theta_c$ 的值按最小距离次序递增排列，即

$$(D_{i_1 j_1},\ D_{i_2 j_2},\ D_{i_L j_L})$$

式中，$D_{i_1 j_1} < D_{i_2 j_2} < \cdots < D_{i_L j_L}$。

第十三步：如将距离为 $D_{i_1 j_1}$ 的两个聚类中心 z_{i_1} 和 z_{j_1} 合并，得新中心为

$$z^{+}l = \frac{1}{N_{i_l} + N_{j_l}} [N_{i_l} Z_{i_l} + N_{j_l} Z_{j_l}]$$

$$l=1,\ 2,\ \cdots,\ L$$

式中，被合并的两个聚类中心向量，分别以其聚类域内的样本数加权，使 $z^{+}l$ 为真正的平均向量。

第十四步：如果是最后一次迭代运算（即第 I 次），算法结束。否则 GOTO 第一步，如果需由操作者改变输入参数；或 GOTO 第二步，如果输入参数不变。

在本步运算里，迭代运算的次数每次应加 1，至此本算法完成。

2. 监督分类

监督分类又称“训练场地法”或“先学习后分类”法，即先从图像中选择有代表性的训练区，选取所有要区分的备类地物的样本，用于训练分类器（建立判别函数）。训练区就是我们的先验知识，这些先验知识来源于我们的野外调查、地形图或目视解译等。选择好训练区后，计算机对训练区进行“学习”，得到每个训练组数据（已知类别）的统计数据和特征参数，然后根据所选定的判别规则对像元进行分类。根据判别规则的选择不同，常用的监督分类方法有平行六面体（parallelpiped）、最小距离（minimum distance）、马氏距离（Mahalanobis distance）、最大似然（likelihood classification）、神经网络（neural net classification）、支持向量机（support vector machine classification，SVM）。

SVM 是一种使用位于边缘空间类别训练数据的非参数分类器（Foody and Mathur，2004），可以处理复杂的地类分布（Huang et al.，2002）。因此，当出现光谱混合现象时，SVM 可以有效地处理很小的位于地类边界的“混合像元”样本，尤其是当地面参考数据缺乏时（Mantero et al.，2005；Mountrakis and Ogole，2010）。

SVM 是数据挖掘中的一项新技术，是借助于最优化方法来解决机器学习问题的新工具，最初由 V.Vapnik 等在 1995 年首先提出，根据 Vapnik & Chervonenkis 的统计学习理论，如果数据服从某个（固定但未知的）分布，要使机器的实际输出与理想

输出之间的偏差尽可能小，则机器应当遵循结构风险最小化（structural risk minimization，SRM）原则，而不是经验风险最小化原则，通俗地说就是应当使错误概率的上界最小化。与传统的人工神经网络相比，它不仅结构简单，而且泛化（generalization）能力明显提高。

SVM 方法的基本思想是（陈永义和熊秋芬，2011）：定义最优线性超平面，并把寻找最优线性超平面的算法归结为求解一个最优化（凸规划）问题。进而基于 Mercer 核展开定理，通过非线性映射φ，把样本空间映射到一个高维乃至于无穷维德特征空间，使在特征空间中可以应用线性学习机的方法解决样本空间中的高度非线性和回归等问题。简单地说就是实现升维和线性化。

下面，我们看下支持向量机的问题引入、数学抽象和算法。

1）问题引入

假设有分布在 Rd 空间中的数据，我们希望能够在该空间上找出一个超平面（hyper-pan），将这一数据分成两类。属于这一类的数据均在超平面的同侧，而属于另一类的数据均在超平面的另一侧，如图 4.10 所示。

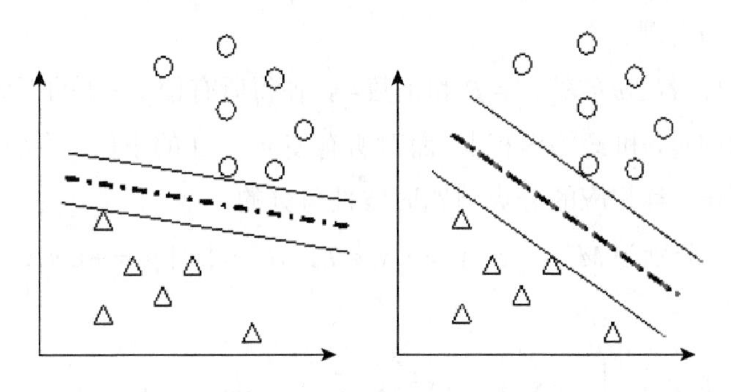

图 4.10　超平面对比图

比较上图，我们可以发现左图所找出的超平面（虚线），其两平行且与两类数据相切的超平面（实线）之间的距离较近，而右图则具有较大的间隔。而由于我们希望可以找出将两类数据分得较开的超平面，因此右图所找出的是比较好的超平面。

可以将问题简述如下：

设训练的样本输入为x_i，i=+1，…，–l，对应的期望输出为$y_i \in$（+1，…，–1），其中+1 和–1 分别代表两类的类别标识，假定分类面方程为$\omega \cdot x+b=0$。为使分类面对所有样本正确分类并且具备分类间隔，就要求它满足以下约束条件：

$$\left.\begin{matrix} x_i + b \geqslant 0 \quad \text{for} \quad y_i = +1 \\ x_i + b \leqslant 0 \quad \text{for} \quad y_i = -1 \end{matrix}\right\} \Leftrightarrow y_i(x_i \times w + b) - 1 \geqslant 0 \qquad (4.29)$$

它追求的不仅仅是得到一个能将两类样本分开的分类面，而是要得到一个最优的分类面。

2）问题的数学抽象

将上述问题抽象为：

根据给定的训练集：

$$T=\{(x_1,y_1),(x_2,y_2),\cdots,(x_l,y_l)\}\in(X\times Y)^l \tag{4.30}$$

$$x_i\in X=R^n$$

式中，$x_i\in X=R^n$，X 称为输入空间，输入空间中的每一个点 x_i 由 n 个属性特征组成，$y_i\in Y=\{-1,1\},i=1,\cdots,l$。

寻找 R^n 上的一个实值函数 $g(x)$，以便用分类函数 $f(x)=\text{sgn}(g(x))$，推断任意一个模式 x 相对应的 y 值的问题为分类问题。

判别函数 $g(x)$是特征空间中某点 x 到超平面的距离的一种代数度量。

如果 $g(x)>0$，则判定 x 属于 C_1；

如果 $g(x)<0$，则判定 x 属于 C_2；

如果 $g(x)=0$，则可以将 x 任意分到某一类或者拒绝判定。

3）支持向量机分类算法

A. 线性可分支持向量分类机

a. 基础理论与定理

考虑训练集 T，若 $\exists\omega\in R^n$，$\in R$ 和正数 $\in$，使得所有使 $y_i=1$ 的下标 i 有 $(\omega\cdot x_i)+b\geqslant\varepsilon$ ［这里 $(\omega\cdot x_i)$ 表示向量 ω 和 x_i 的内积］，而对所有使 $y_i=-1$ 的下标 i 有 $(\omega\cdot x_i)+b\leqslant\varepsilon$，则称训练集 T 线性可分，称相应的分类问题时线性可分的。

记两类样本集分别为 $M^+=\{x_i\mid y_i=1,x_i\in T\},M^-=\{x_i\mid y_i=-1,x_i\in T\}$。定义 M^+ 的凸包 conv(M^+)为

$$\text{conv}\left(M^+\right)=\left\{x=\sum_{j=1}^{N_+}\lambda_j x_j \mid \sum_{j=1}^{N_+}\lambda_j=1,\ \ \lambda_j\geqslant 0,\ \ j=1,\cdots,N_+;x_j\in M^+\right\} \tag{4.31}$$

M^- 的凸包 conv(M^-)为

$$\text{conv}\left(M^-\right)=\left\{x=\sum_{j=1}^{N_-}\lambda_j x_j \mid \sum_{j=1}^{N_-}\lambda_j=1,\ \ \lambda_j\geqslant 0,\ \ j=1,\cdots,N_-;x_j\in M^-\right\} \tag{4.32}$$

式中，N_+为+1 类样本集中样本点的个数；N_-为–1 类样本集中样本点的个数，定理 1 给出了训练集 T 线性可分与两类样本集凸包之间的关系。

定理 1：训练集 T 线性可分的充要条件是，T 的两类样本集 M^+ 和 M^- 的凸包分离。如图 4.11 所示。

定理 2：当训练集样本为线性可分时，存在唯一的规范超平面 $(\omega\cdot x)+b=1$，使得

$$\begin{cases}\omega\cdot x_i+b\geqslant 1, y_i=1\\ \omega\cdot x_i+b\leqslant -1, y_i=-1\end{cases} \tag{4.33}$$

b. 最优超平面的求解

式（4.33）中满足 $(\omega\cdot x_i)+b=\pm 1$ 成立的 x_i 称为普通支持向量，对于线性可分的情况来说，只有它们在建立分类超平面的时候起到了作用，普通支持向量通常只占样本集很

小的一部分，故而也说明 SVM 具有稀疏性。对于 y_i=1 类的样本点，其与规范超平面的间隔为

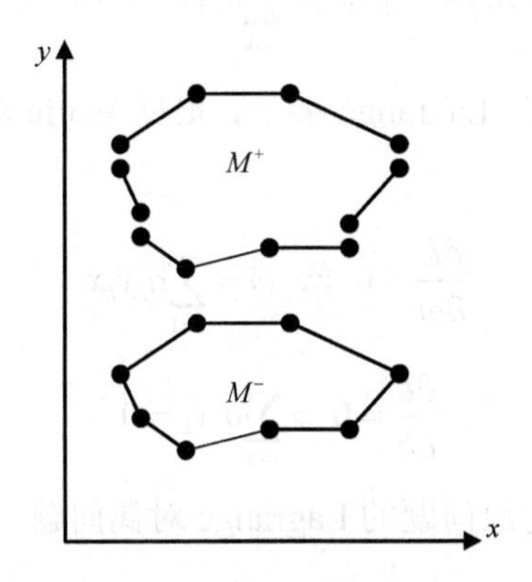

图 4.11　训练集 T 线性可分时两类样本点集的凸包

$$\min_{y_i=1}\frac{|\omega\cdot x_i+b|}{\|\omega\|}=\frac{1}{\|\omega\|},\tag{4.34}$$

对于 $y_i=-1$ 的样本点，其与规范超平面的间隔为

$$\min_{y_i=-1}\frac{|\omega\cdot x_i+b|}{\|\omega\|}=\frac{1}{\|\omega\|},\tag{4.35}$$

则普通支持向量间的间隔为 $\frac{2}{\|\omega\|}$。最优超平面即意味着最大化 $\frac{2}{\|\omega\|}$，如图 4.12 所示。

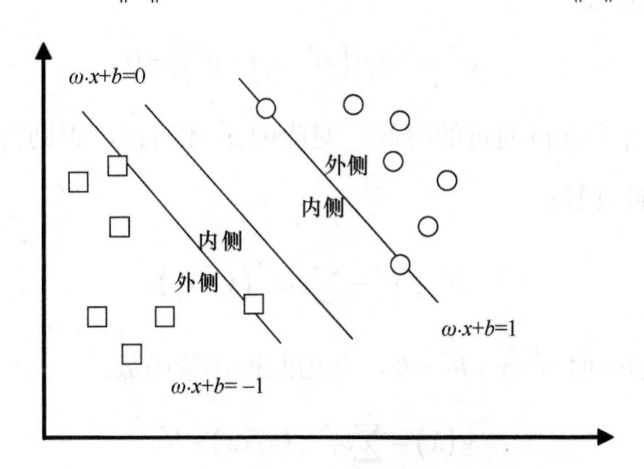

图 4.12　线性可分支持向量分类机

$(\omega\cdot x_i)+b=\pm1$ 称为分类边界，于是寻找最优超平面的问题可以转化为如下的二次规划问题：

$$\min\frac{1}{2}\|\omega\|^2$$

$$\text{s.t.}\, y_i(\omega\cdot x_i+b)\geqslant1,\ i=1,\cdots,l\tag{4.36}$$

该问题的特点是目标函数 $\frac{1}{2}\|\omega\|^2$ 是 ω 的凸函数，并且约束条件都是线性的。

引入 Lagrange 函数：

$$L(\omega,b,a)=\frac{1}{2}\|\omega\|^2+\sum_{i=1}^{l}a_i\left(1-y_i\left(\omega\cdot x_i+b\right)\right) \tag{4.37}$$

式中，$a=(a_1,\cdots,a_l)^{\mathrm{T}}\in R^{l+}$ 为 Lagrange 乘子。根据 Wolfe 对偶的定义，通过对原问题各变量的偏导置零可得

$$\frac{\partial L}{\partial \omega}=0\ \Rightarrow \omega=\sum_{i=1}^{l}a_i y_i x_i \tag{4.38}$$

$$\frac{\partial L}{\partial b}=0\Rightarrow\sum_{i=1}^{l}a_i y_i=0 \tag{4.39}$$

代入 Lagrange 函数化为原问题的 Lagrange 对偶问题：

$$\begin{gathered}\max_{a}-\frac{1}{2}\sum_{i=1}^{l}\sum_{j=1}^{l}y_i y_j a_i a_j\left(x_i\cdot x_j\right)+\sum_{i=1}^{l}a_i\\ \text{s.t.}\sum_{i=1}^{l}y_i a_i=0\\ a_i\geqslant 0, i=1,\cdots,l\end{gathered} \tag{4.40}$$

求解上述最优化问题，得到最优解 $a^*=\left(a_1^*,\cdots,a_l^*\right)^{\mathrm{T}}$，计算：

$$\omega^*=\sum_{i=1}^{l}a_i^* y_i x_i \tag{4.41}$$

由 KKT 互补条件知

$$a_i^*\left(1-y_i\left(\left(\omega^*\cdot x_i\right)+b^*\right)\right)=0 \tag{4.42}$$

可得，只有当 x_i 为支持向量的时候，对应的 a_i^* 才为正，否则皆为零。选择 a^* 的一个正分量 a_j^*，并由此计算：

$$b^*=y_j-\sum_{i=1}^{l}y_i a_i^*\left(x_i\cdot x_j\right) \tag{4.43}$$

于是构造分类超平面 $\omega^*\cdot x+b^*=0$，并由此得决策函数：

$$\mathrm{g}(x)=\sum_{i=1}^{l}a_i^* y_i\left(x_i\cdot x\right)+b^* \tag{4.44}$$

得到分类函数：

$$f(x)=\operatorname{sgn}\left(\sum_{i=1}^{l}y_i a_i^*\right)\left(x_i\cdot x_j\right) \tag{4.45}$$

从而对未知样本分类。

该分类函数只包含分类样本与训练样本中的支持向量的内积运算，可见，要解决一个特征空间中的最优线性分类问题，我们只需要知道这个空间中的内积运算即可。

B. 线性支持向量分类机

当训练集 T 的两类样本线性可分时，除了普通支持向量分布在两个分类边界$(\omega \cdot x_i)+b=\pm 1$ 上外，其余的所有样本点都分布在分类边界以外。此时构造的超平面是硬间隔超平面。当训练集 T 的两类样本近似线性可分时，即允许存在不满足约束条件的样本点后，仍然能继续使用超平面进行划分。只是这时要对间隔进行“软化”，构造软间隔超平面。简言之就是在两个分类边界$(\omega \cdot x_i)+b=\pm 1$ 之间允许出现样本点，这类样本点被称为边界支持向量。显然两类样本点集的凸包是相交的，只是相交的部分较小。线性支持向量分类机如图 4.13 所示：

$$y_i\left(\omega \cdot x_i + b\right) \geqslant 1 \quad (4.46)$$

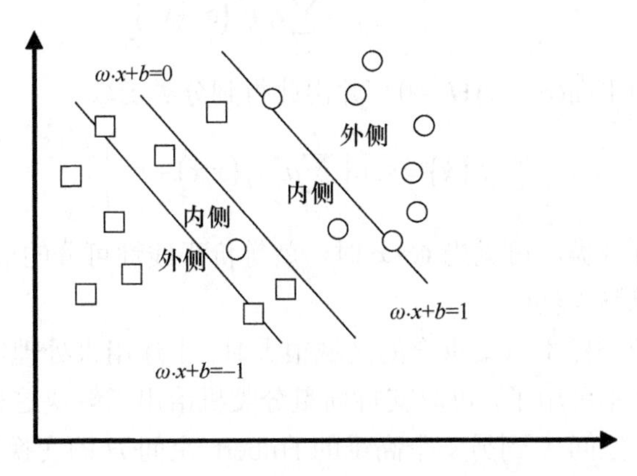

图 4.13　线性支持向量分类机

软换的方法是通过引入松弛变量：

$$\xi_i = 0,\quad i=1,\cdots,l$$

来得到“软化”的约束条件：

$$y_i\left(\omega \cdot x_i + b\right) \geqslant 1-\xi_i, i=1,\cdots,l \quad (4.47)$$

当 ξ_i 充分大时，样本点总是满足上述的约束条件，但是也要设法避免 ξ_i 取太大的值，为此要在目标函数中对它进行惩罚，得到如下的二次规划问题：

$$\begin{aligned} &\min \frac{1}{2}\|\omega\|^2 + C\sum_{i=1}^{l}\xi_i \\ &\text{s.t.} y_i\left(\omega \cdot x_i + b\right) \geqslant 1-\xi_i \\ &\xi_i \geqslant 0,\quad i=1,\cdots,l \end{aligned} \quad (4.48)$$

式中，$C>0$ 为一个惩罚参数。其 Lagrange 函数如下：

$$L\left(\omega,b,\xi,a,\gamma\right)=\frac{1}{2}\|\omega\|^2 + C\sum_{i=1}^{l}\xi_i - \sum_{i=1}^{l}a_i\left[y_i\left(\omega \cdot x_i + b\right)-1+\xi_i\right]-\sum_{i=1}^{l}\gamma_i\xi_i \quad (4.49)$$

式中，$\gamma_i \geqslant 0,\ \ \xi_i > 0$。原问题的对偶问题如下：

$$\max_{a} -\frac{1}{2}\sum_{i=1}^{l}\sum_{j=1}^{l}y_i y_j a_i a_j\left(x_i \cdot x_j\right)+\sum_{i=1}^{l}a_i$$

$$\text{s.t.}\sum_{i=1}^{l} y_i a_i = 0 \tag{4.50}$$

$$0 \leqslant a_i \leqslant c, i = 1, \cdots, l$$

求解上述最优化问题，得到最优解 $a^* = \left(a_1^*, \cdots, a_l^*\right)^{\mathrm{T}}$，计算：

$$\omega^* = \sum_{i=1}^{l} a_i^* y_i x_i \tag{4.51}$$

选择 a_i^* 的一个正分量 $0 < a_i^* < c$，并由此计算：

$$b^* = y_j - \sum_{i=1}^{l} y_i a_i^* \left(x_i \cdot x_j\right) \tag{4.52}$$

于是构造分类超平面 $(\omega^* \cdot x) + b^* = 0$，并由此得到分类函数

$$f(x) = \operatorname{sgn}\left(\sum_{i=1}^{l} a_i^* y_i \left(x_i x\right) + b^*\right) \tag{4.53}$$

从而对未知样本进行分类，可见当 $C=\infty$ 时，就等价于线性可分的情形。

C. 可分支持向量分类机

当训练集 T 的两类样本点集重合的区域很大时，上述用来处理线性不可分问题的线性支持向量分类机就不可用了，可分支持向量分类机给出了解决这种问题的一种有效途径。通过引进从输入空间 X 到另一个高维的 Hilbert 空间 H 的变换 $x \mapsto \phi(x)$ 将原输入空间 X 的训练集：

$$T = \left\{\left(x_1, y_1\right), \left(x_2, y_2\right), \cdots, \left(x_l, y_l\right)\right\} \in \left(X \times Y\right)^l \tag{4.54}$$

转化为 Hilbert 空间 H 中的新的训练集：

$$\bar{T} = \left\{\left(\bar{x}_1, y_1\right), \left(\bar{x}_2, y_2\right), \cdots, \left(\bar{x}_l, y_l\right)\right\} = \left\{\left(\varphi\left(x_1\right), y_1\right), \left(\varphi\left(x_2\right), y_2\right), \cdots, \left(\varphi\left(x_l\right), y_l\right)\right\} \tag{4.55}$$

使其在 Hilbert 空间 H 中线性可分，Hilbert 空间 H 也称为特征空间。然后在空间 H 中求得超平面 $(\omega^* \cdot x) + b^* = 0$，这个超平面可以硬性划分训练集 $\bar{T}$，于是原问题转化为如下的二次规划问题：

$$\min \frac{1}{2}\|\omega\|^2$$

$$\text{s.t.}\, y_i(\omega \cdot x_i + b) \geqslant 1, i = 1, \cdots, l \tag{4.56}$$

采用核函数 K 满足：

$$K\left(x_i, x_j\right) = \left[\varphi\left(x_i\right) \cdot \varphi\left(x_j\right)\right] \tag{4.57}$$

将避免在高维特征空间进行复杂的运算，不同的核函数形成不同的算法，主要的核函数有如下五类。

（1）线性内核函数：$K\left(x_i, x_j\right) = \left(x_i \cdot x_j\right)$；

（2）多项式函数：$K\left(x_i, x_j\right) = \left[\left(x_i \cdot x_j\right) + 1\right]^q$；

（3）径向基核函数：$K\left(x_i,x_j\right)=\exp\left\{-\frac{\left\|x_i-x_j\right\|^2}{\sigma^2}\right\}$；

（4）S 形内核函数：$K\left(x_i,x_j\right)=\tanh\left(v\left(x_i\cdot x_j\right)+c\right)$；

（5）傅里叶核函数：$K\left(x_i,x_j\right)=\sum_{k=1}^{n}\frac{1-q^2}{2\left(1-2q\cos x_{ik}-x_{jk}+q^2\right)}$。

同样可以得到其 Lagrange 对偶问题如式（4.40）所示。

若 K 是正定核，则对偶问题是一个凸二次规划问题，必定有解。求解上述最优化问题，得到最优解 $a^*=\left(a_1^*,\cdots,a_l^*\right)^{\mathrm{T}}$，选择 a_i^* 的一个正分量 a_j^* 并由此计算：

$$b^*=y_j-\sum_{i=1}^{l}y_ia_i^*K\left(x_i\cdot x_j\right) \tag{4.58}$$

构造分类函数：

$$f\left(x\right)=\mathrm{sgn}\left(\sum_{i=1}^{l}y_ia_i^*K\left(x\cdot x_j\right)+b^*\right) \tag{4.59}$$

从而对未知样本进行分类。

D. C-支持向量分类机

当映射到高维 H 空间的训练集不能被硬性分划时，需要对约束条件进行软化。结合上文 B，C 所述，得到如下的模型：

$$\max_a -\frac{1}{2}\sum_{i=1}^{l}\sum_{j=1}^{l}y_iy_ja_ia_jK\left(x_i\cdot x_j\right)+\sum_{i=1}^{l}a_i$$

$$\text{s.t.}\sum_{i=1}^{l}y_ia_i=0 \tag{4.60}$$

$$0\leqslant a_i\leqslant c,i=1,\cdots,l$$

得到最优解 $a^*=\left(a_1^*,\cdots,a_l^*\right)^{\mathrm{T}}$，选择 a_i^* 的一个正分量 $0<0<a_j^*<c$，并由此计算：

$$b^*=y_j-\sum_{i=1}^{l}y_ia_i^*K\left(x_i\cdot x_j\right) \tag{4.61}$$

构造决策函数：

$$g\left(x\right)=\sum_{i=1}^{l}y_ia_i^*K\left(x\cdot x_i\right)+b^* \tag{4.62}$$

构造分类函数：

$$f\left(x\right)=\mathrm{sgn}\left(\sum_{i=1}^{l}y_ia_i^*K\left(x\cdot x_i\right)+b^*\right) \tag{4.63}$$

从而对未知样本进行分类。

总之，根据反函数的有关理论，只要一种核函数 $K(x_i，x_j)$ 满足 Mercer 条件，它就对应某一变换空间中的内积。因此，在最优分类面中采用适当的内积函数 $K(x_i, x_j)$ 就可以实现某一非线性变换后的线性分类，而计算复杂度却没有增加。

相应的分类函数也变为

$$f(x)=\mathrm{sgn}\left(\sum_{i=1}^{l} y_i a_i^* K\left(x \cdot x_j\right)+b^*\right) \tag{4.64}$$

概括地说，支持向量机就是首先通过用内积函数定义的非线性变换将输入空间变换到一个高维空间，在这个空间中求最优分类面。

SVM 分类函数形式上类似于一个神经网络（图 4.14），输出是中间节点的线性组合，每个中间节点对应一个输入样本与一个支持向量的内积，因此也被叫做支持向量网络。

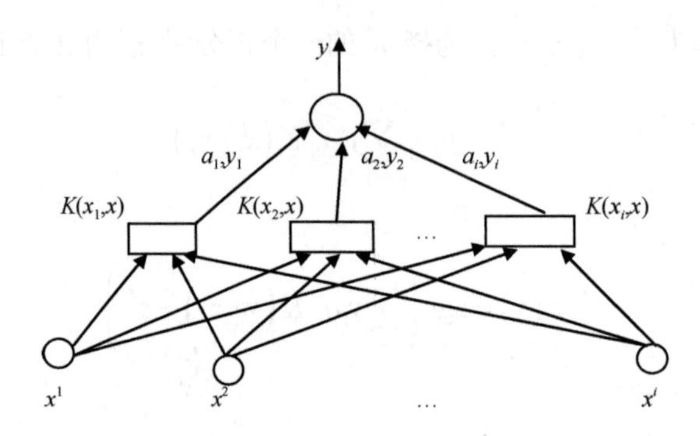

图 4.14　支持向量机示意图

4.6.2　基于像元和面向对象的分类

1. 基于像元的分类（pixel-based classifications）

基于像元的方法逐像元分类，主要考虑像元的波段光谱特征强度信息，但忽视空间结构关系和上下文语义信息特征。

Huang 等（2002）使用 Landsat TM 数据对比了支持向量机（SVM）、决策树（DT）、神经网络分类器（NN）和最大似然法分类器（MLC）四种分类器获得的分类精度，SVM 精度最高。Carreiras 等（2006）采用 SPOT 4 Vegetation 影像检验了标准决策树，二次判别式分析（quadratic discriminant analysis），概率进仓分类树（probability-bagging classification trees，PBCT）和 K-近邻法（K-NN），结果表明 PBCT 方法具有更高的整体分类精度。Brenning（2008）使用 Landsat ETM+比较了 11 种基于像元的分类方法，结果表明惩罚的线性判别分析（penalized linear discriminant analysis，PLDA）比其他分类器具有更好的绘图结果。采用 Landsat TM/ETM+数据，Otukei 和 Blaschke （2009）对比了基于像元的MLC、SVM 和 DT算法，发现DT执行起来效率要优于MLC和SVM。

2. 面向对象的分类（object-based classifications）

面向对象遥感图像分类，处理的最小单元不再是像元，而是含有更多语义信息的多个相邻像元组成的影像对象，在分类时更多的是利用对象的几何信息，以及影像对象之间的语义对象、纹理信息、拓扑关系，而不仅仅是单个对象的光谱信息。

应用面向对象的影像分析（object based image analysis，OBIA）模型进行影像分类认为是分析“空间中的物体”代替“空间中的像元”（Navulur，2006）。生成对象最常用的方法是进行影像分割，分割的过程中产生了光谱、结构、形态或语义、前后关系的属性，用于影像分析中（Blaschke，2009）。最近4～5年大量的文章、书籍、会议论文基于OBIA（Blaschke，2010），这种方法似乎更有前景（Vieira et al.，2012）。

Song（2005）综合了像元、对象的方法对Landsat 7影像进行分类，综合两种方法进行分类比单纯的一种分类方法产生更高的精度。Vieira等（2012）采用Landsat时间序列数据对甘蔗进行分类，认为融合OBIA和数据挖掘技术的方法更加有效。

4.6.3 分类结果的精度评定

专题图的正确分类程度（也称可信度）的检核，是遥感图像定量分析的一部分。一般无法对整幅分类结果图检核每个像元，而是利用一些参考样本数据（reference sampling data）对分类误差进行估计。

一般采用混淆矩阵来进行分类精度的评定。对检核分类精度的样区内所有的像元，统计其分类图中的类别与实际类别之间的转换程度，比较结果可以用表格的方式列出混淆矩阵，如表4.4所示。

表4.4 混淆矩阵

类别	1	2	…	n	合计
1	P_{11}	P_{21}		P_{n1}	P_{+1}
2	P_{12}	P_{22}		P_{n2}	P_{+2}
.					.
.					.
.					.
n	P_{1n}	P_{2n}		P_{nn}	P_{+n}
合计	P_{1+}	P_{2+}		P_{n+}	P

其中：

P_{ij}为第i类错分到j类的个数；

$P_{i+}=\sum_{j=1}^{n}P_{ij}$为分类所得到的第$i$类的总和；

$P_{+j}=\sum_{j=1}^{n}P_{ij}$为实际观测的第$j$类的总和；

其中，“ij”为表4.4中第i行第j列所出位置；P为样本总数；P_{ij}为第i类错分到j类的个数；“$i+$”为第i列的总和；“$+j$”为第j行的总和。

根据混淆矩阵可以计算用户精度、制图精度及总体精度。

用户精度：$P_{uj}=P_{ii}/P_{i+}$，正确分类/所有分为该类。

制图精度：$P_{Aj}=P_{jj}/P_{+j}$，正确分类/参考数据中的该类。

总体精度：$P_i=\sum_{k=1}^{n}P_{kk}/P$，被正确分类的像元总和除以总像元数。

Kappa系数是另外一种计算分类精度的方法。它是通过所有地标真实分类中的像元总数N乘以混淆矩阵对角行的和X_{kk}，再减去一类中地表真实像元的总和$X_{K\Sigma}$与这一类中被分类的像元总数 $X_{K\Sigma}$ 的积，再除以总的像元数的平方减去这一类中地表真实像元与这一类被分类的像元总数的积得到的。公式如下：

$$K=\frac{N\sum_{k}X_{KK}-\sum_{K}X_{K\Sigma}X_{\Sigma K}}{N^{2}-\sum_{K}X_{K\Sigma}X_{\Sigma K}} \tag{4.65}$$

混淆矩阵评价精度示列有四种地类，即落叶林、针叶林、农地和灌木。分类后的混淆矩阵如图 4.15 所示，计算用户精度、制图精度、总体精度的过程如图 4.15 所示，例子来源 Congalton 和 Green（2008）。

Classified Data	Reference Data *D*	*C*	AG	SB	Row Total
D	65	4	22	24	115
C	6	81	5	8	100
AG	0	11	85	19	115
SB	4	7	3	90	104
Column Total	75	103	115	141	434

土地类别

D= deciduous，落叶林

C=conifer，针叶林

AG=agriculture，农地

SB=Shrub，灌木

OVERALL Accuracy=

(65+81+85+90)/434=

321/434=74%

PRODUCER'S ACCURACY	USER'S ACCURACY
D=65/75=87%	*D*=65/115=57%
C=81/103=79%	*C*=81/100=81%
AG=85/115=74%	AG=85/115=74%

图 4.15　混淆矩阵示例

目前的精度评定研究还处于发展中，精度研究的方法还存在差异，使用混淆矩阵来进行误差的评定，可分别计算置信区间为 95%的校正生产者精度、用户精度、总体精度，Kappa 系数，可更好地进行定量的评价。

首先通过计算误差矩阵获得 PA（producer’s accuracy）、UA（user’s accuracy）、OA（overall accuracy）和 Kappa 系数（Congalton，1991）。

然后根据 Card（1982）计算混淆矩阵结果的置信区间，通过融合估计的边际比例和对角线的变动（variance）来校正偏差得到校正后的对应精度：

$$\hat{p}_{PA}, \hat{p}_{UA}, \hat{p}_{OA}$$

$$\hat{p}_{PA} = \hat{p}_{ij} / \hat{p}_j \tag{4.66}$$

$$\hat{p}_{UA} = \hat{p}_{ij} / \hat{p}_i \tag{4.67}$$

$$\hat{p}_{OA} = \sum \hat{p}_{kk} \tag{4.68}$$

式中，$\hat{p}_i$，$\hat{p}_j$ 为第 j 个地类分类和参考土地类型估计的边际比例；$\hat{p}_{kk}$ 为对角线值，限于篇幅原因，详见上面文献和 Zhang 等（2014）。

参　考　题

1. 遥感数字图像的定义和特点。
2. 遥感数字图像表示方法 BSQ、BIP、BIL 三种方法的区别。
3. 遥感图像的统计特征及含义。
4. 遥感图像预处理的内容及原因。
5. 地形校正的常用方法及需注意的事项。
6. 遥感图像增强的方法。
7. 主成分变换的原理及步骤。
8. NDVI 计算的方法及应用。
9. 遥感图像融合的常用方法。
10. 监督分类和非监督分类的区别，以及常用的监督和非监督分类的方法。
11. 基于像元和面向对象分类的本质区别，以及如何综合两种方法提高分类的精度。
12. 土地覆盖分类精度评定的方法以及不确定性。

参 考 文 献

陈永义, 熊秋芬. 2011. 支持向量机方法应用教程. 北京: 气象出版社: 168.

杜培军. 2006. 遥感原理与应用. 徐州: 中国矿业大学出版社: 1-2.

贾永红, 李德仁, 刘继林. 1998. 四种 IHS 变换用于 SAR 与 TM 影像复合的比较. 遥感学报, 2(2): 103-106.

李玲. 2009. 遥感数字图像处理. 重庆: 重庆大学出版社: 6-8.

李小文, 刘素红. 2008. 遥感原理与应用. 北京: 科学出版社: 82-105.

梅安新, 彭望琭, 秦其明, 等. 2001. 遥感导论. 北京: 高等教育出版社: 84-127.

牛凌宇. 2005. 多源遥感图像数据融合技术综述. 空间电子技术, 2(1): 2-6, 11.

孙家抦. 2013. 遥感原理与应用. 武汉: 武汉大学出版社: 108-173.

Blaschke T. 2010. Object based image analysis for remote sensing. ISPRS Journal of Photogrammetry and Remote Sensing, 65(1): 2-16.

Brenning A. 2008. Benchmarking classifiers to optimally integrate terrain analysis and multispectral remote sensing in automatic rock glacier detection. Remote Sensing of Environment, 113(1): 239-247.

Card D H. 1982. Using known map category marginal frequencies to improve estimates of thematic map accuracy. Photogrammetric Engineering and Remote Sensing, 48(3): 431-439.

Carreiras João-M B, José M c, Pereira M, et al. 2006. Assessing the extent of agriculture/pasture and secondary succession forest in the Brazilian Legal Amazon using Spot vegetation data. Remote Sensing of Environment, 101(3): 283-298.

Congalton R G. 1991. A review of assessing the accuracy of classifications of remotely sensed data. Remote Sensing of Environment, 37(1): 35-46.

Congalton R G., Green K. 2008. Assessing the Accuracy of Remotely Sensed Data: Principles and Practices, Second Edition(Mapping Science). Boca Raton: Taylor & Francis: 58.

Foody G M, Ajay M. 2004. Toward intelligent training of supervised image classifications: Directing training data acquisition for SVM classification. Remote Sensing of Environment, 93(1): 107-117.

Huang C, Davis L S, Townshend J R G. 2002. An assessment of support vector machines for land cover classification. International Journal of Remote Sensing, 23(4): 725-749.

Mountrakis G, Ogole J-I-C. 2010. Support vector machines in remote sensing: A review. ISPRS Journal of Photogrammetry and Remote Sensing, 66(3): 247-259.

Navulur K. 2006. Multispectral Image Analysis Using the Object-Oriented Paradigm. London: Taylor and Francis: 15-19.

Otukei J R, Blaschke T. 2009. Land cover change assessment using decision trees, support vector machines and maximum likelihood classification algorithms. International Journal of Applied Earth Observations and Geoinformation, 12(1): 27-31.

Paolo M, Sebastiano G Moser, Serpico B. 2005. Partially supervised classification of remote sensing images through SVM-based probability density estimation. IEEE T. Geoscience and Remote Sensing, 43(3): 559-570.

Song C. 2005. Spectral mixture analysis for subpixel vegetation fractions in the urban environment: How to incorporate endmember variability. Remote Sensing of Environment, 95(2): 248-263.

Vieira M A, Formaggio A R, Rennó C D, et al. 2012. Object based image analysis and data mining applied to a remotely sensed Landsat time-series to map sugarcane over large areas. Remote Sensing of Environment, 123: 553-562.

Zhang J, Kalacska M, Turner S, et al. 2014. Using landsat tm record to map land cover change in southeast YunNan of China Before and during national reforestation programme. International Journal of Applied Earth Observations and Geoinformation, 31: 25-36.

第5章 专题遥感

5.1 热红外遥感

热红外遥感所应用的波段是热红外，它是远红外的一部分。由于大气窗口的限制，遥感所应用的热红外波段一般为 8～14μm。地物在这个波段的辐射基本上是地物自身的热发射。

热红外遥感所应用的传感器是热红外扫描仪，它产生的遥感图像是地面的辐射温度分布的图像。图 5.1 是香格里拉地区一景 Landsat TM 影像的热红外波段。

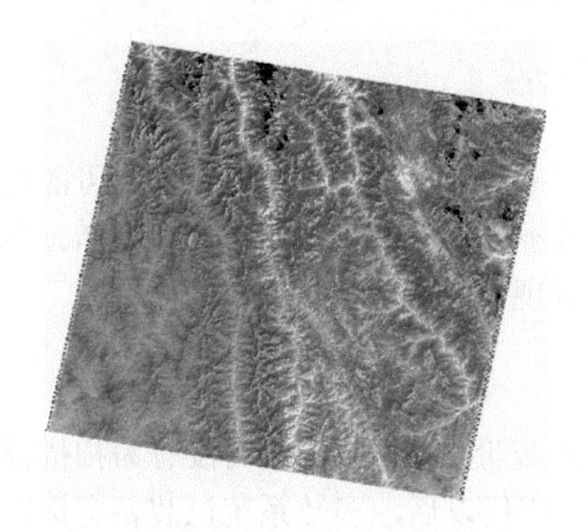

图 5.1 香格里拉地区 Landsat TM 影像的热红外波段

热红外遥感的主要优点如下：

（1）它可以有效地获得地面的热信息，这种信息无论是在军事上，还是在地面环境研究上都有重要意义。对于水文地质和环境地质来说，由于水在地面热作用中起着特别重要的作用，所以用热红外遥感可以有效地获得水体、泉水、热水、浅埋地下水和土壤含水量等有关水的信息。

（2）热红外遥感可以在白天进行，也可以在夜晚进行。只要天气晴朗，任何时候都可进行。

热红外遥感的主要缺点是：由于热阴影、热晕效应和目标背景的影响，地物的几何形态往往失真。

5.1.1 热红外影像特征

1. 航空摄影的热红外像片

它是在航摄飞机上装置机载红外扫描系统，将来自地面景物的热红外辐射从扫描镜聚集到红外探测器上，由红外探测器将辐射能转化成与红外辐射强度呈正比的电信号，记录方式有胶片记录和磁带记录两种，形成的黑白影像，一般暖色为浅色，冷色为深色。

因此，表面上很相似于一般的黑白航空像片，但是在影像内容上，热红外影像的灰度差异所表现的是地物表面的辐射温度。此外还有其他一系列的特点。

1）影像的几何畸变

影像的几何畸变主要是由在飞机扫描过程中，扫描仪的扫描方向与飞机前进方向相垂直，因而在扫描像幅两侧边缘方向越来越压缩，这种压缩导致了几何畸变，当然，它可以由计算机进行几何纠正。此外，还可能由于飞机滚动、航摄飞行中的转弯、偏航等而造成的几何畸变，这些可以在航摄中加以调整或仪器补偿。

2）天气对图像的影响

天气对图像的影响，如云块形成地面的辐射温度的差异，以及地面和云层间的能量辐射差异，形成暖亮和冷暗的斑块，目前基本可由扫描系统自动补偿加以解决。但是地面风产生的风纹理（呈羽状图形），目前还难解决。阵雨也可以产生与扫描线平行的纹理。

3）影像处理的影响

在摄影飞行中将图像记录在磁带和胶片的过程中，可能自始至终会有一种辐射温度水平的累进变化，操作人员不得不变换记录基准面以保持最远记录范围，这样就造成图像密度的突然变化，但这种现象一般容易分辨。

4）图像的温度标定

大多数老的红外图像的灰阶是定性的，因为没有为扫描仪提供如同现在辐射仪中那样的温度标定。20 世纪 70 年代以后，多数系统已装备有标准化的内部温度标定源，其灰阶就可定量化了，而且可将一定温度差异的灰阶变为彩色影像。

5）图像的空间分辨率与信息容量

红外图像的空间分辨率取决于飞行高度和探测器的瞬时视场，一般情况下其空间分辨率与其航高和瞬时视场角成反比。因而与图像比例尺成反比。但是热图像所要求的不以空间分辨率为唯一量度，它还主要要求于辐射温度的差异。据一些试验证明，在比例尺缩小几倍的情况下，空间分辨率虽有所降低，但反映地面辐射温度的色调反差仍继续存在。因此，一些小比例尺的热图像的宏观观测是具有重要意义的。

2. 卫星的热红外影像

目前的地球观测卫星多装有热红外通道，只是它的影像灰阶反映与航空热红外像片相反而已，即它的暖色为暗色，冷色为浅色，采取这样的标记就使得相对较冷的云在 NOAA 卫星的热红外影像和可见光影像都呈浅色，有利于影像对比与镶嵌比较。

1）Landsat 上的热通道

其中有 Landsat 3 的 MSS 和 Landsat 5 的 TM6，其分辨率分别为 238m 和 120m。前者在工作过程中很快失灵，因而应用较少，后者波长为 10.4～12.5μm，由于扫描线的噪声大，图像没有达到预想结果。Landsat 7 装备有 enhanced thematic mapper plus（ETM+）设备，覆盖了从红外光到可见光的不同波长范围。ETM+比起在 Landsat 4、5 上面装备的 TM 设备在红外波段的分辨率更高，因此有更高的准确性。最新的 Landsat 8 在空间分辨率和光谱特性等方面与 Landsat 1～7 保持了基本一致，Landsat 8 上携带的 TIRS 热红外传感器，是有史以来最先进，性能最好的 TIRS。TIRS 将收集地球两个热区地带的热量流失，目标是了解所观测地带水分消耗，特别是美国西部干旱地区。

2）NOAA 卫星的 AVHRR 的热通道

NOAA 卫星的 AVHRR 热通道即 CH3：3.55～3.93μm，CH4：10.5～11.5μm 和 CH5：11.5～12.5μm，它虽然分辨率低，但它以极地轨道的特点，高速度、宽刈幅，每天对地面同一地点可以白天和黑夜分别取得一次影像的高频率，并具有低廉价格和宏观优势等，在资源监测中占有越来越重要的地位。其中一般常用的为 CH4。

5.1.2 热红外影像的解译与应用

1. 植被、水体和土壤的解译

在热红外影像上的一些地物的热学物理特征所表现的影像特征往往不是直观的，要有通过物体的热学物理分析，如水的热惯量与岩石、土壤等相近，但是在白天，水体具有比岩石和土壤较为低的表面温度。在夜间两者却颠倒了过来，水体的表面温度变得比岩石和土壤暖，原因是对流使水体表面保持相对均一的温度。而在土壤和岩石中，对流对其热的传递并不起作用，因此白天自太阳所获辐射通量的热就集中在这些固体的表面而造成较高的表面温度。到夜晚，热量被辐射到大气中去，而这些固体物质没有对流而加以补充，从而使其表面温度低于邻近的水体。湿地在白天和夜晚都比干燥的土壤冷，这是由于水分蒸发作用而在热影像上产生的冷标记，邻近水体的，或因降水而潮湿的地区在热红外图像上都具有冷色调，在那些地下水达到地表并蒸发的地区也具有冷标记。

绿色阔叶植被在夜间图像具有暖标记，在白天，由于水汽的蒸腾作用而降低了树叶的温度，使其与周围的土壤相比具有较冷的标记。但是针叶树在夜间辐射温度相对较高，白天相对较低，看来与它们的水分含量并没有关系，而是因为组成整个树冠的针叶丛束的合成发射率接近于黑体的发射率。干燥的植被，如农业区的作物残茬地在夜晚的图像上呈暖色而与裸露土壤的冷色形成对照，这是因为干燥植被隔开了地面使之保持热量，从而造成暖的夜间标志。

2. 对地面的宏观监测

一般将热通道影像与可见光通道的影像进行彩色合成，其中 NOAA 系统中的 CH1、CH2 与 CH4，分别配以蓝、绿、红的滤色镜，或者是 TM2、TM3 和 TM6 也分别配以蓝、绿、红的滤色镜，这种以热通道配以红色滤光镜为主体的伪彩色影像，既表示了地面景物的真实情况，又反映了地面的辐射温度状况，我们暂称之“伪彩色热影像”。有利于地面景物的植物、地形、水文和温度状况的宏观了解，特别是植被、水系在这种影像上近于真彩色，因而有利于分析这种景观间的温度、水分状况，而且对区域气候的研究也十分有利。

3. 土壤水分与旱涝监测

（1）利用 NOAA 卫星的 CH1，CH2 和 CH4 或 TM2，TM5 和 TM7 分别用蓝、绿、红滤光镜合成伪彩色的热影像，水体呈蓝至黑色，绿色植被为绿色，高处裸地，因水分少和温度高而呈红色，低处的湿地呈暗蓝色，而且可以进一步根据其色调深浅来判读土壤水分和旱捞状况。如果用 TM6 影像，结合地面状况清晰的地形反映，是容易分析土壤水分状况与旱涝情况的。

（2）利用 NOAA 卫星的 CH4 的亮度反映与土壤水分状况之间的相关关系，并结合 CH1 与 CH2 的绿度值图的对比，也可以了解宏观的土壤水分与作物长势的关系。

（3）利用热惯量来测定土壤水分，这是当前国内外均在进行研究的热点之一，因为简单的利用热影像只能了解地面的干土和湿地的平面分布，如果利用热惯量的关系，不只是了解土壤表面的水分状况，而是通过土壤和土壤水分的关系进一步了解到 50cm 左右的土层深度的水分状况。其中当有作物覆盖时也有作物冠层的蒸腾的影响。因为，这个物理模式过于复杂，而且还不太成熟，所以暂不加介绍。

4. 森林和草原火灾的监测

利用 NOAA 卫星的 CH3 通道的热红外影像对森林和草原的火灾监测在国内已有不少成功的实例。其中特别是 1988 年春季的大兴安岭森林火灾和 1989 年春季的内蒙古东部的草原火灾都证实了这一点，其他如火山、地下煤层的燃烧监测也是很成功的（林培，1990）。

5.2 微波遥感

5.2.1 微波波段的划分

电磁波谱有时把波长在毫米级到千米级的幅度通称为无线电波。按照波长由短到长，该区间又可分为亚毫米波、毫米波、厘米波、分米波、超短波、短波、中波和长波。其中，毫米波、厘米波和分米波三个区间称为微波波段，即其波长为 1nm 至 1m。

微波在发射和接收时常常仅用很窄的波段，所以又将微波波段再加以细分，并赋以更详细的命名，用特定的字母表示。表 5.1 列出了常用的微波波段：Ka、K、Ku、X、C、S、L、P。

表 5.1 微波波长与频率

波段名称	波长范围/cm	频率范围/MHz
Ka	0.75～1.1	40000～26500
K	1.1.～1.67	26500～18000
Ku	1.67～2.4	18000～12500
X	2.4～3.75	12500～8000
C	3.75～7.5	8000～4000
S	7.5～15	4000～2000
L	15～30	2000～1000
P	30～100	1000～300

微波遥感是指通过微波传感器获取从目标地物发射或反射的微波辐射，经过判读处理来识别地物的技术（梅安新，2001）。在微波遥感中，Ka、X、L 等都是常用波段。

5.2.2 微波遥感的特点

微波之所以发展迅速，是因为其具有许多可见光和红外波段所没有的优点。

1. 能全天候、全天时工作

可见光遥感只能在白天工作，红外遥感虽可克服夜障，但不能穿透云雾。因此，当地表被云层遮盖时，无论是可见光遥感还是红外遥感均无能为力。地球表面有40%～60%的地区常年被云层覆盖，平均日照时间不足一半，尤其是占地表 3/5 的海洋上更是如此。

按瑞利散射原理，散射的强度与 λ^{-4} 呈正比。由于微波的波长比红外波要长得多，因而散射要小得多，所以与红外波相比，在大气中衰减较少，对云层、雨区的穿透能力较强，基本上不受烟、云、雨、雾的限制。例如，3.2cm 波长的微波束穿过 4km 含有液态水 $3g/m^3$ 的浓云，其强度只衰减 1dB，几乎可以忽略不计。所以说具有全天候、全天时特点。

这一特点，对于经常有云、雨的热带雨林地区更有意义。在非洲喀麦隆，原来进行航空摄影，经过 20 多年，只拍摄了全国 9%的地区，后来应用侧视雷达，仅用 90 天就完成了全国成像工作（梅安新，2001）。

2. 对某些地物具有特殊的波谱特征

许多地物间微波辐射能力差别较大，因而可以较容易地分辨出可见光和红外遥感所不能区别的某些目标物的特性。例如，在微波波段中，水的比辐射率为 0.4，而冰的比辐射率为 0.99，在常温下两者的亮度温度 $T_b = \varepsilon \cdot \mathrm{T}$ （其中，ε 为比辐射率，T 为绝对温度。）相差 100K，很容易区别，而在红外波段，水的比辐射率为 0.96，冰的比辐射率为 0.92，两者相差甚微，不易区别（梅安新，2001）。

3. 具有穿云透雾的能力

该优点可使遥感探测不受天气影响进行。瑞丽散射其散射强度与波长的四次方呈反比，即波长越长，散射越弱。大气中的云雾水珠及其他悬浮微粒比起微波波长要小很多，应遵循瑞丽散射。在可见光波段，这种散射的影响很明显，但对于微波，由于其波长比可见光长很多，散射强度就弱到可以忽略不计。也就是说，微波在传播过程中不受云雾影响，具有穿云透雾的能力。这相对于可见光和近红外遥感，遇到云雾就不能观测来说，微波遥感不受天气影响的特点就十分突出了。从图 5.2 可以看出，冰云对微波的传播几乎没有影响，而水云对于波长大于 4cm 的微波也几乎没有影响，对于波长为 1cm 的辐射，水云的影响相比于其他波段也是非常小的（彭望琭，2002）。

4. 对地表的穿透能力较强

一般而言，波长越长，穿透能力越强，但也与地表物质的性质有关。图 5.3 反映了微波的穿透深度与土壤湿度、微波频率及土壤类型的关系。可以看出，沙土、沃土、黏土相比较，干沙土穿透性最强，但土壤中的水分对穿透性的影响很大。因此，无论对哪类土壤，湿度越大，穿透性越小。不同的物质，微波的穿透能力有很大不同，同样的频

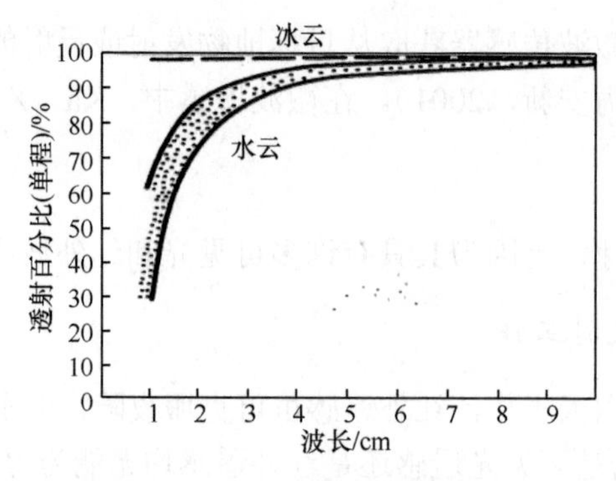

图 5.2　云层对微波的透射作用

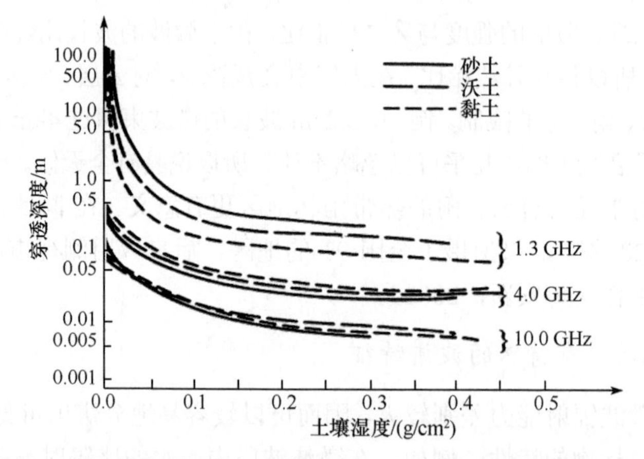

图 5.3　微波的穿透深度与土壤湿度、微波频率及土壤类型的关系

率对干沙可以穿透几十米，对冰层则能穿透百米。总体而言，微波的穿透能力比其他波段强，但需要注意微波对于金属和其他良导体几乎是没有穿透性的（彭望琭，2002）。

5. 具有某些独特的探测能力

微波是海洋探测的重要波段，适用于精确的距离测量、海面波动、风力等。微波还是测量地面高程、大地水准面等的良好波段。此外，在土壤水分及地表下测量等方面也是可见光和红外遥感所不能达到的。

6. 分辨率较低，但特性明显

微波传感器的分辨率一般都比较低，这是因为其波长较长，衍射现象显著。要提高分辨率必须加大天线尺寸。其次，观测精度和取样速度往往不能协调。为保证精度就需要有较长的积分时间，取样速度就要降低，通常是以牺牲精度来提高取样速度。此外，地球表面的地物温度为200～300K，峰值波长λ_{max}为10～15μm，都落在红外波段，因此红外波段的辐射量要比微波大几个数量级。然而，由于微波的特殊物理性质，使红外测量精度远不及微波，也要差几个数量级（梅安新，2001）。

5.2.3　微波传感器

无论是航空遥感还是航天遥感平台，微波传感器可分为两大类：非成像传感器和成像传感器。

1. 非成像传感器

非成像传感器一般用于主动式遥感系统。通过发射装置发射雷达信号，再通过接收回波信号测定参数。这种设备不以成像为目的。

微波遥感应用的非成像传感器有：

1）微波散射计

微波散射计主要用来测量地物的散射或反射特性。通过变换发射雷达波束的入射角，或变换极化特征以及变换波长，研究在不同条件下对目标物散射特性的影响。

2）雷达高度计

雷达高度计测量目标物与遥感平台的距离，从而可以准确得知地表高度的变化，海浪的高度等参数。在飞机、航天器、海洋卫星中应用广泛。其原理主要根据发射波和接收波之间的时间差，测出距离。

2. 成像传感器

成像微波传感器的共同特征是获得在地面扫描中所获得的带有地物信息的电磁波信号并形成图像。这些传感器可以是主动遥感，如侧视雷达、合成孔径雷达等；也可以是被动遥感，如微波辐射计。

1）微波辐射计

微波辐射计主要用于探测地面各点的亮度温度并生成亮度温度图像，如图 5.4 所示。由于地面物体都具有发射微波的能力，其发射强度与自身的亮度温度有关。通过扫描接收这些信号并换算成对应的亮度温度图，对地面物体状况的探测具有一定意义。

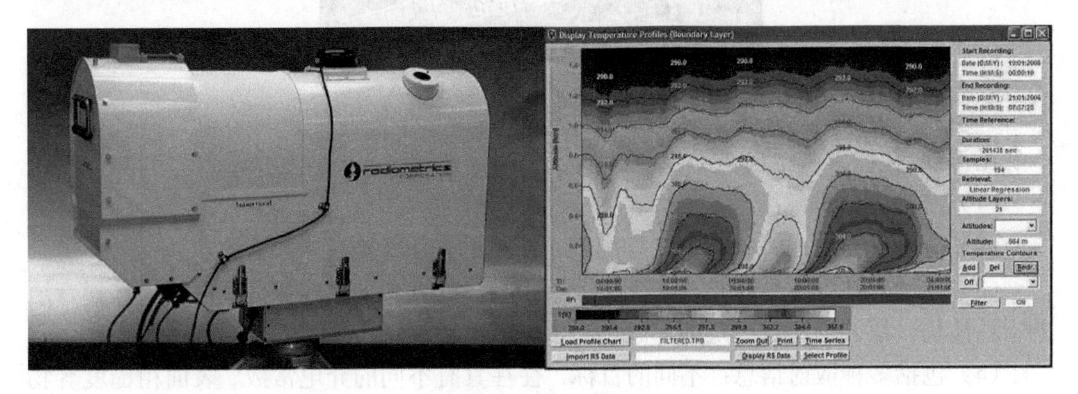

图 5.4　微波辐射计

2）侧视雷达

侧视雷达对地面目标进行的是二维测量，是在飞机或卫星平台上由传感器向与飞行方向垂直的侧面发射一个窄的波束，覆盖地面上这一侧面的一个条带，然后接收在这一条带上地物的反射波，从而形成一个图像带。随着飞行器的前进，不断反复发射这种脉

冲波束，又不断地接收回波，从而形成一幅一幅的雷达图像，该图像可以作为资源遥感应用的分析判读资料，如图 5.5 所示。

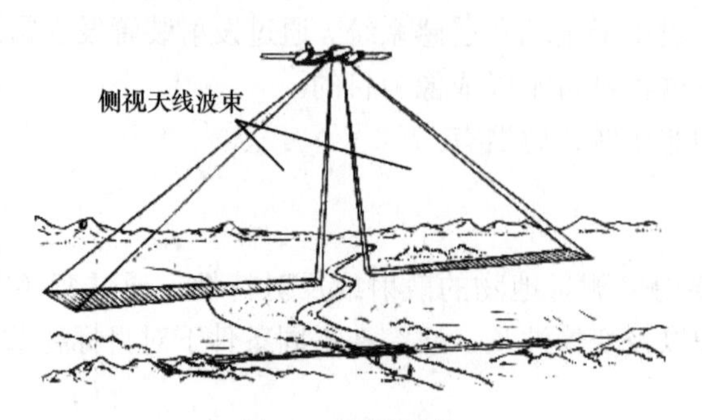

图 5.5 侧视雷达

3）合成孔径雷达

合成孔径雷达（SAR）与侧视雷达相似，也是在飞机或卫星平台上由传感器向与飞行方向垂直的侧面发射信号。所不同的是将发射和接收天线分成许多小单元，每一单元发射和接收信号的时刻不同，如图 5.6 所示。由于天线位置不同，记录的回波相位和强度都不同。这样做的最大好处是提高了图像在飞行方向上的分辨率。天线的孔径越小，则分辨率越高。

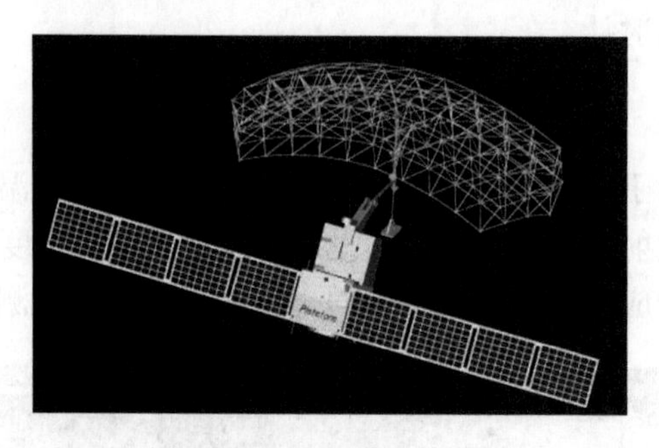

图 5.6 星载合成孔径雷达

A. 合成孔径雷达特点

（1）二维高分辨率；

（2）分辨率与波长，载体的飞行高度，雷达的作用距离无关；

（3）强透射性：不受气候、昼夜等因素影响，具有全天候成像优点；如果选择合适的雷达波长，还能够透过一定的遮蔽物；

（4）包括多种散射信息：不同的目标，往往具有不同的介电常数、表面粗糙度等物理和化学特性，它们对微波的不同频率、透射角，以及极化方式将呈现不同的散射特性和不同的穿透力，这一性质为目标分类及识别提供了极为有效的新途径；

（5）多功能多用途，如采用并行轨道或者一定基线长度的双天线，可以获得包括地面高度信息在内的三维高分辨图像；

（6）多极化、多波段、多工作模式；

（7）实现合成孔径原理，需要复杂的信号处理过程和设备；

（8）与一般相干成像类似，SAR 图像具有相干斑效应，影响图像质量，需要用多视平滑技术减轻其有害影响。

B. 合成孔径雷达应用

SAR 自 20 世纪 50 年代问世以来，首先在军事侦察方面获得了广泛应用和发展。多颗合成孔径雷达卫星和光学卫星组网构成的图像情报获取系统，既可以对军事目标进行长期的、大范围战略侦察和军事测绘，又可以根据未来战争的发展，对局部战场进行高分辨率、高重复性的战术侦察和打击效果评估等。例如，在海湾战争中美国利用其“长曲棍球”雷达卫星，不仅能够侦察到伊军的装甲部队，而且可以侦察到隐蔽在树林中的机动导弹部队，并多次发现伊军隐藏在干沙地表下的重要军事设施。

在民用方面，合成孔径雷达在农业、林业、水文、地质、海洋、洪水检测、测绘、减灾防灾等很多方面都有广泛的应用。在地质和矿物质资源勘探方面：SAR 用来普查地质结构，研究地质、岩石及矿物分布。在地形测绘和制图学方面：SAR 可用来测绘大面积地形图，对常年被浓雾和云层覆盖的区域尤其有效。在海洋运用方面：它可用来研究大面积海浪特性、海洋冰分布、海洋污染，测绘海洋图，监视海藻生长等。在水资源方面：它可用来测定土壤湿度，估定降水量，研究湖泊冰覆盖、地面雪覆盖等情况。在农业和林业方面：它可用于鉴别农作物，研究农作物生长状态，估计农业产量，研究自然植被分布、森林覆盖、森林生长状态，估计森林灾情等。总之，SAR 在发展国民经济、科学研究和军事技术等方面起到了极为重要的作用。

C. 合成孔径雷达的发展趋势

随着科学技术的发展，SAR 技术正朝着能够为人们提供更广范、更丰富的目标信息的方向发展。未来 SAR 技术发展的趋势主要有：高分辨率和超高分辨率成像；多波段、多极化、可变视角和多模式；能够产生目标三维图像的干涉 SAR；动目标成像；实时 SAR 成像处理器。其中追求更高分辨率成像是 SAR 技术发展的核心。

纵观国外空间 SAR 的发展过程，随着需求的扩增和科学技术的发展，合成孔径雷达技术主要向以下几个方向发展：

（1）未来的星载 SAR 将越来越多地使用多频段、多极化、可变视角和可变波束的有源相控阵天线，且向着柔性可展开的轻型薄膜天线方向发展；

（2）未来的星载 SAR 将进一步向着超高分辨率和多模式工作方向发展；

（3）干涉式合成孔径雷达技术将获得进一步的发展；

（4）动目标检测与动目标成像技术将取得新的突破；

（5）星载 SAR 的小型化技术和星座对地观测技术将受到更大的重视；

（6）星载 SAR 的校准技术，特别是极化雷达、ScanSAR 和 InSAR 校准技术将受到更大的重视和发展；

（7）实时信号处理和先进的成像技术；

（8）小卫星 SAR 和无人机 SAR 等。

5.2.4 微波遥感的应用

随着电子硬件技术的不断发展，微波遥感理论基础的不断创新，时至今日，微波遥感技术已经渗入到人类生活的方方面面，从农业生产到气象预报，从海洋探测到生态资源评估，从识别农作军事侦察到国防建设，微波遥感都产生了重大的社会效益和经济效益（苗俊刚和刘大伟，2013）。

1. 农业和土壤方面

利用微波遥感技术可对农作物生长情况监测、对农作物识别和估产，以及土壤类型的确定（土壤划分、土壤湿度与水分含量）等。

我国是一个农业大国，农作物产量的估算对一个国家采取的经济政策有重要影响，对国家进行粮食管理有着重要作用。农作物被识别后，可以估算每种作物类型的种植面积和范围，从而为基于面积的农作物管理提供统计数据。同一种作物，因外部条件的获得不同，其生长状况也不同，在微波图像上表现出不同的辐射和散射特性。利用微波遥感数据，可以对植被的生物物理和生物化学参数，如叶面积指数、生物量、叶绿色总含量等进行反演，从而对农作物的健康状况进行监测，及时地发现农作物的病虫害、旱涝等灾情，并及时采取防灾减灾措施（鹿琳琳等，2008）。

土壤水分是全球能量与水循环中的重要参数，获取可信的、多尺度的土壤水分数据信息对于陆地，以及大气模型的建立具有重要作用。根据遥感方式的不同，微波被动遥感对于土壤中的水分灵敏度很高，但空间分辨率低；微波主动遥感的空间分辨率高。因此，将微波主被动遥感相结合反演土壤水分是近年来学者们研究的热点。通过研究，可以获得表征地表粗糙度的方均根高度、相关长度、相关函数、表征土壤特性的沙粒含量、土壤容重，表征植被特性的植被冠层厚度、叶片形状、大小、分布函数等。这些数据在旱情监测、农田灌溉、水资源管理等方面都有重要意义。

2. 海洋方面

在海洋渔业方面，国外已开发应用于渔场渔情分析的渔业微波遥感技术方法，主要有海面高度法遥感技术和合成孔径雷达法遥感技术。我国的海洋二号卫星是我国首颗海洋应用的微波遥感卫星，主要用于监测和调查海洋动力环境，开展灾害性海况预报，为研究全球气候变化等提供实测数据（刘一良，2008）。

在现有的微波传感器中，微波辐射计主要用于海表温度观测，如海表温度（SST）是决定海气界面水循环和能量循环的一个重要参数，从而决定全球水循环和全球表面的能量收支平衡。雷达高度计主要用于观测海面高度的变化。海洋动力高度是海面高度和大地水准面高度的差值，蕴含着海洋动力现象的有关信息，如洋流、波浪、潮汐等，这些数据可以表征全球气候的变化，并验证气候模式。海洋矢量风通过决定海气界面的动量和热量等的传输过程来影响天气和气候变化，而微波散射计是可以用于精确测量海洋矢量风的技术手段。此外，合成孔径雷达可以获取海浪、海流、海冰、海洋内波的分布，并可探测到水深数十米的海底地形。

3. 在大气方面的应用

利用微波遥感不仅可以监测气象灾害，还可以测量大气轮廓线（如温度和湿度轮廓线）。微波辐射计在探测大气湿度方面发挥了重要作用，它主要是利用液态水对微波信号的衰减和水蒸气对微波的吸收的原理来探测大气中的湿度。

利用微波遥感不仅可以监测大气环境变化，还可以实时、快速跟踪和监测突发性大气环境污染事件的发生与发展，有利于应对措施的制定、损失的减少。目前利用空基无源微波遥感对大气环境的监测主要包括：对臭氧层的监测，对大气气溶胶和温室气体，如二氧化碳（CO_2）、甲烷（CH_4）监测，对大气主要污染物、大气热污染源，以及突发性大气污染事故如沙尘暴等的监测。

4. 冰雪研究方面

冰雪的分布、生成、消融和演变关系到海洋洋流、水源水害、大气环流和气候演变分析等，对人类的生存环境、农业生态、经济发展极为重要。冰雪探测主要分为海冰微波遥感和冰川积雪、冻土微波遥感研究。例如，利用被动微波遥感研究南极的海冰，通过海水和海冰在同一频率亮度温度的差异，以及频率不同时亮度温度的变化，来区分固态冰和开阔水域及海冰的种类和密集度；将冰川冻土微波遥感用于我国青藏高原积雪面积、积雪深度及雪水含量等参数的监测与反演研究中。

5. 测绘方面

我国幅员辽阔，有部分地区长年处于阴雨天气中，采用高分辨率的微波遥感成像技术能够克服天气障碍，全天候地获取空间影像数据。

6. 探测月球

举世瞩目的“嫦娥一号”探月计划也应用到了微波遥感，这是国际上首次采用被动微波遥感技术对月球表面进行探测。它可实现对月球表面更为细致深入的探测，获取月壤厚度信息以及给出月球的亮度温度图和月球两极地面的信息，并对所发回的数据进行反演和解析。

7. 地理信息可视化

微波遥感数字图像可作为一种重要的数据源，从中获取感兴趣的信息数据，综合运用遥感图像光谱特征、形态与纹理特征，以及空间关系等特征识别信息，采用模式识别方法，指导遥感图像的特征匹配与地物识别。

5.3 植被遥感

地球陆地表面约 70%为植被覆盖。植被作为地理环境的主要组成部分，受到气候、土壤、地貌等因素的影响。同时植被也是联系土壤圈与大气圈的重要纽带，在地气系统物质与能量交换过程中扮演着重要角色。植被的变化会影响地表与大气之间的物质能量交换，从而影响到气候。因此掌握植被状况是了解人类生存环境质量的重要基础。

5.3.1 植被遥感的研究对象和内容

植被遥感是遥感技术的应用的重要领域。不同类型（光学、红外、微波）、不同时间及空间分辨率的遥感数据已广泛用于植被研究。这些对象包括森林(天然林、人工林)、灌木林、草原、城市人工园林、公共和专用绿地，以及农作物等，其研究尺度大到全球，小到植物个体。植被遥感的内容是指通过遥感图像目视解译或通过图像处理技术对植被的分布、类型、结构、健康状况、产量等信息的提取，作为农业、林业、城市绿化、环境保护等有关部门提供信息服务，并用于与生态环境相关的许多研究领域，如用于研究植被对大气环境的净化作、森林对降水的截留作用和对水源的涵养作用、植被的蒸腾降温作用和对城市热岛的缓解作用。

5.3.2 植被光谱特征

植被对太阳的吸收、反射和透射都主要由叶片和植被结构决定的。植物叶片和植被结构使得植物光谱反射曲线表现出起伏变化明显的特征，植被在不同谱段所具有的各不相同的反射光谱曲线的形态和特征是利用遥感图像区分植被与其他地物的基础。

1. 叶片光谱特征

植物叶片结构使得植物叶片光谱反射曲线表现出明显的起伏变化，学习叶片结构是了解叶片光谱特征的前提。

叶片一般由 3 个部分组成：表皮、叶肉和叶脉。表皮分为上表皮和下表皮，表皮中有气孔；叶肉分布在上下表皮之间，分为栅栏组织和海绵组织；叶脉分布于叶肉之间。

叶片表面有一层很薄的蜡层，对太阳短波辐射基本上是透明的；气孔是叶片与外界进行水分、二氧化碳等物质交换的窗口。栅栏组织以管束状为特征，具有较大的弹性，包含了植物的水分、叶绿素、胡萝卜素、蛋白质等物质；栅栏组织排列紧密，光线从腹面照入，易被吸收，外溢少。海绵组织由球状细胞组成，常见于表皮内，其细胞中的叶绿体较栅栏组织要少，因此叶片的下表面的绿色较浅；光线照入海绵组织时吸收少，反射、透射多。

在可见光谱段内，植物的光谱特性主要受叶片色素的支配，其中叶绿素起着最重要的作用由于色素对该谱段能量的强烈吸收，叶片的反射和透射均很低。0.4～0.45μm 谱段是叶绿素的强吸收带，而 0.425～0.49μm 谱段是类胡萝卜素（包括胡萝卜素和叶黄素等色素）的强吸收带。0.55μm 附近是叶绿素的绿色强反射区。因此，在 0.49～0.6μm 谱段，叶片反射光谱曲线具有波峰的形态和中等的反射率数值。在 0.61～0.66μm 谱段是藻胆素中藻蓝蛋白的主要吸收带，0.65～0.7μm 谱段是叶绿素的强吸收带，因此，在 0.6～0.7μm 谱段，反射光谱曲线具有波谷的形态。总之，在可见光波段，叶片反射光谱曲线具有以 0.45μm 为中心的蓝波段及以 0.67μm 为中心的红波段反射谷，在这两个波谷之间（0.54μm）为绿色反射峰，从而导致叶片呈现绿色。

在近红外谱段内，植物的光谱特征取决于叶片内部的细胞结构。叶片在该谱段反射及透射的能量相近，而吸收的能量很低。特别在 0.74μm 附近，反射率急剧增加，在近红外 0.74～1.3μm 谱段内植物反射率较高。但液态水的吸收作用又使得反射光谱曲线呈波状起伏的形态（图 5.7），在近红外谱段内，以 0.96μm、1.1μm 处为中心的水吸收带及在短波红外谱段内，以 1.4μm、1.9μm、2.7μm 为中心的水吸收带的控制下，而呈跌落状态的衰减曲线。

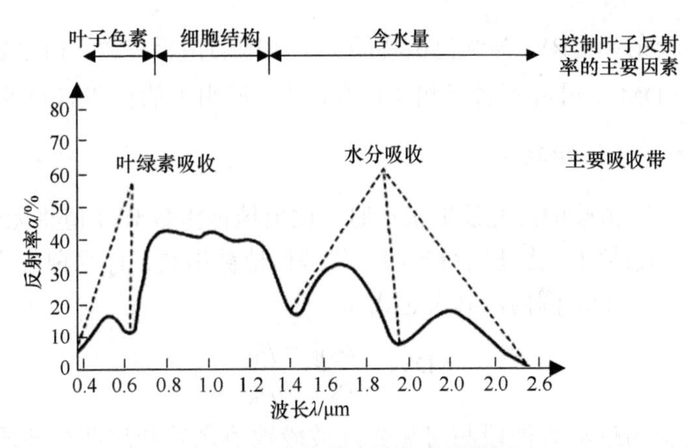

图 5.7　绿色叶片光谱反射特征

所有的健康绿色植物均具有基本的光谱特征，其光谱响应曲线虽有一定的变化范围，而呈一定宽度的光谱带，但总的“峰-谷”形态变化是基本相似的。

2. 植被冠层光谱特征

从植物与光的相互作用出发，植被结构主要指植物叶片和植被冠层的形状、大小，以及空间分布结构（成层现象、覆盖度等）。植被结构随着植物的种类、生长阶段、分布方式变化而变化，大致可分为水平均匀型（即连续植被）和离散型（即不连续植被）两种。草地、生长茂盛的农作物多属于前者，稀疏林地、果园、灌丛等多属于后者。

植被结构可通过一组特征参数来描述和表达，如叶面积指数、间隙率（孔隙率）、叶倾角分布（leaf angle distribution，LAD）和叶面积体密度（foliage area volume density，FAVD）等。

自然状态下的植被冠层是由多重叶层组成，上层叶片会遮挡下层叶片，整个冠层的反射是上叶片的多次反射和阴影的共同作用而形成的，因此植被冠层的光谱反射受到叶片的大小、形状、方位、覆盖范围的影响，在冠部近红外反射能量随叶片层数的增加而增加。另外还受到植物冠层形状结构、辐照强度、观测方向，以及覆盖度等的影响。当植被覆盖度从 0（裸地）到接近 100（全部覆盖）变化时。占主导地位的光谱特征也从裸地光谱到植物光谱转化，相应的植物量也是逐渐增加的。

5.3.3　植被指数

不同的光谱通道所获得的植被信息与植被的不同要素或某种特征状态有各种不同的相关性。一般用植被指数来表达它们之间的相关性。

1. 比值植被指数

比值植被指数（ratio vegetation index，RVI）是基于可见光红光波段（R）与近红外波段（NIR）对绿色植物的光谱响应的反差，用两者简单的比值来表达其反射率的差异，可表示为

$$\mathrm{RVI}=\frac{\rho_{\mathrm{NIR}}}{\rho_{\mathrm{R}}} \tag{5.1}$$

式中，ρ 为地表反射率；RVI 为绿色植物的一个灵敏的指示参数。研究表明，它与叶面积指数，生物量（DM）、叶绿素含量相关性高，被广泛用于估算和监测绿色植物生物量。

2. 归一化差值植被指数

为了避免在浓密植被的红光反射很小时，比值植被指数 RVI 值将无限增长的情况，可以对 RVI 进行线性归一化处理得到归一化差值植被指数，即目前应用最广的植被指数，其值限定在[–1，1]范围内，其表达式为

$$\mathrm{NDVI} = \frac{\rho_{\mathrm{NIR}} - \rho_{\mathrm{R}}}{\rho_{\mathrm{NIR}} + \rho_{\mathrm{R}}} \tag{5.2}$$

NDVI 被定义为近红外波段与可见光红波段数值之差和这两个波段数值之和的比值。由于 NDVI 可以消除大部分与仪器定标、太阳角、地形、云阴影和大气条件相关辐照度的变化的影响，增强了对植被的响应能力，是植被生长状态及植被覆盖度的最佳指示因子。

3. 绿度植被指数

Kauth 等（1976）基于经验的方法，在忽略大气、土壤、植被间相互作用的前提下，针对陆地卫星 MSS 的特定遥感图像，采用光谱数值的穗帽变换技术，提出了土壤亮度指数（SBI）、绿度指数（GVI）、黄度指数（YVI）。

穗帽变换是指在多维光谱空间中，通过线性变换、多维空间旋转，将植物、土壤信息投影到多维空间的一个平面上，在这个平面上使植被生长状况的时间轨迹（光谱图形）和土壤亮度轴相互垂直。也就是，通过坐标变化使植被与土壤的光谱特征分离。

其中 Landsat 5 可表示为

$$\begin{aligned}
\mathrm{SBI} &= 0.2909\mathrm{TM1} + 0.2493\mathrm{TM2} + 0.4806\mathrm{TM3} + 0.5568\mathrm{TM4} + 0.4438\mathrm{TM5} + 0.1706\mathrm{TM7} \\
\mathrm{GVI} &= -0.2728\mathrm{TM1} - 0.2174\mathrm{TM2} - 0.5508\mathrm{TM3} + 0.7721\mathrm{TM4} + 0.0733\mathrm{TM5} - 0.1648\mathrm{TM7} \\
\mathrm{WI} &= 0.1446\mathrm{TM1} + 0.1761\mathrm{TM2} + 0.3322\mathrm{TM3} + 0.3396\mathrm{TM4} - 0.6210\mathrm{TM5} - 0.4186\mathrm{TM7}
\end{aligned} \tag{5.3}$$

4. 垂直植被指数

由于植被只覆盖实际观测目标的一部分，传感器接收的信号包括植被以外的背景信息。在植被状况相同、土壤背景有变化时，传感器接收到的信号也可能变化，因此必须分割土壤背景的影响，才能监测真实的植被变化。为了消除土壤背景特别是土壤亮度对植被指数的影响，在土壤亮度线理论基础上，建立了垂直植被指数（perpendicular vegetation index，PVI）。

垂直植被指数可定义为植物像元到土壤亮度线的垂直距离，表示为

$$\mathrm{PVI} = \sqrt{\left(S_{\mathrm{R}} - V_{\mathrm{R}}\right)^2 + \left(S_{\mathrm{NIR}} - V_{\mathrm{NIR}}\right)^2} \tag{5.4}$$

式中，S 为土壤反射率；V 为植被反射率；R 为红波段；NIR 为近红外波段；PVI 为在土壤背景上存在的植被的生物量，距离越大，生物量越大。

PVI 的显著特点是较好地滤除了土壤背景的影响，且对大气效应的敏感程度也小于其他植被指数，所以被广泛应用于大面积农作物估产研究。

5. 土壤调整植被指数

为减少土壤和植被冠层背景的双层干扰，Huete（1988）提出了土壤调节植被指数（soil-adjusted vegetation index，SAVI），其表达式为

$$\mathrm{SAVI}=\left(\frac{\rho_{\mathrm{NIR}}-\rho_{\mathrm{R}}}{\rho_{\mathrm{NIR}}+\rho_{\mathrm{R}}+L}\right)(1+L) \tag{5.5}$$

式中，L 为一个土壤调节系数。通过引入土壤调节指数 L，建立了一个可适当描述土壤-植被系统的简单模型。当 L 为 0 时，SAVI 就是 NDVI，对于中等植被盖度区，L 一般接近于 0.5。乘法因子（$1+L$）主要是用来保证最后的 SAVI 值与 NDVI 值一样是介于–1 和+1 之间的。

6. 增强型植被指数

MODIS 植被指数产品包括 NDVI 和 EVI（enhanced vegetalion index）两种。其中 EVI 中除了利用 NIR 和 RED 两个通道的数值外，还用了一个蓝色通道的值，目的主要是为了校正气溶胶的影响，大气气溶胶对红色和蓝色的散射程度不同，气溶胶越厚，二者差别越大，因此可通过蓝色和红色通道值的差别来补偿气溶胶对红色通道的影响。综合考虑土壤、大气等的影响，最后构建的增强型植被指数形式如下：

$$\mathrm{MODIS\_EVI}=\frac{2.5\left(\rho_{\mathrm{NIR}}-\rho_{\mathrm{RED}}\right)}{L+\rho_{\mathrm{NIR}}+C_{1\rho_{\mathrm{RED}}}-C_{2\rho_{\mathrm{BLUE}}}} \tag{5.6}$$

式中，ρ 分别为经过大气校正的反射值（NIR、RED、 BLUE）；L 为土壤调节参数；C_1 和 C_2 为大气修正参数，是用蓝色通道对红色通道进行大气气溶胶散射修正。L、C_1 和 C_2 的取值近似为 1.6 和 9.5 。MODIS_EVI 利用土壤调节参数 L 和大气修正参数 C_1、C_2 同时减少了背景和大气的作用。

5.3.4 利用遥感估算植被净初级生产力

在地表植被生产力研究中常用到的几个概念有总初级生产力、净初级生产力、净生态系统生产力及生物量等。

总初级生产力（gross primary productivity，GPP）是指在单位时间和单位面积上，绿色植物通过光合作用所生产的全部有机物同化量，即总光合量。总初级生产力中除了包括植物个体各部分的生产量外，还包括同期内植物群落为维持自身生存，通过呼吸所消耗的有机物质。单位为一般为 g（DW）/（$\mathrm{m^2 \cdot a}$）或 t（DW）/（$\mathrm{hm^2 \cdot a}$）（DW 为干物质重量），也可用碳量或热能量来表示。

净初级生产力（net primary productivity，NPP）是指绿色植物在单位时间、单位面积上所能累积的有机物数量，是在光合作用所产生的有机物质总量中扣除自养呼吸（植物为了维持自身的生存与生长所消耗的有机物）后的剩余部分。

当前在植被 NPP 研究中用得最多的是比值植被指数 RVI 和归一化差值植被指数 NDVI。利用遥感数据进行 NPP 估算的方法或大体分为三类：经验模型、光能利用率模型和过程模型。

5.3.5 遥感森林生物量估测

1. 研究森林生物量的意义

森林资源是地球资源中最为重要的自然资源之一，对人类的可持续发展有着极其重要的作用。森林生态系统在全球碳循环过程中起着重要作用，现有研究表明约 80%的地上碳储量和 40% 的地下碳储量存在于森林生态系统中（李海奎和雷渊才，2010），而森林生物量作为陆地生态系统碳循环和碳动态分析的重要因子，精确地估算森林生物量已成为生态学和全球变化研究的重要内容之一（李明泽等，2014）。

2. 生物量估测方法

生物量估测主要有两种方法：传统的地面调查方法和遥感监测方法。传统地面调查方法耗时、费力、成本高，且大多只适合在较小范围内实施；相比而言，遥感技术可以获取区域或更大尺度上连续、实时的森林生物物理特性空间分布信息，具有一定的优越性（徐婷等，2015）。因此遥感监测方法已成为森林生物量估测的主要途径。

3. 数据源

用遥感监测方法进行生物量估测研究，使用到的数据源主要有三类，分别是光学遥感数据、雷达数据和激光雷达数据。在利用光学遥感影像估算生物量的研究中，使用的遥感数据有 NOAA/AVHRR、MODIS、Landsat TM/ETM+、SPOT、QuickBird、WorldView 以及 ALOS/PRISM 等。而在使用雷达影像进行生物量估测研究中，目前可用的雷达数据主要有美国的 SIR-C，日本 JERS-1、ALOS-PALSAR，欧洲资源卫星 ERS-1 和 2、ASAR，加拿大 RADARSAT-1/2 和德国的 Terra SAR，另有中国于 2012 年发射的 HJ-1C。激光雷达数据方面，目前发展的大光斑激光雷达系统主要有机载 LVIS 和 SLICER 系统，星载 ICESat/GLAS 系统；小光斑激光雷达系统主要有瑞典的 Top Eye 机载系统、Topo Scan 系统，奥地利的 Riegle 系统和美国的 PALS 系统（刘茜等，2015）。

4. 遥感森林生物量估测方法

1）遥感影像预处理

获取研究区的遥感影像，对影像进行预处理，包括辐射定标、大气校正、几何校正等。

2）提取遥感因子

提取与生物量相关的遥感因子，利用相关性分析等方法，对遥感因子进行优选，用于建模，从而提高生物量估测精度。常用的遥感因子，大致可分为五类：原始单波段因子、波段组合因子、植被指数、信息增强因子和纹理信息因子。

A. 原始单波段因子

原始单波段完整地体现了影像的原始特性。常见的因子有 TM1～TM7 等。

B. 波段组合因子

波段组合实际是对原始影像信息的组合，不同的波段组合会突显不同的影像特征从而丰富影像信息。常见的波段组合因子有 TM7/TM4、TM5*TM4/TM7、TM2+TM3+TM4 等。

C. 植被指数

植被指数本质上是在综合考虑相关光谱信号的基础上，把多波段反射率做一定的数学变换，使其在增强植被信息的同时，使非植被信号最小化（罗亚等，2005）。植被指数有 NDVI、DVI、PVI 等。

D. 信息增强因子

信息增强实质是对影像原始信息的集中和压缩，即用几个综合性波段代表多波段的原图像，降低数据维度，从而减少数据量。信息增强的常用方法有：主成分变换、缨帽变换、最小噪声分离变换等。

E. 纹理信息因子

纹理信息主要反映地表的粗糙程度，同时还揭示了图像中地物的结构信息，以及它们与周围环境的关系，能够折射出地表覆盖类型空间变化的重要信息（李明诗等，2006）。一般的纹理信息有：均一性（HO）、相异性（DI）、熵（EN）等。

3）建立森林生物量反演模型

利用优选出的建模因子，选取合适的方法建立生物量估测模型，以提高生物量估测精度。常用的生物量建模方法是基于遥感建模因子的统计回归模型，然而，传统的统计回归方法并不能有效描述森林 AGB 与遥感数据间复杂的非线性关系，而且推导的关系往往只适用于该区域。为了提高生物量模型的非线性估测能力，学者将数据挖掘、机器学习类的方法（这里统称为非参数化方法）应用到森林 AGB 的遥感估算领域（刘茜等，2015）。代表性的非参数化方法有决策树（decision tree，DT）、K 最邻近（K nearest neighbours，KNN）、人工神经网络（artificial neural network，ANN）和支持向量机等。

决策树是一种逼近离散值函数的方法，可看作是一个树状预测模型，基本算法有随机森林（random forest，RF）和梯度提升决策树（gradient boost decision tree，GBDT）。在区域的生物量估算中，Baccini 等（2008）利用 MODIS 反射率数据和实测生物量数据，基于 RF 建立了生物量估算模型，并首次反演了非洲地区的森林 AGB。

K 最近邻算法的思路简单直观，依据最近邻的一个或几个样本的类别来判别待分类样本的所属类别。Rahman（2006）利用 Landsat ETM +和样地数据，首次尝试将 KNN 用于热带森林地区的 AGB 估测。

人工神经网络能够模拟人脑结构和功能处理和存储信息（王铁夫等，2013），其中，误差逆传播（BP）神经网络在人工神经网络中应用最广，以小兴安岭南坡为研究区，国庆喜和张锋（2003）对 TM 影像和森林资源一类清查样地数据构建了多元回归和 BP 神经网络模型，用以估测该地区森林生物量。

支持向量机的原理可概括为首先用内积函数定义的非线性变换将输入空间变换到一个高维空间，然后在这个空间中求最优分类面，每个中间节点对应一个支持向量，输出则是节点的组合（张学工，2000）。支持向量回归机（SVR）是 SVM 的一种特殊形式，是回归分析和方程近似的一种核理论。Englhart 等（2012）在对印尼泥潭沼泽森林进行生物量估测研究时，利用 SAR 后向散射数据，对比了基于多元线性回归、人工神经网络和支持向量机三种建模方法的生物量估测效果，结果表明支持向量机模型精度最高。

4）生物量反演及精度检验

利用上述模型结合用于建模的遥感因子对整个研究区的生物量进行反演，从而得到研究区的生物量。利用反演得到的生物量数据和原先用于精度检验的数据进行模型精度分析。在生物量模型精度分析中一般采用以下指标检验模型的应用精度：

均方误差（MSE）：

$$MSE = \frac{1}{n}\sum_{i=1}^{n}(\frac{y_i - \hat{y}_i}{y_i})^2 \tag{5.7}$$

平均相对误差（MRE）：

$$MRE = \frac{1}{n}\sum_{i=1}^{n}(\frac{y_i - \hat{y}_i}{y_i}) \times 100\% \tag{5.8}$$

平均相对误差绝对值（MARE）：

$$MARE = \frac{1}{n}\sum_{i=1}^{n}\left|\frac{y_i - \hat{y}_i}{y_i}\right| \times 100\% \tag{5.9}$$

式中，y_i 为实测值；$\hat{y}_i$ 为估计值；n 为样本容量。

平均相对误差绝对值主要反映了预测值与实测值的偏离大小，而相关系数 R 反映了预测值的变化趋势与实测值变化趋势间的一致性。

5.4 农业遥感

5.4.1 农业遥感技术的发展

据美国数据统计，农业遥感的收益占卫星遥感应用总收益的 70%（王人潮等，1999）。美国利用陆地卫星和气象卫星等数据，预测全世界的小麦产量，准确度大于 90%；英国 1976 年利用遥感技术，仅用 4 个人工作 9 个月，就把全国的土地划分为五大类、31 个亚类，测出面积并绘制成图件。菲律宾 1968 年开始森林调查，前 9 年只完成 1/10，第 10 年只用 4 个月的时间，用 30 幅卫星图像，就把全国主要森林划分成 5 类，绘制成图（于文涛等，2013）。近 30 多年来，遥感技术在大面积作物长势监测与估产、农情宏观预报、环境监测、灾害防治、农业资源调查等方面得到了广泛应用。特别是近年来，各国先后发射了各类民用卫星平台和传感器，从光学资源卫星为主向高光谱、高空间、高时间分辨率的方向发展。高光谱成像仪技术相继取得了很大的研究进展，如美国 NASA 和日本 METI 联合研制的 ASTER，美国 NASA 研制的 Hyperion 等。2008 年，我国也发射了环境一号卫星，该卫星上搭载了一个有 115 个波段的高光谱成像仪 HSI，其数据可应用于农业灾害和资源调查。同时，诸如 QuickBird、GeoEye-1、WorldView-2、Pléiade-1 等商用化亚米级光学卫星，可与航片媲美，且成本低、精度高、更新周期短，对精确农业发展是一个很好的机遇。另外，美国地球观测系统的中分辨率成像光谱仪（MODIS），从可见光、近红外到热红外设置有 36 个通道，覆盖周期为 1～2 天，并业务化提供标准的植被指数、地表温度、生物量等数据产品为全球各地进行大面积农作物的周期性监测提供了重要的数据支撑。目前，不断有各类新型的遥感数据或遥感平台的出现，如米级分辨率的雷达卫星数据，每 3 天覆盖全球的微波遥感数据，各种灵活多样的无人机平台等，这都为现代农业遥感技术的发展提供了新的机遇（史舟等，2015）。

5.4.2 农业遥感的理论基础

农业遥感监测主要以作物、土壤为对象，这两类地物的典型反射光谱曲线如图 5.8 所示。作物在可见光-近红外光谱波段中，反射率主要受到作物色素、细胞结构和含水量的影响，特别是在可见光红光波段有很强的吸收波段，在近红外波段有很强的反射特性，这是植被所特有的光谱特性，可以被用来进行作物长势、作物品质、作物病虫害等方面的监测。土壤可见-近红外光谱总体反射率相对较低，在可见光谱波段主要受到土壤有机质、氧化铁等赋色成分的影响。因此，土壤、作物等地物所固有的反射光谱特性是农业遥感的理论基础（史舟等，2015）。

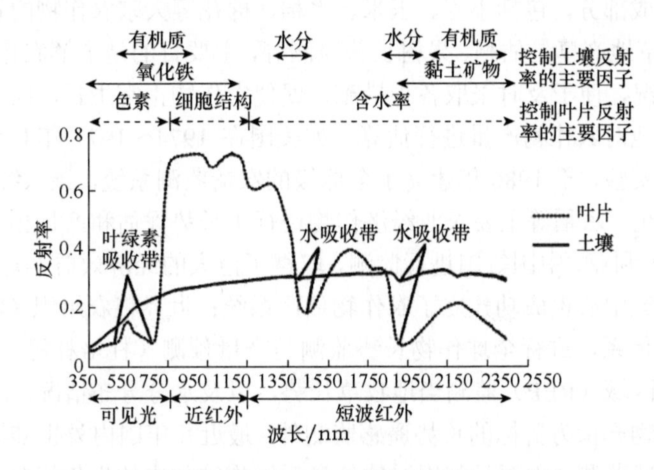

图 5.8 土壤和作物可见-近红外反射光谱特征（史舟等，2015）

5.4.3 遥感技术在农业中的应用

1. 农业资源调查

农业资源调查包括耕地资源、土壤资源等现状资源的调查，以及土地荒漠化和盐渍、农田环境污染、水土流失等动态监测，提供各类资源的数量、分布和变化情况，以及基于调查的各类资源评价，提出应该采取的对策，用于农业生产的组织、管理和决策。

1）耕地资源调查

由于遥感监测覆盖面积广、重访周期短等优势，使其成为当前耕地资源监测的重要手段。国际上，美国的 LACIE 和欧盟的 MARS 计划包括了耕地面积遥感调查任务，俄罗斯农业部在 2003 年建设了全国农业监测系统，该系统主要获取耕地面积、耕地利用制图、作物生长状况等信息，主要依据 MODIS 植被指数的年内变化过程对作物与耕地面积进行估算分析（吴炳方等，2010）。由于我国耕地地块面积相对小而破碎，因此国内较多采用 TM 和 SPOT 较高空间分辨率影像数据进行耕地监测和管理，如国土资源部每年利用 SPOT 卫星影像数据进行全国耕地面积违法占用情况调查。

2）土壤资源调查

遥感技术在土地资源调查、评价、规划和管理中的应用已在许多省份进行，大大促进了土地管理事业向现代化发展。早期的土壤遥感调查主要集中在土壤类型遥感制图，即利用遥感图像对土壤类型、组合进行人工目视解译和勾绘。其方法是依据土壤发生学原理、土被形成和分异规律，对遥感图像特征（包括色调、纹理和图型结构）或解译标志以及地面实况调查资料，进行地学相关分析，直接或间接确定土壤单元或组合界线。现在土壤遥感调查主要集中在土壤关键理化特性的调查与制图方面，特别是对土壤水分的遥感监测。

2. 农作物长势监测与估产

农作物长势监测与产量的估算历来都是人们十分关注的农业信息，也是粮食生产工作中一个重要组成部分，包括小麦、玉米、水稻、棉花等大宗农作物的长势监测和产量预测，也包括牧草地产草量估测、果树长势监测等，主要目的是了解农作物生长的状况、水分、营养等情况，便于及时采取各种措施，促使农作物正常生长，同时通过农作物早期的长势可准确地对农作物产量进行估算，如美国在 1974～1977 年对小麦品种做了大面积农作物估产实验，于 1986 年建立了全球级的农情监测系统，该系统对美国的小麦、玉米、大豆、棉花、水稻等主要农业经济作物进行了长势评估和产量预报，并且还对加拿大、巴西、澳大利亚、中国等国进行监测，取得了巨大的经济效益（吴素霞等，2005）；欧盟遥感应用研究中心也成功建立了农作物估产系统；世界粮农组织（FAO）建立了全球粮食情报预警体系，进行全球作物长势监测与产量预测（杜培林等，2007）；意大利利用光谱的红边区域（REP）监测当地牧草长势，以及水分分布情况。

在上述以作物产量为目标的长势遥感监测外，最近几年国内外也陆续开展了关于粮食作物品质的遥感监测。主要是利用遥感信息反演作物体内的生化组分含量，监测品质形成过程的环境影响因子，进而监测籽粒品质（王纪华等，2008）。目前，作物品质遥感监测研究多数集中在地面平台，即利用地面高光谱技术来建立特征光谱与作物籽粒蛋白质、淀粉积累量等品质指标之间的关系。大面积的航空航天遥感监测，主要有美国、日本、澳大利亚、德国等对小麦、水稻、甜菜、咖啡等作物开展品质遥感监测。

3. 农业灾害预报

农业灾害预报包括农作物病虫害、冷冻害、洪涝旱灾、干热风等动态监测，以及灾后农田损毁、作物减产等损失调查和评估。

气候异常对作物生长具有一定影响，利用遥感技术可以监测与定量评估作物受灾程度、作物受旱涝灾害影响的面积，对作物损失进行评估，然后针对具体的受灾情况，进行补种、浇水、施肥或排水等抗灾措施。

建立农田水分条件、肥力条件、病虫害等因子在遥感图像中的解译标志，实现农作物征兆信息的智能化提取，这些关键技术的突破，有助于阐明作物生长环境和收获产量实际分布的相关机理，有助于遥感动态监测定量化，建立作物长势与产量预报定量模型，对于提高农业田间科学管理（灌溉、施肥或喷洒农药）具有重要意义。

4. 精细农业

依据遥感技术，利用高空间分辨率的卫星数据可为精准农业提供以下两类农田与作物的空间分布信息：一类是基础信息，这种信息在作物生育期内基本没有变化或变化较少，主要包括农田基础设施、地块分布等信息。另一类是时空动态变化信息，包括作物产量、作物养分状况、病虫害的发生发展状况，以及作物物候等信息（蒙继华等，2011）。

1）农田现状精细化制图

基于遥感的农田现状精细化制图主要针对农田基础设施、地块分布制图，该图作为农田基础信息底图，为精细作业计划提供服务。农田基础设施主要包括农田道路、水利设施等，使用遥感技术可以在较大范围内实现农业基础设施的快速调查与精准制图。传统的遥感农田田块与基础设施信息提取主要有以下三种方法：人机交互模式下的人工解译提取技术、基于像元尺度的影像自动分类技术及自动识别跟踪方法。基于高分辨率遥感影像的耕地地块边界和空间信息提取，不仅时效性强，精度高，而且符合中国农村高度分散条件下的精准农业的实施。

另外，精准农业的变量管理技术需要将农田分割为相对均一的管理单元来实现精耕细作。目前农田管理分区经常采用地面传感器和遥感采集的信息相结合来表征农田中产量肥力因子和限制因子的差异性，然后采用各种聚类方法进行分区研究。

2）农田精细化施肥

农田变量施肥即根据土壤养分含量和作物养分胁迫的空间分布来精细准确地调整肥料的投入量以获取最大的经济效益和环境效益。实现这一目标就需要土壤和作物养分两方面的信息，通过近地和卫星遥感技术对作物生化参数（氮磷钾）和长势进行监测可以提供作物养分和生长状况信息，同时在地理信息系统、专家系统和决策支持系统的支持下，生成作物不同生育阶段生长状况“诊断图”（diagnosis maps），为指导合理精确施肥提供可靠依据。基于近地光谱传感数据的精细化施肥始于20世纪90年代，国外学者基于不同叶位SPAD值测定叶绿素含量，反映植株受氮素胁迫程度，进而实施变量施肥。

3）农田精细化灌溉

精准灌溉指在“3S”技术（或其中之一）及其相关技术或自动检测控制技术条件下的精准灌溉工程技术（如喷灌、微灌和渗灌等），根据不同作物不同生育期间的土壤墒情和作物需水量，实施实时的精量灌溉。

目前，基于中低分辨率的光学遥感和被动微波遥感的土壤含水量监测方法只适用于全球或区域大尺度，并不适用于农田或田块小尺度下的土壤水分监测。然而随着高空间分辨率卫星数据的不断发展，使得田块小尺度下的农田蒸散量估算和土壤含水量监测成为可能，并指导精准灌溉实践。

5.5 海 洋 遥 感

海洋覆盖着地球面积的71%，容纳了全球97%的水量，为人类提供了丰富的资源和广阔的活动空间。随着人口的增长和陆地非再生资源的大量消耗，开发利用海洋对人类生存与发展的意义日显重要。所以，必须利用先进的科学技术，全面而深入地认识和了解海洋，指导人们科学合理地开发海洋。在种种情况下，海洋遥感应运而生。

5.5.1 海洋遥感概述

海洋遥感是把传感器装在人造卫星、宇宙飞船、飞机、气球等工作平台上对海 洋特性进行远距离非接触测量和记录的综合性探测技术。它是集空间学、电子学、海洋学、光学于一体的高新技术。该技术包括遥感器、海洋信息收集、传输、处理、判读和分类等。

其原理是基于海洋不断向周围辐射电磁波能量，同时海面也反射或散射太阳和人造辐射源照射其上的电磁波能量。利用专门设计的传感器把这些能量接收记录并传输和处理就可获得与海洋特性有关的信息图像或数据资料。

5.5.2 海洋遥感的产生和发展

海洋遥感始于第二次世界大战期间。发展最早的是在河口海岸制图和近海水深测量中利用航空遥感技术。1950 年美国使用飞机与多艘海洋调查船协同进行了一次系统的大规模湾流考察，这是第一次在物理海洋学研究中利用航空遥感技术。此后，航空遥感技术更多地应用于海洋环境监测、近海海洋调查、海岸带制图与资源勘测方面。从航天高度上探测海洋始于 1960 年。这一年美国成功地发射了世界第一颗气象卫星"泰罗斯-1”号。卫星在获取气象资料的同时，还获得了无云海区的海面温度场资料，从而开始把卫星资料应用于海洋学研究。美国 1978 年又发射了“海洋卫星-1”号（见海洋卫星）。苏联也于 1979 年和 1980 年先后发射了两颗海洋卫星“宇宙-1076”号和“宇宙-1151”号。

中国从 1977 年开始海洋遥感技术的研究，并先后在海岸带与滩涂资源调查、海洋环境监测、海冰观测、海洋气象预报、海洋渔场分析、大尺度海洋现象研究和基础理论工作中进行了遥感技术的试验，其中台风跟踪、海冰遥感和海洋环境污染航空遥感监测已进入实用阶段。

5.5.3 海洋遥感的特点

海洋主要是由不断运动着的海水组成。大片的海水构成了一个庞大、完整的动力系统，并有相当的深度。海洋现象具有范围广、幅度大、变化速度快的特点。常规的海上调查是通过穿航线、取样等来完成的。海洋如此辽阔、海洋实地调查无论规模、范围、频度均受到限制。它除了对海上航线及附近地区进行观测外，对其他大部分水域是无能为力的。而海洋遥感却是个最重要的探测手段。

从海洋光学的角度看，给海面辐射的光源有太阳直射光和天空漫射光。它们照射海面后约 3.5%被海面直接反射回空中，为海面反射光。它的强度与海面性质有关（如海冰、海面粗糙度等）。其余的光则透射到海中，大部分被海水所吸收，部分被海水中的悬浮粒所散射产生水中散射光，它与海水的混浊度相关。衰减后的水中散射光部分到达海底形成海底反射光。水中反射光的向上部分，以及浅海条件下的海底反射光，组成水中光。水中光、海面反射光、天空反射光，以及大气散射光共同被空中探测器所接收。其中前两者内包含有水中信息，因而可以通过高空探测水中光和海面光以获得关于浮游生物、浊水污水等的质量和数量信息，以及海面性质的有关信息。

此外，海水对不同电磁波谱段有不同的透明度，即光对海水的穿透能力受海水混浊度的影响很大。光对不同混浊度海水的穿透能力不同。水体对 0.45～0.55μm 波长的光的散射最弱，衰减系数最小，穿透能力最强。随着水的混浊度增大，衰减系数增大，穿透能力减弱，最大穿透深度的光谱段也由蓝变绿，所以海水颜色随其混浊度强大而由蓝—绿—黄逐渐过渡。

尽管海水由于叶绿素、浑浊度或表面形态不一而具有不同的波谱特征，而且不同波谱段对海水有不同的穿透力，同一波谱段对不同类型的海水有不同的穿透力，但是，海洋的光谱特征差异与陆上地表物体相比要小得多，因而所成的图像反差很低。另外，海洋信息的获取还受到海洋环境的各种干扰因素的影响，如不同太阳入射角、不同观察高度、不同气候条件（云层影响）、不同海面条件（海面粗糙度、波浪及传播方向）、不同底质条件，以及水体本身不同的生物、化学、物理因素等。因而，对于海洋遥感来说，除了采用可见光、红外光段外，必须开辟新的电磁波谱段——微波等。海洋微波辐射取决于两个主要因素：一是海面及一定深度下的复介电常数。它是由表层物质组成及所处热力学温度决定的。海水虽成分复杂（有各种盐类、有机质、悬浮粒等），但从微波辐射角度，则可以看成是含有 NaCl 等盐类的导电溶液。其介电常数是海水温度、盐度的函数。因而海洋微波遥感可测得海面温度和含盐度。二是海面至一定深度内的几何形状结构，即海面粗糙度。从这个角度可将海面分为四种。

（1）平静海面：海面无风或风速很小，可用物理光学理论处理。

（2）风浪海面：海面有风浪而成为一个随机起伏的粗糙面。此时电磁波在界面上产生复杂多变的多次反射和散射。大风浪在海面还形成白泡沫带（含大量气泡和水滴），因而粗糙海面与平静海面的辐射亮度温度具有明显差异。通过建立辐射亮度温度与海浪谱、海面风速的关系来测定。

（3）污染海面：一般指石油污染等形成的两层介质，它引起亮度温度的显著差异。

（4）冻结海面：海面有海冰、冰山等。由于冰雪介电常数较水体小，比辐射率大很多，因而可以根据亮度温度反差来确定海冰的位置、范围、结构、含水量、类型、质量和冰龄。

微波具有一定的云层穿透能力。对于云层它比可见光、热红外光段的能量衰减要小得多。

针对上述海洋特点，海洋遥感也需要有它自己独特的研究手段和传感器。归纳起来海洋遥感具备以以下特点：

（1）要有高空和宇宙空间的遥感平台，以进行大面积的同步覆盖。

（2）以微波为主。微波可以在各种天气条件下，透过云层获取全天候、全天时的世界海洋信息。此外，海洋微波信息中包含有大量海面温度、海水含盐度，以及海面形态结构等信息。

（3）电磁波与激光、声波的结合是扩大海洋遥感深度的一条新路。遥感不能仅局限于海的表面，而要有一定的深度。海洋遥感从可见光到红外到微波虽都被利用，但仍局限于海表面很薄的一层。利用激光，遥感水层的深度可以扩大，而利用声波遥感则可以克服深度上的局限性，将遥感技术应用范围延伸到海底。

（4）海洋遥感要有其他海洋调查手段和海面实测资料（海洋调查船、浮标、潜水器等海洋常规调查）做参考，方能有效地发挥作用。

5.5.4 海洋遥感的应用

海洋遥感主要应用于调查和监测大洋环流、近岸海流、海冰、海洋表层流场、港湾水质、近岸工程、围垦、悬浮沙、浅滩地形、沿海表面叶绿素浓度等海洋水文、气象、生物、物理及海水动力、海洋污染、近岸工程等方面（王长耀等，1998）。遥感监测已成为海洋及海岸带主要的监测手段和信息源，应用 NOAA、GMS、Landsat、SEASAT、GEOSAT 等卫星资料与遥感数据主要开展了以下工作：

1. 海洋动力遥感观测

风力、波浪、潮流等是塑造海洋环境的动力，利用 RS、GPS 等现代海洋观测技术，可以大范围、快速、准确、直接地获得海洋动力信息。

1）海面风场观测

遥感所获得的海面风数据，一般是距海面 20m 处的观测资料。这些资料的取得，有助于台风、大风预报和波浪预报。

2）海浪观测

海浪观测可通过合成孔径雷达（SAR）反演波浪方向谱（主要表现为主波对微尺度波动的调制），或者可以通过动力模式（海面风、海浪模式）来解决表面波场问题。

3）海流观测

海洋中的海流主要受风力、引潮力和密度分布不均匀所驱动，在旋转着的地球上，运动流体表面相对于水准面产生倾斜，而坡度的大小与流速呈正比。测流主要使用雷达高度计，先测海面坡度再算出地转流速，准确度约为±20cm/s，而海流的位置误差约为几千米。目前已联合使用卫星定位装置、数据采集系统和海流浮标，取得了有价值的资料。

4）潮汐观测

海洋潮汐以准确的规律产生，在大洋上的变化辐度为 0～1m。大洋和陆架潮汐的观测极为困难，而其观测结果却对研究沿岸潮汐和潮汐理论本身很有帮助。采用雷达高度计的精确测高法，可在±25cm 和±25°相角的范围内测定全日和半日周期的潮高。观测的间隔在陆架上为 25km，在大洋中为 100km。通常要有近一年的时间才能完成全球潮汐观测。

5）水团观测

海洋水团的分类识别是个复杂问题，作为水团特征的不仅有海水的物理、化学结构，而且有动力学结构乃至生物学结构。因此，遥感观测水团的“窗口”包括红外、可见光和微波，而且必须综合分析，经过数据处理，得出各水团的配置，确定水团的边界（锋），以及分辨与中尺度涡相联系的冷核和暖核。其中红外遥感尤为重要，因温度是水团研究中主要考虑的特征。多光谱遥感数据分析有助于判断水团初级生产力、污染甚至内波的情况。

2. 海洋水准面、浅水地形与水深遥感测量

海洋水准面是指仅受重力和地转偏向力的作用无运动的均匀海洋表面。如果有了水准面，则对海流、潮位、波高和风暴潮等都可以从实测水面与水准面的偏差算出，因此精确测出海洋水准面具有很重要的意义。测量水准面要使用雷达高度计和精确定位方法，通过测量雷达发射脉冲与海面回波脉冲之间的延时而得到高度计天线离海面的距离。通过对高度计资料和卫星轨迹的轨道分析，联合海面常规潮位计观测值，最后形成覆盖大洋的精确水位面（±20cm）。

3. 海洋水色遥感

海洋水色是海洋光化学、海洋生物作用、海气界面生物地球化学通量及对全球气候变化影响研究的重要内容。海洋水色遥感图像上，每一像元灰度值与海洋的离水辐射率相对应，能够反映与离水辐射率相关联的因素如叶绿素浓度、悬浮泥沙含量、可溶有机物含量、真光层厚度、油膜覆盖等信息，其中海面悬沙遥感是利用水色进行的对海面水体悬沙的探测，主要在悬沙含量较高的近海海域和河口区水域进行。由于近岸河口海域悬沙量较高，水体后向散射信息较强，因此，海面悬沙信息在遥感影像中能得到很好的反映；海面叶绿素遥感的机理是基于不同的浮游植物浓度有着不同的辐射光谱特性，在可见光（包括可见光、荧光）范围内，海面叶绿素在不同浓度下有其不同的特征光谱曲线，因而可以利用不同叶绿素浓度的水体的光谱特性来定量遥感海面叶绿素含量。

4. 海洋污染监测

利用卫星传感器不仅可以监测进入海洋中的陆源污染水体的迁移、扩散等动态变化，还能探测石油污染。利用海水和油膜的反射和辐射的差异，传感器在可见光波段测出的石油污染海区的光谱反射率比洁净海面大。用红光波段监测油膜，用蓝光波段区分油膜和航迹或泥浆水羽流，可见光航空遥感不仅可以测定海面油膜的存在，而且还可以测定油膜扩散的范围、油膜厚度及污染油的种类，如原油或机油等类别。图 5.9 为 2006 年年初，渤海湾连续发生的海洋溢油污染事件。

近几年来，赤潮已对近海的资源环境构成巨大威胁，利用多光谱扫描仪还可以监测赤潮，利用可见光/红外多光谱辐射计就可给出赤潮全过程的位置、范围、水色类型、海面磷酸盐浓度变化，以及赤潮扩散漂移方向等信息，以便及时采取措施加以控制。

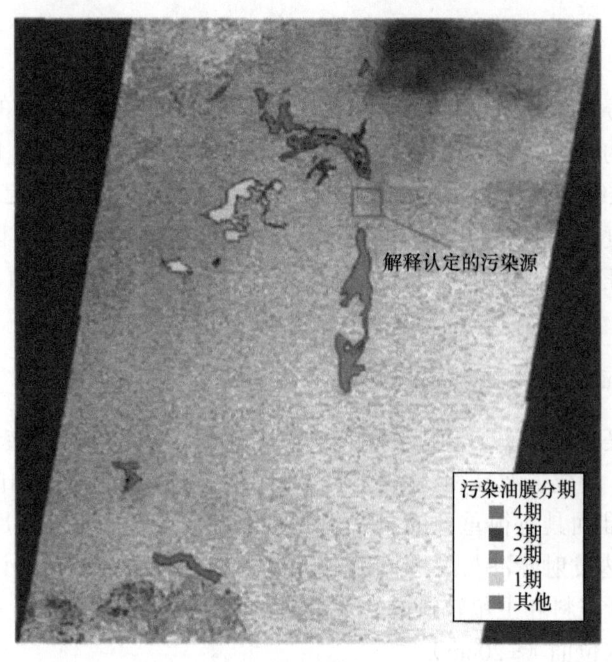

图 5.9 渤海湾溢油分布示意图（于五一等，2007）

5. 海冰观测

海冰是海洋冬季比较严重的海洋灾害之一，海冰遥感能确定不同类型的冰及其分布，从而提供准确的海冰预报。海冰可分为新冰、一年冰、多年冰、冰山和块冰等，不同类型的冰龄及其成因都是不同的。SAR 监测海冰是一种极为有效的方法，它具备区分冰和水的能力，可以获得海冰覆盖的准确面积；而且由于不同类型海冰的雷达散射和截面有明显差别，形成的影像不同，所以也可以区分不同类型的海冰及冰间水道；同时利用 SAR 时序图像还可以获得冰川运动的有关信息，从而可以掌握海冰的形成、生长、移动、消亡等过程。有了这些资料，就可作出冰情预报，也可提供海冰参数。此外，热红外传感器和微波传感器也是获得有关海冰定量资料的有效工具（谢文君和陈君，2001）。图 5.10 为章睿等（2012）在 2010 年夏季对北极海冰反照率进行观测研究得到的不同地表类型的光谱反照率。

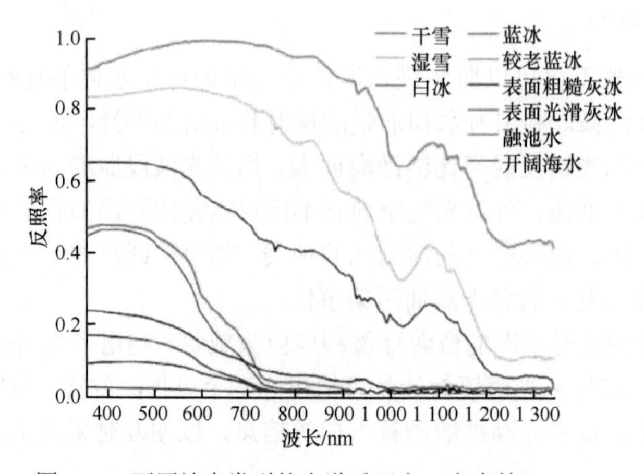

图 5.10 不同地表类型的光谱反照率（章睿等，2012）

5.6 地 质 遥 感

遥感技术在许多地质工作中已经成为不可缺少的手段，并使地质调查工作发生着革命性的变比。在区域地质调查中，用遥感方法可以快速而准确地获得大面积区域内大量地质信息，因而使工作效率和精度大大提高。由于遥感图像从宏观上细致地反映了地质构造、地貌、水文、植被和人类经济活动等各种信息，所以在找矿、水文地质调查、石油普查、地震地质调查，以及水利、道路、港口等工程地质勘测和环境地质调查等许多地质工作中，应用遥感技术都取得了很好的效果。

5.6.1 地质遥感研究的内容

遥感地质学的任务是利用遥感图像的影像特征研究地质体和地质现象；研究应用遥感资料进行地质工作的规律和方法。其主要内容如下（李冬田，1995）。

（1）研究各种地质体和地质现象在各类遥感图像上的影像特征。所谓影像特征，概括说来包括形态特征和波谱特征。

各种地质体和地质现象都具有一定的形态，如中、酸性岩体常具有浑圆的形态；沉积岩的褶皱具有条带状圈闭或半圈闭形态；断层具线状延伸形态，不同岩石因风化剥蚀情况不同，具有不同的微地貌形态等。遥感图像真实而客观地记录了这种形态特征，提供了研究地质现象宏观形态特征的有效途径。

地质体和地质现象在各类遥感图像上的形态特征、波谱特征，以及由某些特定的形态和色调有规律地组合起来的某种组合特征，是遥感方法识别各种地质体和地质现象的基础。

（2）根据地质体和地质现象的影像特征对遥感图像进行分析解译和必要的调绘。在遥感图像上识别及量测各种地质体和地质现象，这就是遥感图像的地质解译。通过地质解译和必要的野外调绘、综合分析，可以制出专题地质图，如区域地质图、成矿预测图、水文地质专题图、线路工程地质图、线性构造分布图等，并可为资源、能源、环境和工程建设提供地质资料。这是遥感地质工作的基本内容。

（3）研究图像处理方法，从各种图像及它们的合成中提取更多有用的地质信息。

（4）从图像中发现新的地质信息，研究这些新信息的地质意义，为地质学的发展提供新的资料。

由此可见，遥感地质学是地质学与遥感科学之间的一门边缘学科。对地质学来说，遥感地质学是一门新的技术方法的科学，而在遥感技术系统中，遥感地质学是一门应用科学。

5.6.2 地质遥感解译

由于遥感图像是对一定区域地物的高度综合概括，能直观、综合的反映地面物体的特点，所以利用遥感技术方法研究地质构造是地质遥感工作的主要领域之一，遥感图像经常被用来判断某一地区的地质构造，特别是线形和环形的地质形迹。常见的地质构造形态单元都有独特的遥感识别标志。

色调和形态是我们判断地质构造形态的主要依据之一，如褶皱带中各种岩性的不同会使褶皱沿构造展布方向呈现不同的光谱信息。断裂构造两侧地质地貌现象的差异也会使断层两侧的影像色调出现差异。底下一定深度的地质信息，通过水、土壤和植被等表现，在遥感图像上也会以不同的色调显示出来。

断层崖和断层三角面往往在遥感影像上表现为暗色调，阴影比较明显。断裂的垂直差异活动往往会形成陡峭的断层崖或发育成排列整齐的断层三角面。断层崖与断层三角面一般是断裂垂直差异错动的重要标志。断层的垂直高度也可以从遥感影像上测出。

水系特征由于在遥感图像上影像清晰，样式突出，易于辨认，是直接反映地球地壳运动的最主要影响标志之一，如根据河流形态的平面形态变化如弯曲特征可以判断出断层的平移性质；由于垂直差异显著的断裂带两侧的水系形式常常不同，活动断裂带往往成为两种水系的转折点，因此我们可以根据水系的形状不同来确定垂直活动断裂带的存在，如格状水系往往能显示两组直交断层存在的可能。

洪积扇的标志：由于断裂活动中断裂的两盘往往形成地形反差大的地貌类型，其中抬升的一盘成为山地，下降的一盘则发育了一系列的洪积扇，根据这些洪积扇的排列特征，我们可以判断出断裂的存在。

地质构造活动特征点的分布，如火山口、洪积扇顶点、湖河岸线、岛屿、山脉和平原高原的边界线等的分布，都可以指示线形构造形迹的存在。

5.6.3　地质遥感的特点和应用范围

地质遥感是综合应用现代遥感技术来研究地质规律，进行地质调查和资源勘查的一种方法。它从宏观的角度，着眼于由空中取得的地质信息，即以各种地质体对电磁辐射的反应作为基本依据，综合应用其他各种地质资料及遥感资料，以分析、判断一定地区内的地质构造情况。地质遥感工作主要包括：地面及航空遥感试验、适用于地质找矿、地质环境的遥感系统、进行图像、数字数据的处理和地质判释。地质遥感需要应用电子计算机技术、电磁辐射理论、现代光学和电子技术，以及数学地质的理论与方法。地质遥感是促进地质工作现代化的一个重要技术领域。

在地质遥感应用中一个使用比较多的技术是高光谱遥感。高光谱遥感起源于地质矿物识别填图研究，地质也是其应用最成功的领域之一。矿物金属离子 Fe^{3+}、Fe^{2+}、Mn 等电子跃迁在可见光、近红外光谱区域形成典型的光谱波形，而矿物中的分子团 OH、Si-O 等的振动过程在短波红外形成的诊断性的吸收特征是构成成像光谱识别矿物的理论基础，有助于人们识别不同矿物成分。高光谱数据也允许通过微分等处理技术提取不同的光谱特征参数，如波段波长位置、深度和宽度，以及分解重叠的光谱吸收波段和提取各种目标参数。光谱匹配技术与角度填图法也是高光谱遥感在地质中常用的分析技术，用于地质中岩性的识别。图 5.11 为 2003 年中国国土资源航空物探遥感中心在新疆土屋东-三岔口地区，应用 HyMap 机载成像光谱数据填绘出了白云母（高铝白云母、贫铝白云母）、绿泥石、绿帘石、绿泥石和绿帘石组合、高岭石、蒙脱石、透闪石、蛇纹石、褐铁矿、方解石等 10 多种矿物种类，经野外查证，矿物识别率达 82 %，准确率达 90%以上。

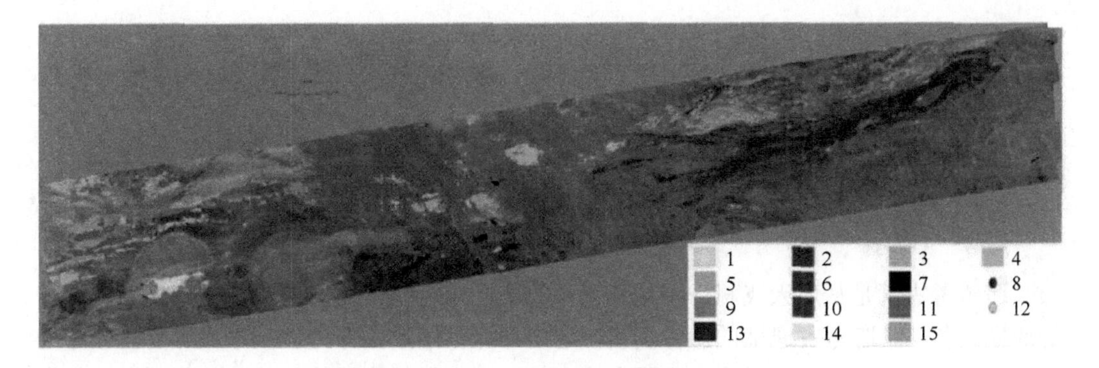

图 5.11 新疆土屋东-三岔口地区矿物分布图（王润生等，2011）

1. 富铝白云母类；2. 高岭石；3. 滑石；4. 绿帘石；5. 贫铝白云母；6. 方解石；7. 蛇纹石；8. 铅镍矿（点）；9. 高 Fe-Mg 白云母；10. 褐铁矿化；11. 绿泥石；12. 金矿（点）；13. 蒙脱石；14. 盐碱化；15. 绿泥石+蛇纹石化

地质遥感不仅研究矿物质的光谱特性，它在对第四纪松散沉积物、地壳深部的地质体和构造现象，以及隐伏断裂构造的研究中也发挥着重要的作用。这些问题在传统的地质工作中是地质工作者的难题。虽然遥感数据只反映地表和浅地表的各种地物信息，但这些信息中有一部分是受底下隐伏断裂构造等影响和控制的异常信息。遥感方法可以快速的发现和识别这些隐伏的地质特征。图 5.12 是张远飞等（2007）通过“遥感蚀变信息多层次分离技术”，利用 TM 波段值及其派生变量在青海都兰塔妥-沟里地区，直接提取的与金属矿化有关的三价铁蚀变遥感信息。

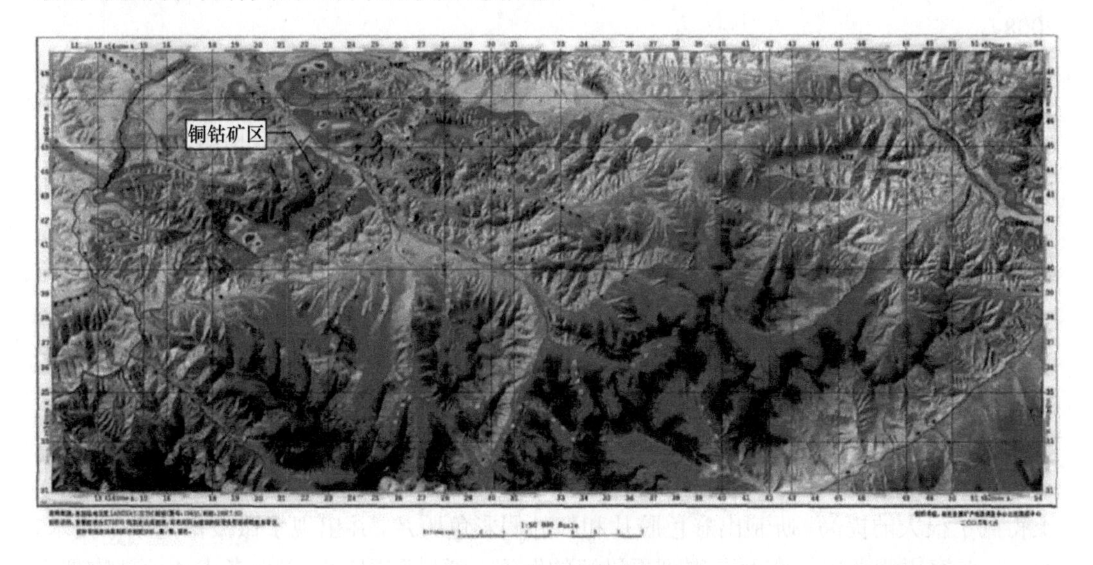

图 5.12 青海都兰塔妥-沟里地区矿化蚀变遥感信息异常图（张远飞等，2007；彩图附后）

蓝-黄-红表示铁染强度由低到高

遥感手段的连续性也为地质灾害的监测提供了有效的手段，如地震对周围环境造成的破坏和影响，滑坡、泥石流等地质灾害形成过程中地质体的变形和位移等。遥感手段正是这样一种帮助地质工作者们获取地质现象的动态信息并掌握其变化规律的可连续观测的方法（李小文和刘素红，2008）。

5.7 遥感考古

5.7.1 遥感考古概述

1. 遥感考古的概念

遥感考古就是从航天飞机、卫星、飞机等不同平台上，运用摄影机、扫描仪、雷达等成像设备，获取考古遗址的影像资料，运用计算机图形图像处理技术，对这些影像进行增强和处理；同时，根据遗址范围内地表状况和光谱成像规律等的相互关系，对影像的色调、纹理、图案及其时空分布规律进行研究，判定遗迹或遗址的位置、分布、形状、深度等特征，进行遗址探查、考古测量、古地貌和古遗址复原等工作，为考古研究提供重要线索。

遗迹或现象辐射电磁波能量，是遥感考古工作的前提。由于考古遗迹或现象与周围环境的差异，辐射电磁波的情况不一样，而电磁波波谱特征及其时间变化和空间分布规律，在遥感影像上表现为不同的影像色调和由不同色调组成的各种图案，并表现出一定的时空变化规律。所以遥感考古的工作原理，是建立在考古遗迹或现象的物理属性、电磁波波谱特征和影像特征三者的关系上；遥感影像的解译原理，是根据影像的色调、图案及其分布规律，来判断遗迹或现象的波谱特征，从而确定遗迹或现象的属性（刘建国，2008）。

2. 遥感考古的历史

早在 20 世纪初，航空像片就已经被考古学家所采用，以察看从地表高度难以或不可能认知的地表特征。1907 年，巨石阵被高空飞机上搭载的相机拍摄到，提供了有别于地面视野的全局景观（Capper，1907）。自那时起，航空像片在记录、描述与研究考古遗址方面就发挥着重要作用。在第一次世界大战期间的考古调查进一步检验了黑白航空像片在识别古遗址及其特征的能力，这使得遥感技术的优越性得到进一步的体现。英国考古学家能够发现地面上长期以来被遗弃的特征与结构、土壤构成，以及植被覆盖，而这些在此前的传统地面调查中被忽略。航空像片在考古调查中的成功应用，带来欧洲古罗马庄园与道路、远东遗址、密西西比河流域土木工事等考古目标的发现（Sever，1995）。

第二次世界大战期间，航空摄影技术得到了进一步的发展，在垂直和倾斜摄影技术上得到了很大的提高，研制出彩色胶片和红外假彩色胶片，并出现了微波雷达成像技术。此后，航空摄影考古学在西欧得到更迅速的发展。通过利用航空摄影考古和地球物理无损探测等技术，加强了考古勘探的力度并降低了大面积作业的勘探成本。图 5.13 为 1931 年首次应用热气球摄影记录圣经中世界末日遗址——以色列北部古镇 Megiddo 的现场挖掘（Myers and Myers，1995）。自 1957 年苏联人造卫星的发射成功到 1972 年美国地球资源卫星对地球成像，在短短的十几年里，人类航天技术得到了突破性的发展，从卫星平台上获取大量对地观测数据，揭开了遥感考古的新篇章。通过遥感、地理信息系统、全球定位系统与田野考古的结合，我们能精确地提取人类历史文化遗产的空间信息，并监测文化遗产地在人类和自然因素作用下的时空变化，为政府部门保护文化遗产提供科学依据。

图 5.13　1931 以色列北部古镇 Megiddo 的现场挖掘

3. 遥感考古的优势

与传统田野考古相比，遥感考古在许多方面能够获得从地面观测无法得到的大量信息，主要表现在以下六个方面（李淑英，2011；邓飚和郭华东，2010）。

（1）覆盖范围广，遥感可以获得研究区的全局信息，从大范围的文物普查到具体一个遗址都可获得不同空间分辨率的遥感数据；

（2）光谱范围大，遥感能利用从紫外线、可见光、红外线、热红外、微波等能量范围全波段电磁波来探测地物；

（3）时空分辨率高，遥感考古可利用卫星高重访频率所获得的数据积累获得研究区的遥感数据，研究考古遗址区随时间变化的地形景观及古遗址的情况；

（4）光谱分辨率高，多光谱遥感图像能提供对同一研究区不同谱段的遥感信息，成像光谱仪技术增强了对地物（如考古研究区作物的变化）的识别能力；

（5）穿透能力强，合成孔径成像雷达的穿透性可用于干旱沙漠区古遗迹的探测，而探地雷达技术则能获取地表下一定深度的考古信息；

（6）对考古对象的无损探测，使用物探方法能探测和研究遗迹的平面形态特征和布局结构，无需进行大面积的揭露，既能节省大量人力、物力和时间，又不会对遗存有任何破坏。

4. 遥感考古研究的内容

1）航空遥感考古

采用多种形式在不同时间、从不同角度在空中对地面进行摄影，利用地貌形态、地物阴影、霜雪、植被及土壤湿度等多种因素在遗址地区形成的不同标志，解释地面或地下遗迹的特征。由于视野广阔，很容易把在地面上很难发现或杂乱无章的现象，概括出一个有规律的整体。航空摄影考古是考古学家最常用和最简便的遥感考古方法之一。从严格意义上来说，一般的利用可见光、使用轻型飞机、在大气层下低空进行拍照的航空摄影考古也属于遥感考古范畴（姚乐音，2013）。图 5.14 为在陕西秦始皇陵开展的高光谱遥感考古研究。

图 5.14 机载高光谱 OMIS-2 图像揭示秦始皇陵东向和西向甬道（邓飚和郭华东，2010）

2）航天遥感考古

利用遥感影像上地物特定的光谱特征，通过土壤湿度、盐度及沉积物组成成分等信息的分析，可以很清楚地解译遗迹的变迁、消亡原因。遥感影像的成像尺度变化范围大，肉眼只能观测到可见光部分的电磁波反射，而遥感则能利用紫外线、可见光、红外线、热红外、微波等全波段电磁波来探测地物（姚乐音，2013）。1993 年 Fowler 利用搭载在俄罗斯 KVR-1000 卫星上的高分辨率传感器对英国 Salisbury 的史前遗址巨石阵进行成像试验。这一试验的目的是检验高分辨率卫星影像应用在考古工作中的可行性与实用性。KVR-1000 卫星上搭载传感器的是高分辨率全色相机，其空间分辨率为 3～4m。该传感器记录了巨石阵可以辨识的细节，其他诸如 18 世纪未完成的道路、圆形的农作物标志、围栏以及凯尔特人的农田等地表特征也被识别出来（Fowler，2001）。图 5.15 为英国 Salisbury 的史前遗址巨石阵成像试验的影像。

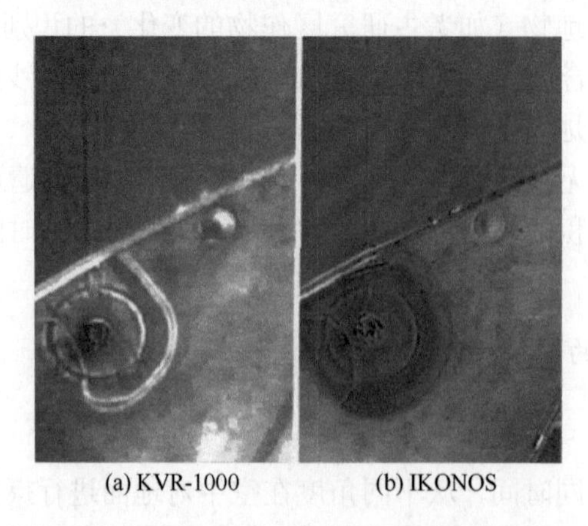

图 5.15 KVR-1000 影像（a）与 IKONOS 影像（b）清晰显示英国巨石阵区域的植被标志

3）水下遥感考古

实地的水下考古往往需要较多的人力和财力。利用遥感手段探察湖泊、河流等水下古遗址、古港口、古河道等则是很有前景的研究领域。但是应用遥感技术进行水下遥感考古必须在水体清澈透明，含沙量极少、无风天气、水面平静等条件下才可以获得成功，在含沙量较大的河流及河口处遥感水下考古就会受到很大限制（李小文和刘素红，2008）。

4）环境遥感考古与古地理环境演变的研究

环境遥感考古主要是利用环境变迁等在遥感图像上遗留的“痕迹”来探索古环境与古文明之间的关系，通过解译遥感影像或航空相片来进行历史时期的环境变化和社会演变规律的分析，从而得出许多有价值的考古推断（秦灵灵和张震宇，2011）。

5）文物考古地理信息系统研究

文物考古信息系统是 GIS 在文物保护和考古研究中的应用形式，它是以资源共享的考古数据库作为它的信息源，采用不同功能的软件系统作为它的工作环境。文物考古信息系统具有处理信息和管理信息的双重功能。把考古区域的图像数据、属性资料等海量数据建成 GIS 数据库，开发出用于文物的管理和查询等功能的信息系统。这是对传统遥感考古的补充与丰富（李小文和刘素红，2008）。

5.7.2 考古遗迹的影像特征

在遥感考古工作中，通过遥感设备接收的资料记录了大量土壤学、地质学、地貌学、生态学和地理学等的信息，它们通过不同的方式，反映出考古遗迹或现象的特征。为此，必须掌握考古遗迹或现象的影像特征，才能对遥感影像进行正确的解译。

遗迹或现象以各自的方式存在于自然环境中，形成独特的遗迹土壤标志、遗迹阴影标志、遗迹植被标志，构成考古遗迹最基本的影像特征（刘建国，2008）。

1. 遗迹土壤标志

在传统的考古钻探和发掘工作中，往往要根据遗迹土壤与周围土壤的差别来进行判断，这种土壤差别是由于遗迹的路土、夯土、填土、淤土与自然土壤的色泽、结构、湿度、致密度等不一样而产生的。这种土壤差别在一些遥感影像上也能显示出来，因而被遥感考古工作者利用，作为遗迹的土壤标志，对地下考古遗迹或现象作出判断。

通常情况下，埋藏较浅的遗迹或现象在耕地中是很容易被发现的，尤其是耕土层翻犁过之后，其中所隐含的各种土壤差异更加明显。所以，这个时期拍摄的航空影像能够清晰地反映出遗迹或现象的某些特征。在土壤色泽差异较小的地方，因为其致密度和含水量的不同，遗迹或现象仍然可以在热红外影像、雷达影像等遥感资料中显示出来，为考古遗迹的探查工作提供重要线索。在久旱少雨、土壤较为干燥的季节里收集的遥感影像上，遗迹土壤标志显示得较为清晰，特别是在暴雨后再连续天晴三四天后，显示的效果最佳，能反映出较深地层中的遗迹情况，探测出通过地面标志无法辨认的墓葬、道路、城墙和古河道等遗迹。

2. 遗迹阴影标志

残存于地面之上的遗迹总会呈现出一定的微地貌特征，在倾斜太阳光线的照射之下，其阴影的明暗、形状、大小和组合方式，清晰地反映出遗迹的特征。因此，在空中对这种遗址进行摄影，并对影像进行分析，就能判断出遗迹的残存状况、分布、范围等。

遗迹阴影标志受航空摄影时太阳高度角的直接影响，并且与地表微地貌特征有关。对于地形起伏小、遗迹相对高度不超过 2m 而且相距较远的遗址，应该在较低太阳高度角情况下进行航空摄影，也就是说早晨或傍晚的航空摄影，能够获得较好的阴影标志；对于地形起伏较大的遗址，如果遗迹高低参差不齐，而且相互间的距离很近，则需要选择合适的摄影时间，最好是在正午前后进行航空拍摄，以避免较高地物的阴影遮挡了较低的遗迹或现象。如果条件许可，最好能够拍摄一天中不同时间的航空影像，以便于将不同方向的阴影进行比较，对遗迹情况做出正确的判断。

3. 遗迹植被标志

地下埋藏的考古遗迹或现象往往会产生土壤的板结与疏松、肥沃与贫瘠、含水量多少等差异，从而会导致树木与灌木丛生长与分布情况发生异常，或者会使农作物与野草的高度、密度和色彩出现差异。这些差异在遥感影像上都有各自的表现特征，从而成为判断地下遗迹或现象的植被标志。

地下不同的遗迹或现象，对植被的生长情况有不向程度的影响。在填平的壕沟、渠道一类的遗迹上，因为填土质地疏松，含水量比周围土壤丰富，也相对比较肥沃，所以会刺激植被的生长，从而显示出“正向”植被标志。然而，如果地表以下有夯土、瓦砾或古代道路一类遗迹时，土壤则比较贫瘠、板结，渗水性能差，抑制了植被的生长，于是就会出现“负向”植被标志。

一般情况下，草本植物显示出来的植被标志比较明显，而且在每一种植物的生长季节都会重复出现，其中谷类农作物产生这类标志的效果最佳。在农作物趋于成熟的季节里，产生植被标志的农作物与背景环境中的农作物因生长情况的差异，成熟时就会出现或早或晚的差异，因而更容易从航片上判别出来。其中在垂直摄影航片上，比较容易区别出植被生长密度差异的特征；而植被的生长高度与色彩差异等的植被标志，在低太阳高度角（早晨或傍晚）时倾斜摄影的航片上显示效果较好。

5.7.3　遥感考古的影像解译

现在遥感影像种类丰富，特别是卫星影像具有丰富的波谱特征，能够比较全面、准确、客观地反映出考古遗址范围内的很多有用信息。在地表土壤干燥而裸露的季节，地下的夯土基址、古河道等考古遗迹，能够在一些卫星影像上形成较为明显的遗迹标志，特别是中红外波段的卫星影像对地下古遗迹有很好的反映效果，能够反映出地下遗迹的布局特征，适合于考古勘探方面的应用。

在遥感考古研究中，地下考古遗迹或现象因受地表情况的影响，影像解译的不确定性会更大。对于遥感影像一定的色调和图案，对应的地面特征却由于存在同物异谱、异物同谱现象，解译结果往往不是唯一的。判读地下考古遗迹时需要分析影像上哪些异常图斑是由地面物体产生的，哪些是由地下考古遗迹产生的。但在实际研究中，不难发现地表的物体在卫星影像的各个波段上都会有一定的反射，而地下遗迹或其他现象则不然，它们往往在红外波段的影像上反射较强，而其他波段上的反射非常微弱甚至没有反射。

目视解译的方法是遥感考古影像识别的最基本方法，目视解译过程中，首先要分析影像图斑的空间分布规律。古城遗址内建筑基址、道路等遗迹产生的图斑与古城的结构和布局有密切的关系，如古城内的主要街道应该与城门相连通，护城壕一般与城墙并行等。其次，分析遥感影像的时间变化规律，由于考古遗址内的植被类型和土壤的含水量等随季节而变化，同一考古遗迹在不同季节的遥感影像上会产生不同的图斑，据此还可以作为选样遥感数据接收时间的标准。最后，分析遥感影像的相关信息，地下埋藏的考古遗迹，会对其周围的土壤和植被产生一定的影响，如地下有城墙、道路一类的遗迹时，相应地域的土质比较干燥，植被长势一般较差，影像的色调较浅；而地下有护城壕、池沼一类的遗迹时，相应地域的土质则较为潮湿，植被长势往往较好，影像的色调较探。

总之，解译遥感考古影像时，需要掌握影像成像的季节、类型、处理方法、地面植被情况、考古遗迹的埋藏与分布特征等信息，然后才能对影像进行合理的分析与解译。同时需要在实地进行地面调查与钻探，对解译结果进行验证，去伪存真，保证研究结果的可靠性。

参 考 题

1. 解释热红外图像成像时间和季节的重要性。
2. 简热红外遥感的应用。
3. 与光学遥感相比，微波遥感有哪些特点？
4. 简述合成孔径雷达的工作原理及优势。
5. 绿色植物叶片光谱特征受哪些因素影响，如何影响？
6. 详细阐述生物量遥感估测的原理和方法。
7. 简述遥感技术在农业上的应用，并举例说明。
8. 简述海洋遥感的特点，结合实例说明。
9. 简述地质遥感所研究的内容。
10. 与传统考古相比，遥感考古具有哪些优势？
11. 简述遥感的应用领域及其具体应用。
12. 结合所学知识，谈谈遥感技术的发展趋势。

参 考 文 献

陈述彭, 等. 2007. 遥感科技论坛. 北京: 地震出版社: 464-470.
邓飚, 郭华东. 2010. 遥感考古研究综述. 遥感信息, (1): 110-116.
杜培林, 田丽萍, 薛林, 等. 2007. 遥感在作物估产中的应用. 安徽农业科学, 35(3): 936-938.
国庆喜, 张锋. 2003. 基于遥感信息估测森林的生物量. 东北林业大学学报, 31(2): 13-16.
李冬田. 1995. 地质遥感. 北京: 水利电力出版社.
李海奎, 雷渊才. 2010. 中国森林植被生物量和碳储量评价. 北京: 中国林业出版社.

李明诗, 谭莹, 潘洁, 等. 2006. 结合光谱、纹理及地形特征的森林生物量建模研究. 遥感信息, (6): 6-9.
李明泽, 毛学刚, 范文义. 2014. 基于郁闭度联立方程组模型的森林生物量遥感估测. 林业科学, 50(2): 85-91.
李淑英. 2011. 中国遥感考古的应用综述. 中国城市经济, (1): 126.
李小文, 刘素红. 2008. 遥感原理与应用. 北京: 科学出版社.
林培. 1990. 农业遥感. 北京: 北京农业大学出版社.
刘建国. 2008. 考古测绘、遥感与GIS. 北京: 北京大学出版社.
刘茜, 杨乐, 柳钦火, 等. 2015. 森林地上生物量遥感反演方法综述. 遥感学报, 19(1): 66-78.
刘一良. 2008. 微波遥感的发展与应用. 沈阳工程学院学报(自然科学版), 4(2): 171-173.
鹿琳琳, 郭华东, 韩春明. 2008. 微波遥感农业应用研究进展. 安徽农业科学, 36(4): 1289-1291, 1294.
罗亚, 徐建华, 岳文泽. 2005. 基于遥感影像的植被指数研究方法述评. 生态科学, 24(1): 75-79.
梅安新. 2001. 遥感导论. 北京: 高等教育出版社.
蒙继华, 吴炳方, 杜鑫, 等. 2011. 遥感在精准农业中的应用进展及展望. 国土资源遥感, (3): 1-7.
苗俊刚, 刘大伟. 2013. 微波遥感导论. 北京: 机械工业出版社.
彭望琭. 2002. 遥感概论. 北京: 高等教育出版社.
秦灵灵, 张震宇. 2011. 中国遥感环境考古研究综述. 科技情报开发与经济, 21(14): 156-157, 165.
史舟, 梁宗正, 杨媛媛, 等. 2015. 农业遥感研究现状与展望. 农业机械学报, 46(2): 247-260.
王长耀, 布和敖斯尔, 狄小春. 1998. 遥感技术在全球环境变化研究中的作用. 地球科学进展, 13(3): 278-284.
王纪华, 李存军, 刘良云, 等. 2008. 作物品质遥感监测预报研究进展. 中国农业科学, 41(9): 2633-2640.
王人潮, 蒋亨显, 王珂, 等. 1999. 论中国农业遥感与信息技术发展战略. 科技通报, 15(1): 1-7.
王润生, 熊盛青, 聂洪峰, 等. 2011. 遥感地质勘查技术与应用研究. 地质学报, 85(11): 1699-1743.
王轶夫, 孙玉军, 郭孝玉. 2013. 基于 BP 神经网络的马尾松立木生物量模型研究. 北京林业大学学报, 35(2): 17-21.
吴炳方, 蒙继华, 李强子. 2010. 国外农情遥感监测系统现状与启示. 地球科学进展, 25(10): 1003-1012.
吴素霞, 毛任钊, 李红军, 等. 2005. 中国农作物长势遥感监测研究综述. 中国农学通报, 21(3): 319-322, 345.
谢文君, 陈君. 2001. 海洋遥感的应用与展望. 海洋地质与第四纪地质, 21(3): 123-128.
徐婷, 曹林, 佘光辉. 2015. 基于 Landsat8 OLI 的特征变量优化提取及森林生物量反演. 遥感技术与应用, 30(2): 226-234.
姚乐音. 2013. 遥感技术在考古研究中的应用综述. 杭州文博, (1): 49-52.
于文涛, 依兰, 尹忠辉. 2013. 浅议遥感技术在农业发展中的应用. 测绘与空间地理信息, 36(9): 114-116.
于五一, 李进, 邵芸, 等. 2007. 海上油气勘探开发中的溢油遥感监测技术——以渤海湾海域为例. 石油勘探与开发, 34(3): 378-383.
张学工. 2000. 关于统计学习理论与支持向量机. 自动化学报, 26(1): 32-42.
张远飞, 朱谷昌, 吴德文. 2007. 地质矿产调查的遥感蚀变信息多层次分离提取技术及应用. 中国遥感应用协会学术年会, 464-470.
章睿, 柯长青, 谢红接, 等. 2012. 2010 年夏季北极海冰反照率的观测研究. 极地研究, 24(3): 299-306.
Baccini A, Laporte N, Goetz S, et al. 2008. A first map of tropical Africa's above-ground biomass derived from satelliteimagery. Environmental Research Letters, 3(4): 45011.
Capper J. 1907. Photographs of stonehenge, as seen from a war balloon. Archaeologia, (60): 69-70.
Englhart S, Keuck V, Siegert F. 2012. Modeling aboveground biomass intropical forests using multi-frequency SAR data—A comparison of methods. IEEE Journal of Selected Topics in Applied Earth

Observations & Remote Sensing, 5(1): 298-306.
Fowler M. 2001. A high-resolution satellite image of archaeological features to the South of Stonehenge. International Journal of Remote Sensing, 22(7): 1167-1171.
Huete A R. 1988. A soil-adjusted vegetation index (SAVI). Remote Sensing of Environment, 25: 295-309.
Myers J, Myers E. 1995. Low-altitude photography. American Journal of Archaeology, (99): 85-87.
Rahman M. 2006. Tropical forest biomass estimation and mapping using K-nearest neighbour (KNN) method. http: //www. Isprs. org/proceedings/XXXVI/part4/. 2016-1-3.
Sever T. 1995. Remote sensing. American Journal of Archaeology, (99): 83-84.

彩　　图

上　篇

图 4.1　卫星影像局部

图 4.2　航空影像局部

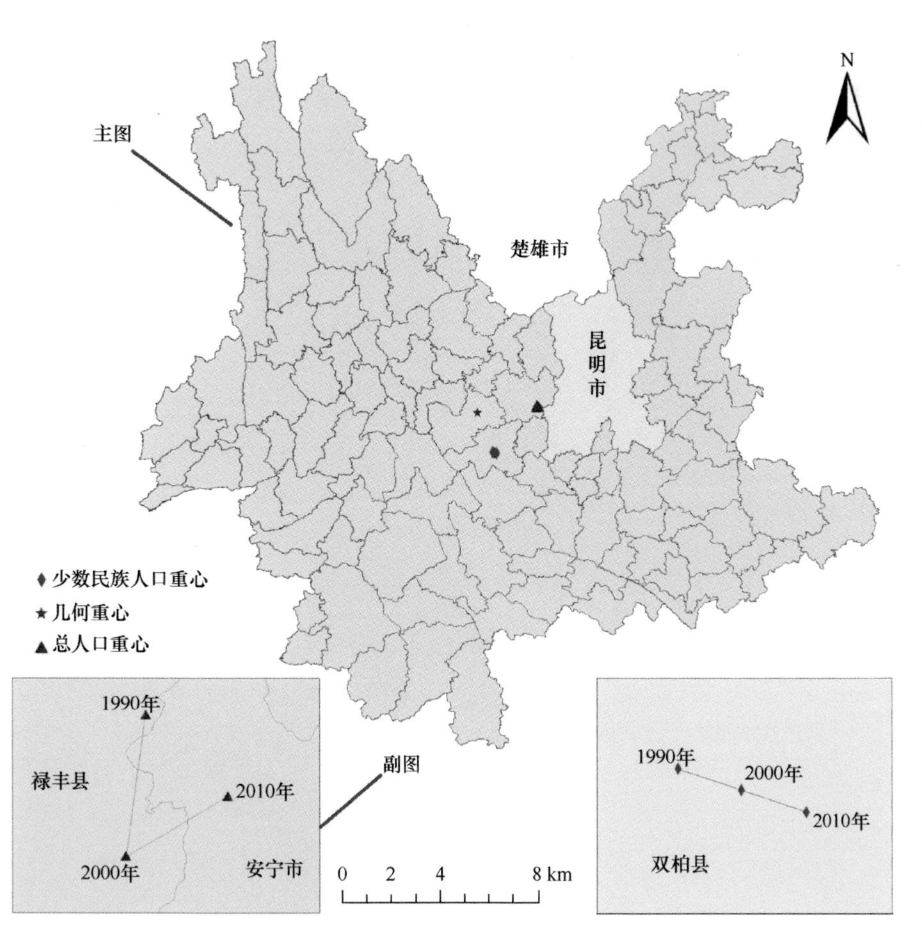

图 6.3　地图制图中的主图与副图

图 6.14　放射性流向图

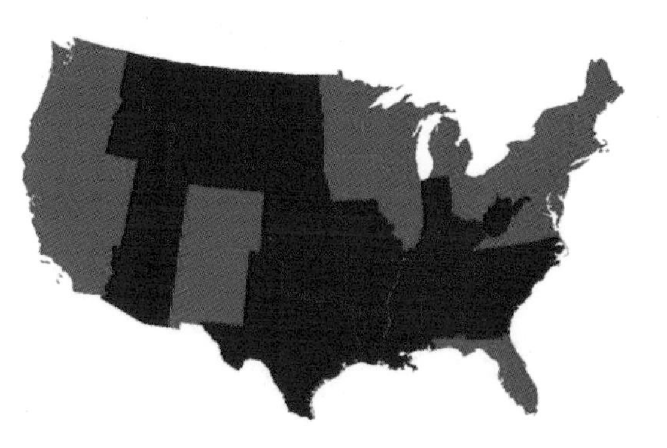

图 6.15　2012 年美国大选各州获胜结果示意图

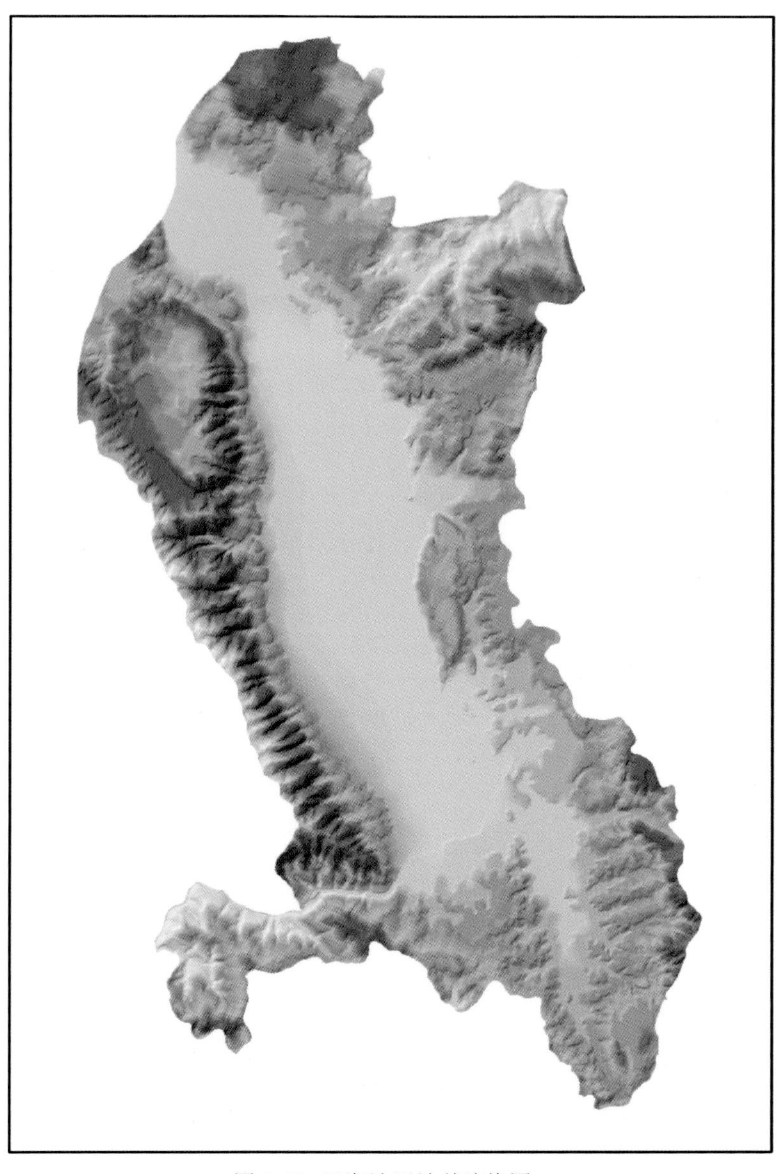

图 6.17　洱海地区地貌渲染图

下　篇

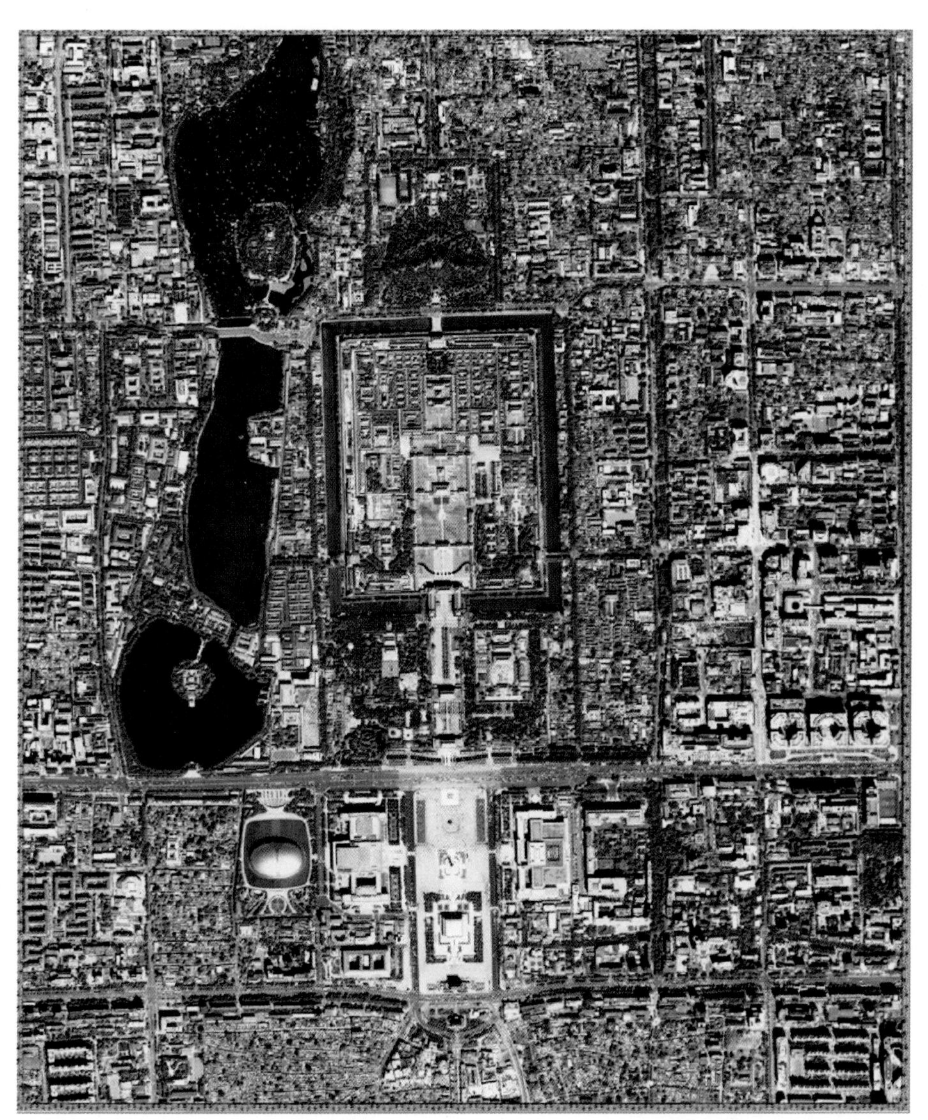

融合方式：全色影像(0.8m)和多光谱影像(3.2m)融合　　国防科工局重大专项工程中心

接收日期：2014年9月27日　　中国资源卫星应用中心

图 1.4　高分二号卫星北京影像

白光

图 2.5　光线色散示意图

图 3.16　QuickBird 影像图

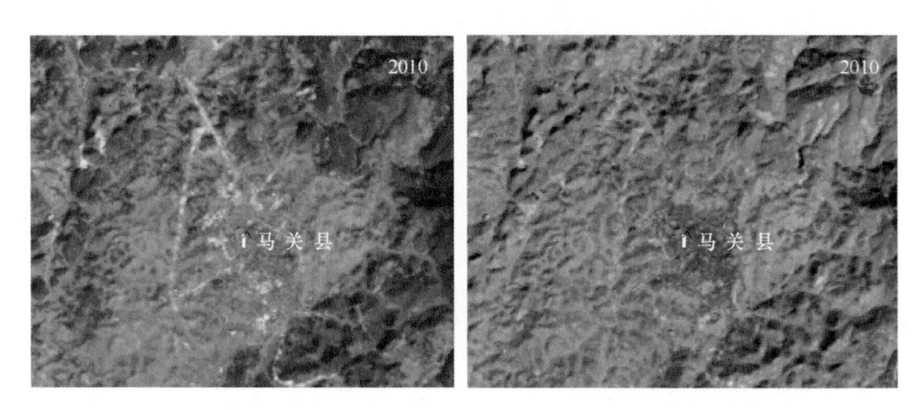

(a) Landsat TM 432**波段合成**　　(b) Landsat TM 543**波段合成**

图 4.7　云南东南部马关县城土地利用与覆盖分类示例

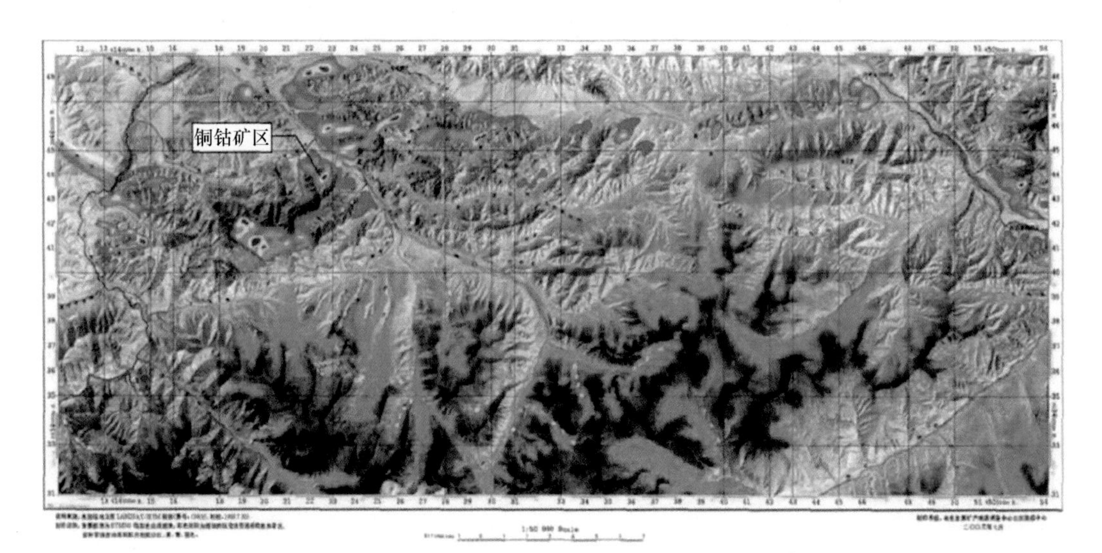

图 5.12　青海都兰塔妥 - 沟里地区矿化蚀变遥感信息异常图

蓝 - 黄 - 红表示铁染强度由低到高